第三届黄河国际论坛论文集

流域水资源可持续利用与
河流三角洲生态系统的良性维持

第一册

黄 河 水 利 出 版 社

图书在版编目(CIP)数据

第三届黄河国际论坛论文集/尚宏琦,骆向新主编.
郑州:黄河水利出版社,2007.10
ISBN 978-7-80734-295-3

Ⅰ.第… Ⅱ.①尚…②骆… Ⅲ.黄河-河道整治-国际学术会议-文集 Ⅳ.TV882.1-53

中国版本图书馆CIP数据核字(2007)第150064号

组稿编辑:岳德军 手机:13838122133 E-mail:dejunyue@163.com

出 版 社:黄河水利出版社
地址:河南省郑州市金水路11号 邮政编码:450003
发行单位:黄河水利出版社
发行部电话:0371-66026940 传真:0371-66022620
E-mail:hhslcbs@126.com
承印单位:河南省瑞光印务股份有限公司
开本:787 mm×1 092 mm 1/16
印张:161.75
印数:1—1 500
版次:2007年10月第1版 印次:2007年10月第1次印刷

书号:ISBN 978-7-80734-295-3/TV·524 定价(全六册):300.00元

第三届黄河国际论坛
流域水资源可持续利用与河流三角洲生态系统的良性维持研讨会

主办单位

水利部黄河水利委员会(YRCC)

承办单位

山东省东营市人民政府
胜利石油管理局
山东黄河河务局

协办单位

中欧合作流域管理项目
西班牙环境部
WWF(世界自然基金会)
英国国际发展部(DFID)
世界银行(WB)
亚洲开发银行(ADB)
全球水伙伴(GWP)
水和粮食挑战计划(CPWF)
流域组织国际网络(INBO)
世界自然保护联盟(IUCN)
全球水系统计划(GWSP)亚洲区域办公室
国家自然科学基金委员会(NSFC)
清华大学(TU)
中国科学院(CAS)水资源研究中心
中国水利水电科学研究院(IWHR)
南京水利科学研究院(NHRI)
小浪底水利枢纽建设管理局(YRWHDC)
水利部国际经济技术合作交流中心(IETCEC,MWR)

顾问委员会

名誉主席

钱正英　中华人民共和国全国政协原副主席,中国工程院院士
杨振怀　中华人民共和国水利部原部长,中国水土保持学会理事长,全球水伙伴(GWP)中国委员会名誉主席
汪恕诚　中华人民共和国水利部原部长

主　席

胡四一　中华人民共和国水利部副部长
贾万志　山东省人民政府副省长

副主席

朱尔明　水利部原总工程师
高安泽　中国水利学会理事长
徐乾清　中国工程院院士
董哲仁　全球水伙伴(GWP)中国委员会主席
黄自强　黄河水利委员会科学技术委员会副主任
张建华　山东省东营市市长
Serge Abou　欧盟驻华大使
Loïc Fauchon　世界水理事会(WWC)主席,法国
Dermot O'Gorman　WWF(世界自然基金会)中国首席代表
朱经武　香港科技大学校长

委　员

曹泽林　中国经济研究院院长、教授
Christopher George　国际水利工程研究协会(IAHER)执行主席,西班牙
戴定忠　中国水利学会教授级高级工程师
Des Walling　地理学、考古学与地球资源大学(SGAER)教授,英国
Don Blackmore　澳大利亚国家科学院院士,墨累－达令河流域委员会(MDBC)前主席
冯国斌　河南省水力发电学会理事长、教授级高级工程师
Gaetan Paternostre　法国罗讷河国家管理公司(NCRR)总裁
龚时旸　黄河水利委员会原主任、教授级高级工程师
Jacky COTTET　法国罗讷河流域委员会主席,流域组织国际网络(INBO)欧洲主席

Khalid Mohtadullah　全球水伙伴(GWP)高级顾问,巴基斯坦
匡尚富　中国水利水电科学研究院院长
刘伟民　青海省水利厅厅长
刘志广　水利部国科司副司长
潘军峰　山西省水利厅厅长
Pierre ROUSSEL　法国环境总检查处,法国环境工程科技协会主席
邵新民　河南省水利厅副巡视员
谭策吾　陕西省水利厅厅长
武铁群　山东省水利厅副厅长
许文海　甘肃省水利厅厅长
吴洪相　宁夏回族自治区水利厅厅长
Yves Caristan　法国地质调查局局长
张建云　南京水利科学研究院院长

组织委员会

名誉主席

陈　雷　中华人民共和国水利部部长

主　席

李国英　黄河水利委员会主任

副主席

高　波　水利部国科司司长
王文珂　水利部综合事业局局长
徐　乘　黄河水利委员会副主任
殷保合　小浪底水利枢纽建设管理局局长
袁崇仁　山东黄河河务局局长
高洪波　山东省人民政府办公厅副主任
吕雪萍　东营市人民政府副市长
李中树　胜利石油管理局副局长
Emilio Gabbrielli　全球水伙伴(GWP)秘书长,瑞典
Andras Szollosi - Nagy　联合国教科文组织(UNESCO)总裁副助理,法国
Kunhamboo Kannan　亚洲开发银行(ADB)中东亚局农业、环境与自然资源处处长,菲律宾

委 员

安新代 黄河水利委员会水调局局长
A. W. A. Oosterbaan 荷兰交通、公共工程和水资源管理部国际事务高级专家
Bjorn Guterstam 全球水伙伴(GWP)网络联络员,瑞典
Bryan Lohmar 美国农业部(USDA)经济研究局经济师
陈怡勇 小浪底水利枢纽建设管理局副局长
陈荫鲁 东营市人民政府副秘书长
杜振坤 全球水伙伴(中国)副秘书长
郭国顺 黄河水利委员会工会主席
侯全亮 黄河水利委员会办公室巡视员
黄国和 加拿大 REGINA 大学教授
Huub Lavooij 荷兰驻华大使馆一等秘书
贾金生 中国水利水电科学研究院副院长
Jonathan Woolley 水和粮食挑战计划(CPWF)协调人,斯里兰卡
Joop L. G. de Schutter 联合国科教文组织国际水管理学院(UNESCO - IHE)水工程系主任,荷兰
黎 明 国家自然科学基金委员会学部主任、研究员
李桂芬 中国水利水电科学研究院教授,国际水利工程研究协会(IAHR)理事
李景宗 黄河水利委员会总工程师办公室主任
李新民 黄河水利委员会人事劳动与教育局局长
刘栓明 黄河水利委员会建设与管理局局长
刘晓燕 黄河水利委员会副总工程师
骆向新 黄河水利委员会新闻宣传出版中心主任
马超德 WWF(世界自然基金会)中国淡水项目官员
Paul van Hofwegen WWC(世界水理事会)水资源管理高级专家,法国
Paul van Meel 中欧合作流域管理项目咨询专家组组长
Stephen Beare 澳大利亚农业与资源经济局研究总监
谈广鸣 武汉大学水利水电学院院长、教授
汪习军 黄河水利委员会水保局局长
王昌慈 山东黄河河务局副局长
王光谦 清华大学主任、教授
王建中 黄河水利委员会水政局局长
王学鲁 黄河万家寨水利枢纽有限公司总经理
Wouter T. Lincklaen Arriens 亚洲开发银行(ADB)水资源专家,菲律宾
吴保生 清华大学河流海洋研究所所长、教授
夏明海 黄河水利委员会财务局局长

徐宗学　北京师范大学水科学研究院副院长、教授
燕同胜　胜利石油管理局副处长
姚自京　黄河水利委员会办公室主任
于兴军　水利部国际经济技术合作交流中心主任
张洪山　胜利石油管理局副总工程师
张金良　黄河水利委员会防汛办公室主任
张俊峰　黄河水利委员会规划计划局局长
张永谦　中国经济研究院院委会主任、教授

秘书长

尚宏琦　黄河水利委员会国科局局长

技术委员会

主　任

薛松贵　黄河水利委员会总工程师

委　员

Anders Berntell　斯德哥尔摩国际水管理研究所执行总裁,斯德哥尔摩世界水周秘书长,瑞典
Bart Schultz　荷兰水利公共事业交通部规划院院长,联合国教科文组织国际水管理学院(UNESCO - IHE)教授
Bas Pedroli　荷兰瓦格宁根大学教授
陈吉余　中国科学院院士,华东师范大学河口海岸研究所教授
陈效国　黄河水利委员会科学技术委员会主任
陈志恺　中国工程院院士,中国水利水电科学研究院教授
程　禹　台湾中兴工程科技研究发展基金会董事长
程朝俊　中国经济研究院中国经济动态副主编
程晓陶　中国水利水电科学研究院防洪减灾研究所所长、教授级高级工程师
David Molden　国际水管理研究所(IWMI)课题负责人,斯里兰卡
丁德文　中国工程院院士,国家海洋局第一海洋研究所主任
窦希萍　南京水利科学研究院副总工程师、教授级高级工程师
Eelco van Beek　荷兰德尔伏特水力所教授
高　峻　中国科学院院士
胡鞍钢　国务院参事,清华大学教授
胡春宏　中国水利水电科学研究院副院长、教授级高级工程师
胡敦欣　中国科学院院士,中国科学院海洋研究所研究员

Huib J. de Vriend　荷兰德尔伏特水力所所长

Jean - Francois Donzier　流域组织国际网络（INBO）秘书长，水资源国际办公室总经理

纪昌明　华北电力大学研究生院院长、教授

冀春楼　重庆市水利局副局长，教授级高级工程师

Kuniyoshi Takeuchi（竹内邦良）　日本山梨大学教授，联合国教科文组织水灾害和风险管理国际中心（UNESCO - ICHARM）主任

Laszlo Iritz　科威公司（COWI）副总裁，丹麦

雷廷武　中科院/水利部水土保持研究所教授

李家洋　中国科学院副院长、院士

李鸿源　台湾大学教授

李利锋　WWF（世界自然基金会）中国淡水项目主任

李万红　国家自然科学基金委员会学科主任、教授级高级工程师

李文学　黄河设计公司董事长、教授级高级工程师

李行伟　香港大学教授

李怡章　马来西亚科学院院士

李焯芬　香港大学副校长，中国工程院院士，加拿大工程院院士，香港工程科学院院长

林斌文　黄河水利委员会教授级高级工程师

刘　斌　甘肃省水利厅副厅长

刘昌明　中国科学院院士，北京师范大学教授

陆永军　南京水利科学研究院教授级高级工程师

陆佑楣　中国工程院院士

马吉明　清华大学教授

茆　智　中国工程院院士，武汉大学教授

Mohamed Nor bin Mohamed Desa　联合国教科文组织（UNESCO）马来西亚热带研究中心（HTC）主任

倪晋仁　北京大学教授

彭　静　中国水利水电科学研究院教授级高级工程师

Peter A. Michel　瑞士联邦环保与林业局水产与水资源部主任

Peter Rogers　全球水伙伴（GWP）技术顾问委员会委员，美国哈佛大学教授

任立良　河海大学水文水资源学院院长、教授

Richard Hardiman　欧盟驻华代表团项目官员

师长兴　中国科学院地理科学与资源研究所研究员

Stefan Agne　欧盟驻华代表团一等秘书

孙鸿烈　中国科学院院士，中国科学院原副院长、国际科学联合会副主席

孙平安　陕西省水利厅总工程师、教授级高级工程师

田　震　内蒙古水利水电勘测设计院院长、教授级高级工程师
Volkhard Wetzel　德国联邦水文研究院院长
汪集旸　中国科学院院士
王　浩　中国工程院院士，中国水利水电科学研究院水资源研究所所长
王丙忱　国务院参事，清华大学教授
王家耀　中国工程院院士，中国信息工程大学教授
王宪章　河南省水利厅总工程师、教授级高级工程师
王亚东　内蒙古水利水电勘测设计院总工程师、教授级高级工程师
王兆印　清华大学教授
William BOUFFARD　法国罗讷河流域委员会协调与质量局局长
吴炳方　中国科学院遥感应用研究所研究员
夏　军　中国科学院地理科学与资源研究所研究员，国际水文科学协会副主席，国际水资源协会副主席
薛塞光　宁夏回族自治区水利厅总工程师、教授级高级工程师
严大考　华北水利水电学院院长、教授
颜清连　台湾大学教授
杨国炜　全球水伙伴（GWP）中国技术顾问委员会副主席、教授级高级工程师
杨锦钏　台湾交通大学教授
杨志达　美国垦务局研究员
曾光明　湖南大学环境科学与工程学院院长、教授
张　仁　清华大学教授
张柏山　山东黄河河务局副局长
张红武　黄河水利委员会副总工程师，清华大学教授
张强言　四川省水利厅总工程师、教授级高级工程师
张仁铎　中山大学环境工程学院教授
周建军　清华大学教授
朱庆平　水利部新华国际工程咨询公司总经理、教授级高级工程师

《第三届黄河国际论坛论文集》
编辑委员会

主任委员:李国英
副主任委员:徐　乘　张建华　薛松贵
委　　员:袁崇仁　吕雪萍　刘晓燕　张俊峰　夏明海
侯全亮　尚宏琦　骆向新　陈吕平
主　　编:尚宏琦　骆向新
副 主 编:任松长　孙　凤　马　晓　田青云　仝逸峰
陈荫鲁　岳德军
编　　译:(按姓氏笔画为序)
于松林　马　辉　马广州　马政委　王　峰
王　琦　王万战　王长梅　王丙轩　王仲梅
王国庆　王春华　王春青　王锦周　仝逸峰
冯　省　可素娟　田　凯　刘　天　刘　斌
刘　筠　刘志刚　刘学工　刘翠芬　吕秀环
吕洪予　孙扬波　孙远扩　江　珍　邢　华
何兴照　何晓勇　吴继宏　宋世霞　宋学东
张　稚　张　靖　张立河　张兆明　张华兴
张建中　张绍峰　张厚玉　张美丽　张晓华
张翠萍　李书霞　李永强　李立阳　李宏伟
李星瑾　李淑贞　李跃辉　杜亚娟　杨　明
杨　雪　肖培青　苏　青　辛　虹　邱淑会
陈冬伶　尚远合　庞　慧　范　洁　郑发路
易成伟　侯起秀　胡少华　胡玉荣　贺秀正
赵　阳　赵银亮　栗　志　姬瀚达　袁中群
郭玉涛　郭光明　高爱月　常晓辉　曹永涛
黄　波　黄　峰　黄锦辉　程　鹏　程献国
童国庆　董　舞　滕　翔　薛云鹏　霍世青
责任编辑:岳德军　仝逸峰　裴　惠　李西民　席红兵
景泽龙　兰云霞　常红昕　温红建
责任校对:张　倩　杨秀英　兰文峡　刘红梅　丁虹岐
张彩霞
封面设计:何　颖
责任印刷:常红昕　温红建

欢迎词

（代序）

我代表第三届黄河国际论坛组织委员会和本届会议主办单位黄河水利委员会，热烈欢迎各位代表从世界各地汇聚东营，参加世界水利盛会第三届黄河国际论坛——流域水资源可持续利用与河流三角洲生态系统的良性维持研讨会。

黄河水利委员会在中国郑州分别于2003年10月和2005年10月成功举办了两届黄河国际论坛。第一届论坛主题为“现代化流域管理”，第二届论坛主题为“维持河流健康生命”，两届论坛都得到了世界各国水利界的高度重视和支持。我们还记得，在以往两届论坛的大会和分会上，与会专家进行了广泛的交流与对话，充分展示了自己的最新科研成果，从多维视角透析了河流治理及流域管理的经验模式。我们把会议交流发表的许多具有创新价值的学术观点和先进经验的论文，汇编成论文集供大家参阅、借鉴，对维持河流健康生命的流域管理及科学研究等工作起到积极的推动作用。

本次会议是黄河国际论坛的第三届会议，中心议题是流域水资源可持续利用与河流三角洲生态系统的良性维持。中心议题下分八个专题，分别是：流域水资源可持续利用及流域良性生态构建、河流三角洲生态系统保护及良性维持、河流三角洲生态系统及三角洲开发模式、维持河流健康生命战略及科学实践、河流工程及河流生态、区域水资源配置及跨流域调水、水权水市场及节水型社会、现代流域管理高科技技术应用及发展趋势。会议期间，我们还与一些国际著名机构共同主办以下18个相关专题会议：中西水论坛、中荷水管理联合指导委员会第八次会议、中欧合作流域管理项目专题会、WWF（世界自然基金会）流域综合管理专题论坛、全球水伙伴（GWP）河口三角洲水生态保护与良性维持高级论坛、中挪水资源可持续管理专题会议、英国发展部黄河上中游水土保持项目专题会议、水和粮食挑战计划（CPWF）专题会议、流域组织国际网络（INBO）流域水资源一体化管理专题会议、中意环保合作项目论坛、全球水系统(GWSP)全球气候变化与黄河流域水资源风险管理专题会议、中荷科技合作河流三角洲湿地生态需水与保护专题会议与中荷环境流量培训、中荷科技合作河源区项目专题会、中澳科技交流人才培养及合作专题会议、UNESCO - IHE 人才培养后评估会议、中国水资源配置专题会议、流域水利工程建设与管理专题会议、供水管理与安全专题会议。

本次会议,有来自64个国家和地区的近800位专家学者报名参会,收到论文500余篇。经第三届黄河国际论坛技术委员会专家严格审查,选出400多篇编入会议论文集。与以往两届论坛相比,本届论坛内容更丰富、形式更多样,除了全方位展示中国水利和黄河流域管理所取得的成就之外,还将就河流管理的热点难点问题进行深入交流和探讨,建立起更为广泛的国际合作与交流机制。

我相信,在论坛顾问委员会、组织委员会、技术委员会以及全体参会代表的努力下,本次会议一定能使各位代表在专业上有所收获,在论坛期间生活上过得愉快。我也深信,各位专家学者发表的观点、介绍的经验,将为流域水资源可持续利用与河流三角洲生态系统的良性维持提供良策,必定会对今后黄河及世界上各流域的管理工作产生积极的影响。同时,我也希望,世界各国的水利同仁,相互学习交流,取长补短,把黄河管理的经验及新技术带到世界各地,为世界水利及流域管理提供科学借鉴和管理依据。

最后,我希望本次会议能给大家留下美好的回忆,并预祝大会成功。祝各位代表身体健康,在东营过得愉快!

李国英
黄河国际论坛组织委员会主席
黄河水利委员会主任
2007年10月于中国东营

前　言

黄河国际论坛是水利界从事流域管理、水利工程研究与管理工作的科学工作者的盛会，为他们提供了交流和探索流域管理和水科学的良好机会。

黄河国际论坛的第三届会议于2007年10月16~19日在中国东营召开，会议中心议题是：流域水资源可持续利用与河流三角洲生态系统的良性维持。中心议题下分八个专题：

A. 流域水资源可持续利用及流域良性生态构建；

B. 河流三角洲生态系统保护及良性维持；

C. 河流三角洲生态系统及三角洲开发模式；

D. 维持河流健康生命战略及科学实践；

E. 河流工程及河流生态；

F. 区域水资源配置及跨流域调水；

G. 水权、水市场及节水型社会；

H. 现代流域管理高科技技术应用及发展趋势。

在论坛期间，黄河水利委员会还与一些政府和国际知名机构共同主办以下18个相关专题会议：

As. 中西水论坛；

Bs. 中荷水管理联合指导委员会第八次会议；

Cs. 中欧合作流域管理项目专题会；

Ds. WWF（世界自然基金会）流域综合管理专题论坛；

Es. 全球水伙伴（GWP）河口三角洲水生态保护与良性维持高级论坛；

Fs. 中挪水资源可持续管理专题会议；

Gs. 英国发展部黄河上中游水土保持项目专题会议；

Hs. 水和粮食挑战计划（CPWF）专题会议；

Is. 流域组织国际网络（INBO）流域水资源一体化管理专题会议；

Js. 中意环保合作项目论坛；

Ks. 全球水系统计划(GWSP)全球气候变化与黄河流域水资源风险管理专题会议；

Ls. 中荷科技合作河流三角洲湿地生态需水与保护专题会议与中荷环境流量培训；

Ms. 中荷科技合作河源区项目专题会；

Ns. 中澳科技交流、人才培养及合作专题会议；

Os. UNESCO - IHE 人才培养后评估会议；

Ps. 中国水资源配置专题会议；

Ar. 流域水利工程建设与管理专题会议；

Br. 供水管理与安全专题会议。

自第二届黄河国际论坛会议结束后，论坛秘书处就开始了第三届黄河国际论坛的筹备工作。自第一号会议通知发出后，共收到了来自64个国家和地区的近800位决策者、专家、学者的论文500余篇。经第三届黄河国际论坛技术委员会专家严格审查，选出400多篇编入会议论文集。其中322篇编入会前出版的如下六册论文集中：

第一册：包括52篇专题A的论文；

第二册：包括50篇专题B和专题C的论文；

第三册：包括52篇专题D和专题E的论文；

第四册：包括64篇专题E的论文；

第五册：包括60篇专题F和专题G的论文；

第六册：包括44篇专题H的论文。

会后还有约100篇文章，将编入第七、第八册论文集中。其中有300余篇论文在本次会议的77个分会场和5个大会会场上作报告。

我们衷心感谢本届会议协办单位的大力支持，这些单位包括：山东省东营市人民政府、胜利石油管理局、中欧合作流域管理项目、小浪底水利枢纽建设管理局、水利部综合事业管理局、黄河万家寨水利枢纽有限公司、西班牙环境部、WWF(世界自然基金会)、英国国际发展部(DFID)、世界银行(WB)、亚洲开发银行(ADB)、全球水伙伴(GWP)、水和粮食挑战计划(CPWF)、流域组织国际网络(INBO)、国家自然科学基金委员会（NSFC）、清华大学（TU）、中国水利水电科学研究院（IWHR）、南京水利科学研究院（NHRI）、水利部国际经济技术合作交流中心（IETCEC，MWR）等。

我们也要向本届论坛的顾问委员会、组织委员会和技术委员会的各位领导、专家的大力支持和辛勤工作表示感谢，同时对来自世界各地的专家及论文作者为本届会议所做出的杰出贡献表示感谢！

我们衷心希望本论文集的出版，将对流域水资源可持续利用与河流三角洲生态系统的良性维持有积极的推动作用，并具有重要的参考价值。

尚宏琦

黄河国际论坛组织委员会秘书长

2007年10月于中国东营

目　录

流域水资源可持续利用及流域良性生态构建

流域水资源可持续利用及流域良性生态构建

面向生态的流域水资源评价理论、方法与实践*

王　浩　王建华　秦大庸　贾仰文　仇亚琴

（中国水利水电科学研究院）

摘要：面向生态的流域水资源评价是实现流域水资源可持续发展，促进经济与生态环境之间协调发展的基础性问题之一。为此，该文从研究内容和研究方法等方面分析了水资源评价的国内外研究现状与发展态势，指出现状水资源评价方法所面临的挑战，并提出了面向生态的流域水资源评价的内涵以及水资源全口径层次化动态评价方法，即以降水为资源评价的全口径通量，遵照有效性、可控性和可再生性原则对降水的资源结构进行系统解析，实现广义水资源、狭义水资源和国民经济可利用量的层次化评价。在方法上，可以通过构建有物理机制的分布式水循环模拟模型与集总式水资源调配模型耦合而成的二元水资源评价模型来实现，并将下垫面变化和人工取用水作为模型变量的形式实现水资源动态评价。

关键词：人类活动　水资源　评价方法　二元水循环　分布式水文模型

水资源是基础性的自然资源和战略性的经济资源。水资源短缺在不同程度上阻滞了社会经济发展，而因缺水引起的生态与环境问题又给经济发展带来了严重的影响。协调和解决经济与生态环境之间的关系，促进水资源可持续利用，成为当前亟需研究和解决的关键问题。面对新的国家需求，需要正确认识和评价水资源，以便于科学合理规划水资源，保障水资源的可持续利用。

1　国内外水资源评价进展

水资源评价是对流域或区域水资源的数量、质量、时空分布特征和开发利用条件进行全面分析和评估的过程，是水资源规划、开发、利用、保护和管理最为重要的基础性工作，其成果是进行水事活动和决策的重要依据。

实践需求是应用科学理论与技术发展的源动力，其中水资源的稀缺性就是推动水资源评价工作开展及其技术方法发展最主要的动力。20 世纪中叶之前，相比经济社会用水需求而言，水资源稀缺性并不突出，因此尽管美国和前苏联等

*　本文受到国家重点基础研究发展计划（2006CB403404）资助。

国家所开展的水文观测资料整编和水量统计方面的工作，具有了水资源评价的一些雏形，但具体的评价技术和方法研究还基本属于空白。但自20世纪中叶以来，随着世界范围人口的增长和社会经济的发展，生产生活取用水和排水量不断增长，许多国家出现不同程度的缺水、水生态退化和水污染加剧等水资源问题，纷纷开始探求水资源可持续利用的实践途径，作为水资源规划和管理的基础性工作，水资源评价开始逐渐受到世界各国的重视。1968年和1978年，美国完成了两次国家水资源评价，第一次侧重于天然水资源本底状态的评价，并开展了水资源分区工作；第二次侧重于水资源开发利用评价与供需预测。两次评价实践初步形成了以统计为主的水资源评价方法与技术。1975年，西欧、日本、印度等国家相继提出了自己的水资源评价成果。针对日趋紧张的水资源情势，国际上逐步对水资源评价工作的重要性达成了共识，1977年在阿根廷召开的世界水会议，要求各国大力增加财政投入进行水资源评价。1988年，联合国教科文组织(UNESCO)和世界气象组织(WMO)在澳大利亚、德国、加纳、马来西亚、巴拿马、罗马尼亚和瑞典等国家开展实验项目的基础上，以及在非洲、亚洲和拉丁美洲进行专家审定的基础上，共同制定了《水资源评价活动——国家评价手册》，促进了不同国家水资源评价方法趋向一致，同时有力地推动了水资源评价工作的进程。随着水资源评价与管理需求形势的发展，1997年，UNESCO和WMO再次对《水资源评价活动——国家评价手册》进行了修订，出版了《水资源评价——国家能力评估手册》。

根据全国农业自然资源调查和农业区划工作的需要，1980年我国开展了第一次全国水资源评价工作，当时主要借鉴了美国提出和采用的水资源评价方法，同时根据我国实际情况做了进一步发展，包括提出了不重复的地下水资源概念及其评价方法等，最后形成了《中国水资源初步评价》和《中国水资源评价》等成果，初步摸清了我国水资源的状况。此外地矿部门也对地下水进行了评价。随后，由于华北水资源问题突出，国家“六五”和“七五”有关重大科技攻关项目还专门对华北地区进行了水资源评价及相关问题研究。1999年，水利部以行业标准的形式发布了《水资源评价导则》(SL/T238—1999)，对水资源评价的内容及其技术方法做了明确的规定。2000年，国家发改委和水利部联合开展了“全国水资源综合规划”工作，在其技术大纲和细则中，对水资源评价的技术和方法做了进一步的修正和完善。

2　现代环境下水资源评价面临的挑战

水循环是水资源形成演化的客观依存基础，作为地表五大物质循环最主要的循环过程，赋存形式各异的水无所不在，而且相互转化、不断运动，水资源的系统精确评价本身就是一项极具挑战性的工作。现代环境下的水资源评价技术方法主要面临主体演变和客体需求变化所带来的两方面挑战:

(1)人类活动影响导致水资源演变加剧带来的技术方法挑战。随着国民经济的快速发展和人口的增长,人类社会正深度扰动着地球表层天然的水循环过程。从而影响着流域水资源的形成与演变过程。具体表现在三方面:一是人工取用水的影响。大规模的人工取用水形成了与天然“坡面—河道”主循环相耦合的“取水—供水—用水—耗水—排水”为基本结构的人工侧支循环,我国北方的许多流域侧支循环通量甚至远远超过了主循环的实测通量。二是人类活动对于流域下垫面变化的影响。水体的开发和重塑、局部微地貌的改变、土地覆被的改变以及人工建筑物的修建全方位地改造了下垫面,从而影响了流域天然下垫面的下渗、产流、蒸发、汇流水文特性,对于水资源评价也提出了更高的要求。三是大规模排放温室气体,改变了天然水循环的降水输入和能量条件,导致当前序列的水资源基础条件与历史过程存在着不同,给水资源科学评价带来困难。

(2)现代社会发展需求提高对传统水资源评价技术方法的挑战。经济社会的发展导致水资源开发利用情势的变化,对水资源评价技术方法也提出了相应的需求,突出表现在三方面:其一,随着地表水和地下水资源的紧缺状况日益加剧,除合理配置和高效利用径流性水资源外,一些其他赋存形式的有效水分的利用也逐步得到重视,如土壤水资源,这就要求水资源评价口径也必须相应扩大,以便实现多种水资源的统一调配;其二,随着资源稀缺性的日益突出,越发要强调资源的高效利用,这就对水资源利用效用评价技术方法提出了需求,包括有效无效的判别、生态环境效用和社会经济效用的统一度量以及高效和低效的量化等技术与方法;其三,水资源是量与质的统一体,随着以人为本、和谐社会理念的普及,水资源开发利用的要求不再停留在有水可用的阶段,而且发展为有符合质量标准的水可用,这就对量和质统一评价的技术方法带来了要求。

因此,面对新的挑战,传统的水资源评价方法需要在以下两个方面进行拓展:首先,需要从资源观方面进行拓展,即从传统的径流性水资源向包括降水有效利用量在内的广义水资源拓展,从评价地表水、地下水逐渐向评价大气水、地表水、地下水和土壤水拓展;其次,在系统观念上,从水循环系统扩展到水循环系统和社会经济系统以及生态系统耦合的复合系统。

3 面向生态的水资源量评价理论、方法与模型

3.1 面向生态的水资源量评价理论

大规模的工农业生产、城市化、生态建设以及人工取、用、耗、排水等活动都无时不在悄然改变着天然水循环的大气、地表、土壤和地下各个过程,致使原有

的流域水循环系统逐渐向流域水循环系统和社会经济系统相耦合的系统发展，且发展的趋势日益凸现。因此，面向生态的水资源评价方法与传统评价方法相比至少存在三方面的特点，一是评价的视角上，将人工驱动项作为水资源演变的内生动力，而并非采取"剔除"的方式将实际的水文系列通过"还原"等手段处理至天然本底状态；二是在评价过程中，要保持天然水循环过程和人工水循环过程的动态耦合关系，同时能够充分反映人类活动的影响；三是评价的内容和成果要同时服务于不同层次的生态建设、环境保护和经济社会发展。综上，面向生态的流域水资源量评价应当遵循以下原则：

(1)水资源量评价应当从流域水循环的总通量出发，以对不同特性、不同效用的水循环通量的界定作为资源评价的基础；

(2)"有用"是自然资源的首要属性，因此在水循环全口径通量中进一步对效用进行区分与度量是水资源评价的第二重内容；

(3)"可用"是继"有用"后自然资源的另外一种重要的属性，因此根据可控性准则对于"有用"资源做进一步区分是水资源评价中第三层内容；

(4)二元模式下的资源的概念是相对生态环境和经济社会两大系统而言的，因此评价中还需在可控水资源中进一步区分国民经济允许的开发利用量；

(5)基于现代环境下的水资源评价还应当能够清晰描述人类活动对于水资源演变的影响。以上五个层次的内容，整体上构成了面向生态的水资源量评价的基本思路。

当然，从完整的水资源评价理论方法而言，除水资源量评价以外，还应进一步实现水资源利用效用评价、水资源量与质的统一评价。

3.2 全口径层次化动态水资源评价方法

基于上述面向生态的水资源评价理论，提出了适于现代变化环境、面向经济社会和生态环境用水实践需求的全口径层次化动态的水资源评价方法。

3.2.1 全口径评价

所谓全口径水资源评价，就是要将水循环的全部输入通量作为水资源评价的基本口径，系统解析不同赋存形式的水分通量，以此为基础实现水资源系统评价。从广义的降水而言，其形式包括垂向降水和水平降水两类，其中垂向降水主要指云中的水分以液态或固态的形式降落到地面的现象，包括雨、雪、雨夹雪、米雪、霜、冰雹、冰粒和冰针等形式；水平降水主要指空气中的雾滴被植物叶面等介质截获形成较大水滴的现象。由于水平降水和垂向降水的内在机制不同，本文中主要研究的垂向降水，其垂向系统结构大致可以分为四层(见图1)，由上而下分别为：①冠层截流；②地面截流；③土壤入渗量；④地下水补给量。由此可以看出，以降水为全部输入通量流域水资源的评价，应对上述四层结构的水分通量进行系统逐层评价，对冠层截流、地表填洼、地表水、土壤水和地下水逐个水资源项进行界定和量化评价，才能实现流域全口径的水资源评价。

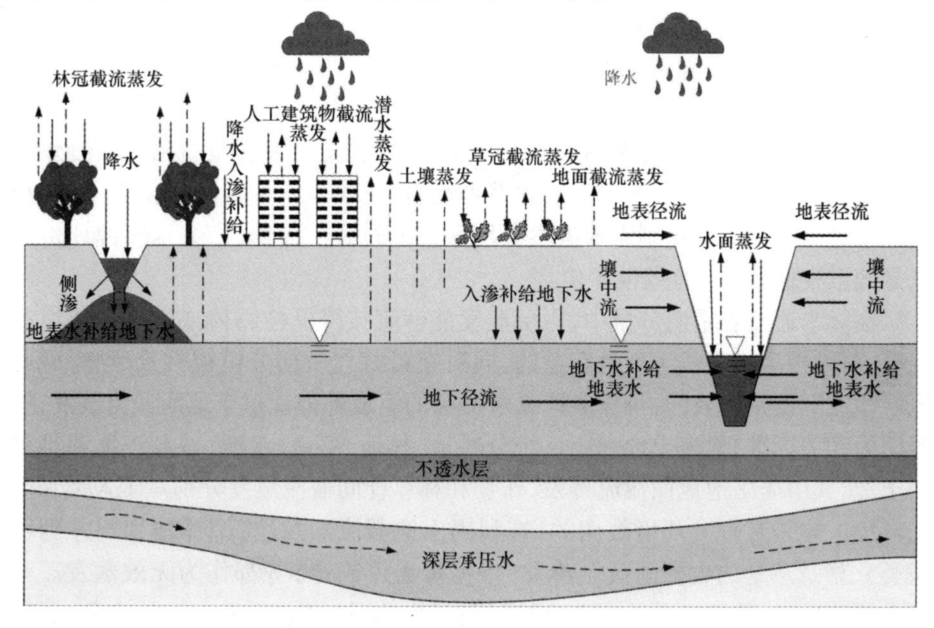

图1　大气降水的垂向系统结构示意

3.2.2　*层次化评价*

如前所述，作为自然资源的一种，有用和可用的水才算是狭义的资源。此外，为实现水资源在流域单元内的天然分布与社会需求的时空匹配，人们需要通过修建各种水利工程，对资源进行人工调控。因此，水资源的可控性，直接影响着资源效用发挥的程度和范围。再者，水的循环特性决定了水资源具有与一次性自然资源不同的可再生性，但这种可再生特性不是不可破坏的，为科学指导流域水资源的开发、利用与调控，必须维持流域水资源的可持续利用。基于上述分析，本文提出了水资源评价的三大基本准则，即有效性准则、可控性准则与可持续性准则。

基于上述准则，再对总降水通量进行资源结构解析，根据有效性准则将总降水通量区分为无效蒸发和广义水资源；在广义水资源中，根据可控性准则进一步划分为径流性水资源和非径流性水资源；在径流性水资源中，根据可再生性准则进一步划分为国民经济可利用量和生态环境需水量。在广义水资源量中，有效与无效的识别主要是看它在输出转换过程中是否发挥了生态或是经济效用，因此对于降水输入的有效性判别则转化为分项输出量的考察。依据水量平衡，流域水分输入与输出通量关系简要表示如下：

$$P = R + E + \Delta V \tag{1}$$

式中　P——降水通量；

R——实测径流通量；

E——蒸散发通量；

ΔV——存量蓄变量。

式(1)右端，径流性水资源无疑是全部有效的，蒸散发通量包括狭义有效和狭义无效两部分；对于一个较长时间系列而言，土壤水蓄变量可以认为不变，短时间系列的土壤蓄变量则需要考察其蒸散发的过程。因此，广义水资源评价重点是蒸散发通量(E)有效性评价。

在降水通量各垂向分量中，冠层蒸发能够直接降低植物体或是人居环境的温度，对维护生物正常生理是有益的，同时还可替代一部分植被有效蒸腾，因此冠层截流蒸发是有效的，可作为广义水资源的组成部分。对于地面截流蒸发，按照国内相关标准，地表土地利用系统分耕地、林地、草地、水域、城乡工地和难利用土地，其中居工地地面截流蒸发、作物和林草棵间截流蒸发分别对于人类和生态环境主体是有直接环境效用的；难利用土地截流蒸发(将沼泽地其归并到水域类)、稀疏草地的大棵间截流蒸发(依据覆盖度确定)等都作为无效蒸发。对于土壤蒸散发，蒸腾耗散的水分直接参与了生物量的生成，属于有效水分；居工地蒸发、作物和林草棵间土壤蒸发对于人类和生态环境主体也有直接环境效用；裸地土壤蒸发、稀疏草地的大棵间土壤蒸发等都作为无效水分。

基于上述分析，广义水资源总量的计算可用下式表示：

$$W_s = (R_s + R_g) + E_p + E_{ss} + E_{es} \tag{2}$$

式中　W_s——广义水资源量；

R_s——地表水资源量；

R_g——不重复地下水资源量；

E_p——冠层截流蒸发量；

E_{ss}——地面截流有效蒸发；

E_{es}——与地表水、地下水不重复的土壤水有效蒸发量。

径流性水资源评价的口径与传统评价口径一致，只是在地表水评价中进一步明晰了“片水”和“断面水”，即将流域面上产的“片水”减去河道汇流过程中的损失得到“断面水”。

为服务于水资源合理开发利用实践，对径流性水资源，还需进一步区分国民经济可利用量和生态需水量。对于地表水资源量，河道外国民经济可利用量数值上等于河川径流量减去最小河道内生态需水量。由于水分的多功能属性，不同生态需水和难控制洪水之间可能互相重叠。年需水总量的计算应在各时段内选取最大水量过程作为该时段的河道需水过程，如按月时段计算年内需水过程，计算公式见式(3)。对于地下水资源量，主要通过生态地下水水位进行控制。

$$W_{en} = \max(W_{1xs1},\cdots,W_{1xsj}) + \max(W_{2xs1},\cdots,W_{2xsj}) + \cdots + \max(W_{12xs1},\cdots,W_{12xsj}) \tag{3}$$

式中 W_{en}——年生态环境需水量；

W_{ixsj}——年内第 i 月的河道第 j 项生态环境需水量。

3.2.3 动态评价

受各项人类活动影响，流域水资源不断发生演变，因此任何将水资源还原到某一时间断面上的静态评价方法都是不科学的，而应当采取的是反映实际状态的动态评价。对流域水资源演变产生影响的人类活动主要包括全球气候变化、下垫面变化和人工取用水，其中全球气候变化对流域水资源影响的时空尺度一般较大，加上定量上的不确定性，因此在为规划服务的水资源评价当中不作考虑。定量评价中主要考虑下垫面变化(主要是地表覆被变化)和人工取用水影响，用下式表示：

$$R_t = f(P, L_t, W_t) \tag{4}$$

式中 R_t——t 时间断面上的水资源量；

P——降水；

L_t——t 时间断面上下垫面状况；

W_t——t 时间断面上的人工取用水。

针对上述两方面主要人类活动影响，本次研究在实际评价当中，将不同时期实际下垫面和取用水影响作为水资源评价模型的参变量，从而实现了流域水资源的“还原”量、“还现”量和“还未来”量的多情景动态科学评价，从而实现了流域水资源的动态评价，这样评价出来的量才是水资源的“真值”。

3.3 有物理机制的流域分布式水资源评价模型工具

流域水循环是水资源形成与演变的基础，要实现流域水资源的全口径层次化动态评价，必须以流域水循环的全过程精确模拟为基础。针对现代环境下的流域水循环结构的二元化特性，提出了采取流域分布式水循环模拟模型和流域集总式水资源调配模型耦合的建模思路，通过分布式模拟模型主要模拟天然的“坡面—河道”天然水循环的四水转换过程，为集总式调控模型提供来水信息；通过集总式调配模型模拟流域“取水—输水—用水—耗水—排水”的人工侧支水循环过程，为分布式模型提供产汇流路径上水量的输入输出。流域水资源二元演化模型的基本构架见图 2。

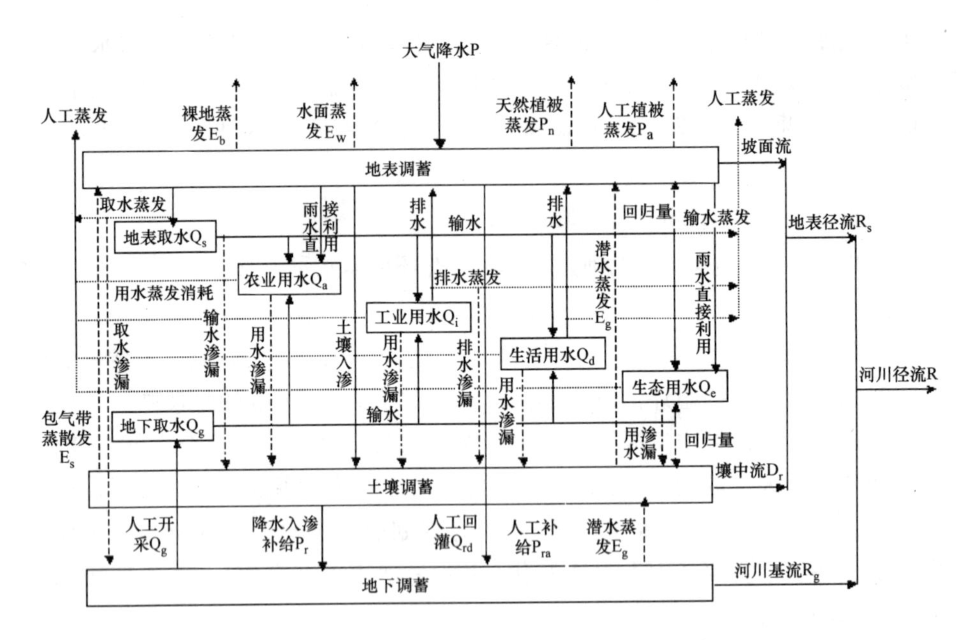

图 2　流域水资源二元演化模型的基本构架示意图

实践当中，影响分布式模型和集总式模型耦合最主要的问题是分布式信息和集总式信息在时空尺度上的融合问题，具体可以采取两种融合方式，一种是将集总式模型的输出信息进行时空二维“离散”，将其降至分布式时间步长和空间单元相匹配的尺度，供分布式水循环模拟模型使用；另一种是将分布式模拟信息在时空二维上进行积分，通过向上尺度化实现与集总式模型所需时空尺度的匹配，然后进行系统耦合。如将河道逐日的径流过程向上积分到月、年尺度，作为水资源年调配过程的基本输入。

根据以上建模思路，作者在国家 973 课题和“十五”科技攻关项目研究中，构建了有物理机制的分布式黄河流域水循环模拟模型（WEP-L 模型）来模拟各水循环与能量循环要素过程。该模型模拟对象包括天然的“坡面—河道”主循环过程和以“供—用—耗—排”为基本环节的人工侧支循环过程，二者的耦合主要通过水量平衡和循环要素项之间的水力联系来实现。WEP-L 模型的水平结构和垂向结构见图 3（a）和图 3（b）。

集总式水资源调配模型包括两个模型，即水资源合理配置模型和水资源调度模型。水资源配置模拟模型是在给定的系统结构和参数以及系统运行规则下，对水资源系统进行逐时段的优化调度，然后得出水资源系统的供需平衡结果，配置的内在决策机制主要包括水量平衡机制、社会公平机制、市场经济机制和生态环境机制。水资源调度模型可采用“实时调度、滚动修正”的精细模型，

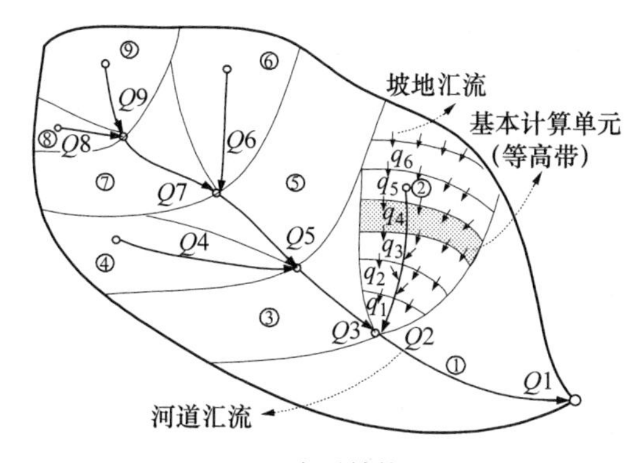

(a)水平结构

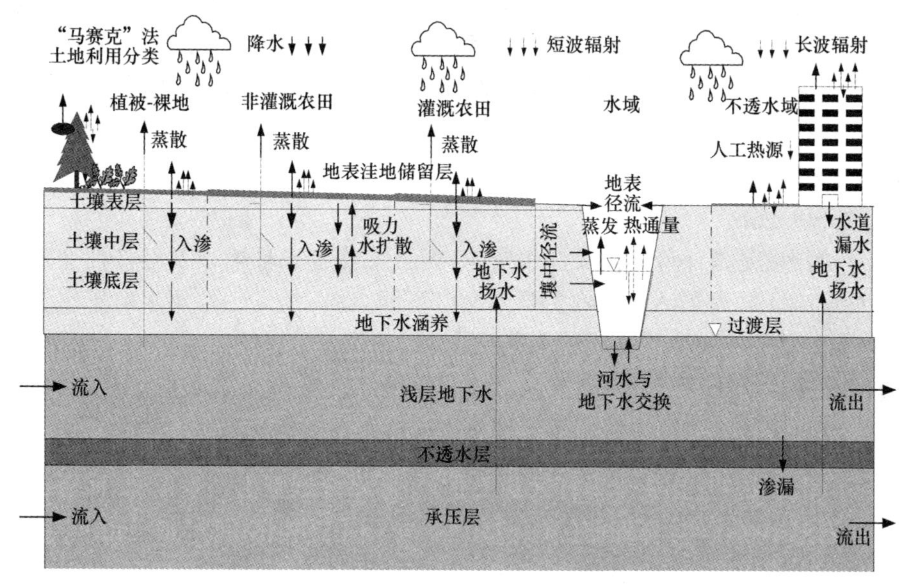

(b)垂向结构

图3 WEP-L 模型的结构

也可以采取基于规则的简化模式。

本次构建的集总式二元水资源演化模型的模拟时段包括历史过程的模拟和未来过程的模拟两种情况,其中历史模拟的实质是对历史过程的"仿真"再现,主要借助水资源调配模型将这些集总式用水信息在空间上和时间上"复原",未来过程模拟实质上是对规划条件下水循环过程的情景模拟,主要通过构建流域水资源合理配置模型结合基于规则的调度模式来实现。

3.4 全口径层次化动态水资源评价方法的特点

本文提出的全口径层次化动态水资源评价方法与传统的水资源评价方法相比,主要特点体现在评价模式、评价广度、评价深度和评价手段等四个方面。

评价模式是指二元模式。传统水资源评价均是基于“实测—还原—建模—调控”的一元静态评价模式，对于人类活动影响采取“剔除”的方式进行处理。一元静态评价模式在人类活动影响程度较小的情况下，能够满足实际需求，而随着人类活动逐渐加强，供水—用水—耗水—排水过程已经成为水文循环中不可忽视的环节，这种模式已经不能有效地指导实践。高强度人类活动对水循环的干扰使得水资源评价的视角逐步转向“实测—分离—耦合—建模—调控”的二元动态评价模式。

评价广度主要是指水资源评价主体不断拓展和延伸。以往的水资源评价主体主要集中在地表水和地下水，随着在农业生产和生态环境建设方面发挥的作用越来越大，土壤水资源已逐渐引起学术界和相关部门的关注，世界粮农组织已将作为植物生产环节之一的蒸汽流又回到大气的“绿水”作为重要的研究内容。本文提出的全口径水资源评价就是要将水循环的全部输入通量作为水资源评价的基本口径，系统解析不同赋存形式的水分通量，以此为基础对冠层截流、地表填洼、地表水、土壤水和地下水逐个水资源项进行界定和量化评价，全面拓展了水资源评价主体。

评价深度是指评价不仅关注水资源，而且关注生态环境以及经济社会对水资源的影响。对人类活动影响主要考虑以下两点，一是人工取用水对于水资源的影响，二是下垫面变化造成的水资源演变。

评价手段是采用分布式水文模型。早期的水资源评价方法主要是统计的方法，自 20 世纪 80 年代以来，水资源评价方法逐渐发展为流域水量均衡方法。联合国粮农组织为了促进各国水资源评价的一致性，进一步提出了基于 GIS 的水均衡模型。在国内，广泛应用于水资源评价实践的主要是水均衡方法，经过 20 多年的发展，对水资源各均衡项大多界定得比较明晰，具体评价技术途径则以“实测—还原—汇总—校核”为主。从 20 世纪 80 年代以来，水文模型技术逐步发展起来。本文将分布式水文模型技术引入水资源评价中来，提高了计算的精度。

4　实例研究

4.1　流域概况

黄河自西向东，流经青海、四川、甘肃、宁夏、内蒙古、山西、陕西、河南和山东九省(区)，注入渤海，全长 5 464 km，其中河源到托克托河段为上游，托克托到桃花峪河段为中游，桃花峪以下为下游。全流域位于 96°E ~ 119°E，32°N ~ 42°N，总流域面积 794 712 km^2。

黄河流域降水的地区分布很不均匀，主要表现为东南多雨，西北干旱，平原降水多于高原，山地降水多于盆地，总体趋势是东南向西北递减。

4.2 层次化评价

为了评价黄河流域在现状下垫面条件下的水资源量，模型采用2000年下垫面条件、2000年水量调配模式。根据目前水文资料实际情况，并考虑系列的代表性，采用1956~2000年水文资料进行分析。为反映流域用水过程对水循环的影响，采用天然水循环和用水方式耦合的模式，即评价模式采用的是1956~2000年水文气象系列、2000年下垫面条件和有人工取用水条件，且取用水统一为2000年的情况。

4.2.1 广义水资源

从表1看出，黄河流域1956~2000年系列平均降水量为3 563亿 m^3，现状下垫面和取用水影响情景下平均广义水资源量为2 756.6亿 m^3，占降水量的77.4%，其中非径流性有效水分为2 080.1亿 m^3，是径流性狭义水资源的3.1倍。这表明以土壤水等其他形式赋存的有效降水对于经济和生态系统起到重要的支撑作用。在各二级区当中，三门峡至花园口区间的广义水资源占降水比例最高，占94.7%，而内流区广义水资源最低，占54.2%。

表1 现状条件下黄河流域广义水资源评价结果 （单位：亿 m^3）

水资源分区	降水量	狭义水资源	有效降水利用量				广义水资源
			农田有效蒸散①	林草有效蒸散②	居工地有效蒸发③	总量	
黄河区	3 563.0	676.4	890.9	1 173.3	15.9	2 080.1	2 756.6
龙羊峡以上	632.3	212.1	5.5	227.2	0.1	232.8	444.9
龙羊峡至兰州	433.0	116.1	48.5	182.9	1.0	232.4	348.4
兰州至河口镇	427.6	53.7	119.6	116.7	2.9	239.2	292.9
河口镇至龙门	480.2	49.2	144.6	143.0	0.6	288.2	337.5
龙门至三门峡	1 038.8	143.5	386.8	330.1	6.7	723.6	867.1
三门峡至花园口	274.7	50.3	89.6	118.5	1.6	209.7	260.0
花园口以下	157.8	32.0	85.8	20.8	2.9	109.5	141.5
内流区	118.6	19.5	10.5	34.1	0.1	44.7	64.3

注：①农田有效蒸散包括农作物冠层截流蒸发、农作物土壤蒸腾和棵间土壤蒸发，但不包括潜水蒸散发；
②林草有效蒸散包括林草冠层截流蒸发、林草土壤蒸腾和小棵间蒸发，也不包括潜水蒸散发；
③居工地包括城镇用地、农村居民点和其他建设用地，居工地有效蒸散是指居工地地面上的蒸散发。

4.2.2 狭义水资源

黄河流域1956~2000年系列分区狭义水资源评价结果见表2。从表2可以看出，2000年现状下垫面和取用水条件下黄河流域传统的狭义水资源总量为676.3亿 m^3，其中地表水资源量为548.7亿 m^3，地下水资源量为404.2亿 m^3，不重复的地下水资源量为127.6亿 m^3。

表 2　现状条件下黄河流域狭义水资源评价结果　　　（单位：亿 m^3）

水资源分区	地表水资源量	地下水资源量		狭义水资源总量
		资源总量	不重复资源量	
黄河区	548.7	404.2	127.6	676.3
龙羊峡以上	210.1	65.3	1.9	212.0
龙羊峡至兰州	112.8	37.0	3.4	116.2
兰州至河口镇	18.5	58.6	35.2	53.7
河口镇至龙门	42.3	40.0	6.9	49.2
龙门至三门峡	104.5	125.1	39.0	143.5
三门峡至花园口	39.2	35.1	11.0	50.2
花园口以下	18.0	23.6	14.0	32.0
内流区	3.3	19.5	16.2	19.5

4.3　动态评价

为指导未来流域水资源远期规划，本次研究利用二元演化模型对黄河流域 2020 年水资源演变情景进行了模拟预测，其中人工取用水的情景依据集总式水资源合理配置模型的输出结果，下垫面情景则以 2000 年现状下垫面为基础，根据各省区相关专项规划结合历史未来演变规律分析，在 GIS 平台上综合处理得到。虽然人类活动对于气候系统的影响程度以及气候的未来变化趋势日益受到关注，但是气候未来变化的不确定性给预报和长系列模拟带来困难，未来气候变化对降水的影响有待于进一步研究，因此本文不在预测中考虑降水量的变化，降水系列依然采用 1956 ~ 2000 年降水系列。

黄河流域 2020 年广义水资源演变情景模拟评价结果见表 3。2020 年下垫面和取用水情景下，黄河流域有效降水量为 2 763.2 亿 m^3，无效降水量为 799.8 亿 m^3，与 2000 年相比，有效利用的水分增加约 7 亿 m^3。

表 3　2020 年黄河流域广义水资源演变情景模拟评价结果　　　（单位：亿 m^3）

水资源分区	降水量	广义水资源			无效蒸发
		狭义水资源	有效蒸散①	广义水资源量	
龙羊峡以上	632.3	210.8	238.8	449.6	182.7
龙羊峡至兰州	433.0	114.9	235.0	349.9	83.1
兰州至河口镇	427.6	53.8	244.5	298.3	129.3
河口镇至龙门	480.2	49.6	288.2	337.8	142.4
龙门至三门峡	1 038.8	139.4	726.0	865.4	173.4
三门峡至花园口	274.7	50.6	203.0	253.6	21.1
花园口以下	157.8	32.1	111.2	143.3	14.5
内流区	118.6	19.5	45.8	65.3	53.3
总　计	3 563.0	670.7	2 092.5	2 763.2	799.8

注：有效蒸散主要包括农田蒸散发、林草有效蒸散发和居工地的蒸散发三大类，潜水蒸散发已统计在狭义水资源中，故此处的有效蒸散发不包括潜水蒸散发，林草的有效蒸散发根据其盖度来确定。

黄河流域2020年狭义水资源演变情景模拟评价结果见表4。从表4看出，2020年下垫面和取用水情景下，黄河流域水资源总量将演变为670.7亿m^3，地表水资源量演变为554.2亿m^3，地下水资源总量演变为392.7亿m^3，不重复的地下水资源量为116.5亿m^3。与现状相比，黄河流域水资源总量减少了5.7亿m^3，变化不大，但水资源结构进一步发生演变，由于控制了地下水的过量超采，河道基流量较现状有所恢复，地表水增加，因此不重复的地下水资源量有减少的趋势。而从现状到2020年下垫面变化不大，对水资源演变影响不显著。

表4　2020年黄河流域狭义水资源情景模拟评价结果　（单位：亿m^3）

水资源分区	地表水资源量	地下水资源量	不重复地下水资源量	水资源总量
龙羊峡以上	208.8	65.8	2.0	210.8
龙羊峡至兰州	111.8	37.1	3.1	114.9
兰州至河口镇	19.3	58.0	34.5	53.8
河口镇至龙门	42.6	40.8	7.0	49.6
龙门至三门峡	106.5	116.7	32.8	139.3
三门峡至花园口	41.8	35.8	8.8	50.6
花园口以下	20.0	19.5	12.1	32.1
内流区	3.4	19.0	16.2	19.6
总　计	554.2	392.7	116.5	670.7

5　结语

面向生态的流域水资源评价是一个新的探索，它使水资源评价的视角更为广阔。在研究视角上，需要以流域水循环为主线，综合考虑生态、经济和社会综合需求；在研究方法上，需要对流域水循环的研究方法进行创新。本次提出的水资源全口径层次化的动态评价方法能够面向不同类型经济社会建设和生态环境活动的需求，为人类活动影响下的流域水资源评价提供了基础方法论，有望形成适用于水资源紧缺、人类活动频繁地区的新一代水资源评价方法。

但同时也应当看到，面向生态的流域水资源评价是一个需要长期探索的过程。这需要在今后的研究中将新的科学理念融入到传统的研究中，不断促进和完善面向生态的流域水资源评价理论和方法。

参 考 文 献

[1]　王浩，陈敏建，秦大庸，等. 西北地区水资源合理配置和承载能力研究[M]. 郑州：黄河

水利出版社, 2003.

[2] 王浩,秦大庸,陈晓军. 水资源评价准则及其计算口径[J]. 水利水电技术, 2004,(2):1-4.

[3] 王浩,王建华,贾仰文,等. 现代环境下的流域水资源评价方法研究,水文[J]. Vol(25), 2006,25(3):18-21.

[4] 贾仰文,王浩,王建华,等. 黄河流域分布式水文模型开发与验证//自然资源学报,2005,20(2):300-308.

[5] 贾仰文. WEP模型的开发和应用[J]. 水科学进展,2003,14(增刊):50-56.

[6] Jia Yangwen, Tsuyoshi Kinouchi, Junichi Yoshitani. Distributed hydrologic modeling in a partially urbanized agricultural watershed using WEP model[J]. Journal of Hydrologic Engineering, ASCE, 2005,10(4):253-263.

[7] Jia Yangwen, Tsuyoshi Kinouchi, Junichi Yoshitani. Distributed hydrological modelling in the Yata watershed using the WEP model and propagation of rainfall estimation error Weather Radar Information and Distributed Hydrological Modelling, Proc. of 7th IAHS Congress, Sapporo, Japan, IAHS Redbook, 2003(282), 121-129.

[8] Jia Yangwen, Ni Guangheng, Junichi Yoshitani, et al. Coupling Simulation of Water and Energy Budgets and Analysis of Urban Development Impact. Journal of Hydrologic Engineering, ASCE,2002,7(4):302-311.

[9] Jia Yangwen, Ni Guangheng, Yoshihisa Kawahara,et al. Development of WEP Model and Its Application to an Urban Watershed. Hydrological Processes, John Wiley & Sons, 2001,15(11), 2175-2194.

[10] Igor A. Shiklomanov, John C Rodda. World Water Resources at the Beginning of the Twenty-First Century[M]. United Kingdom: the Press Syndicate of the University of Cambridge, 2003.

气候变化对水政策的影响

——为何水政策要应对可能的气候变化

Jacky COTTET

(法国罗讷河流域管理委员会)

摘要:如今,气候变化受到了大众的关注。无疑气候的变化对水管理产生了影响并使人感到担忧。尽管我们还不知道如何预知以后自然界即将发生些什么事情,但是我们可能已经需要对水管理政策重新定位了。罗讷河—地中海及科西嘉河流域管理委员会已经采取了各种应对措施并正在干预项目中引入干预计划。这些措施对资源缺乏的预言与特大洪水的预测给予了同等的对待。为了应对不足,供水安全措施需要有大范围的水量调度和水网连接,尤其对于灌溉来说,就要减少浪费并提高设备运行效能。至于抗洪,当前的任务还比较适中,因为目标就是将空间规划(占地)、当前城市化及排水优化管理结合起来。预备一些区域在水流上涨时进行分洪是适应迅猛发展的一个基本方针,在这些地区,远期研究应当给予鼓励。

关键词:气候变化　气候水　气候水政策影响　水缺乏　河滩

由于温室效应而产生的气候变化现象在过去几年间几乎已经全部得到公认。例如,就全球来说,地表的平均温度到 2100 年可能会增长 1.5 ~5 ℃,而到那时候蒸发作用的增长将提高全球的平均降雨(Leblois 等, 2005)。

但是仍值得思索的是,按照空间和时间的不同,降雨范围会有不同,特别是当要研究不同地区(如欧洲或欧洲更多确定的特殊“区域”)的这一全球现象的可能发生率时。不管怎样,大多数对日益鲜明的水文状况趋势推断的情况表明,在冬季有高洪水风险、在夏季有干旱风险。

因此,当发展管理计划及其他水发展总体规划(其目标是在兼顾自然界平衡的同时允许水资源的持续利用)的时候,这些现象不容忽视。

1　我们究竟了解什么

通过过去 10 年由法国生态和持续发展部启动的计划,国家级研究计划已经开始。

作为一个假说,大气层中的二氧化碳将在 2050 年达到目前的 2 倍,并试图改变当地的水平,这些方案都是全球性的模型。不管多么的不确定,它却有可能确定多种现象。

在法国最明确的结论性预言是(目前是受海洋性气候影响,气候适中):

——受数量和空间及持续时间影响,雪覆盖量将减少;

——冬季水流加大,而春夏两季的水流减少;

——明显的干旱。

而对于水生生态系统生物,这种演变将整体加快流动水源中鱼类的衰退。

此外,气候变化还会影响农业生产,特别是灌溉农业,比如说玉米产量将减少。同时,对维持农作物生长的灌溉水的要求会增加,并将因此加剧当地水缺乏的情况。

简言之,仍存在许多的不确定因素,而明确的研究课题便旨在解决这些不确定因素。但是按照资源的实用性或生态系统的演变,识别出作为拟定可能出现情况的基础的这些不同现象是已经可行的。这些组成部分足够驱使工作者整合预测计划元素,并与执行水政策一起进行。

我们将罗讷河流域作为例子。罗讷河流域的水资源管理政策由罗讷河—地中海和科西嘉河流域管理委员会管理调节。罗讷河流域的情况是:如果全部的地表水和地下水可用资源都超出需要的话,在某些特定季节,一些局部地段将会发生问题。事实上每年的水平衡是确定的——有680亿m^3水在通过水网流动,而每年只有160亿m^3被抽取(其中110亿m^3用于冷却核电站,30~40 m^3配给灌溉,大约25亿m^3用于本地社区和工业)。此流域刻画了一个地理、地质和气候因素的多样性,它解释了为何要进行局部和临时的水缺乏情况观测。气候变化的潜在影响将加剧这些现象的发生并因此而备受关注。

基于这点,罗讷河流域管理委员会所实施的一些行动预见了因匮乏而导致的风险:

(1)管理委员会与科学界保持着密切联系,以便能共享此课题知识,并能将气候变化带来的影响涵盖到管理计划定义中去。

(2)在水发展和管理总体计划(WDMMP)内部,整合了一个涵盖整个流域的远景调查草案,从而用于创造有关气候变化的发展方案,并特别着重于行动和使用。

(3)大水系已经在夏季降雨量的不足需要通过调水来弥补的南方地区就位:用于农作物灌溉和旅游消耗的水资源已达最低水平要求。修建了大型水渠(30~80 m长,流速为每秒几十立方米)以促进灌溉,同时也逐渐保证了大城市(如尼斯、土伦、马赛等)的供水。

(4)同时,在阿尔卑斯山地区,滑雪胜地的发展者拥有人工制雪机来保证其投资获利。而水管理委员会不会批准这在冬季大量增加的水资源使用(当由于霜冻,高海拔地区资源紧缺的时候)。管理委员会关注的是大范围使用人工雪造成的水位降低及由于旅游用水而造成的竞争带来的影响。

2　资源平衡管理:巨大的挑战

在夏季,特别是用水高峰期(农作物灌溉、家庭用水、休闲娱乐等),气候变化是否加剧了现存水资源的不足看起来并不确定。

因此我们要在资源管理方面富有前瞻性,且要扩展对良好习惯做法的选择。有几种不同的做法:在单个家庭和整个社会经济参与者层面上都要节约用水;通过修建水库利用新的资源,进入蓄水层抽水及流域之间调水等。

水政策需要两大共存并相互适应的主原则

(1)基于供水的政策:修建基础设施,要能满足预期需求并能促进这些需求;

(2)基于要求的政策:进行干预以减少用水需求,同时,鼓励种植需水较少的作物以节水。

考虑到资源平衡管理中的气候变化,预防性行为应得以优待。

事实上,上述的第二个原则,即将成为水资源综合管理主要部分的需水管理,给资源带来了约束和供水政策导致的费用(修建大型工程通常都比现时节约费钱,并且其使用需要严格的管理)。毫无疑问,气候变化给自然资源和选择性解决方案的持续性层面带来了不确定。

上述提及的气候变化影响要求工作者们对水资源定量管理采取一种持续的发展政策:①由对可用资源的良好管理推动的补救态度:一方面是消费习惯及无法存活农作物的转变;②预防政策:另一方面是旨在确保社会经济发展的自然资源的持续保护和管理。

对水需求的管理要满足这些目标不仅需要对供水的管理,在确保不同消费者中的资源合理分配的同时,还要减少损失和不当利用,优化水源利用。在考虑生态系统要求的同时,促进水再生,并要考虑到该资源更新所需要的条件。

此外,此方法可能还要用于预见和避免以上描述的趋势所通告的危险。气候变化的不确定变得不仅不可控制,同样也难于预报,但是,需求管理属于管理者的工作范围并可以由他们调节。在这种情况下,要通过限制和阻止不可行的实践行动来缓和资源暴露的压力,如过度开采或不可再生资源(主要是深层地下资源)的利用。

基于这个方面,罗讷河流域管理委员会启用了预防措施。尽管30年前的空间发展政策鼓励了本机构支持大型供水设施的发展,如大坝和主要的调水系统,但是如今预防工作及可用资源的持续管理方面的努力已经开始被逐渐加强。连年蓄水的水库已不能应付长时间的干旱了。

有许多预防措施,包括:

(1)在应急计划中,管理委员会要通过灌溉技术(喷灌和滴灌)的执行、节约用水的工业程序及查找城市管网的漏水处等来提供节水资金。

(2)给予水库管理者财政援助,以便建立支撑体系来保证水生生物生活的最小流量。

(3)通过执行资源分配图形来促进水资源定量管理的全球视野,包括发展情况、对不同使用者来说都是通用的目标定义及共享条例的设定;要在农民中进行协调,以便在河流水量较少时能停止灌溉取水;实施全面管理,因此法律手段便不再必要。

(4)管理委员会还要给予水资源供应或调度的附加设备安装工作以财政支持,但是当设立显示资源平均分配及节水政策的图标时,要着重其必要性。不管哪种情况,执行解决方案将必须适合持续发展的基本原理,也就是经济上可行和环境上可接受。

(5)签订协议以便与当地股东共同协商促进水资源利用的管理(框架协议范本由 DROME 河地区的灌溉使用者签订)。

(6)要干预湿地的恢复和保持,因为湿地在保证河道最低水平面发挥了作用。

另外,现在通过在缺水区确定优先使用权,也就是限制性使用权,法律机制在部门(也就是地方)层面是可以用来管理危机的。

3 预防洪水风险

科学家们设想的情况证实了水文由于气候变化而将得以改变的局面,这将引领我们思考洪水将变得愈来愈频繁或愈来愈显著或两者兼有的现象。

由调查研究得出的这些结论要求工作者们要立即执行政策,按照水管理(取水、排水、径流管理)和空间发展来整合水位上涨与洪水这些固有的问题。

由于水位上升带来的河滩的保存问题因此变得更加棘手和具有现实挑战。保持这些地区并保持缓冲作用对已经将其在预防步骤中计划过了的地区来说是代价不高的解决方案。

当允许水位上升的回旋余地不多的时候,许多保护体系也许被考虑到,可以通过修建堤坝来隔断河床或通过挡土墙来抑制洪水。

河流流域管理委员会将逐步参与进来。尽管这片区域过去由国家负责,但是法国河流流域管理委员会将逐渐参与到受益于特殊资金的风险预防计划框架下的国家行为中去。

在计划中，管理委员会打算提供风险经费以及洪水弱势研究；向河滩和主河床的改造工作提供财政支持。

4 重视人类活动造成的水温上升

科学家们对气候变化影响的研究着重强调了水文影响，并考虑到了在资源方面或涉及水位上升风险管理中的危急情况。同样，人类活动造成的水温上升引起的明显反应也受到了管理者的关注。

从生态学的角度来说，水生生物数量的演变似乎是有道理的。至于水管理，按照欧洲水构架指令和质量目标，这种趋势对涉及的生态状况的参照理念有直接影响。

在更实际的层面，对于当前刚确定的并且是基于管理规划的目标，从长远来看由于水温的升高而无法实现是有可能的，只要生物系统已经进行了演化。这个问题在那些大片的水域已经存在，那儿水温升高的影响似乎已经通过改变混合现象、湖生态系统的结构化来得以证明。

建立作为参考的国家网络站点，以整理、记录物理化学和生物学性质原理，并将这一发展进行整合。通过持续不断的监视网络，生物体系的演变将被适时地予以定义。

水升温的事实给核电站的管理带来了新的压力，工作人员不得不申请减免冷却水排放温度。环境保护主义者反对设立发电站的情况在早些年的法国经常频繁出现，特别是罗讷河沿岸。事实上河流流域管理委员会最近刚刚要求河流流域委员会的科学理事会起草一份关于这种减除对生态系统所造成的潜在影响的意见书。尽管一方面核能发电不会产生温室效应并可以被当成可行的方案，但另一方面，它仍然存在加热河流的问题。对环境质量的要求依旧坚定不移，而对操作者来讲约束也变得愈加严格。

5 结语

水管理政策必须提出前瞻性的方法，通过对政策的重新定位预测未来变化。

尽管有关气候变化可能产生的影响方面的知识还在探索中，关于水文或改良了的生态系统的预测结果对于允许管理者来自己确定，以及在管理计划中整合进行必要的规定还十分不确定。这似乎与采取预防政策关系很大，它支持了许多信息，被罗讷河流域管理委员会传送到其合伙人手中并在其水发展和管理总体计划（WDMMP）中得以表现。同时，罗讷河流域管理委员会将密切监视这一调查范围已经超出了水领域的课题的研究。也许还会在某种情况下与某些研究机构进行合作，以在未来的管理计划研究中取得新的进展。

参考文献

[1] Eaux de Rhone – Mediterranee – Corse. Rhone – Mediterranean – Corsica River Basin Agency, 1991. 331pp.

[2] Leblois et al. Etude des impacts potentiels du changement climatique sur le bassin versant du Rhone en vue de leur gestion – deuxieme phase—Management and Impacts of Climate Change (GICC) project – Rhone, final report, abridged version, 2005. 24 pp.

[3] Panoramique. Tableau de Bord du SDAGE Rhone – Mediterranee – Corse. Rhone – Mediterranean & Corsica River Basin Committee, 2000. 137 pp.

欧洲水框架指令

——河流流域管理委员会如何参与执行新的“水框架指令”

Jacky COTTET

(法国罗讷河流域管理委员会)

摘要:欧洲水框架指令将应用于欧盟27个国家,目的是使所有水体在2015年达到良好状况。如果这个目标在2015年的时候达不到,但理由合理的话,最终的期限将会延长。在法国,这个指令的置换工作已开始启动,并且河流流域管理委员会也积极参与其中。事实上,受此指导思想影响,在不同执行阶段中的主导者们要完成协议的目标包括:发布进展情况、重要问题界定、补救措施选定、对措施可行性的经济评估、公众质询、行动计划、发布报告等。罗讷河-地中海和科西嘉河流流域管理委员会将参与此项任务。

报告总结了该项目的一些主要问题,着重强调了这些工作对当前仍然有效的水发展及管理总体规划的影响。罗讷河流域管理委员会出台的新干预计划(2007~2012)同样也依照了这些指令。结果,现在所遵循的方法是基于目标和成效,而不是按照将要安装的装备要求。然而,流域管理机构过去主要是依靠提供资金支持的一系列标准设备,如今他们要检查作为援助课题的资金对所计划的环境利益是否有效,否则资金就不能被使用。通过这种方式,财政援助可以在不同区域内呈现广泛的多样性:特定的设备在这里可能效率不高(意思是不再被资助),而在其他地方效率极高(导致最大援助比率)。简言之,财政干预在现在一定要用于特殊地方并有条件地针对目标使用。

关键词:欧洲水框架指令(EWFD) 置换 法国水管理委员会 选择性援助 水资金

2000年10月20日,欧盟颁布了欧洲水框架指令,为欧盟27个国家的水管理提供了一个新的方法。本指导应用于这些国家旨在执行一条严格的、标准的方法以保护水资源。尽管有些国家,如法国,已经实施了一些成熟的政策来保护其水资源,水框架指令还是在欧盟成员国之间传达了一项有力的水发展政策。在这里我们提及法国作为佐证,尽管法国在四十几年前就建立了河流流域管理机构,为了服从这项指令,也不得不进行漫长的诊断过程,并伴随相应的补救措施。

1 指令的主要原则

指令要求各欧盟成员国的水体在2015年前达到以下目标：

——水质不退化；

——达到水质良好或生态潜能良好；

——消除有害物质；

——符合各地区不同团体既定的目标（UWW指令、硝酸盐、NATURA 2000、饮用水、淋浴用水）。

显然还有调节的空间，或者有正当理由，最终期限是允许延长的，或者有些水体由于其自然属性，被确认为是负面措施（水体被高度改良的情况），而后延期可以被予以认同。指导还考虑到有关下述各阶段的执行进度：

——2005年实施水体诊断；

——2006～2008年为公众质询；

——提供已实施措施的证据以确定是否能在2009年达到良好状态；

——确保在该方面所作努力的持续报道。

结果，该指令在基于所追求结果的基础上，提出了一种解决途径，而不仅仅是一种实用方法。然而在过去通常用设备安装作为针对目标也是必需的。新的途径意味着要在一个确切的期限内设立目标。因此，如今思考的过程主要集中在了达到此目标上，因为设备不再成为先决条件而是达到目标的一种工具。

本组织在与河流流域行政区相对应的大型水文单元的基础上，提供了相应管理方式。每个独立的水体将在这些行政区内标识出来。在模仿法国组织机构的做法基础上，这样构建的目的不仅是使方法标准化，还可以使其合理化。但是由于有跨界河流，因此要考虑到跨过区域。

流域管理

指令要求成员国要在2003年标识出流域区，即流域群，同时确保跨界流域情况下分界一致。

计划与时间安排

为了报告水的不同用途及对水况的影响，各地区要在2004年底之前开始实施。区域的不同特性考虑到了水域实施的措施及空间规划政策，以便确定指令所要求的环境目标在2015年不能开展的各个水体。

此外，指导还要求在2004年底之前保护区要建立注册机制，以便能识别所有受特别措施保护的区域（取水以供人们日常消费、游泳地、栖息地保护）。

罗讷河－地中海及科西嘉流域真实的进展情况表明：

——46%的湖泊、58%的地下水体和32%的河道需要在2015年前达到良好状况；

——8% 的河道和 11% 的地下水很有可能达不到良好状况的要求；

——21% 的河道和 31% 的地下水前景还不确定；

——由于独立构造（航行、水力发电），39% 的河道需要被逐个单独处理并将降低目标。

在 2006 年底前要求成员国建立水质情况监测网络。用分级地表水进行补充并用等级法对水况进行评估，本体系将考虑对成员国之间的水质及水生环境进行对比。

到 2009 年，一项“管理计划”将会详细说明需要在 2015 年达到的目标，“措施纲要”确定要完成目标所需要的的行动。这些原本合法的措施（废水排放控制、授权等）可能也和非官方协定一样包含了财政动机。

经济分析

指令要求水价的制定和水服务的成本回收原则要有条款规定，包括环境成本、“污染物花费”申请原则。不同的水使用者需要区别对待，至少要分成家庭、工业和农业用水。指令利用水价的制定作为执行措施来达到环境目标。

公众质询

指导鼓励水利益有关方的积极参与及公众加入管理发展计划，允许公开咨询工作进度，特别是面对行政区内水管理这些主要问题的认定，以及最后的管理计划草案。通过公布水利用的技术和经济数据，努力加强水政策的透明度。

2 启动与法国法律的置换

在欧洲层面上，该指令对法国 1964 年和 1992 年法典定义的平衡管理与计划原则及对大型流域管理的原则进行了更新。

法国目前所定义的流域应按照指令来完善实施标准。法国本土及海外（行政区）河流流域委员会要认定水发展和管理总体计划（WDMMP）修订框架范围内的环境目标定义，并要执行必要的质询。为了达到环境要求，负责流域协调的官员必须采取处罚措施。

指令的实施暴露了一些主要问题。

区域（EWFD 使用的词是“流域”）内进度的完成情况使一些阻碍环境目标完成的主要问题得以确认，并根据文件规定认定为主要问题。这些主要问题代表了四个目标得以成功所需的条件：水质不能退化，达到良好水质状况或经济潜力，消除有害物质，区域的目标已经是社区的主题（UWW 指导、硝酸盐、NATURA 2000、饮用水、淋浴用水）。

在工作进行阶段，针对这些主要问题对一些水体提供了一次复核，明确已知或未知的不能达到目标的风险。基于趋势和反馈得出的预测因素,为以后的行动提供了广阔的指导方针,并通过一些实际行为加以阐明。

2005～2006年工作机构的选择中,确定了继续使用一种有关流域研究的多学科工作方式。工作包括两部分:

第一部分在于确认使用有关措施来消除障碍以达到良好状况这一目标。

第二部分更富于远见,假如总体的财政评估和估价认为完成目标需要延期,则它用一种战略方式在整个区域内来执行措施。

因此设立一些工作组将工作中心放在这些问题上就带有这种意思。它们也被委任开发与此两部分工作有关的提案的任务。

对于罗讷河流域,工作组被委任将大量多学科技术融合在一起。

工作组大纲基于以下两部分:

(1)对13个挑选出的主要问题的各个方面提供一系列相关措施。特别是这批措施要在国家性汇编中能找到,包括了措施成本信息及其效率和利益。

第一部分必须要制作措施目录,作为当地工作组的使用工具。这项工作是一个好机会,不仅列出和/或取消了"传统上"用于解决这样或那样问题的措施,而且最重要的是强调了这些措施,不管它们的类型在社会和经济反响方面是否是最有效(基于成本率/效率)、最能引起注意的。在水体区域外使用工具的可能性在一定层面上是典型的创新。

(2)主要指导思想要在整个区域内执行措施:具有挑战性的地区、行动和压力上可能的发展、总成本途径、达到目标的前景,以及可能存在的损毁或地理选择假设。

例如以下一些筛选出的关于罗讷河流域的主要问题:

——水和空间规划不能相互分离;

——水力发电要面临可再生能源和水生生态系统保护的双重目标;

——农业实践课题没有取得重大成效的话,杀虫剂使用问题就得不到解决;

——水和公共卫生必须要结合预防与风险管理;

——经常开展的行动策略是否仍最为有效?

对不同课题纲要进行必要调节。

每一工作组的领导为了适应当前的一些问题而抵制标准化的大纲。对当地管理、杀虫剂或财政工具的争论不能取得一致,即使期望的结果形式需要标准化。另外,由于在经济措施上主要组成的高技术性及次要组成的高政策性,使得成员组成需要进行改进以适应当前复核中的构成。

至于"环境"群(NGO),因为工作的目的是激起对主要问题的怀疑并查出用于怀疑的重大措施,因此除开"湿地"外,只有首次组合需要处理。

除了“主要问题”和“环境”群外，一个群需要更加明确地评估支撑其他群的合法措施。特别是由于“主要问题”过滤后，要保证对“良好状况”反应有用的合法措施不被忘却。

这些群由持有水课题特权的不同政府部门的代表组成。设立工作群的组合要遵循下述原则：

——在专家中确认一名领导者关注国家政府部门或河流流域管理委员会提出的有关问题。

——同一部门中的参与者，包括技术员，数量有限（大约 12 人）。有关的社会专业部门和市政部门代表较少。

——代表们的角色是要确保在工作期间的适当时候进行网络移交。

与其他进行中的项目进行整合。

作为国家措施开始生效的欧洲指令正在全面开展。在法国，水发展和管理总体计划将应用于法国领土内的六大流域。因此维持指令和 WDMMP 的有效结合至关重要。

此外，一些公共政策通过其自身措施补充完善（农业环境措施、国家农村发展计划），另有一些措施打算进入地区性措施的某一阶段（国家环境 - 卫生计划）。正在考虑中的一些地区是值得寻求协同发展甚至是经济节约的。例如工作组的机构，当时间计划和目标对大多数人是通用的时候它们是可以被利用的。

最后，工作组带来的结果很大程度上归因于各流域管理委员会发展并同时草拟出的一项新的应急计划（2007 ~2012 年）。

行政区划可以覆盖几个水行政区（有几个部门（行政区）或地区组成的地域）。在制度质询期间，要强调地下水划分各方面措施一致的必要，因此也要随时有可能考虑对措施进行标准化。

对实施工作进行总结的准备。

一是提出主要目标来处理出现的问题，包括筛选的措施汇总表和措施明细表；另一个是对具有挑战性的区域，包括总成本模拟，对实现目标可能性的评估及可行的减免提议。

二是在项目组合期间，汇集有关各种措施利用被问及的积极和消极反应的信息。这些措施与其他行为有可能是结合起来处理洪灾风险，也有可能是处理不成比例的成本、技术或财政困难。

公共质询产生的建设性评论。

公共质询程序由各大河流的流域管理委员会组织，由新信息技术（因特网）提供设施，允许公共场所（辖区、县、流域管理委员会）进行文档质询。

从 2005 年 5 月至 11 月期间，法国大陆有 30 万公民通过问卷调查提交了他们的意见,公众讨论期间或在2004年不同的集会期间又向流域委员会董事们书面投稿。因此这是公众、协会和水体股东广泛行动带来的结果 。

从第一次观点阐释开始,而且从其他一些事情出现的情况来看需要加强预防。我们有许多公民希望对此行为了解更多,以便可以发挥他们的能力来预防污染。定义阶段要求达到WDMMP的目标,还要研究预防措施的可行性。因此,2007年7月关于清洁剂磷酸盐的禁令要生效实施。

质询也强调了公众期望获得关于水质、水的实用性及是否足够保证不同定向使用方面的信息。基于这方面的考虑,需要加强当地的信息。最后,法国生态和持续发展部发起了修订水信息系统的活动。由于法国国家水和水生环境办公室(ONEMA)的研究结果,作为对水数据分布进行的最新行动(2006年颁布)将得到进一步发展。

在成本方面的知识同样需要加强。作为公共供水和卫生服务的监察者,ONEMA将关注消费者们对供水的反映。

新的公共质询计划在2008年开展,水区域内的相关机构也相应会受到质询。

启动对补救措施的经济评估。

为了确定建议的补正措施成本是否可以被接受,开始对各个水体进行一项详细的分析。需要考虑推荐给各水体早期阶段所有措施的估计成本,以及评估相应的现实资金选择是否不成比例。

这项进行中的工作需要大量专家的意见并要面对和处理仍处于拟定阶段的项目的额外困难。临时的结果表明确认出花费巨大的措施是可能的。

下一步将处理检查这些措施对水定价的反映。这项工作到此还没有开始进行。

3 起草中的条款要与条款置换同时进行

除了法律规定的报道进程外,合法的规定应为以下完成的问题提供答案:

——完成不同成员国之间方式的标准化;

——对是否联合考虑地下水和地表水做出决议;

——启动关于有毒物质(使用杀虫剂的情况,但是还有其他许多有毒产品)的协调方式;

——保证欧洲城市废水指令(目前有效并对不同规格的公共废水处理厂的设备设置了要求)及框架指导的一致性;

——修补农业干预和寻求解决方式之间的矛盾,要与水资源定性和定量保持一致。

——洪灾风险的控制；

——各成员国公共政策的完全整合。

这些行动应维持到各自进展情况结果出台时,研究要开展开来,且要筛选意见和建议。工作开始后并最终由各成员国第一次观测出的成果要满足服务需要。考虑到目前各国(大多数还未分享流域结构)现存的政策执行之间的多样性,期望进程仍将经历许多变化。适应性需求确保了真实的实用性和真正的效率。

水政策阐释
——随着一个新的6年执行计划,法国流域管理机构步上了一个新台阶

Jacky COTTET　William BOUFFARD

(罗讷河流域管理委员会,法国里昂)

摘要:罗讷河-地中海和科西嘉河流域管理委员会包括其流域面积内在多年“干预计划”框架内的所有水股东。第9个计划从2007年开始到2012年,且需要与国家或欧洲要求一致的以成效为本的环境目标,抗击水污染、存储及管理水资源、促进对水生生态系统的认知及协调管理为目标的行动政策,该政策与环境目标相一致;该计划投入大量资金:6年间,指定给这一行动政策的30亿欧元投资将以财政援助的方式分配给工程,但是,这些钱由收费产生(“污染者承担”原则)。

本文不仅详细阐述了第9个计划的内容,同时也描述了流域权力机构通过在环境展望、计划行动成本、地区性优先权及水股东(市政当局、企业及农民)贡献能力之间的不断调整,以发展完善该计划的方法。。

关键词:水资源综合管理(IMWR)　欧洲水框架指南(EWFD)　流域机构　收费　财政援助

1 简介

罗讷河-地中海和科西嘉河流域管理委员会是一个要求其流域面积内所有水股东(市政当局、企业及农民等)遵循水资源综合管理原则的公共机构。它以谁污染谁治理(或接受者承担)的原则为基础筹集资金,再将资金以财政援助的方式发放给减污(或水资源管理)工程图1。

40年前,河流流域管理委员会已开始致力于通常5年一个周期的“干预计划”。这是一个既详细定义了水政策和流域内水生生态系统目标,又限定了收费标准和管理委员会筹集资金的操作方式的计划性公文,同时基于水股东将开发的工程设想,该公文还结合了5年间的收支预估平衡。由于该机构在财政上是独立的,且不从国家获得任何补助金,因此这一收支平衡必须被充分考虑。

隆河—地中海及科西嘉流域特征

- 地表面积:135 000 km^2
- 径流量:每年680亿m^3
- 人口:1 500万居民
- 20%的法国工农业活动
- 50%的法国旅游业活动
- 50%的地区属于山区

图 1

该干预计划为一个叫做水发展及管理总规划(WDMMP)的长期计划制定最初几年的行动计划,该总规划的覆盖范围广于管理委员会。例如,流域管理委员会致力于抗击水污染、资源保护、水生环境重建以及水质监测,而 WDMMP 却还适用于流域管理机构不涉及的其他行为(洪水及特殊的水政策)。

如果考虑到 WDMMP 与水框架指令中的“管理计划”相符,并且干预计划是其 6 年“措施计划”的一部分,那就能理解指令所提供的这种预先存在的、具有“欧洲合理性”的法式运作了(这也就解释了为什么第 9 个计划将跨越 6 年(2007 ~ 2012 年),而不是以前的 5 年了)。

2 第 9 个计划意味着什么

作为起草过程所得出的结果,以下就是罗讷河 - 地中海和科西嘉河流域管理委员会的干预计划真正在为 2007 ~ 2012 年这一阶段所规划的内容。

2.1 保护或重建水生生态系统

根据 2004 年依照欧洲水框架指令的实施情况,由于受污染指数影响,目前有 30% ~ 40% 的地表水生态状况不容乐观;到 2015 年,水的境况将得以改善,但仍将有 15% ~ 30% 的水体由于受污染指数影响而达不到良好的状态。

对 WDMMP 环境目标的贡献是管理委员会干预计划选择战略指导方针最优先考虑的事。该选择过程可以通过在流域内参与欧洲指令或国家计划的实施,以及在可持续发展的前提下,在罗讷河 - 地中海和科西嘉河流域的水股东之间建立一个技术和财政联盟。

直到 2008 年年底,WDMMP 才能被明确地批准;但是在 2006 年开发的第一份草案已经概括出了每个水域的基本指导方针和良好状态的目标。最终的

WDMMP 将包含实现这些目标的时间表,也就是一般在 2015 年(与首个管理计划结束时间相符)。但对于某些水体来说,最终期限将被延期到 2021 年或 2027 年,同时包括在必要的地方降低环境要求。

这一由水框架指令开创的以成效为基础的原理自然导致了不同的目标,包括由于每个地区不同的局部问题(流域面积内的子流域、蓄水层、沿海水资源),以及那些短时间内就能获取成效(要么由于相关成本低,要么由于范围内水股东较多)的环境的区分,这就是"按地区划分"的方法(图 2)。

2.2 通过收费及额外收费进行的干预

几乎所有的收入都来自流域管理委员会每年收缴的费用;前几年获得的贷款和提前偿还款大约占了总收入的 13%。

罗讷河 - 地中海和科西嘉河流域管理委员会的第 9 个计划预见到了法国《水及水生环境法》的颁布("LEMA"),尽管当干预计划已经通过,并且其内容休息已经在国会议员中传播已广为人知的时候,该法案还没通过,但该法使彻底改革流域机构征收的费用成为必需。因此,管理委员会 2008 ~2012 年收入的预估建立在适用于当前 2007 年收费系统和新颁布的后 LEMA 资费的基础上。2007 年年初颁布的 LEMA 证实了这些预备措施是恰当的。

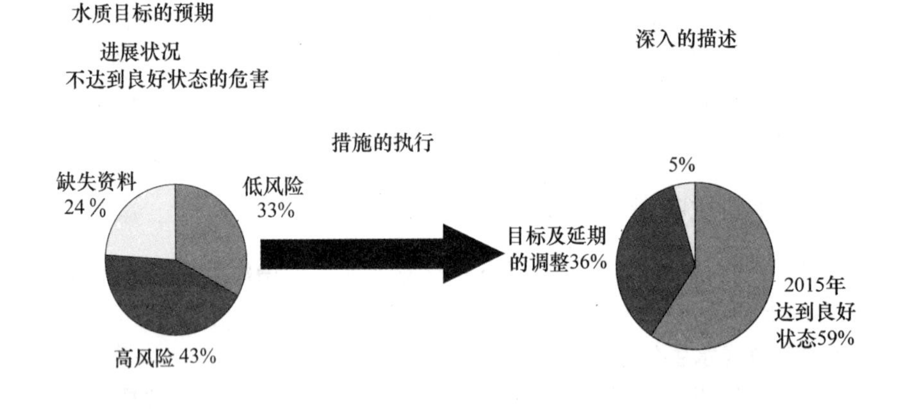

图 2

新的系统扩大了收费和额外收费适用的范围:将会有新的收费产生,如适用于植物保护产品(杀虫剂)经销商或河床上障碍物(水坝、附属物)所有者的收费。如此的变化同样也将影响现有的收费,它将会使那些曾被免除了类似收费的个人或单位不再被免费,其中涉及诸如抽水能力低于 10 000 m^3/a 的灌溉网络的使用者、居民少于 400 的小行政区的废水排放,或者河道水电站的拥有者。水处理的额外收费将为有效的水处理争取到更高的标准,同时也将扩展到非公用卫生设施的范畴之内。

另收费的目的不再仅仅只是为了创造财政收入,对水股东的影响也开始被注重,以减轻他们在水资源(排放、抽水等)方面的压力。收费的激励性特征专门与居住在环境问题相对普遍的子流域内的纳税人进行的沟通。在那些子流域,水生生态系统的状况可以解释和证明收费提高的原因及合理性。

图3为2007~2012年将发生的各种收费及额外收费的总金额。

2.3 通过财政援助和技术建议进行的干预

流域管理委员会通过向水资源保护工程或减污工程的投资开发者提供财政援助从而对流域进行干预。其在工程指导方面也同样担当着角色,它可以在水生环境的认知(一个非免费的水信息系统,管理委员会及其他公共实体共享其开发的成果)基础上,通过安排地方水股东之间的协商,来对上游工程给予指导。

需要援助的活动有许多,重点有以下几个:

(1)参照欧洲城市废水(UWW)指令的污水系统的完善工作。尽管已经投入了巨大的投资,要达到1994年制定的这一规章的要求,仍需要多年连续不断的努力。

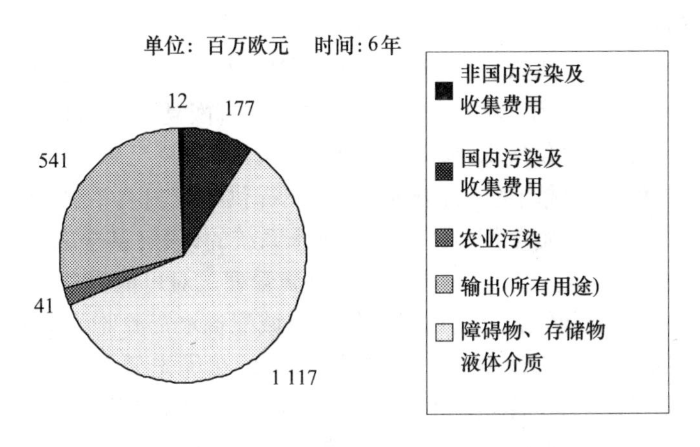

图3 2007~2012年各种收费及额外收费总余额

(2)水生环境的恢复与开发。为了促进地方协作所做的努力已经使具有河道生态状态改善作用的工程数量得以不断增加。

(3)有毒及有害物质的减少。杀虫剂及一些化学分子已成为许多水生生态系统的主要环境问题。

(4)一些水资源或"定量平衡"的可持续利用。一些地下水和地表水被过度开采,或者水位日益降低,但这种情况并不普遍,其主要原因要归功于流域南部的重要供水系统(利用大型沟渠进行水调),以及山区丰富的水资源。但是,气候变化则可能会导致长期的风险。

(5)农村供水及卫生系统落后于城市计划,且每个受益人的平均投资较高。

尤其在科西嘉岛,此问题更为突出,同时,在某些几乎无人居住的地区,也存在同样问题。

从对以前干预计划的评估,以及简介中提到的环境和事态的进展情况来看,经济援助框架系统正随着签约的权利机构或其他财政实体,如部门(“区域”)或地区而朝着增强的合同化方向及地域化(许多经济援助不是提供给整个罗讷河 - 地中海和科西嘉河流域地区,而是仅提供给特殊的子流域或蓄水层)的方向发展。这种情况在根据地方分权法享受特殊自主权的科西嘉岛尤为突出,因此,该岛拥有特有的河流流域委员会并受到特殊的援助。“第 9 个计划的主要目标”重点强调了应达到水框架指令或 WDMMP 所提出目标的实际行动。

以罗讷河 - 地中海流域为例,所涉及的主要目标如下:

(1)抗击污染。在 2000 等效居民的范围内 100% 建设污水处理厂;发动 45 场旨在减少源于工业的分散污染的集体行动;在 60 多个主要散布场所发起减少有毒物排放行动。

(2)存储及管理水资源。开始对 40 个优先流域实施自然恢复;针对所有重点地区的资源和低水位问题起草管理计划,并使计划的 1/3 得以通过;在 20 个重点区,通过作用于供需双方,执行一个计划以减少直接抽水;通过划定所有湿地、地下水资源及支持第一项运作行动计划的方式,恢复和(或)保持 10 000 hm^2 湿地,并为保障饮用水供应保护基本的地下水资源;恢复至少 40 个受扩散污染源影响的公共供水流域内的未净化水水质;在提供给农村自治区特殊资源的框架下,拿出 1/3 的援助资金用以进行破旧供水系统的修葺(甚至改造)工作。

(3)促进对水生生态系统的认知及其协调管理。对可能无法达到良好状态的水体实行操作控制网络,并为所有的优先流域配备水资源监测系统;为实现可持续发展,在每个地区都设立一个环境教育平台;在优先孤立区域推动至少 40 项地方管理创新成果;在优先区范围内开始 25 个新合同进程。

计划权威机构计划在 2007 ~ 2012 年期间的财政投入水平如图 4 所示。

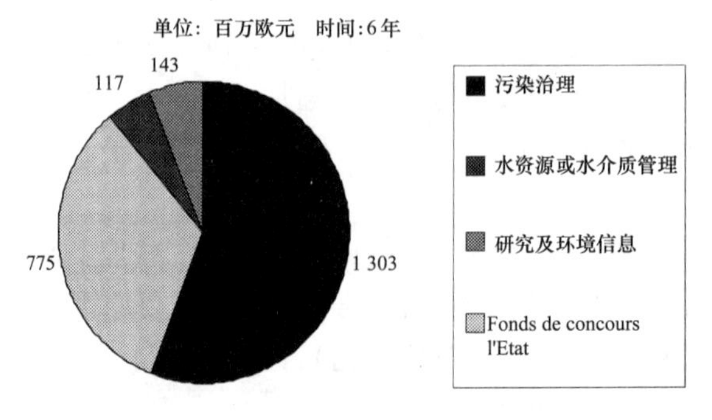

图 4　2007 ~ 2012 年的财政投入水平

3　第9个计划的起草工作

3.1　设计过程

干预计划的起草工作是一项在全区域范围内进行的水股东之间对话活动，是政府当局（选举出的公民，如市长）、公务员、私营企业家、农民代表及非政府环保组织共同参与的辩论。法国主要河流流域管理的组织形式以“流域权力机构”为基础。一方面，流域委员会对水政策进行指导（因为例如 WDMMP 等需要经过它来批准），同时也对收费做出决议；另外一方面，为行动定义目标和优先项目，以及财政额外收费和收费的执行条款的流域管理委员会也有权决定是否给予某工程以援助。

在这些权力机构的成员中，有1/3左右成员的来自于区域性团体，1/3来自于私营部门（工业、农业等）代表，1/3来自于国家代表。结果导致在这3类人群中，谁都不能单独地把自己的意愿强加给另外两组（否定某些情况下相关生态部门可能进行训练的权力除外）。因此，水股东就会发现，在干预计划的设计阶段通常是：两年来，为了研究和修改流域管理委员会递交的提案，他们不停地召开了30多场形式多样的会议（视频会议、委员会议或全体大会等）。

提案内容涉及方方面面，从对先前计划的评估开始，直到一系列水生生态工程设计的进展状况、目标、总成本评估及需要的援助资金量。这与准确的收费和额外费用标准相符合，因为管理委员会是独立机构，必须在计划实施期间保持收支的平衡。通常，最初预想的工程需净借款量导致了收费标准远高于当前的捐献；通过一系列连续的方式，包括不同的调整手段，来考虑水股东的实际投资能力很有必要：技术调整手段，如取消一些实效性较差的援助，有选择地限制对受影响较大的地区的某些补助；财政调整，如援助资金、收费标准及提前支付。

一个如上所述的干预计划就这样产生了。

3.2　矛盾的状况

以罗讷河－地中海和科西嘉河流域的第9个计划为例，代表流域权力机构的参与者们事实上面对许多反驳性的评论，现总结（归纳）如下：

（1）不管是在工业领域，还是电力生产或农业领域，其经济上的分享者都热切地期望当前的收费不要增长。这是由于诸多不同的境况（某些如招待或游览活动行业在发展，同时，某些其他经济领域如纺织行业、散装化学药品表面处理行业等却在面临所产生的经济活动的整体稳定性造成的危机。

（2）地方组织既希望控制水价（收费占大约15%），又意识到需要进行投资来达到法律要求和实现良好的生态状况。

（3）国家代表关心诉讼的可能性（欧洲范围内对延误执行 UWW 指令所实

施的处罚),并且热心于促进国家政策,例如抗旱计划或支持农村市政的联合融资行动。

(4)任何一个集团都不会在损害了另一集团的情况下受益于补助金的增长或收费的降低,利益相关者非常注意这一事实,并且在这一点达成了共识。

一些会议被许多干扰及反对票或较低的绝对赞成票数所破坏。

3.3 解决办法

在完全不可预测的未来,由于需要考虑到许多的新因素,情况看起来似乎更复杂。其中包括:①一些仍需要被准确定义的良好生态状态目标,以及即将到来的 WDMMP 优先权;②与农村市政当局的联合归于管理委员会职责范围,但财政标准到 2006 年底才被揭晓;③在 UWW 指令的约束下,招致处罚的风险(到现在为止还没被考虑到);④欧盟认为补助金是反竞争性质的(尤其在农业领域);⑤新的《水及水生环境法》("LEMA")彻底改变了所有关于收费的评估并制定了新的收费范围等内容,但是该法在国会的命运直到 2006 年 12 月都还是个谜。

最终的解决方案部分地出自新因素,这些因素被用以提供新的双方一致同意原则并最终确保多数人支持这一计划,反对票被平均分配给认为提案缺乏前景的人群和认为提案过于好高骛远的人群。原则包括:①成效为本的优先目标(2.3 节描述的主要目标)。②现行生态税:按当前法定系统(到 2007 年年底前仍有效)交费的分享者或组织,到 LEMA 生效以后,将还全部按照同样的财政标准交费;但是,所有这些新的交费者将使新收入比 2006 年的净收费标准高 6 个百分点。③交费群(考虑到居民及经济活动净交费的轻微跌幅,农民净交费整体上涨 1% ~3%)之间与干预领域(同一项目援助与收费的标准相似:如对污水系统征收的费用已经被降了下来,以便和援助给该领域的费用相平衡)之间的平衡。

参考文献

[1] B. Kaczmarek. Un nouveau role pour les agences de l' eau? Essai pour une politique franco – europeenne de l' eau renovee Published by Johanet.

[2] document downloadable on: http//www.eaurmc.fr.

黄河上游兰州以上气候变化趋势及其对生态环境的影响*

徐宗学　黄俊雄　赵芳芳

（北京师范大学水科学研究院　水沙科学教育部重点实验室）

摘要:本文采用1960~2001年黄河流域兰州以上地区23个气象台站的气温和降水资料,分析了42年来兰州以上地区的气候变化和发展趋势。用非参数统计检验方法(Mann-Kendall法)分析了气候变化的长期变化趋势,结果表明,42年来全区平均变暖0.76℃,降水量平均减少了17.89 mm;用距平曲线法分析了气候变化的阶段性特征,讨论了黄河流域兰州以上地区的气候变化问题;针对该地区目前出现的来水量减少、冰川消融、土地荒漠化、水土流失严重等生态环境恶化的问题,着重讨论了地区气候本身的变化对生态环境的影响问题。黄河上游兰州以上地区在过去的42年间,表现出向暖干方向发展的趋势,即有气温逐渐升高、降雨量逐渐减少的趋势。分析结果表明,气候暖干化是研究区生态环境恶化的基本驱动因素。

关键词:气候变化　趋势　生态环境　黄河流域　兰州

近年来,黄河上游地区气候变暖、人类活动频繁,生态环境日趋恶化。其中有关黄河源区径流量变化及其影响因子的分析研究已有很多,但是针对黄河上游兰州以上地区的气候变化及其对生态环境的影响的分析相对较少,因此分析研究黄河上游地区气候变化趋势及其影响对加强上游地区生态环境建设和可持续发展将提供有力的科学依据。

气候系统具有典型的时空多尺度、结构多层次、本质非线性特征,不同层次之间关系及其相互作用十分复杂。目前许多学者进行了气候要素变化趋势和突变特征的研究。杨莲梅分析了40年来新疆极端降水的气候变化、发展趋势和空间分布差异,并用Mann - Kendall法对年极端降水量进行了突变检验。杨志峰等采用EOF技术分析了黄河上游降水的时空结构特征与变化,并用Mann - Kendall法检验了降水序列的突变现象。比较来看,对于黄河流域上游的气候变

基金项目:北京师范大学"京师学者"特聘教授启动经费和国家重点基础研究黄河"973"项目(No. 1999043601)。

化趋势及其突变特征的研究还相对较少,有待于进一步研究和探讨。另一方面,近年来黄河断流问题受到国内外的普遍关注,作为黄河“水塔”的河源地区,径流减少、湖泊水位下降,究竟是气候变化所造成的还是人类活动影响所致,也是令人瞩目的问题,急待进一步深入分析和探讨。

鉴于以上原因,本文采用 1960 ~ 2001 年黄河流域上游兰州以上(包括兰州)23 个气象台站的气温和降水资料以及兰州站的径流量资料,分析了近 42 年来这些水文气候要素的变化和发展趋势,定量描述黄河流域上游气候变化的现象,探讨气候变化对上游生态环境的影响。

1 研究区概况

黄河流域地处我国半干旱半湿润地区,多年平均降水量在 200 ~ 600 mm 之间,天然径流量为 580 亿 m^3,水资源短缺十分严重。兰州以上流域面积 222 551 km^2,气候属青藏高原气候系统,冷季为青藏冷高压所控制,长达 7 个月,具有典型大陆性气候特征;暖季受西南季风影响,产生热低压,水汽丰富,降水较多,形成高原亚热带湿润季风气候。总的气候特征是冬长无夏,春秋相连,热量低,年温差小、日温差大,日照时数长,辐射强烈,风沙大,植物生长期短,绝大部分地区无绝对无霜期。多年平均气温 2.68 ℃,年日照时数为 2 554.7 h,多年平均降水量 446 mm,由西北向东南递增,6 ~ 9 月份降水量占全年的 75%,年蒸发量为 1 428.9 mm。黄河兰州以上水资源占黄河流域的 57.5%(1951 ~ 1998 年平均),为黄河流域主要的产流区和水源涵养区,其水资源时空变化对黄河流域水资源具有重要的影响,而气候要素的时空变化是引起水资源变化的主要原因,水资源与生态环境的演变又息息相关。因此,研究黄河流域兰州以上气候要素的时空结构变化,对了解黄河上游水资源和生态环境的演变具有十分重要的意义。

2 资料处理和分析方法

本文利用 GIS 提取了黄河流域兰州以上地区 23 个气象台站,这些站点分布较为均匀,能大体反映该区域的气候变化特征。自建站起到 2001 年的月平均气温和月降水量资料来自国家气象局气象中心(该资料已经经过了初步的质量控制)。考虑到资料的可靠性和完整性,选取了研究范围内 1960 ~ 2001 年的观测资料。为保证序列的完整性,对于个别缺乏数据的年份,采用临近站点空间内插法补齐。从统计意义上看,这样长的时间序列足可以获得比较可靠的分析结果。所选台站的具体位置如图 1 所示。

考虑到黄河兰州以上地区的独特气候特征,本文设定研究区域的四季分别是 3 ~ 5 月为春季,6 ~ 8 月为夏季,9 ~ 11 月为秋季,12 月 ~ 次年 2 月为冬季。

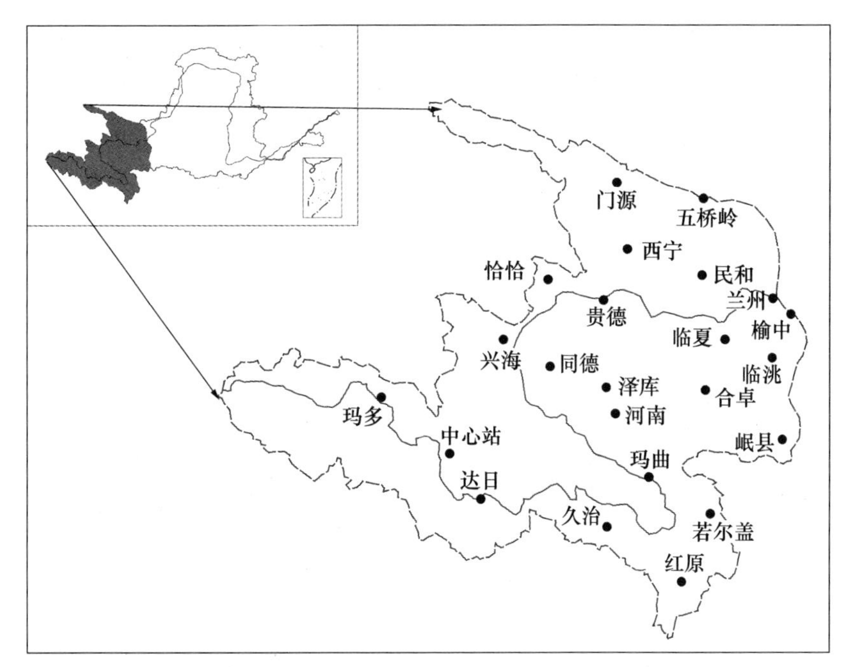

图1　研究区在黄河流域中的位置及其水文气象站点分布图

为了减少单站记录的片面性，取整个地区的空间平均序列作为区域序列。研究区气候变化总趋势分析采用 Mann－Kendall 非参数统计检验法；气候变化的阶段性分析采用距平曲线法。

3　研究区气候变化分析

近 20 年来，中国的气候学家以不同的时间尺度对中国区域的气候变化特征和规律进行了大量研究。他们的研究成果为正确了解大尺度气候变化特征和充分认识区域气候变化规律提供了良好的基础与指导。Mann－Kendall 非参数统计检验法是由世界气象组织（WMO）推荐的应用于环境数据时间序列趋势分析的方法，也是检验水文时间序列单调趋势的有效工具，得到了十分广泛的应用。本研究对黄河流域上游兰州以上 23 个气象台站近 42 年的气候序列在 95% 的置信水平上进行趋势检验，同时借助 Surfer7.0 用 Kriging 插值法将所有台站年气候要素变率（即 Kendall 倾斜度 β 值）进行内插，得出其在空间上的分布情况，并用黄河兰州以上流域边界提取出研究区气候要素变率的空间分布图。

3.1　气温变化

用 1960～2001 年的年平均气温 Kendall 倾斜度等值线分布图（图 2(a)），来分析黄河上游兰州以上地区的气温变化趋势。兰州以上大部分地区都是气温升高区,在23个气象站中,有21个站的气温倾向率大于零,只有2个站(中心站和河南站)小于零。全区形成了两个升温中心,其中最大的升温中心分布在北部的恰卜恰地区,另一个较小的升温中心分布在东部兰州地区,它们的Kendall倾斜度分别达到了0.48 ℃/10 a和0.44 ℃/10 a。全区平均气温倾斜度为0.18 ℃/10 a,即兰州以上地区42年来平均变暖0.76 ℃。

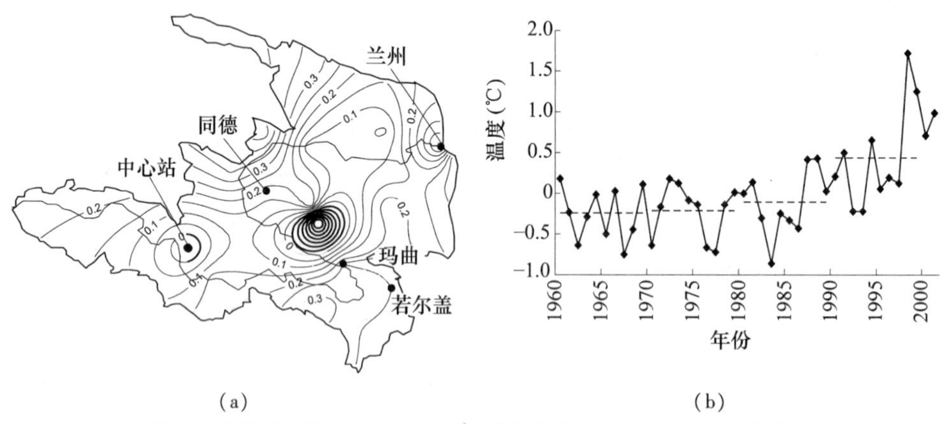

图2　气温序列的Kendall倾斜度等值线和年平均气温距平曲线

图2(b)为兰州以上地区1960~2001年的年平均气温距平曲线,距平是对1960~2001年42年平均值的偏差。结合气温距平从图2(b)中可以看出,兰州以上地区年平均气温可分成两个大的时期:1960~1986年是持续时间较长的冷期,负距平年约占80%以上,其中1967年、1977年、1983年异常偏冷;1987~2001年是持续时间相对较短、温度逐渐上升的暖期,该时段温度平均值为3.1 ℃,较平均值偏高0.46 ℃,正距平年占87%,42年来的温度最高值就出现在这一时期,其中1998年偏高1.7 ℃,属于异常偏高年。温度变化具有明显的季节差异,比较季平均气温距平曲线可知,四季气温都对年平均气温变化有一定贡献,其中以冬季气温贡献最大。

3.2　降水量变化

兰州以上地区1960~2001年的年降水量Kendall倾斜度等值线分布(图3(a))显示,兰州以上地区绝大部分地区的年降水在42年中都呈减少的趋势,23个气象站中,有17个站的Kendall倾斜度小于零。全区沿黄河干流分别形成了以临洮站和河南站为中心的降水减少区,减少中心的Kendall倾斜度分别为-28.63 mm/10 a和-28.83 mm/10 a。在兰州以上地区,只有北、西和南部的边缘地区降水是增加的,而且增加中心的强度仅为9.00 mm/10 a。全区平均降水倾斜度为-4.26 mm/10 a,即兰州以上地区42年来降水减少了17.89 mm,由此说明,自1960年开始,兰州以上地区有变旱的趋势,但程度不是很严重。

图 3(b)为兰州以上地区 1960 ~ 2001 年的年平均降水量距平曲线。从图 3(b)看出,20 世纪 60 年代降水量累积距平变化曲线波动较大,呈三升三降特点;1970 ~ 1989 年是持续时间较长的多雨期,降水量平均偏高 11.7 mm;1990 ~ 2001 年是持续的少雨期,降水量平均偏低 18.6 mm。观察季平均降水量距平曲线可知,秋季降水量对年均降水量变化贡献最大。

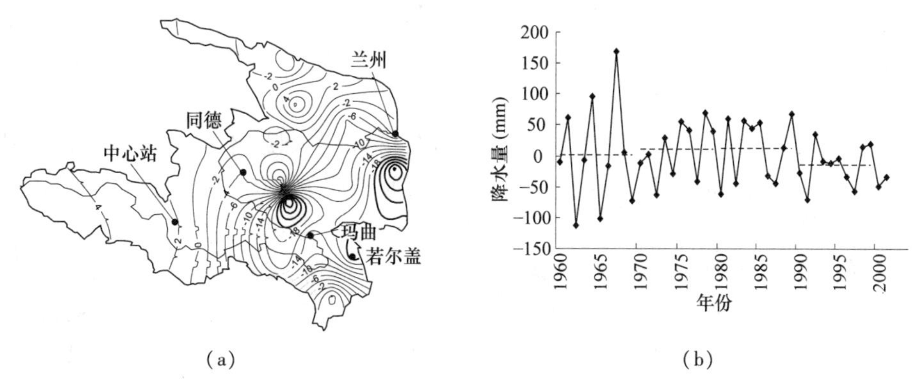

图 3　降水量序列的 Kendall 倾斜度等值线和年平均降水量距平曲线

3.3　气候要素变化分析

图 2(b)和图 3(b)中,用虚线表示了气温和降水距平序列的年代际变化情况。从图 2(b)和 3(b)可以看出,20 世纪 60 年代至 90 年代气温一直在升高,而降水在 20 世纪 60 年代至 80 年代增多,进入 90 年代以后降水持续减少。这说明降水和气温的关系不是绝对对应的,也即气温高时降水可多可少,这与施雅风研究中国历史变化时得出的结论是一致的,即温度的变化不是降水变化的直接原因,因此未来降水的变化如何需要进一步的研究。另外,研究区由于受季风影响,降水的年内分配很不均匀,年内变化较大,降水过于集中在夏季。

综合定性定量分析气温和降水变化趋势,可以作为研究地区生态环境变化的依据,有助于对未来气候变化作出合理的预测,并制定相应的对策。经过分析得到以下结论:

(1)气温。黄河兰州以上地区全区平均气温倾斜度为 0.18 ℃/10 a,42 年来平均变暖 0.76 ℃,冬季气温变化贡献率最大。尤其是 20 世纪 80 年代中期以来增温十分明显。

(2)降水。自 1960 年开始,黄河兰州以上地区有变旱的趋势,其中 20 世纪 90 年代以来减少最为显著。全区平均降水倾斜度为 -4.26 mm/10 a,秋季降水量对年降水量变化贡献最大。

综上所述,黄河上游兰州以上地区在过去的 42 年间,表现出向暖干方向发展的趋势,即有气温逐渐升高、降雨量逐渐减少的趋势。

4　黄河源区生态环境问题

4.1　上游来水量减少

20 世纪 80 年代末到现在，黄河上游兰州以上河段来水量年平均减少 13%，2002 年水量减少最多，平均来水减少 46%。分析兰州 1960 ~2001 年兰州站天然年径流量，演变趋势曲线见图 4。由此可知，40 多年来兰州站的天然年径流量变化趋势与降水量变化相一致，总体上呈现出一定的下降趋势，目前还处于 1990 年开始的枯水阶段。

采用 Mann - Kendall 非参数统计检验法，得出兰州站年径流量序列有较显著的单调趋势，同时计算年径流量的 Kendall 倾斜度为 -0.02 亿 m^3/10 a。再次说明兰州站天然年径流量有一定的下降趋势。

通过统计分析年径流量与区域气温和降水的相关关系，发现兰州站天然年径流量与区域年平均气温呈负相关，而与年降水量为较显著的正相关关系，其中与主汛期 7 月、8 月、9 月的相关最显著，这足以说明主汛期降水量的变化是导致黄河上游年径流量丰、枯的主要原因，也进一步说明了气候变化是造成上游来水量减少的主要原因。来水量减少不仅制约了当地社会经济的发展，降低了居民的生产生活水平，而且导致黄河下游断流频率不断增加，同时也影响到下游地区的社会经济发展。

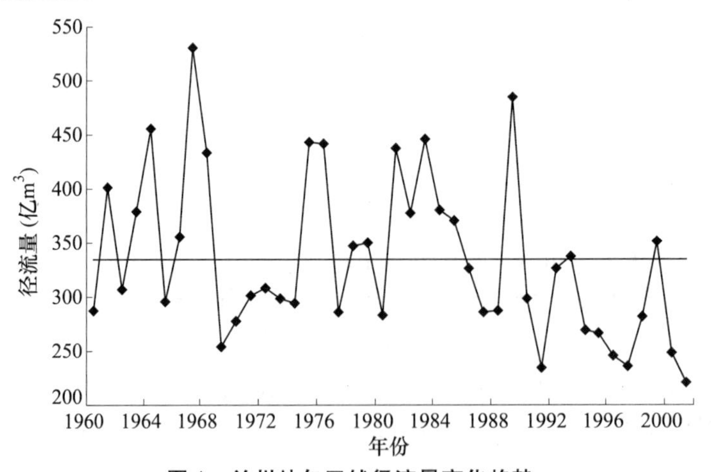

图 4　兰州站年天然径流量变化趋势

4.2　湖泊干涸，冰川消融，冻土层埋深加大

近年来，黄河上游兰州以上地区地下水水位下降，水量减少；湖泊萎缩，水面减少。如玛多县号称千湖之县，20 世纪 90 年代初有大小湖泊 4 077 个，现已不足 2 000 个。2000 年沼泽湿地及湖泊面积比 1976 年减少了近 3 000 km^2。

近30年来大多数现代冰川呈退缩状态，根据调查，黄河源头地区的黄河阿尼玛卿山地区冰川面积较1970年减少了17%，冰川末端年最大退缩率57.4 m/a。

黄河上游兰州以上地区大部分属于青藏高原高寒地区，地下存在常年冻土层。这一冻土层是不透水层，能够成功地阻止地表水下渗。而在气候变暖之后，冻土层急剧退化，隔离地表水的能力大幅度下降，使大量的地表水下渗，影响了地表径流的形成。

4.3 草场退化，土地荒漠化加剧，水土流失严重

草地生态系统是黄河上游生态系统的主体和重要生态屏障。草场的退化不仅体现在植被覆盖度下降，更体现在草地优势种群演化、草群结构变化、草地生产力下降等草地生态功能退化上。对于黄河上游兰州以上地区，主要表现在土壤沙漠化及次生裸土化等。其中高寒草原草地以草地荒漠化为主，高寒草甸草地突出的退化表现是“黑土滩”化与沼泽草甸疏干旱化。同时，草场的退化与沙化，引起鼠害肆虐，而鼠害又加速草场的退化。目前，仅源区土地资源荒漠化面积已达37万 hm^2。

由于草场退化、鼠害严重、乱采滥挖等原因，黄河上游水土流失加剧。目前，仅源区水土流失面积已达417万 hm^2，其中高强度侵蚀面积达225 hm^2，已占土地面积18%。

日趋严重的水土流失，使黄河上游涵养水源和自我调节功能下降，生态环境恶化伴随着气候异常、干旱、雪灾、冰雹和风沙等自然灾害日趋频繁。水土流失造成土地资源破坏，土地生产能力降低，同时也影响黄河水质，尤其是造成黄河含沙量升高、输沙量加大。

5 生态环境变化原因分析

黄河上游兰州以上地区生态环境的恶化，严重影响当地居民的生活生产方式，给生态保护造成更大的压力，自然因素尤其是气候变化是其生态环境变化不可忽视的重要因素。

已有的大量研究表明，黄河上游地区气候变化直接影响到水资源量。20世纪90年代以来，气温升高、降水量减少趋势明显，特别是夏秋径流与同期降水存在较好的正相关关系，汛期降水减少对黄河水资源量的影响很大。全球气温升高、气候变化异常的影响，如太阳黑子活动、温室效应对地球物理变化的影响，总是在地球环境敏感地带或区域首先反映。青藏高原作为地球的敏感地带，被称为地球第三极，而处在第三极的黄河上游地区生态环境的恶化即是对地球物理变化的回应。

黄河上游兰州以上地区水资源的变化主要受控于气候因子。气候变化对水资源的影响存在于两个方面:一方面是气候本身(主要是气温和降水)的条件发生变化;另一方面是下垫面的改变。本文重点分析了区域气候本身的变化以及对区域生态环境的影响。

(1)气温对地表水资源的影响。气温作为热量指标对流量的主要影响表现在以下几个方面:一是影响冰川和积雪的消融;二是影响流域总蒸散发量;三是改变流域高山区降水形态;四是改变流域下垫面与近地面层空气之间的温差从而形成流域小气候。兰州以上地区全区年平均气温升高,直接导致了注入黄河的地表径流水量的减少。温度升高造成蒸发量加大,使地温升高,地表趋于旱化;温度升高还造成冰川萎缩、地下冻土层融化,使大量地表水向土层深部渗透,使地表径流量大幅度减少。同时,也使高寒沼泽草甸逐渐演变为高寒草甸草场,并造成植被覆盖度降低,裸地扩展,严重地段土地荒漠化。

(2)降水量的变化决定黄河上游地区水文过程和生态环境的变化。降水是该区域水文系统和生态系统主要的水分来源。该地区的生态过程主要依赖于水文过程,降水量的变化起到一定的链接作用。黄河上游兰州以上地区降水年内分配不均,变化较大。降水的减少直接导致了兰州以上地区来水量的减少、水资源情势的演变,从而加速了生态环境的恶化。

综上所述,对于黄河上游生态环境变化,既有气候变化的影响,如降水、气温等,也有人类活动的影响,如过度放牧、修路等。气候暖干化是生态环境恶化的基本驱动因素。但如何分辨出气候变化和人类活动对生态环境影响的比例,需要作进一步的研究。

参考文献

[1] 王云璋,康玲玲,王国庆. 近50年黄河上游降水变化及其对径流的影响[J]. 人民黄河,2004,26(2):5-7.

[2] 包为民,胡金虎. 黄河上游径流资源及其可能变化趋势分析[J]. 水土保持通报,2000,20(2):15-18.

[3] 王金花, 康玲玲, 余辉,等. 气候变化对黄河上游天然径流量影响分析. 干旱区地理,2005, 28(3):288-291.

[4] 张国胜,李林,时兴合,等. 黄河上游地区气候变化及其对黄河水资源的影响[J]. 水科学进展,2000,11(3):277-283.

[5] 韩添丁,叶佰生,丁永建. 黄河上游径流变化特征研究[J]. 干旱区地理,2004,27(4):553-557.

[6] 李跃清. 相空间 EOF 方法及其在气候诊断中的应用[J]. 高原气象, 2001, 20(1):88-93.

[7] 杨莲梅. 新疆极端降水的气候变化[J]. 地理学报, 2003, 58(4): 577 - 583.

[8] 杨志峰, 李春晖. 黄河流域上游降水时空结构特征[J]. 地理科学进展, 2004, 23(2): 27 - 33.

[9] 李春晖. 黄河流域地表水资源可再生性评价[J]. 北京师范大学学报,2003(7).

[10] 刘昌明, 郑红星. 黄河流域水循环要素变化趋势分析[J]. 自然资源学报, 2003, 18(2): 129 - 135.

[11] Liu Changming, Zheng Hongxing. Changes in components of the hydrological cycle in the Yellow River basin during the second half of the 20th century[J]. Hydrological Process, 2004, 18: 2337 - 2345.

[12] Yu, P S, Yang, T C, Wu, C K. Impact of climate change on water resources in southern Taiwan[J]. Journal of Hydrology, 2002, 260:161 - 175.

[13] Xu Z X, Takeuchi K, Ishidaira, H. Long - term trends of annual temperature and precipitation time series in Japan[J]. Journal of Hydroscience and Hydraulic Engineering, 2002, 20(2): 11 - 26.

[14] Xu Z X, Takeuchi K, Ishidaira, H. Monotonic trend and step changes in Japanese precipitation[J]. Journal of Hydrology, 2003, 279: 144 - 150.

[15] 施雅风. 中国历史气候变化[M]. 山东: 山东科学技术出版社. 1996:443 - 467.

[16] 朱晓原, 张学成. 黄河水资源变化研究[M]. 郑州:黄河水利出版社, 1999.

[17] 李林, 汪青春, 张国胜. 黄河上游气候变化对地表水的影响[J]. 地理学报, 2004. 59(5):716 - 722.

黄河下游历史变迁及其对中华民族发展的影响刍议

杨玉珍

（东营市黄河口泥沙研究所）

摘要：大江大河是人类文明的发祥地，史前黄河的孕育发展形成了华夏民族的文化根基。通过分析黄河五大流路摆动改道的地质原因，为现行流路的长期稳定提供了理论依据。在论述黄河演变关系与中华民族的兴衰的同时，指出以当今黄河为表征的自然力与社会生产力之间已出现强弱位置的转换。只有保障包括黄河生命在内的自然支撑能力与社会生产力的平衡发展，才能实现人与自然相和谐的中华民族伟大复兴。

关键词：黄河　历史变迁　地质基础　民族兴衰　黄河健康生命

大河对其流域民族发展的影响，一向为历史学家和社会学家所称道。如，尼罗河两岸孕育过古埃及民族；幼发拉底河、底格里斯河所润泽的“新月沃地”，先后曾养育过苏美尔、阿卡德、腓尼基和希伯来等民族；印度河、恒河流域则留下了古印度和雅利安等民族的大量遗址。中华民族主要是在黄河与长江两大流域发展起来的。其中黄河流域所展示的民族兴衰与演替的历史则更为波澜壮阔。从地质学、生态学、社会学等多视角研究黄河历史演变给中华民族发展带来的影响，对于实现人地和谐并反馈给当今黄河一个更科学的治理方略，是具有重要现实意义的探索。

1　史前黄河与华夏文明的孕育发展

著名考古学家苏秉琦教授曾把中国古史的框架和脉络概括为“超百万年的文化根基，上万年的文明起步，五千年的古国，两千年的中华一统实体”（史式，1999）。近年考察黄河历史变迁，发现作为中华民族摇篮的黄河，她的孕育发展时期亦大体与此论断吻合。据地质学家推论，黄河的胚胎孕育期发生在晚早更新世（距今150万年至115万年），诞生成长期在中更新世（距今115万年至10

*　山东省“十五”科技攻关计划项目（003150107），专题摘要。

万年)，而黄河形成现在形式的统一大河亦仅有1万年左右的历史。

“高岸为谷，深谷为陵”(诗经·小雅)，在极其漫长的地质时代，无数古河道、古三角洲和古沼泽被沉埋在地层深处或抬升于高山之巅。在第三纪和第四纪的早更新世，华北—塔里木古陆块上有许多古湖盆，河流以其为归宿。到第四纪，随着西部高原的上升，整个大陆由西向东的地势高差日趋扩大，形成明显的高、中、低三级阶梯地形。西部地区气候变得干燥寒冷，湖泊逐渐淤积萎缩，河流开始溯源侵蚀而连通。

晚早更新世古黄河尚未全部串通。上游段由扎陵湖、鄂陵湖一带向东流入古若尔盖湖，中游段由河曲向南穿过一系列小型湖泊，流入古汾渭湖盆，但由于山岭阻挡，未与华北平原中的古湖沟通。当时每个湖盆都成为当地河系的发育中心，其中有的河流渐渐扩展成为大河的前身，因此这个阶段是大河胚胎发育期(李鸿杰等，1992)。在长达105万年的中更新世，是黄河发育史上一个极为重要的历史阶段，即由若干独立的古湖盆水系逐步发展成一条统一的古黄河的过渡时期，就在距今70万年至20万年北京猿人出现在周口店时，这条大河由西到东已基本连接起来了(陈梧桐，陈名杰，2001)。这一时期可称之谓黄河诞生成长期(见图1)。

图1 黄河流域早、中更新世湖盆及近代水系示意图(根据戴英生资料绘制)

距今10万年至1万年间的晚更新世，系大河流域内古水文网发育的历史性转折期。古河流仍继续不断地溯源侵蚀，终于全线拉通，形成一条水量浩大、气势磅礴、并贯通太行山以东海域的大河。当其切穿山岭，贯通湖盆，全河开始倾注低卑的平原或辽阔的大海时，其东出晋豫大峡谷的谷口即为黄河口，当黄河在谷口之外的孟津一带淤出第一个冲积扇而前行时，由于无法穿越对面的山东丘陵，只能在其两侧绕行(侯仁之，1994)。故在史前时期，黄河即已交替在今华北平原和徐淮平原行水，由于黄河北行则侵夺古海河水系，南行则与古淮河汇流，因而与淮河、海河共同淤淀形成了黄淮海大平原（亦称古代黄河三角洲）。从我国北方的遥感影像看，整个黄淮海平原为燕山山脉、太行山脉、伏牛山脉、大别山脉、泰沂山脉及黄海、渤海所环绕，至今仍然清晰地展现黄河在这一巨形盆地中摆动沉积的地质遗迹（见图2）。

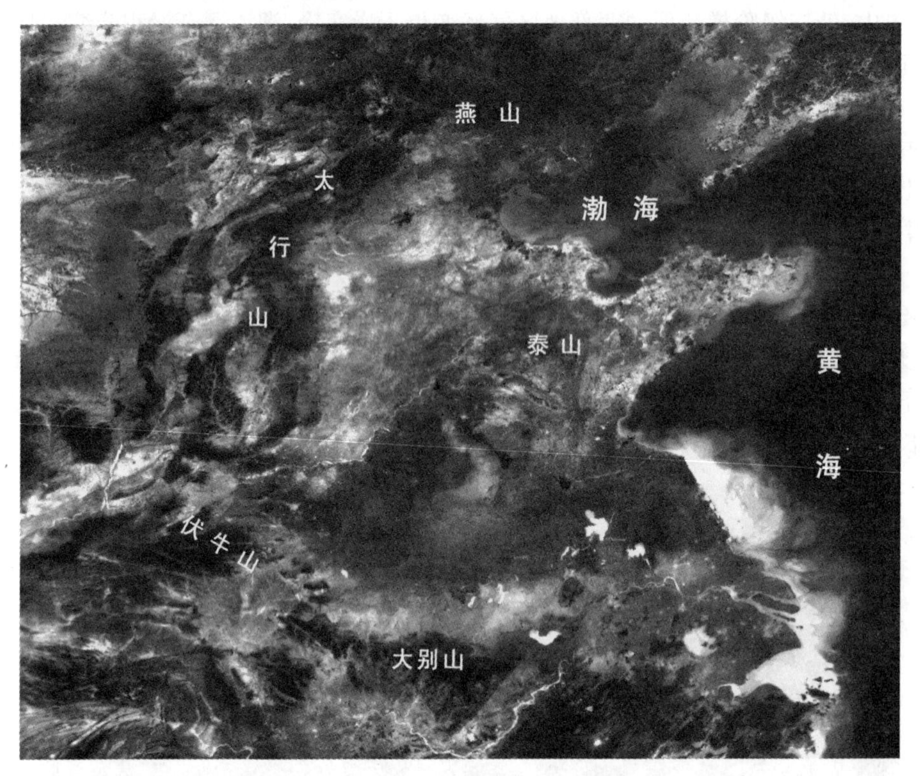

图2　中国北方遥感影像图中黄河沉积范围地质遗迹（北京国遥新天地有限公司王蕾供稿）

黄河在孕育发展中汇集支流，贯通湖泊，形成了庞大水系和众多的三角洲冲积扇，这为人类早期的渔猎、采集乃至农耕文明提供了特殊的优越条件，为奠定中华民族的文化根基提供了适宜的地理环境，成为华夏先民部族的发源地。如，唐虞文化起源于黄河支流汾水两岸，夏文化生成于晋南并扩展至伊水、洛水流域，殷商文化肇始于漳水、洹水，周文化滥觞于渭水之滨等。黄河冲积扇迅速扩张所形成的中原地区，终于成为与东方夷族势力和南方诸族融汇的枢纽地区（杨玉珍，1995）。夏、商、周三代的相继兴起与发展，成就了中华民族史上第一个发展繁荣时期。

2 从地质基础看黄河流路的摆动改道

水以浸蚀和沉积动力为人类生存发展铸造地理环境与文化根基的同时，又以其冲波逆折的暴虐性格扫荡万物，给人类带来深重灾难。

在距今10 000年至3 000年的早、中全新世，是古黄河水系在冲泛肆虐中大发展的时期。中国古史记载的“汤汤洪水方割，浩浩怀山襄陵”（尚书·尧典）当在这一时期。近读摩罗先生的文章，其中引述江林昌先生考辨舜帝在治水中“殛鲧用禹”的原因，猜测此时古黄河正进入一个由徐淮流路改道北行的调整期（摩罗，2007）。本文认为这一猜测与古籍记载洪水的传说多有吻合：大河的改道造成“洪水横流，泛滥于天下”（孟子·滕文公上），首先波及了怀山（今河南焦作）与襄陵（今山西临汾）一带。为防中原及华北遭受灭顶之灾，“鲧作三仞之城”（淮南子·原道训）以堵截洪水，迫使黄河回归徐淮故道，但黄河北行的自然力势不可挡，致使鲧的御水城防全线崩溃。禹受命于危难之中，放弃逼黄南归方略，“高高下下，疏川导滞”（国语·周语下），顺地形将北方山川疏通，把洪水导入已疏通的河道、洼地或湖泊，从而引黄河入于渤海，形成了千年不改道的“禹王流路”。

至战国时期，沿河各国开始在黄河下游修筑堤防并较快地达到相当规模。黄河堤防的出现，大大减轻了洪水泛滥横流的灾害，是治河史上的一大进步。但筑堤亦有危害，大河长期在堤间行水，河床、河滩不断淤高，逐渐成为地上悬河，一旦冲毁堤防，则堵复困难，甚至造成迁徙改道。黄河作为一条多沙河流，向以“善淤、善决、善徙”著称，在进入现代社会之前的遥远历史进程中，以黄河所表征的自然力处于强势，它以纵横冲撞、泛滥摆动的野性，历练着中华民族的意志与智慧。中华先民在其社会生产力尚不发达的弱势条件下奋起抗争，其搏击自然力的行为可歌可泣，足以让后人景行仰止。

在公元前2 000年至今的4 000年中，黄河下游演变基本上有两个泛流区，一是从禹河到战国、秦汉、唐宋时期的河道，均在华北平原变迁，注入渤海，约有3 000多年；二是北宋末的1128年到1855年铜瓦厢改道，黄河河道均在黄淮平原演变，注入黄海（徐福龄，1986），约有700多年。据统计，自公元前602年至1938年的2 540年间，下游决溢达1 590次。称“三年两决口，百年一改道”。对于黄河下游在历史上究竟发生过多少次大改道，说法不一。清代有不少学者根据不同历史时期的黄河演变情况提出了不同的见解，胡渭在《禹贡锥指》中指出，黄河自大禹到明代凡五大改道。清末刘鹗在《历代黄河变迁图考》中，绘出黄河6次变迁图。新中国成立后出版的《邓子恢文集》提出，黄河下游在3 000多年中发生泛滥、决口1 500多次，重要改道26次，其中大的改道9次。1990年科学出版社出版的《黄河下游河流地貌》一书中,又提出黄河下游共有 7 次大改道。

黄河何以在其历史上决口改道频繁？其流路行水年限的差异又缘于何因？本研究认为,从地学角度看,河流不过是一种短暂的地质现象,因而从地质基础特征来认识流路演变的机理与规律可以更清楚地俯瞰河流生命的兴衰过程,也就比从其他途径更能接触事物的本质。因此,本文以徐福龄先生提出的 5 次大改道(徐福龄,1986)为基本脉络(见图 3),试析黄河迁徙的基础性原因。根据相关专家对于黄河改道的内力地质作用分析,有史记载以来大流路自然迁徙的区位排列基本上是由北向南滚动的(戴英生,1996)。先是①(图 3 中的流路编号,下同):禹王流路行河于绕阳裂谷带,经河北平原北部至天津一带入海,充分利用了沿途湖盆众多,容沙空间广阔的优势,行水达 1 000 年之久。②周定王五年(公元前 602 年),黄河从宿胥口夺漯川河道,行河于黄骅裂谷带至沧州一带入海,这是有史记载的第一次大改道,形成了一条比禹王流路后期河长大为缩短的流路,因此,再次发挥了新流路的优势条件,在并无大的工程治理条件下行河 600 多年。③西、东汉之交时(公元 11 年)河决魏郡,大河脱离黄骅裂谷带,横穿海菏断隆带中部进入济阳裂谷带,黄河的第二次改道形成了古利津流路。这一流路占有与以上两条流路非常相似的优势。裂谷带的特点是地壳下沉幅度大,境内大型裂谷湖泊众多,适于大河行水。汉代王景治河客观上充分利用了利津流路济阳裂谷带低洼地与水泽相对广阔的条件,“十里立一水门,令更相洄注”,以工程措施向河道两岸的洼地放淤,泥沙沉淀后的清水复归河槽,冲刷河道。这一顺应自然的治河方法取得了事半功倍的效果。④至公元 1048 年,黄河从商胡决口北徙,形成第三次大改道,大河经馆陶、青县于天津以南入海,宋代称为“北流”。北宋嘉祐五年,河于魏郡以东分出一支,经高唐、乐陵至无棣入海,称为“东流”。先是双流并行,后又复归北流,为一行河混乱、溃决频繁的时代。从地质条件看,北流与东流均未脱离海黄裂谷,宋之所以河势败落,主因在于其先后遭受辽、金威胁,当政者不谋强军备战,反用“以河御敌”之策,最终于建炎二年决河抗阻金兵南下时,酿成大河南迁之祸。⑤公元 1128 年,黄河人为决口南行徐淮流路,形成第四次大改道,进入了一个内力地质作用非常不利于大河行水的地域。黄淮海断块的活动方式以垂直运动为主,而且通徐断隆带绵亘于其北部,形成了一道构造屏障,成为其北侧河流的发源地,淮河汇水在其经行的地带本易泛溢成灾,黄河洪水的侵夺更使其河身难以容纳,治理的难度大为增加,对此现代地质学家戴英生解释说:“沉降平原型裂谷河,一旦脱离裂谷而行河于隆升构造带,纵使不遗余力地治理,也难以维持河道的长治久安。”(戴英生,1996)尽管黄河在徐淮行水时期曾出现过潘季驯、靳辅、陈潢等治河大家,但他们就像在上

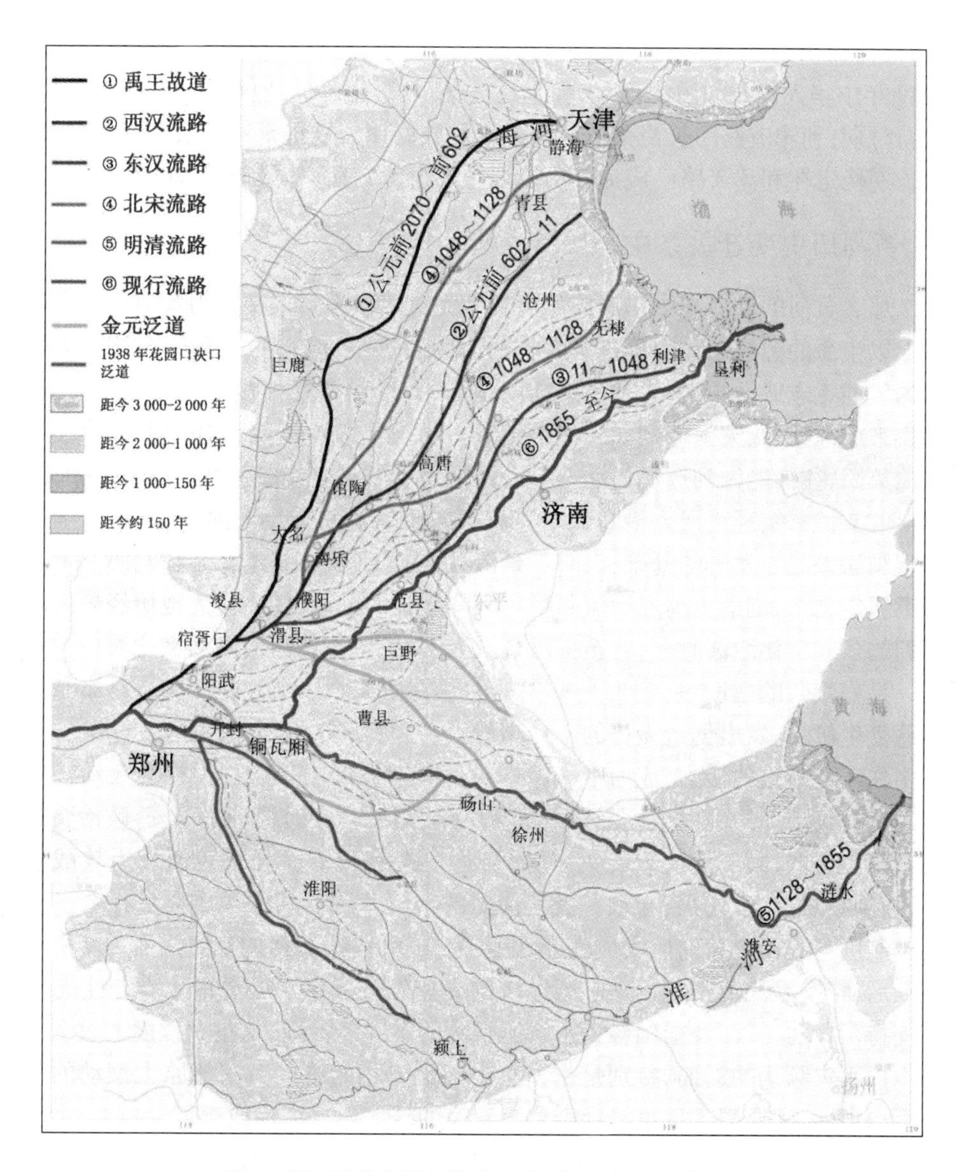

图 3　黄河历代主要入海流路图(杨玉珍、刘鹏制图)

行的电梯上向下奔跑一样,河流下垫面的抬升抵消了人类泄水治河的努力,从而使徐淮流路行河的 700 年间成为黄河历史上发生决口灾害最频繁的历史时期。⑥1855 年河南铜瓦厢决口,终使黄河大流路改道北入黄骅裂谷带又东流,穿越泰山隆起的西北侧进入济阳裂谷带,然后从利津经由东营裂谷槽地流入渤海,第五次大改道形成的今利津流路终于成为排列于华北沉降带最南线的最后一条裂谷河,与东汉时的利津流路可说是殊途同归。当然,地势条件利于行河亦不能决定一切。清末至民国的利津流路依然因政治腐败、河事日衰而洪灾频发。直到1949年中华人民共和国的诞生,黄河才进入了兼具天时、地利与人和优势的历史新时期,利津流路的长治久安已同中华民族的伟大复兴紧密联系在了一起,黄河长期稳定在利津流路已成为其历史演进的自然归宿(李殿魁等,2007)。

3 黄河历史变迁关系中华民族兴衰

那么黄河的演变同中华民族的兴衰有无直接联系?本文认为黄河虽然在客观上以生命的源泉和动力推进了人类的文明和进步,但它并没有给人类带去祸福的先期意志或目的,但人类用怎样的理念、力量和智慧去接受和治理黄河,却会换来或福祉、或灾祸等判如天渊的结局。历史上政治清明或处于上升阶段的政治集团,往往能做到选贤任能,充分发挥治河领袖人物的睿智和才干,在人民群众的支持下实现黄河大治和长期安流。如大禹治水千年无河患,奠定了华夏民族国家兴起与发展的基础;汉时王景治河,将黄河流路基本稳定在利津一带入海近千年之久,创造了禹之后流路稳定时间最长的记录,使中华大地历经魏晋南北朝的多元文化激荡时期,终至推出气度恢宏,史诗般壮丽的隋唐文化时代。在这一昌盛繁荣的国度里,到处是有生的力量在喧腾(冯天瑜等,1990)。那充溢着蓬勃生机、迸发出创造光芒的文化精魄,以一种历史大力,像黄河一样给中华文明注入了新生的活力,成为中华民族封建时期发展的顶峰。而社会大动荡时代的黄河失治却给中国人民带来过沉重灾难,只要一个时代动荡不安、政治腐败或者国力孱弱,则黄河注定要灾害频仍,加上迭有政治豪强将黄河作为攻战之具,毁坝纵水、以水代兵,导致了极其惨烈的人间悲剧。新中国成立后社会主义优越制度与人民治黄的巨大成就互为因果、交相辉映,黄河的稳定局面为新中国成立后、特别是改革开放以来中国经济的高速发展提供了必要的水源与生态环境支持。黄河、长江及全国各大水系所得到的不间断治理,从很大程度上改变了旧中国水灾频仍的局面,特别是作为与中国历史相始终的黄河流路大摆动的劫难得以根除,使全国人民投身社会主义建设的环境条件大为改善。

但是,大规模治黄工程的长期积累和水资源的巨量耗费,在使黄河下游洪水发生几率不断降低的同时,却逐步走向了小水断流的困境。黄河流域建起的拦河大坝体系巍为壮观,在某些时段,足以将整条黄河拦蓄入库。在试图将黄河水"吃光喝净"的人类行为中,黄河水资源开发利用率从20世纪50年代的21.4%猛增到本世纪初的84.2%,远远超出国际上公认的40%的警戒线。当接受黄河供水的广大城乡和工业发展区几将母亲河的乳汁耗尽时,黄河两岸排入的污水却在不断增加。据统计,20世纪80年代初,全流域污水排放量为每年21.7亿t,到2003年已经达到了每年41.5亿t,是80年代的1.9倍(李国英,2005)。人们用单纯追求经济指标的行为,一再撞击黄河生态平衡的底线,这使人类社会的生产能力同自然力之间逐步发生了强弱位置的转换:一方面,作为社会生产力重要指标的国内生产总值,自新中国成立以来特别是在改革开放之后增长迅猛,2004 年实现 136 515 亿元,排在了世界第 5 位。与综合国力的提升相一致,中国人民对自然力的控制能力大大增强;而另一方面,由于经济处于转型期,多年来居高不下的能耗、水耗、原材料消耗和污染物排放等,又势必不断加重自然力的负荷。从水资源的消耗看,在我国人均水资源拥有量仅占世界平均水平 1/4 的条件下,2004 年我国万元 GDP 的用水量为 399 m^3,高居世界平均水平的 4 倍、先进国家的 8 倍。黄河作为水资源相对短缺的北方河流,它以双倍于世界河流警戒用水量的开发利用率支持了国民经济建设,而本身则已由一条原本水量浩大且带有桀骜不驯性格的强势洪流,逐渐演变为一条基本上处于驯服状态,甚至在枯水时段内仅仅是不绝如缕、潺潺入海的弱势细流(见图 4)。黄河的由盛而枯实际上也代表着自然资源与生态环境对经济社会发展持续支撑能力的降低。如果将用以表征自然力演变的黄河利津径流量趋势线,拿来与表征社会生产力发展过程的新中国成立后 GDP 上升曲线试作同年代的比较,则两条线所形成的"剪刀差"惊人地表现了自然力与社会生产力的强弱位置转换(见图 5)。

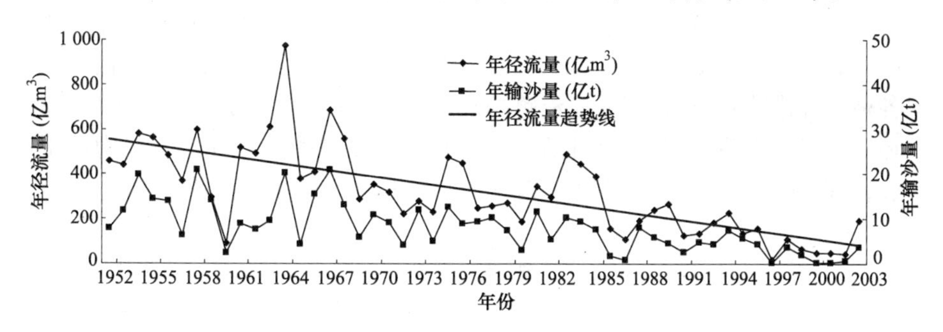

图 4 黄河 1952 ~ 2003 年径流量与输沙量变化及其趋势图

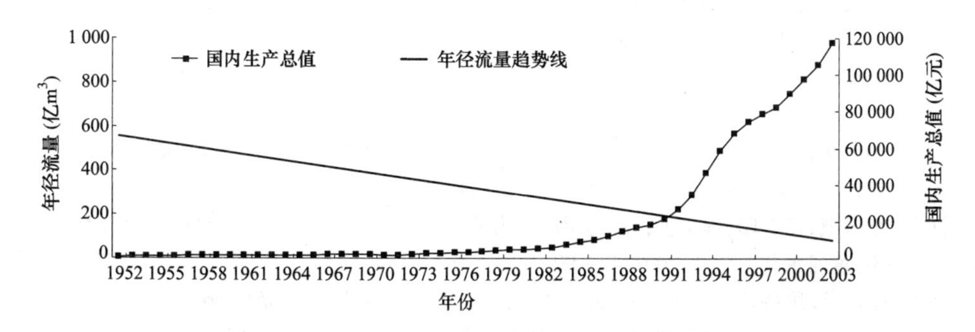

图 5 自然力与社会生产力的强弱位置转换示意图

对于黄河下游河道径流量逐年递减所带来的影响,早已引起社会各界及相关部门的严密关切与理性思考。1991～2000年,利津断面实测年径流量平均为120亿 m^3,比20世纪50年代平均减少了360亿 m^3,造成黄河下游频繁断流或缺水、两岸滩区及三角洲湿地萎缩、近海生物多样性受损。人们对黄河前景的忧虑,主要已不再是大洪水条件下自然摆动规律的发生而是其生态之虞和生命之危。1998年1月,针对黄河断流频繁和污染严重的双重危机,163位中国科学院和工程院院士曾在一纸振聋发聩的呼吁书上郑重地签下了自己的名字,呼吁"行动起来,拯救黄河"! 这种广泛关注的实质不仅仅是一个断流和污染问题,与黄河由盛而枯相伴生的,是一个生态大环境的危机。在这一新的形势下,黄河部门坚持以科学发展观为指导,及时调整传统治黄思路,提出了维持黄河健康生命、确保黄河能够为人类生存与发展提供可持续支持、最终实现人与黄河和谐相处的新理念。体察黄河生命的维系之道,除了需要在社会生产领域实行节水、节能、降耗、减排,并策划各种方略和措施为黄河增水以满足其生态水量和造床水量之外,滋养黄河生命的温床还在于托起黄河源头及其身躯的河流湿地生态系统。对此,在重点保护好三江源与流域水源地等上中游生态区的同时,还应坚定不移地树立持续稳定黄河入海流路的信念。就整个黄河下游至河口地区来说,一旦入海流路择新道入海,必将大量耗漏命源之水,从而使脆弱的黄河生命雪上加霜,同时,原河道下游及河口范围的湿地生态系统也将荡然无存,因此通过强化各种工程措施,坚持黄河入海流路的长期稳定,也是维系黄河健康生命的重要一环。也只有保障包括"黄河生命"在内的自然支撑能力与社会生产力的平衡发展,才能在新的历史时期真正实现人与自然相和谐的中华民族伟大复兴。

参考文献

[1] 陈梧桐,陈名杰. 黄河传[M]. 保定:河北大学出版社,2001. 1－98.

[2] 戴英生. 黄河的形成与发育简史[C]. //人民黄河编辑部. 黄河的研究与实践. 北京:水利电力出版社,1986. 17－26.

[3] 戴英生. 黄河下游河道地质特征与古地理环境[C]. //胡一三. 黄河防洪. 郑州:黄河水利出版社,1996. 32－57.

[4] 冯天瑜,何晓明,周积明. 中华文化史[M]. 上海:上海人民出版社,1990. 559－633.

[5] 侯仁之. 黄河文化[M]. 北京:华艺出版社,1994. 21－40.

[6] 李殿魁,杨玉珍,程义吉,等. 巧用海动力输沙建设黄河口双导堤工程技术研究[M]. 郑州:黄河水利出版社,2007. 47～90.

[7] 李国英. 维持黄河健康生命[M]. 郑州:黄河水利出版社,2005. 70－86.

[8] 李鸿杰,任德存,侯全亮,等. 黄河[M]. 北京:科学普及出版社,1992. 54－73.

[9] 摩罗. 鲧禹治水成败原因猜想[J]. 读书,2007. 338(5):159.

[10] 史式. 五千年还是一万年[J]. 新华文摘,1999.249(9):68－71.
[11] 徐福龄. 黄河下游河道历史变迁概述[C]. //人民黄河编辑部. 黄河的研究与实践. 北京:水利电力出版社,1986.44－48.
[12] 徐福龄. 黄河下游河道的五次大改道[C]. //胡一三. 黄河防洪. 郑州:黄河水利出版社,1996.58－72.
[13] 杨玉珍. 黄河三角洲开发战略研究[M]. 北京:海洋出版社,1995.14－23.

水资源一体化管理中的地下水信息

周仰效

(联合国教科文组织水教育学院,荷兰德尔伏特)

摘要:地下水因其广泛的应用、优良的水质和合算的成本,已成为世界上重要的供水来源。在中国北部地区的旱季,地下水约占总供水量的一半以上,并且是主要的灌溉水源。含水层蓄水和回灌将成为解决水短缺和气候变化问题的有效途径。尽管人们已经认识到,在规划和发展中,水资源一体化管理应当整合地表水和地下水为统一的水资源,但是在实践中没有得到普遍的应用。技术层面上的原因之一是水管理者在制定政策时缺乏可靠的地下水信息。本文主要以乌鲁木齐河流域为例,说明水资源一体化管理对地下水信息的需求,同时还指出通过区域地下水监测网来采集这些地下水信息的方法。

关键词:地下水　信息需求　监测　乌鲁木齐河流域

1 引言

地下水是水文循环的重要成分,是自然界和供水的重要水源。历史上,地下水为公共用水和家庭用水提供了当地可利用的低成本水源。由于地下水总体上水质较好且不需要处理,作为饮用水源的地下水的开采量日益增加。在奥地利、丹麦、葡萄牙、冰岛和瑞士等国家,大约75%的公共用水来自地下水。在比利时、芬兰、法国、德国、爱尔兰、卢森堡和荷兰等国,地下水占饮水供水的50%~75%(EEA,1999)。在中国,地下水还是重要的供水水源。大约2/3的城市供水依赖于地下水,地下水灌溉大约为中国地下水总提取量的80%(中国21世纪议程,1994)。尤其是在中国北部地区,地下水约占总供水的50%以上,约占中国北部平原城市供水的70%(Han,1998)。在以水资源短缺为特征的半干旱的中国西北地区,由于地下水的水质好、水量大,以及其不受时空限制的可利用性,它在满足水需求方面起着重要的作用。地下水为解决水短缺问题提供了有效的自然途径。在西北内陆河流域,含水层覆盖广泛的地区,拥有巨大的地下水储备。管井为城市和乡村的水消耗及灌溉用水提供了有效的水源。在中国北部地区,大规模的地下水开发始于19世纪60年代,已经促进了社会经济在粮食生产、农业利用、乡村脱贫、工业化和城市化等方面的快速发展。

然而,水短缺成为中国北部地区社会经济进一步发展的瓶颈。尽管中国北部地区占有多于44%的人口和58%的耕地,但是水资源却只有总水资源(地表径流和地下水)的15%。近几十年观测到的气候变化使中国北部地区水资源供给形势更加严峻。近40年的观测表明,中国重要江河的径流减少了。在19世纪80年代之后,中国北部草原发生连续干旱,并自1999年起更为严重。气候变化影响评估(中国气候变化交流会,2004)预计中国北部地区的气候将更加干热,径流将进一步减少。气候变化将最大可能性地强化中国北部地区的水短缺问题。含水层蓄水和回灌将成为解决水短缺与气候变化问题的有效途径。

中国北部地区地下水的可持续发展是世界性水资源管理最大的挑战之一。地下水资源的过度开采引发了浅层地下水水位以每年1 m的速度下降,深层地下水水位以每年高达5 m的速度下降(Foster等,2004)。这导致了含水层损耗、地面下陷和咸水入侵等问题。尽管人们已经广泛地认识到,在规划和开发中,水资源一体化管理应当整合地表水和地下水为统一的水资源,但是在实践中却没有得到普遍的应用。由于天然的河流服务于城市、工业和农业用水,已经近乎停止流动。在中国西北地区内陆河流域,过度利用河流的流量,相当大地减少了地下水回灌,导致地下水的水位下降和对下游流域脆弱的生态系统的影响。这些问题可能是由多方面因素引发的,如法律体系、制度安排、投资机制和部门方法等。但是,技术层面上的原因之一是水管理者在制定政策时缺乏可靠的地下水信息。

中国地下水信息中心中荷能力建设合作项目旨在改善目前的状况。项目目标为:

(1)建立和加强中国地下水信息中心能力建设;

(2)增加地下水监测、数据处理分析和信息传播的效率与效果;

(3)培训大量地下水信息管理方面的专家;

(4)提高公众和政策制定者对地下水资源保护的意识;

(5)使用自动记录器优化地下水监测网;

(6)开发以GIS为基础的中国地下水信息系统;

(7)开发支持地下水资源管理的区域地下水模型;

(8)开展3个试点区:乌鲁木齐河流域、北京平原区和济南岩溶泉域。

自2003年起,中国地下水信息中心调整了全国地下水监测,开发了以GIS为基础的区域地下水信息系统和区域地下水模型。项目的实施选择了3个试点区:北京平原区、济南岩溶泉域和乌鲁木齐河流域。每一个试点区都优化了地下水监测网,清除保护了观测井,安装了自动地下水水位记录器,建立了以GIS为基础的区域地下水信息系统,并正在建设区域地下水模型。使用简易地图向观众、用水户和政策制定者展示地下水数量与质量的时空变化,以更好地管理和保护地下水资源。本文以乌鲁木齐河流域为例来阐明地下水的监测方法。

2 水资源一体化管理中的地下水信息需求

水资源一体化管理应当整合流域尺度上水文循环所有的组分(降雨、地表水、土壤水和地下水)和所有的方面(水量和水质),应当考虑人类系统、水系统和环境系统中的相互作用与影响。当水管理者基于已知信息制定政策的时候,获得所有水组分可靠且一致的信息是至关重要的。

政策制定者需要地下水质量与数量状态信息,需要河流流域水资源管理规划实施后对地下水状态的压力、影响、后果等信息(图1)。河流流域的自然特征决定了地下水系统及其应对压力时的固有弱点。在自然状态下,地下水水质和水量的基本状态取决于地下水系统的结构(由地形学和水文地质学定义)和自然压力(气候、水文和生态系统)。目前,人类干扰的压力已经对地下水系统产生了深刻的影响,如地下水过度开采和(或)地下水回灌的减少引起的含水层损耗;农业和(固体和液体)废物处理引起的地下水污染。反过来,这些负面影响又对社会经济发展和环境带来更大范围的影响。著名的实例有:地下水补给为主的湿地和急流生态系统的退化,地下水开发费用的增加等。人类对地下水的压力多发生在河流流域尺度上,因此与地下水水质和水量相关的问题只能是在河流流域尺度上得以解决。

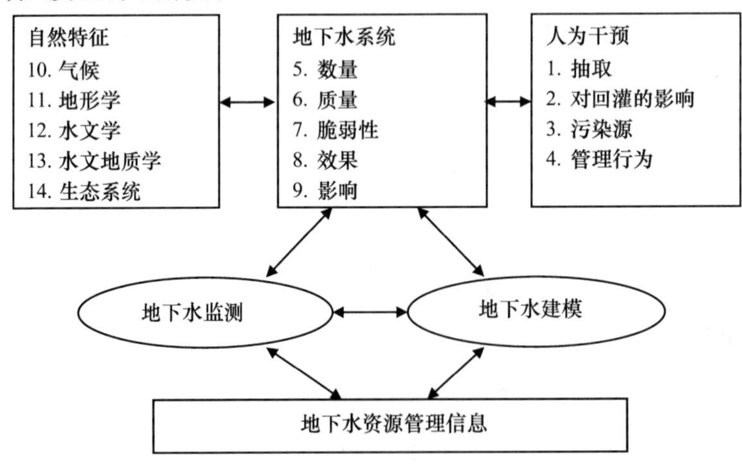

图1 地下水状态、压力和影响信息

在中国,地下水和地表水分属于不同的政府部门管辖。近年来,水利部被赋予了整个国家水资源一体化管理的职责。但是,水利部面临着地下水信息的艰巨挑战:

(1)缺乏评估地下水状态和趋势的基础数据、统计数据及定量信息;

(2)缺乏人类对地下水系统干扰和影响的定量数据;

(3)没有经常性地处理有用信息,并以合适的形式向可能的用水户、水管理者和公众展示这些信息。

地下水监测是唯一直接评估地下水质量和数量状态的方法。监测网的信息是检验气候变化和人类活动对地下水质量与数量影响的要素。监测网还可以用来追踪水资源管理作用于地下水系统和环境的结果。通过优化设计的监测网,可以获得地下水质量方面多目的性的有效和有用信息。

地下水模型提供了评估地下水质量和数量状态的替代性方法。此外,地下水模型还常常用来预测压力对地下水系统的影响,并用来评估不同的管理方案。地下水模型在地下水资源发展和管理方面起着重要的作用。地下水模型用于:编制野外调查的支持工具;预报未来情形或人类活动影响的预测工具;评估地下水恢复替代方案的展示工具;研究地下水系统动力和理解物理、化学及生物过程的解释工具;识别地下水资源开发和保护最优化战略的管理工具。

共同运用地下水监测网和地下水模型是提供充足的水资源一体化管理信息最有效的途径。有必要利用监测网的测验数据对模型进行校正和验证,以便于降低模型预测的不确定性。地下水模型模拟结果可以用来确定安装符合多个监测目标的地下水监测井的最佳位置。

3 区域地下水监测

3.1 地下水水位监测分类和目标

对设计监测网而言,重要的是要清楚地确定监测目标和需求信息。经验表明,如果能够很好地定义目标,并依据特定目标调整网络,就可以显著降低监测成本。地下水水位监测目标定义为:

(1)地下水系统特征:确定含水层参数;地下水资源评估;确定空间格局和时间趋势;与地表水关系的定量化;确定渗透区和渗流区。

(2)开发地下水资源:开发地下水的优化方案;确定地下水漏斗;地下水开发效果的量化。

(3)水资源一体化管理:优化控制地下水水位;保护自然保护区;湿地恢复;水管理措施效果的定量化;跨界流的定量化。

两大主要的地下水水位监测网可以分为战略性(主要的或基础性的)监测网和操作性(次要的或特定的)监测网。

战略性监测网是在大尺度区域上或国家级的监测网,是为地下水资源评估和管理而设计的。特征包含:覆盖独立的地下水流域或一个完整的国家;监测区域性的地下水水情和总体影响;观测井安装在主要含水层,且距离较大;开展低频率的长期的观测。

操作性监测网是在局部性尺度上的监测网,是为监测实施供水或其他特定目的的地下水系统而设计的。特征有:专注于局部问题,如监测抽水井周边的水位下降、监测灌溉方案的效果、监测自然保护区地下水水位等;网络密度能够充分地量化效果;观测频度能够充分地确定短期趋势。

通常而言,战略性和操作性监测网共同构成一体化的监测网。在一体化监测网中,战略性网络的井主要是提供参考条件,以评估操作性监测网观测到的局部影响。区域低密度战略性的井是用来服务于总体目标,然而局部高密度的井则服务于特定目标。战略性和操作性网络的分类还可以用来划分全面负责水管理的政府机构和只负责实施特定水系统的机构的职责。

3.2 设计区域性地下水水位监测网的方法

区域性的地下水监测网可以依据下列程序进行设计:

(1)描述监测区的特征;

(2)确定地下水监测的目标;

(3)水文地质系统的概化;

(4)评估现有的监测网;

(5)设计优化的地下水监测网。

监测区的地理范畴应该包括一个完整的位于自然水文地质边界内的地下水流域。为了描述监测区的特征,需要收集并分析气候、水文、地形、土地利用、社会经济活动和水资源开发方面的数据。区域性的地下水水位监测目标旨在可靠地评估地下水系统的定量状态,并评估其对基流和陆地生态系统的影响(欧盟,2003)。为了理解地下水系统的运行原理,应该建立水文地质系统概念性模型。概念性模型可以设计监测网,还可以解释评估地下水系统定量状态的监测结果,所以它是地下水水情区图的基础。在多数情况下,地下水水位正在利用观测井或生产井进行观测。评估现有的监测网主要包含井况清册、评估井的空间布局和观测频率、检查数据管理和信息传播情况,这是一个最必要的程序。只要有可能,现有的观测井应该合并到区域性的监测网中。

通常意义上,定量化地设计地下水水位监测网是建立在地质统计学的基础上,这需要利用现有的方法估测时空的相关结构(Zhou,1994,1996)。当可利用的方法不足以使用地质统计方法时,就有必要采用水文地质方法。地下水水情区图为建立区域性的监测网提供了有用的途径(Zhou,2006)。

3.3 乌鲁木齐河流域地下水水位监测网的设计

3.3.1 乌鲁木齐河流域特征

乌鲁木齐河流域位于中国西北地区的新疆维吾尔自治区,是典型的干旱内陆河流域,总面积为 11 440 km^2。乌鲁木齐河流域发源于南面的天山雪峰,穿越山间的柴窝堡盆地,最终流入北面 Jugger 流域的沙漠之中。作为新疆的首府,乌鲁木齐城市地处乌鲁木齐山谷(见图 2)。

乌鲁木齐河流的流域面积可以明显地分为 5 个地形区:天山(南、东和西)、柴窝堡盆地、乌鲁木齐山谷、河流平原和古尔班通古特沙漠。天山主要由沉积岩组成,海拔变化在 1 700 m 和 4 483 m 之间。常年积雪和冰川出现在 3 500 m 以上。柴窝堡盆地是位于天山内的山间盆地,海拔在 1 075 m 和 1 700 m 之间。盆地主要由几百米厚的砂砾和沙地组成,其中的多数地方可视为"戈壁"。乌鲁木齐山谷是位于东西天山之间的山间过道,宽度为 2 ~ 5 km,主要由冲积物组成。河流平原的海拔在 416 m 和 750 m 之间,主要由几个冲积扇、乌鲁木齐平原和其他几个小溪流组成。乌鲁木齐河流平原连接着东面的三工河流平原和西面的头屯河平原。最后,古尔班通古特沙漠海拔低于 400 m,主要由向 Jugger 流域中心方向伸展的沙丘组成。

3.3.2　地下水水情区图

通过 1:250 000 比例的地貌图、地质图和水文地质图,可以得到水文地质区图。从地貌图中,总共可以确认 14 个明显的地貌单元;依据含水层媒介和水压传导率,可以定义出 23 个水文地质单元。重叠这 14 个地形单元和 23 个水文地质单元,可以得到 47 个明显的水文地质区:18 个在柴窝堡盆地,8 个在山谷,21 个在平原。

通过重叠不饱和区媒介(10 个明显单元)和水位深度(7 个深度类型),可以得到不饱和区图。

根据地下水回灌的水源,如河流补给、灌溉回归、降雨入渗、侧流流入量等,可以得到地下水回灌区图,总共能识别出 12 个明显的回灌区。

影响区图包含湖泊、水库、井田、地下水灌溉区、泉域和蒸散发区。

重叠以上 4 个主题图,就可以得到地下水水情区图(图 3)。总共有 178 个水情区,其中 62 个在柴窝堡盆地,44 个在山谷,72 个在河流平原。每一个水情区都明显地组合了水文地质区、不饱和区、回灌区和影响区,能够展现地下水水位变动的不同规律。

3.3.3　区域地下水水位监测网设计

依据每个地下水水情区有一个观测井的原则,乌鲁木齐流域有必要建立 178 个观测井,以便于监测区域地下水水情。现有的监测井可以覆盖 73 个水情区,还需要建立 105 个新的观测井。在新观测井中,有 48 个在柴窝堡盆地,4 个在山谷,53 个在河流平原。观测井具体位置的确定考虑了上述因素,具体位置见图 3。新设计的观测井主要有助于监测:河流和地下水之间的相互作用;湖

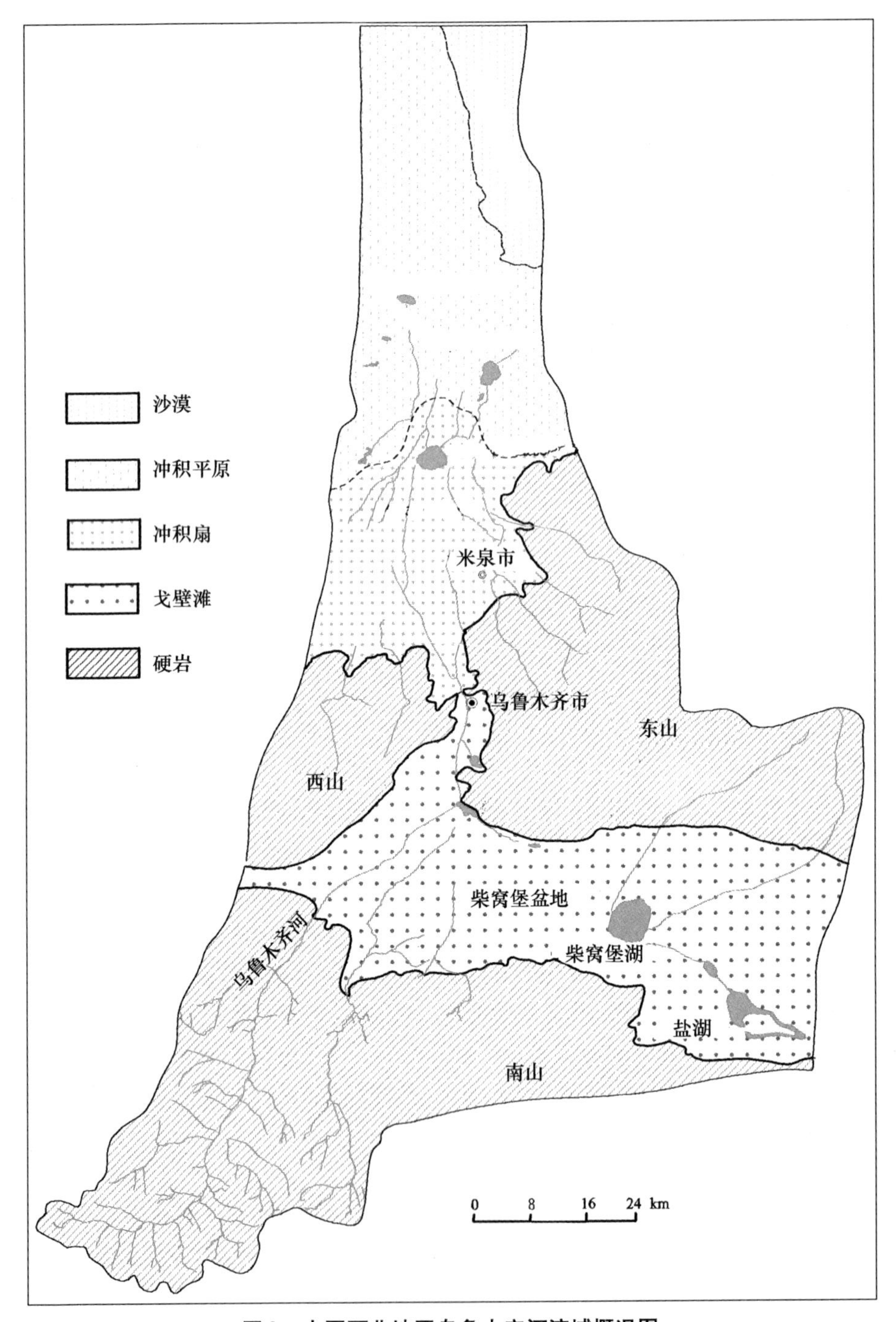

图 2　中国西北地区乌鲁木齐河流域概况图

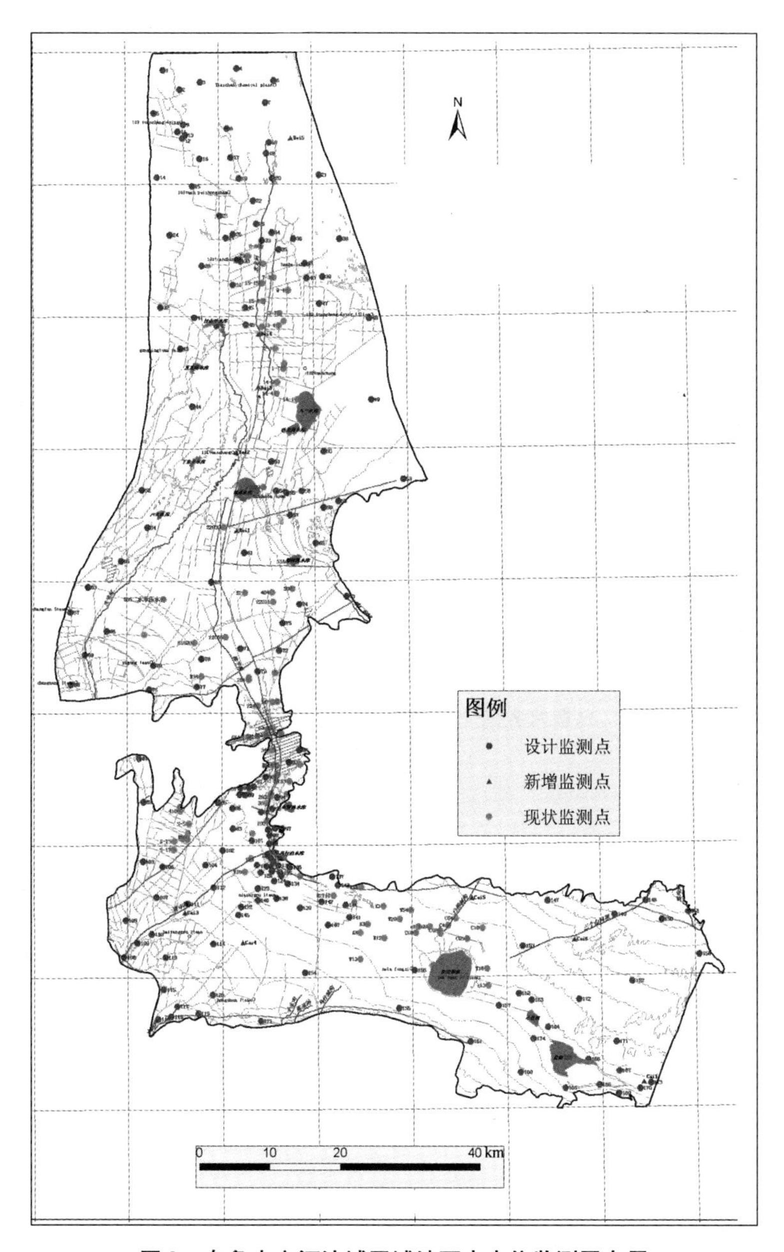

图 3　乌鲁木齐河流域区域地下水水位监测网布局

泊、水库和地下水之间的相互作用；泉水流量；浅地下水区的蒸散量；地下水灌溉区；下游区的地下水损耗。

3.3.4　实施

2005 年，为了监测河流回灌地下水和灌溉对地下水的影响，柴窝堡盆地和河流平原灌溉区新钻了 11 个新的观测井。所有现有的观测井都得以清洗,并用新的特制井盖加以保护。同时安装了 31 个自动地下水记录器(又称为自动监测仪)。监测仪监测频率是每小时一次,读数包括时间、温度和水压。监测仪中存储的数据每月一次转移到笔记本电脑中,并将水压转换为地下水水位。随后,观测到的时间序列数据上传到以 GIS 为基础的区域地下水信息系统。图 4 说明了监测仪和手工观测的不同之处。很明显,记录器能够记录很小尺度的地下水水位变动情况。

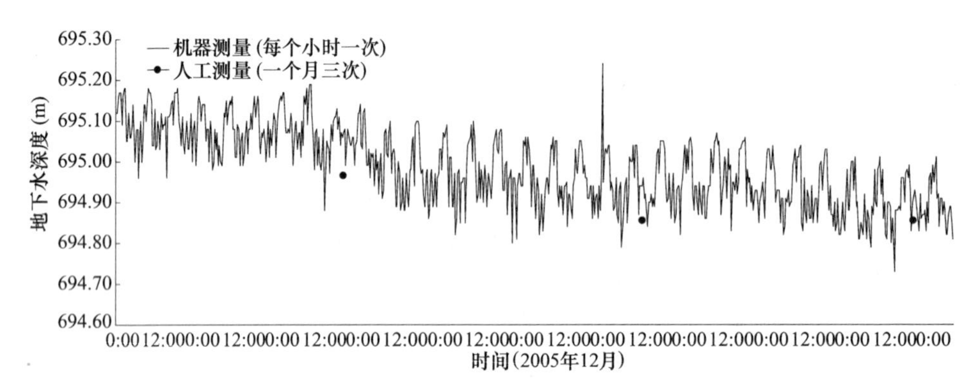

图 4　乌鲁木齐河流域某监测井观测到的地下水水位

4　结论

区域性的地下水监测可以提供重要的地下水质量和数量状态信息。从优化设计的监测网中能够获得充分的信息。在中国,地下水水位监测仍然是以问题为导向的监测,主要集中于井田和市区。目前,应当更新区域性的地下水水位监测网,以便为实现水资源一体化管理的目标提供信息。地下水水情区图能够识别地下水水位可能有独特时空特征的区域。因此,地下水水情区能够用来定位地下水观测井。地下水自动记录仪能高频率地提供准确可靠的地下水水位监测,尤其是在观测者测量地下水水位花费太大且难以维持的偏僻地区,自动记录仪更为有用。

致谢

该项目是由中国和荷兰政府联合资助,是荷兰应用地理科学研究所、Van Essen 仪器所和中国地质环境监测院合作实施的。乌鲁木齐河流域地图由新疆地质环境监测站提供。

参考文献

[1] China's Agenda 21, white paper on China's population, environment, and development in the 21st century, Beijing, 1994, China Environmental Science Press.

[2] European Environment Agency, 1999, Environmental assessment report No 1: Sustainable water use in Europe, Part 1: Sectoral use of water, Prepared by: W. Krinner, C. Lallana and T. Estrela, S. Nixon, T. Zabel, L. Laffon, G. Rees and G. Cole.

[3] European Union Water Framework Directive, Working Group 2.7 (2003) Guidance on monitoring for the Water Framework Directive. http://forum.europa.eu.int/Public/irc/env/wfd/library.

[4] Foster S. S. D., H. Garduno, R. Evans, D. Olson, Y. Tian, W. Zhang, Z. Han, 2004, Quaternary aquifer of the North China Plain – assessing and achieving groundwater resources sustainability, Hydrogeology Journal, 12(1):81–93.

[5] Han Z., 1998, Groundwater for urban water supplies in northern China – An overview, Hydrogeology Journal, 6(3):416–420.

[6] The People's Republic of China, Initial National Communication on Climate Change, Executive Summary, 2004, http://www.ipcc.cma.gov.cn/

[7] Zhou Y., 1994, Objectives, criteria and methodologies for the design of primary groundwater monitoring networks, Proceedings of the Helsinki conference, Future Groundwater Resources at Risk, IAHS publication no. 222.

[8] Zhou Y., 1996, Sampling frequency for monitoring the actual state of groundwater systems, Journal of Hydrology 180: 301–318.

[9] Zhou Y., 2006, Groundwater regime zoning as a tool to design regional groundwater level monitoring networks, Proceedings of the 34th conference of International Association of Hydrogeologists, Beijing, China.

干旱地区峰值流量估测:测量的重要性及气候变化的影响

Pieter J. M. de Laat[1] Issa Al - Nsour[2]

(1. 联合国教科文组织 - 水教育学院;2. 约旦,水利及灌溉部)

摘要:针对约旦沙漠地区的小型蓄水坝设计,对一个37 km^2 的集小流域的降雨及径流进行了观测。在两年时间内记录了8次径流,据此推导出了降雨强度和径流系数之间的关系。通过对附近水文站60年时间系列每天降雨量的统计分析,显示每年日最大降水量呈明显下降趋势。在本研究中,对过去30年不同重现期的最大降雨进行了估测,所用时间系列是固定的。降雨强度和径流系数之间的关系被用来估测大型降雨的径流峰值。

在20世纪90年代,在相同地区,在没有实测径流数据的情况下,基于10年短时间系列降雨数据进行了相似的研究。通过运用短时间系列的极端降雨数据推导出的土壤保护 - 曲线值法(*CN*)对径流峰值进行了估测,发现这两种方法在预测最大流量方面存在很大的差异。对50年降雨事件估测的径流峰值几乎比本研究的结果大7倍,这是由于采用非固定时间系列造成的,因为气候的变化会造成变动或改变。

关键词:气候变化 极端流量 曲线值法 统计分析

1 背景介绍

从1994起,一个由以色列、约旦、巴勒斯坦水利专家组成的水资源工作组,名称为EXACT(管理行动团队),在美国、欧盟、英国及荷兰的资助下开始运作。工作组的主要目标是提高水领域各参与单位的合作。荷兰政府资助的项目开始于2002年,为“民用小型水处理设施及利用地表水进行人工补给”,其中一部分是在安曼(约旦)东北25 km的沙漠,进行人工地表水补给的试点研究。在20世纪90年代,Chehata和Dal Santo在该地区进行了人工补给的可行性研究,其主要集中在Madoneh和Butum的干河床区域。在另一报告中,Chehata等在对该地区进行水文研究的基础上,对一系列蓄水坝及相关结构的设计进行了详细的表述,随后Abu - Taleb对该项研究进行了总结。

联合国水教育学院被委任实施EXACT项目的荷兰部分,并选择Madoneh作为利用地表水进行人工补给的试点研究区。该研究于2003年启动,并与约旦水利灌溉部(MWI)进行密切合作。

2 目标

为蓄留 Wadi Madoneh 地区的洪水以进行人工渗透，在 2007 年需建设 6 座小型水坝，水坝的设计标准(坝高及溢洪道的容量)必须在对该地区进行水文研究的基础上进行推导。本研究的目的就是对所推导的设计标准与 Chehata 等在 20 世纪 90 年代的研究成果进行对比。两种方法的根本区别在于 90 年代的研究是基于曲线值法(CN)，此研究的径流系数是基于流域内的水文气象测量。另外，对所用降雨数据的统计分析可能使用了比十年更长的时间系列。

3 数据采集及处理

在 2003 年，集水区内安装了两套倾卸斗式雨量计(见图 1)，一个位于一个小工厂的屋顶，另一个位于下游 2 km 处的学校屋顶。该雨量计已经采集了 2003～2004 年和 2004～2005 年两个冬季的雨量数据，在此期间对 8 次风暴产生的径流进行了记录。

对降水数据的统计分析必须使用集水区以外的站点，6 个降雨测量站的长时间系列的日测值是可用的，其中一些站从 1937 年就已经开始，对 A0052 站，只有年度数据可用。数据均经过了仔细筛检，对丢失的数据进行了插补(Dhakal，2006)，数据质量表现良好。在本研究中年度数据是指水文年，从 9 月 1 号到 8 月 31 号。在 1975～2005 时间段内，对 7 个水文站年平均降水等值线进行了计算(见图 1)。由于年降水从西向东均急剧下降，Madoneh 干河床的日降水值采用 AL0016 和 CD0003 站的数据进行了如下加权平均计算：

$$P_a(t) = \left[\frac{\overline{P}_a}{\overline{P}_3}P_3(t) + \frac{\overline{P}_a}{\overline{P}_{16}}P_{16}(t)\right] \tag{1}$$

式中：$\overline{P}$ 为 30 年平均降水量；$P(t)$ 为日降水量；下标 a、3 和 16 分别指区域降水、CD003 和 AL0016 站。

在位于流域出口的一个直段建了一口静水井，里面不但安装了一个史蒂文记录仪，而且还有一个水下测量仪。水下测量仪是一个很小的仪器(12 cm 长，直径 2 cm)。仪器通过设定的程序每 10 min 测量一次外部压力，所测压力除了在洪水期，通常为大气压力。在史蒂文记录仪所在的小屋内，还有一个气压潜水记录仪，用来纠正潜水仪所测洪水压力值。在静水井下游约 80 m，在干河床的直段中央，在一个混凝土基础上安装了一根 1 m 长的钢管，在钢管内部放置了一个潜水测量仪，与上游静水井内的测量仪在完全同一时间来测量压力。两个测量仪所测的水位值非常相似，远远优于传统的测量方式。优先选择潜水测量仪

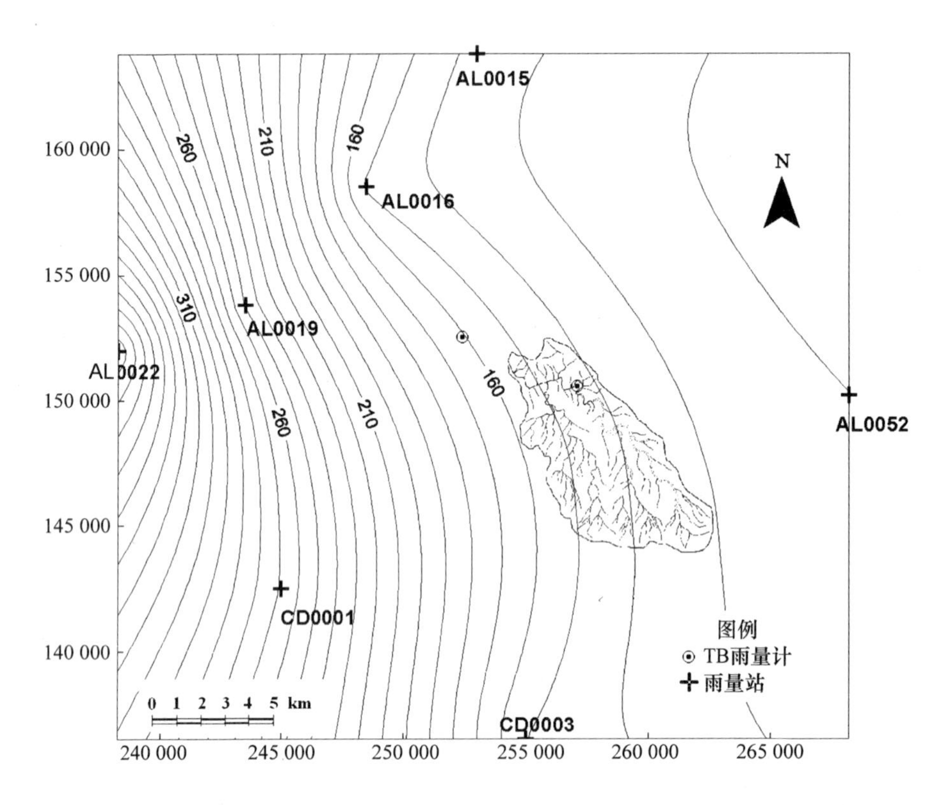

图 1　Wadi Madoned,1975 ~ 2005 期间 TB 雨量计位置以及基于 7 个降雨站的等雨量线

而不是史蒂文记录仪有多种原因,传统的方法是用浮漂,这种方法在浮漂可移动前需要一个最小水位,这样在干河床最初 5 ~ 10 cm 水位的测量结果就不够准确;浮漂在干涸期可能被泥土粘住,而可能无法在下个洪水中进行正常的水位测量;纸张记录必须通过人工读取,既费时间又容易出现错误,而潜水记录仪是通过笔记本进行数字化读取。

干河床的横断面在两个静水井处及它们之间的另三个位置进行了测量,每个横断的水位(H)和浸湿面积(A)、水位和浸湿周长之间均建立关系,然后推导出平均横断面水位和水力半径的关系。给定两个静水井之间的坡度(S),则利用曼宁公式可以计算出各个水位的流量值:

$$Q = A\frac{1}{n}R^{\frac{2}{3}}S^{\frac{1}{2}} \tag{2}$$

其中粗糙系数(n)通过 Jarret 公式算出:

$$n = 0.32S^{0.38}R^{-0.16} \tag{3}$$

通过这个公式发现当水位在 0.1 ~ 1.4 m 之间变动时,粗糙系数在 0.050 ~

0.031 之间。根据所发现干河床材料的尺寸,这些计算值可以认为是符合实际的。通过推导出的水位流量关系曲线用所测水位来计算 8 次径流的流量值。

4 降水数据统计分析

一项对 Wadi Madoneh 河床 68 年(1937 ~ 2004 年)区域降水的分析显示了直线下降的趋势,虽然斯皮尔曼等级相关测试结果 5% 的水平并不明显。在整个阶段内的平均年降水量为 161.4 mm。由于下降的趋势,在图 1 中的等雨量线是基于过去 30 年的记录,其时间系列并没有显示这一趋势,Wadi Madoneh 地区的年平均降雨为 145.7 mm。

57 个水文年(1948 ~ 2005 年)的每年日最大系列显示了明显的直线趋势(见图 2),因此不适合推导一个极大值的分布。同样的系列覆盖了过去 30 个水文年(1075 ~ 2005 年),是比较稳定的,没有显示什么趋势,没有跳跃,均值也是稳定的。由这个短时间系列推导出的耿布尔分布详见图 3。在表 1 中,估测的在不同重现期的极大降水与在利用全系列(非静止)耿布尔分布中获得的结果进行了对比,对比结果由 Chehata 等在 1997 年得出。

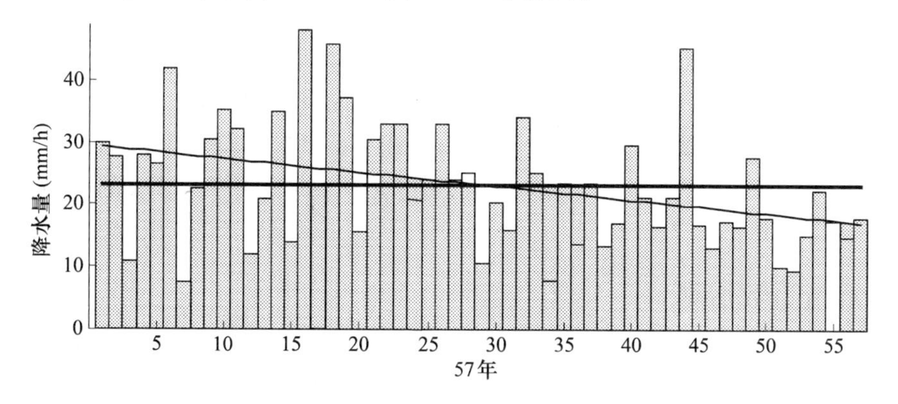

图 2 Wadi Madoneh **地区 57 年系列每年日极大降水数据**(1948 ~ 2005)

表 1 基于不同重现期间系列的年度日极端降雨及 Chehata 等的估测值

重现期	30 年 (1975 ~ 2005)	57 年 (1948 ~ 2005)	Chehata et al. (1997)
2	18	22	27
10	29	36	48
50	40	49	85

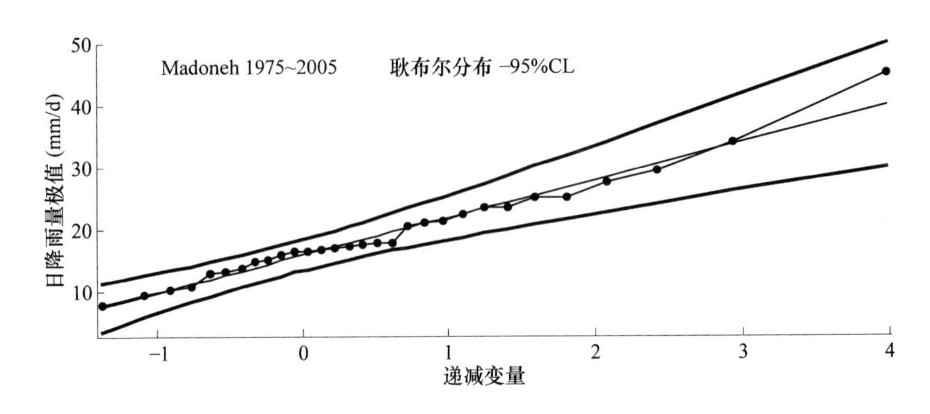

图 3 Wadi Madoneh **地区** 1975 ~ 2005 **年期间最大日降水耿布尔分布**

如果采用全系列，Wadi Madoneh 地区每年日最大降水的显著下降趋势将导致对不同重现期极大降水的估测显著偏高。Chehata 等在 1997 年出版的结果比本研究的结果大很多，其中的差异有三个原因：首先，他对 Wadi Madoneh 的区域降水方式进行了计算。在 Chehata 等的研究当中，Wadi Madoneh 地区还包括 WadiIshshe 支流，其覆盖了 57 km^2 面积。WadiIshshe（20 km^2）紧靠 Wadi Madoneh 西部，其降水量稍大一点（见图 1）。第二个原因就是区域降水是基于 AL0016、AL0019 和 CD0003 站的数据通过 Thiessen 多边形进行计算的。由于在东部方向对降水的减少没有补充，使得 AL0019 站的区域降水估值偏高。第三个原因是 1997 年之前降水数据的采用，其包含了一些比近些年要大的极端降水值。

5 径流系数估测

在 2003 ~ 2005 的两个水文年内发生了 8 次径流事件，每次风暴的总降水量（P）与直接径流（Q），以及在达到峰值流量之前一定时间内的降水量（P_i）和持续时间（D）均进行了列表。降水强度（i）被定义为 P_i 和 D 的比率。所有的数值均列于表 2，包括径流系数（C）为 Q/P。8 次风暴径流系数的变化从小于 1% 到大于 11% 不等，通过对不同径流系数下降水强度的描绘产生了拥有两个异常值的关系图。这些异常值可以在描绘两个 TB 雨量计与其他一个的总降水量之后得出解释（见图 4）。这说明在风暴 3 和 6 其间降水分布是不均匀的，降水强度与径流系数之间的关系绘于图 5，排除了风暴 3 和 6。这说明 Wadi Madoneh 的径流系数可以从降水强度进行如下估测：

表 2　Wadi Madoneh 地区在 2003～2005 期间的 8 次风暴数据

事件	时间	降水量 P(mm)	径流量 Q(mm)	降水强度 P_i(mm)	持续时间 D(小时)	强度 $i = P_i/D$ (mm/h)	径流系数 $C = Q/P$
1	03－12 3～5 号	22.6	0.66	15.8	14.00	1.13	0.029
2	03－12 14～16 号	12.3	1.36	8.10	4.00	2.03	0.111
3	03－12 18～20 号	24.4	0.78	22.80	17.00	1.34	0.032
4	04－02 15～16 号	18.3	0.64	17.60	16.00	1.10	0.035
5	04－11 22～24 号	38.2	3.50	27.90	12.50	2.23	0.092
6	04－11 27～28 号	17.2	1.91	17.00	22.50	0.76	0.111
7	05－02 8～9 号	12.6	0.28	12.40	29.50	0.42	0.022
8	05－03 10～11 号	20.1	0.15	19.10	32.00	0.60	0.007

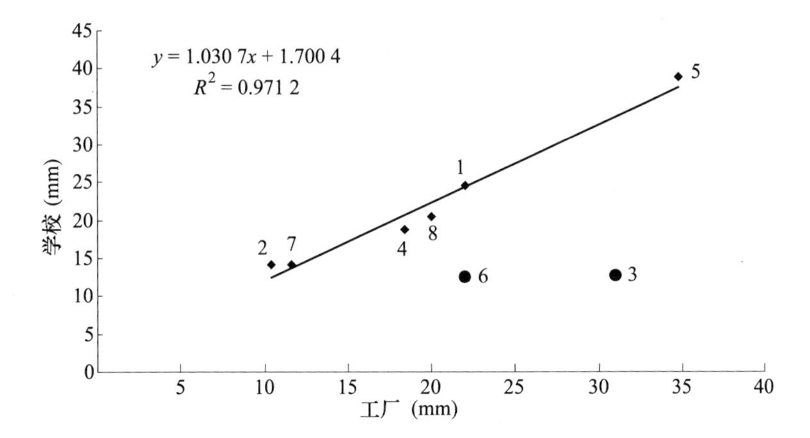

图 4　在学校及厂区观测的 8 次风暴降水

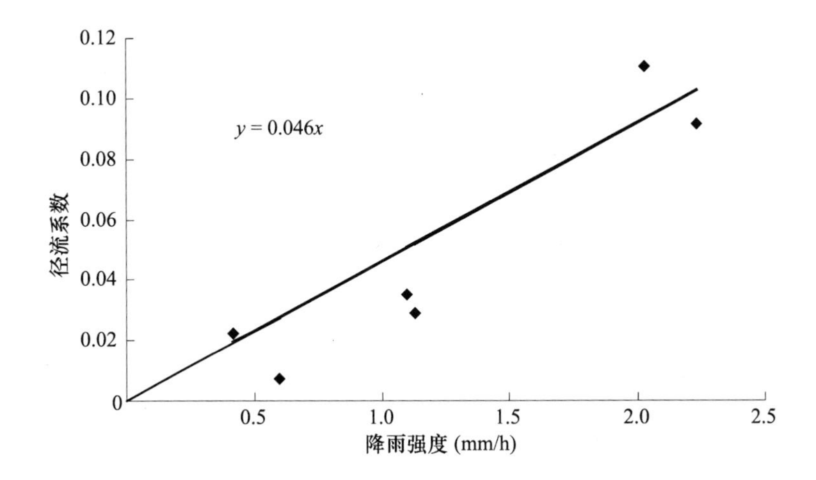

图 5　基于 6 次风暴的降水强度及径流系数之间的关系

$$C = 0.46i \tag{4}$$

对于极端降水事件可以用公式(4)进行计算,这需要具体的降水强度。对于重现期 $T=2$、10 和 50 年的日最大极端降水进行了推导(见表 1),降水的持续时间没必要为 24 h。从 2003 ~ 2005 年观测数据发现持续时间可以更小(见表 2)。对于日极端降水持续时间的计算取为 12 h,对不同重现期导致的径流系数与极端降水和径流(mm)共同列表。这些数据在表 3 中与 Chehata 的研究结果进行了对比,发现 90 年代的直接径流值大约是本次研究估测值的 3 ~7 倍,部分原因不但归咎于如上面提到的较大的极端降水,而且因为 Chehata 等人所用的较大的径流系数。

表 3　三个不同重现期(T)的极端降雨估测值(P)、径流系数(C)和直接径流量(Q)

	本研究			Chehata 等人		
T	P	C	Q	P	C	Q
2	18	0.07	1.2	27	0.13	3.5
10	29	0.11	3.2	48	0.30	14.4
50	40	015	6.1	85	0.49	41.7

6　曲线数法

水土保持局 - 曲线数法用于城区及小型流域,它是基于美国小流域降水及径流观测基础上的经验法。该方法广泛应用于缺少流量测量数据情况下的城区排水系统设计。在频繁发生径流数据缺失的情况下,经常应用该方法,其基于以下两个公式:

$$S = 25.4\left(\frac{1\ 000}{CN} - 10\right) \tag{5}$$

$$Q = \frac{(P - 0.2S)^2}{(P + 0.8S)} \tag{6}$$

其中,S 为地下蓄水容量,mm;CN 为曲线数(SCS,1986);P 为降水量,mm;Q 为估测直接径流,mm。曲线数是个经验参数,其取决于土地利用、土壤类型及其初始湿度,对干旱及半干旱的牧场,其值见表 4。

表 4　干旱半干旱牧区曲线数(来源:SCS,1986)

植被	径流潜力	可能径流			
		低*	中	高	很高
沙漠灌木	<30%	63	77	85	88
	30% ~70%	55	72	81	86
	>70%	49	68	79	84

注:* 尤其对沙漠灌木。

对径流系数的计算,Chehata 等用 $CN = 82$,与本研究的采用值相比,该值会导致相当大的径流系数。对风暴 1、5 和 8,Wadi Madoneh 地区的 CN 值利用式(5)和式(6)进行了优化。只有这三次风暴可以利用,因为该方法需要一个最小降水,风暴 3 和 6 已经被放弃。优化后的 CN 值等于 73。

7 对结果的讨论

Chehata 等估测的 50 年一遇的降水形成的径流量是本研究发现结果的 7 倍,造成该差异的主要原因为极端降水估测方法的不同。本研究显示在该地区的年极端降水受气候变化的影响。基于过去 30 年的数据,50 年一遇年极端降水只有 40 mm,而 Chehata 等在应用没有最后 10 年的长时间系列的估测值为 85 mm,是本研究结果的 2 倍。造成该差异的另一个原因是径流系数(见表 3),Chehata 等用的是 50 年一遇的径流值,比本研究大 3 倍。在表 5 中,对 Chehata 等应用的在不同重现期下计算的极端径流曲线数 CN 值,基于观测的降雨 - 径流的 CN 值,以及本研究推导的降水强度与径流系数之间的关系进行了比较。不同方法之间的差异比表 3 显示的小得多,因为对于较小的极端降水值,曲线数 CN 导致了较低的径流系数。因此,Chehata 等与本研究之间差异,主要是由于在日极端降雨时间系列中忽视了气候的差异/变化。

表 5 三种不同方法的估测极端径流(Q)、极端降水(P)、径流系数(C)的比较(重现期(T)为年,Q 和 P 为 mm)

T	P	本研究		CN = 73		*Chehata*:CN = 82	
		C	Q	C	Q	C	Q
2	18	0.07	1.2	0.00	0.0	0.04	0.7
10	29	0.11	3.2	0.03	1.0	0.15	4.3
50	40	0.15	6.1	0.10	3.9	0.25	9.8

参考文献

[1] Abu - Taleb, M. F. (2003) Recharge of groundwater through multi - stage reservoirs in a desert basin, Environmental Geology 44:379 - 390.

[2] Chehata, M. and Dal Santo, D. (1997). Feasibility study of artificial recharge in Jordan; Case of Wadi Madoneh and Wadi Butum, Water Quality Improvement and Conservation Project, Ministry of Water and Irrigation, Amman, Jordan.

[3] Chehata, M., Livnat, A. and Thorpe, P. (1997). Groundwater artificial recharge pilot project at Wadi Madoneh, Water Quality Improvement and Conservation Project, Ministry of Water and Irrigation, Amman, Jordan.

[4] Dhakal, B. (2003). Development of design criteria for the construction of retention dams in Wadi Madoneh, Jordan, MSc thesis WSE - Hy. 06. 01, UNESCO - IHE, Delft.

[5] Jarrett, R. D. (1992). Hydraulics of mountain rivers. (In: Yen, B. C., eds., Channel Flow Resistance: Centennial of Manning's and Kuichling's Rational Formula: Littleton, Colorado, Water Resources Publications, p. 287 - 298.

[6] SCS (1986). Urban Hydrology for Small Watersheds, USDA - SCS Publication 210 - VI - TR - 55, Second Edition, June 1986.

岔巴沟流域水循环与地下水形成研究

宋献方[1] 刘 鑫[1,2] 夏 军[1] 张学成[3]

(1. 中国科学院地理科学与资源研究所;2. 中国科学院研究生院;
3. 黄河水文水资源科学研究院)

摘要:黄河流域的径流量以及入海水量大幅减少,断流现象日益严重;由于缺乏系统的水循环要素观测,气候变化和黄河流域梯田、淤地坝等人类活动对水循环机理的具体影响尚缺乏科学的评估依据,黄土高原地区地下水的补给来源问题也存在争议。为此,研究选取人类活动强烈的黄土高原丘陵沟壑区岔巴沟流域为对象,选取岔巴沟流域和曹坪西沟实验小流域,开展包括气象、水文等在内的水循环要素观测,进行坡面上的人工降雨实验,并对大气降水、地表水、地下水进行了定期、瞬时相结合的系统采样。结合不同水体的氢氧环境同位素组分和水化学信息,水循环观测实验将为详细研究岔巴沟流域现有条件下的水循环机理提供可靠的数据支撑,进而为丘陵沟壑区的生态与环境恢复问题提供科学建议。本文主要就水循环观测与实验的布设进行阐述,并简要介绍其中的部分成果。

关键词:水循环 地下水 环境同位素 岔巴沟流域 黄土高原

1 引言

全球变化及人类活动引起的土地利用、覆被变化等改变了流域的下垫面条件,进而对流域水循环状况形成了深远影响,也给水文水资源研究提出了挑战。近年来,黄河流域径流量急剧减少,河道断流频繁;黄土高原地区各支流的入黄水量也迅速减少。20 世纪六七十年代以来,黄土高原地区修建了大量梯田、淤地坝等水保工程,土地利用方式和覆被也发生了明显改变;而要定量全球变化及人类活动对水循环要素的影响程度、探明地区地下水的更新能力问题,还缺乏系统观测和科学依据,因此有必要对该区变化环境下的水循环机理进行深入研究。

系统的水循环观测和实验是水循环机理研究的必要条件和重要手段。通过对气象、水文信息的观测和水文实验,结合环境同位素和水化学信息,可以研究水循环要素间的转化关系、划分水量组成、进行蒸散发及水量平衡研究,为定量环境变化及水循环机理改变程度奠定基础。与此同时,系统可靠的水循环观测还是发展、验证水文模型的根本基础。然而,在中国,针对各主要水循环要素开展的高时空分辨率、系统的水循环观测实验正处于初步开展阶段,尤其是长系列的系统观测资料并不多。

目前,针对黄土高原地区的水问题研究主要集中在降雨径流预报、水沙关系、水保措施对水文过程的影响等方面,水文观测也多是针对个别水文要素;20世纪80年代,中国科学院黄土高原综合考察队还对黄土高原地区的自然环境、水资源等问题进行了研究。以上研究为黄土高原地区的植被建设、水土保持及水沙研究提供了宝贵资料,但尚未很好地从整体角度将干旱半干旱区水循环要素统一研究。

在丘陵沟壑区的无定河三级支流岔巴沟流域,黄河水利委员会水文局于1959~1969年连续11年开展了人类活动影响较小情况下的野外实验观测,之后在流域出口曹坪水文站进行了30年的常规水文观测。鉴于岔巴沟流域较好的前期水文观测和实验基础,研究选取该流域进行系统的水循环要素观测,以便于与人类活动较小时的观测资料对比,揭示丘陵沟壑区的水循环变化规律及地下水形成问题。

2 研究区概况

岔巴沟流域位于陕西省北部子洲县境内,是黄河一级支流无定河流域的三级支流,属于典型的丘陵沟壑区。流域总面积205 km^2,出口曹坪水文站以上面积为187 km^2,中心位置37°43′N、109°55′E,高程900~1 292 m,由西北向东南递减。图1标示了岔巴沟流域在中国的位置。

研究区处于半干旱气候带,降水年内分配不均,年际、空间变异大。1959~2001年平均降水量430.8 mm,期间最大年降水量749.4 mm(1961年),最小253.4 mm(1965年),60%以上集中在6~8月,以大雨强短历时暴雨为主且很强的空间变异性。流域平均气温8 ℃,最高38 ℃,最低-27 ℃,霜冻期180天左右,年均水面蒸发量1 200 mm左右。

流域主要为十几米到几十米不等的黄土层覆盖,在上游甚至厚达百米;在水力、重力侵蚀以及人类活动的过度干预下,地表切割严重,沟壑极为发育,上游分水岭附近的黄土梁甚至形成深达百米、坡度大于60°的切割面,降水难以有效补给地下水,形成了逐渐恶化的地下水补给机制。流域地下水主要为松散岩类孔隙水,且以黄土水为主;梁峁区下部与下伏基岩之间缺少稳定的隔水层,黄土与下伏基岩共同构成黄土高原型的地下水含水系统,具有孔隙水及孔隙裂隙水双层叠置结构水的特点,水量贫乏,富水性极弱,单井出水量很小,多在10 m^3/d以下,仅可供人畜饮用。

研究区内土地利用以耕地、草地为主;耕地以无田垄耕种为主,开垦程度高,过度开垦现象严重。鉴于严重的水土流失问题,20世纪六七十年代以来修建了

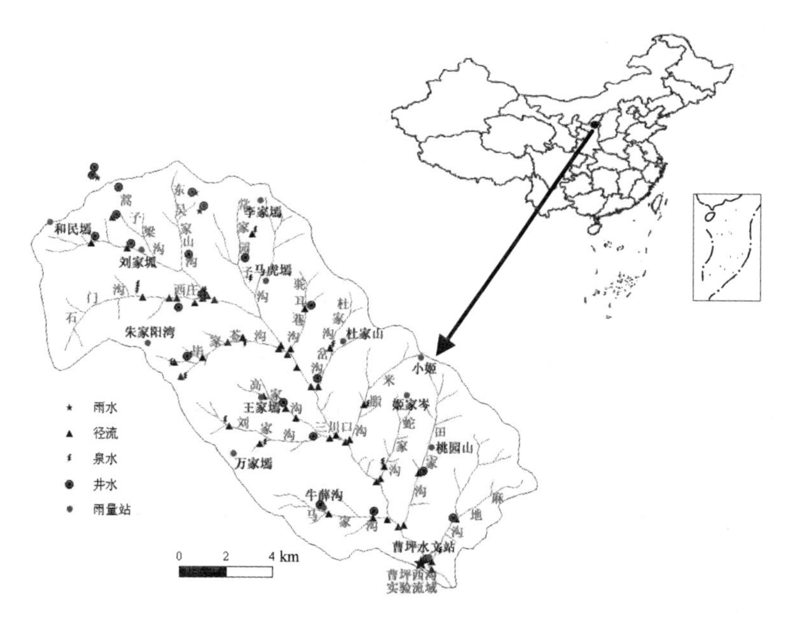

图 1　2005 年 8 月流域地表水与地下水采样分布

大量淤地坝、梯田等水保工程，各支沟下游形成长达几公里、最深 37.1 m、平均厚度 10.0 m 的平坦淤积层；截至 2001 年雨季前尚存淤地坝 $33.12\times10^6\ m^3$。

3　实验方案与数据获取

为了更好地进行不同空间尺度上流域水循环要素的研究，采用水循环观测和取样相结合的方法，在岔巴沟流域和曹坪西沟实验流域（$0.1\ km^2$），对降水、地表水、土壤水以及地下水等水循环要素进行系统观测，开展人工降雨条件下不同下垫面的产汇流和降雨入渗研究等水文实验，并对各水体进行环境同位素与水化学采样，最终综合氢氧同位素、水化学、水文气象信息及水文实验结果，开展变化条件下的流域水循环研究。所有水样的氢氧同位素分析都是在中国科学院地理科学与资源研究所环境同位素实验室利用 Finnigan MAT－253 质谱仪用 TC/EA 法测定，δD 和 $\delta^{18}O$ 值（‰）采用 VSMOW 标准，精度分别为 ±2‰和 ±0.3‰。以下将按照流域对观测项目进行说明。

3.1　岔巴沟流域

3.1.1　降雨观测及采样

为研究降雨及其氢氧同位素的时空变化，从 2004 年开始，在 12 个雨量站采用南京水利水文自动化研究所 JDZ－1 型雨量数采器自动观测 5～10 月间的降雨信息，观测间隔 5 min，以每日早 8 时到次日 8 时作为当日降雨量；并于月末采集降水样,方法是采用同一个接雨器接取月内历次降水,用同一容器密封保存,于次月 1 日摇匀取样。

3.1.2 地表径流观测与定期采样

为研究岔巴沟流域地表径流过程及其氢氧同位素组分变化,在曹坪水文站观测河道径流量,测定泥沙含量,并定期采集地表径流;在典型洪水过程中,根据河道地表径流量的变化,在起涨点、涨坡、峰顶、落坡及落平点附近采取地表水样;由于泥沙含量大,密封保存于 100 mL 塑料瓶中。

3.1.3 地下水调查与定期采样

2004 年,对流域范围内主要的民用水井及机井进行了详细调查;为确定降水 - 地下水的转化关系,研究地下水的更新能力,2005 年开始,与降水采样相对应,在 13 个雨量站(包括曹坪站)附近定期采集 5 ~ 10 月地下水样。由于研究区的民用井主要深入到黄土层中,直接从井中取样能够满足研究要求。

3.1.4 地表水 - 地下水瞬时采样

为详细研究岔巴沟流域地表水 - 地下水间的转化关系,分别于 2005 年 6 月 3 ~ 4 日和 8 月 14 ~ 19 日两次集中采取地表水、地下水,其中 2005 年 6 月的 22 个样品主要沿主河道采取,而 8 月取样则深入到流域 12 条支沟中,共获得样品 89 个,并采用 WM22EP 电导仪现场测定了水样电导率(EC)、pH 及水温信息;2005 年 9 月 24 日对岔巴沟流域及其所在的无定河流域进行了采样,其中部分站点是对个别支沟前期采样的回顾与对照。地表水均在沟道流动水的中心位置采取,地下水从民用井或基岩裂隙泉中采取,尽量与地表水对应布点,在 50 mL 或 100 mL 塑料瓶中密封保存。2005 年 8 月采样点分布见图 1。

3.2 曹坪西沟实验流域

2004 年以来,在中国科学院地理科学与资源研究所同黄河水利委员会水文局合作建设的曹坪西沟实验流域,观测常规水文气象要素、降雨信息、地表径流及坡面土壤水分变化,并开展裸地和草地坡面的人工降雨实验,并在大于 5 mm 降水过程后采样。详细的实验布设情况如图 2 所示。

3.2.1 气象要素观测

在气象场内,采用 Vantage Pro 自动气象站等观测气温、气压、风速、风向、空气湿度、雨量、地温(地表、5 cm、15 cm、30 cm)、土壤湿度(10 cm、20 cm、30 cm、50 cm)等气象信息,观测间隔 10 min;采用 E601 蒸发皿实行两段制观测 5 ~ 10 月水面蒸发量,每天早 8 时、晚 5 时各一次。

3.2.2 降雨观测及采样

为研究小流域内降雨量及其氢氧环境同位素的时空变化,在 3 个雨量站、气象场及曹坪水文站等五个站点采用 JDZ - 1 型雨量数采器观测降雨信息,在降

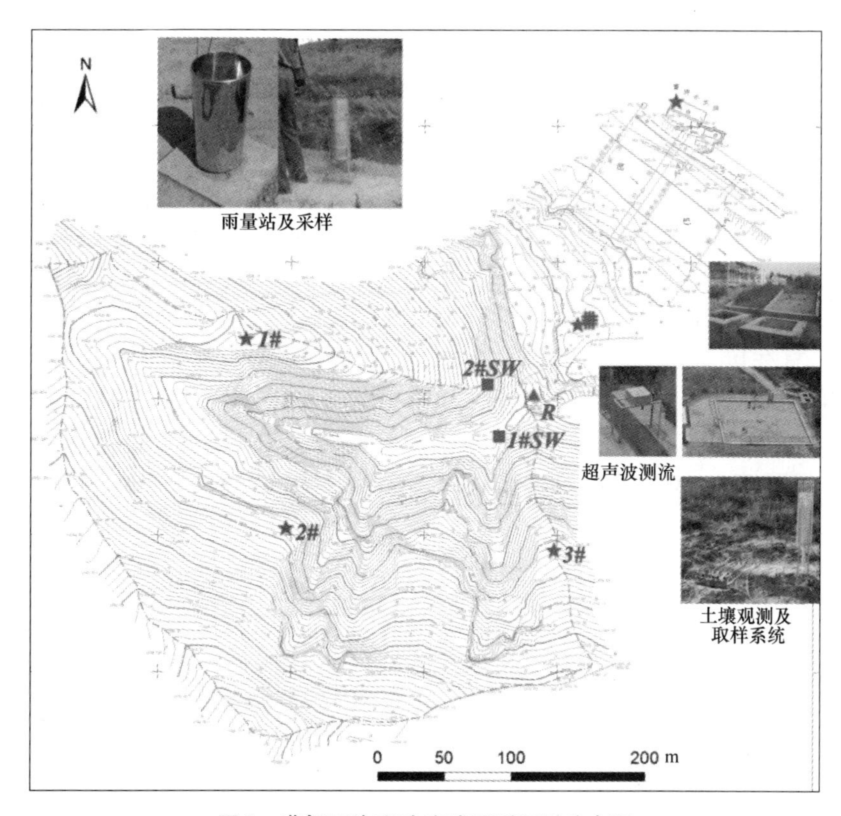

图2　曹坪西沟实验流域观测项目分布图

雨结束后或次日早8时采集历次大于5 mm的降水样。

3.2.3　地表径流观测及采样

在曹坪西沟实验流域出口的测流槽，安装超声自动水位仪，实时监测地表径流过程；通过大、小两个测流槽人工观测实验流域出口的地表径流水位，观测间隔3 min，落水坡退水时间较长、水位变幅较小时，6 min观测一次，通过在大、小两个测流槽率定的水位—流量关系曲线确定地表径流过程。同时，在典型洪水过程的起涨点、涨坡、峰顶、落坡及落平点附近取径流样各一个。

3.2.4　土壤水监测及采样

为研究天然降雨的坡面入渗规律，采用中国农业大学TSC型土壤水分观测仪（采用SWR型传感器）观测5～10月间20°荒草和耕地坡面上埋深为10、20、30、50 cm层的土壤体积含水量，观测间隔为10 min；还采用中国科学院地理科学与资源研究所研制的张力计测定表层10、20、30、50、70、100 cm的土壤水势变化，于每日早8时、晚5时人工读数一次，并在各层抽提土壤水样。

3.2.5 人工降雨实验

天然降雨不能完全满足该地区降雨入渗及降雨径流关系研究的需要，因此在曹坪西沟实验流域建设了荒草和裸地两个人工径流小区(2 m×3 m)，于2005年9月进行了16场不同强度及历时的人工降雨实验，期间，利用负压计和HOBO数据采集器同步观测土壤水势变化、记录地表径流过程。与天然降雨下的坡面入渗规律结合，可为降雨入渗及地表径流过程对土地利用方式、植被覆盖及降雨特性的响应关系提供参考。

3.3 数据获取情况

2004年以来，在岔巴沟流域和曹坪西沟实验流域开展了一系列水文要素观测，获取了连续三年的大量原始数据，并系统采集了降水、地表水、土壤水与地下水水样。详细内容如表1所示。

表1 2004~2006年岔巴沟流域水文气象数据及同位素采样统计

序号	分类	项目名称	站名(采样位置)	观测次数或原始数据(次或组)			备注
				2004年		2005年	2006年
1	水文	水位	实验流域出口	70	13	200	
2		流量		6		200	
3		含沙量			3	24	
4		水准测量		10			
5		土壤含水量	Ⅰ号站(荒地)	32 616	102 740	98 484	
6			Ⅱ号站(耕地)	32 616	102 740	98 484	
7	气象	蒸发	实验场	184	392	368	
8		气温、气压、风速、风向、土壤温度、空气湿度		8 188	26 602	26 628	
9		降水量	实验场	8 188	26 602	26 628	
10			实验流域1#雨量站	193	151	180	
11			实验流域2#雨量站	182	157	180	
12			实验流域3#雨量站	197	159	180	
13	同位素水样采集	降水样	实验场	64	22	21	
14			实验流域1#雨量站		22	21	
15			实验流域2#雨量站		22	21	
16			实验流域3#雨量站		22	21	
17			曹坪雨量站		22	21	
18			岔巴沟流域12雨量站	49	72	72+6	
19		井水样	岔巴沟流域13个村		64	78	
20			岔巴沟流域瞬时采样		52		EC-pH-T
21		河水样	实验流域出口	3	3	30	
22			曹坪水文站	9	16	24	
23			岔巴沟流域集中取样		76		EC-pH-T
24		土壤水样	曹坪西沟自然坡面		62	18	

4 实验结果

4.1 水循环要素的变化特征

4.1.1 降水量

图3表示了曹坪水文站2004~2006年的月降水量变化。从图3中可以看出,降水量年际变化大,三年降水量分别为351.4、356、519.5 mm,其中7~8月占全年的51%、42%、57%,5~9月占90%、93%、91%;11月至次年4月降水量分别为14.6、17.4、47.3 mm,呈明显的年际变化。从曹坪西沟实验流域气象场2005、2006年5~10月间的日降雨量来看(见图4),2005年降雨日数66天,最大降雨量42.3 mm;2006年降雨日数89天,最大日降雨量51.6 mm,其中40天的降雨量高于2005年。两年内15 mm以上的降雨分别为7天、9天,占全年的45%和51%,且降雨历时多在2~4小时之间。

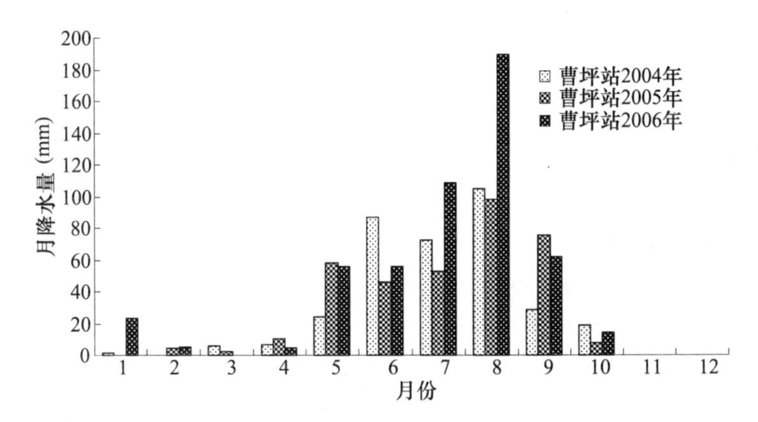

图3 2004~2006年曹坪水文站的月降水量变化

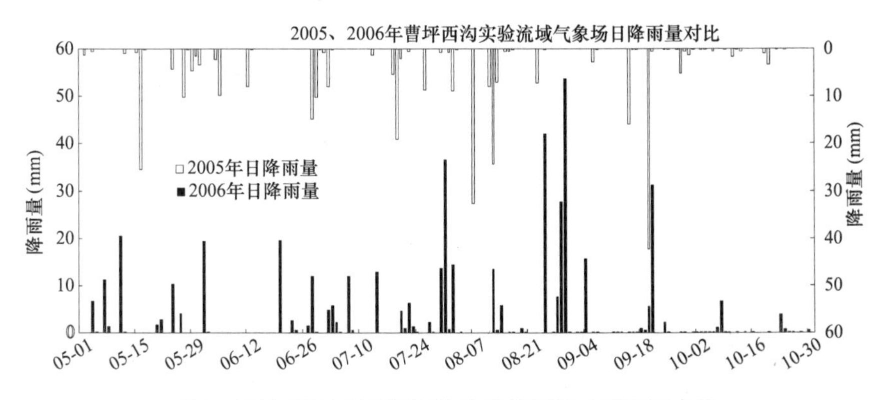

图4 2005、2006年曹坪西沟实验流域的日降雨量变化

研究详细观测了岔巴沟流域降水量的空间变化,其中图 5 表示了 2005 年日降雨量、月降水量以及 5 ~ 10 月间降雨量的空间分布。2005 年最大降雨出现在 8 月 7 日早 4 时 ~ 14 时之间,以朱家阳湾最大(76 mm),其次是万家墕、王家墕站(66.0、65.4 mm),南侧支高于北侧支,姬家岑站仅为 27.2 mm。三年内各站的最大 24 小时降雨量均大于 60 mm,且集中在 8 月;空间变异性随着年降水量增加而减小。

4.1.2　地表径流

由于黄土的特点及研究区的植被覆盖、地形地貌特征,流域内洪水过程异常短暂,集中在几场大范围暴雨之后,陡涨陡落,多数在 12 ~ 24 小时内消退,偶尔在连续的大范围、长历时暴雨过程后超过 48 小时;洪水过程消退后,地表径流很快由地下水排泄补给,流量在 0.05 m^3/s 以下,5 月前后甚至小于 0.01 m^3/s。图 6 表示了 2005 年 5 ~ 8 月间曹坪水文站的地表径流过程,其中最大洪峰流量 49.6m^3/s,持续时间 12 小时左右,而大多数场次产流过程的地表径流量小于 0.2 m^3/s。

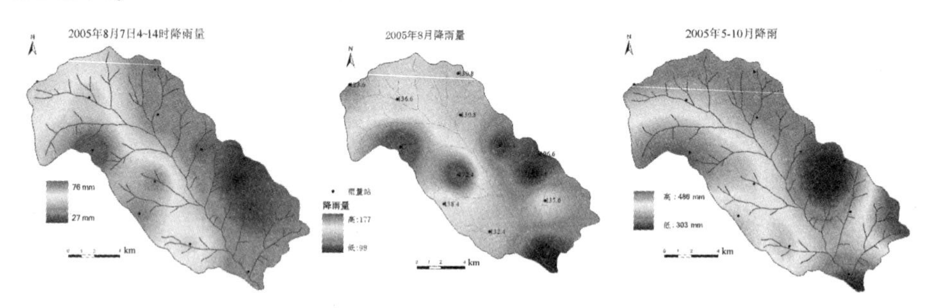

图 5　岔巴沟流域降水的空间变化(单位:mm)

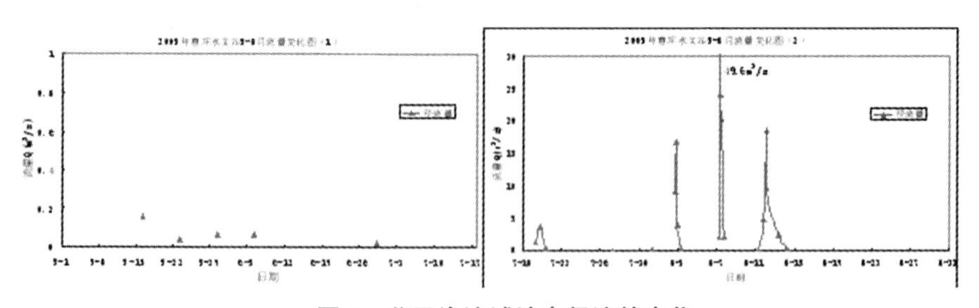

图 6　岔巴沟流域地表径流的变化

4.1.3　土壤水分

图 7 反映了平水年(2005 年)曹坪西沟实验流域 20°耕地和荒草坡面表面 50 cm 层土壤水分的变化情况。从三年的观测来看,50 cm 层的土壤水分对绝大多数降水过程的响应很微弱,几乎不会上升,只有大雨以上的降水才能入渗到 50 cm 层以下;表面 20 cm 层对降雨的响应较大。不同降水年型下连续的土壤

水分观测及土壤水氢氧同位素分析，有助于确定降水的入渗规律及降水对地下水的补给过程；结合土壤前期含水量、植被覆盖度和详细的降雨信息，还可以确定各因素对降水入渗过程的影响权重。

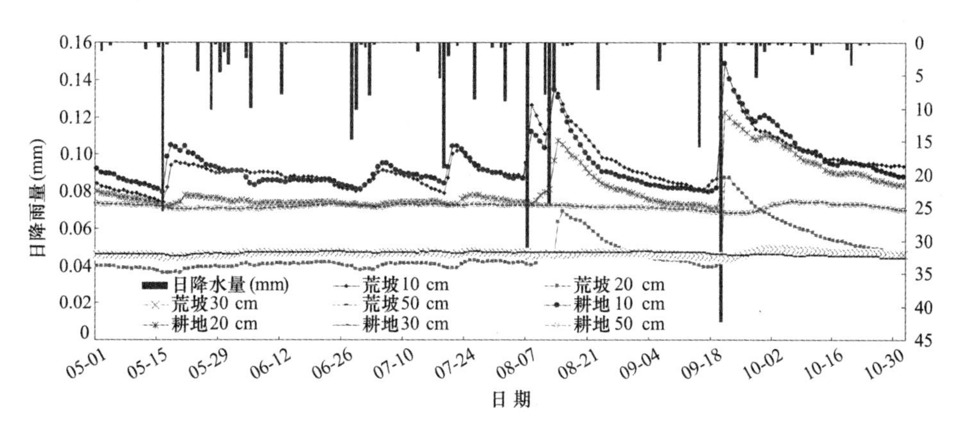

图7　坡面的土壤水分变化(曹坪西沟实验流域)

4.2　地下水形成规律的初步探讨

降水是当地水资源的重要来源，是水循环研究中的重要输入因子，对降水氢氧同位素的系统分析有助于地下水来源的研究。鉴于此，研究详细分析了2004～2005年间岔巴沟流域各站月降水及曹坪西沟实验流域5个雨量站次降水的年内、年际变化，初步探讨了水汽来源问题；同时，基于所有降水采样得出了岔巴沟流域的当地大气降水线 $\delta D = 7.41\delta^{18}O + 2.9$ ($R^2 = 0.924\,9$, $n = 279$，如图8所示)。岔巴沟流域降水氢氧同位素组分与地面高程的关系 $\delta D = -0.033\,5L - 17.98$ ($R^2 = 0.537\,3$, $n = 11$，如图9所示)，亦即地面高程每升高100 m，降水 δD 将下降3.35‰左右。

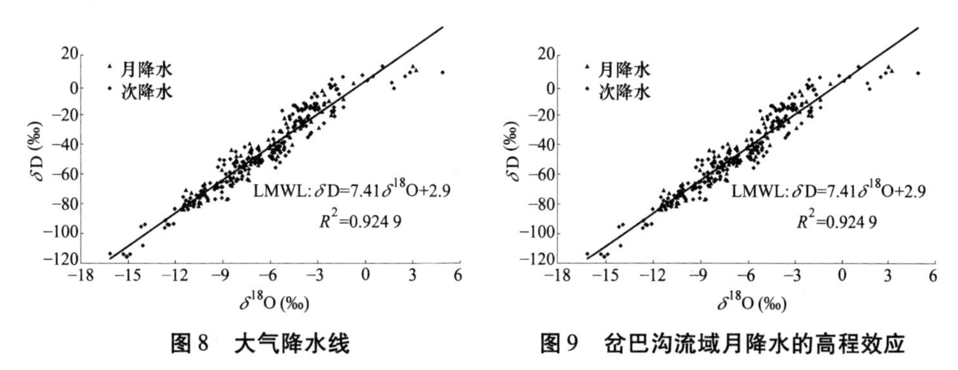

图8　大气降水线　　**图9　岔巴沟流域月降水的高程效应**

降水与地下水同位素组分的对比，为确定地下水的更新能力提供了重要依据。图10对比了降水与地下水同位素组分的变化。从图中看出，地下水的同位素组分较稳定，与降水量及其同位素组分的季节变化形成鲜明对比，$\delta D-\delta^{18}O$ 关系为 $\delta D=3.41\delta^{18}O-36.3$，远远偏离当地大气降水线 $\delta D=7.41\delta^{18}O+2.9$，说明地下水在到达地下水面前经历了强烈的蒸发过程，且是降水在深厚黄土层经过充分混合的产物。而七个站点中马虎塬和万家塬站地下水 $\delta^{18}O$ 的变幅最大（图 11），结果表明地下水存在多个补给源，受上游渗透地下水以及降水形成地表径流的补给作用。

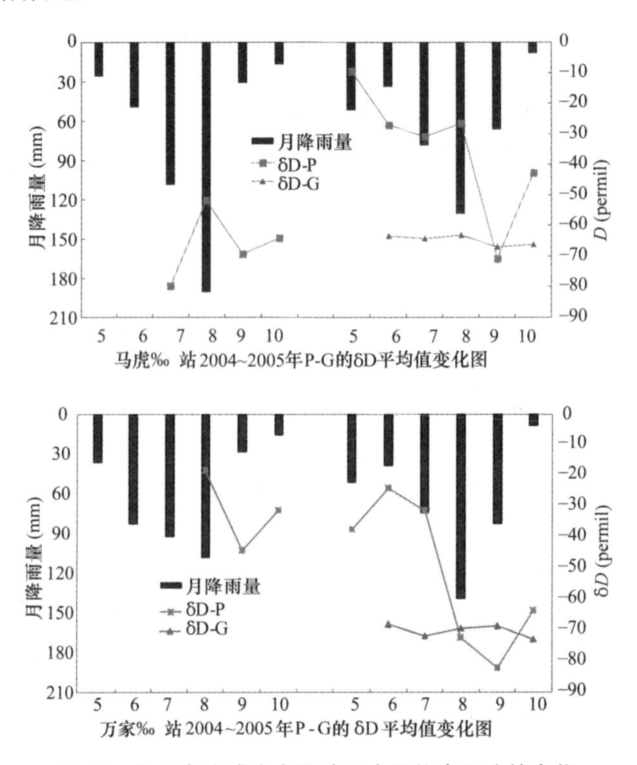

图 10　岔巴沟流域降水及地下水同位素组分的变化

5　结论

依据以上观测结果，目前，得到如下初步结论：

（1）岔巴沟流域降水年内分配极度不均，5～9 月降水量占全年 90% 以上，且集中在几场大雨强的暴雨过程中；降水空间变异大，以 8 月最突出；岔巴沟流域定期采集降水的同位素组分高程效应为 －3.35‰/100 m；通过对 2004～2005 年次降水及月降水的系统采样与分析，得出了岔巴沟流域的当地大气降水线。

（2）曹坪西沟实验流域单场降雨的径流系数小，最大 7.78%，最小 0.12%，其中一半产流过程在 2% 以下，90% 以上的降水以蒸散发形式消耗；岔巴沟流域

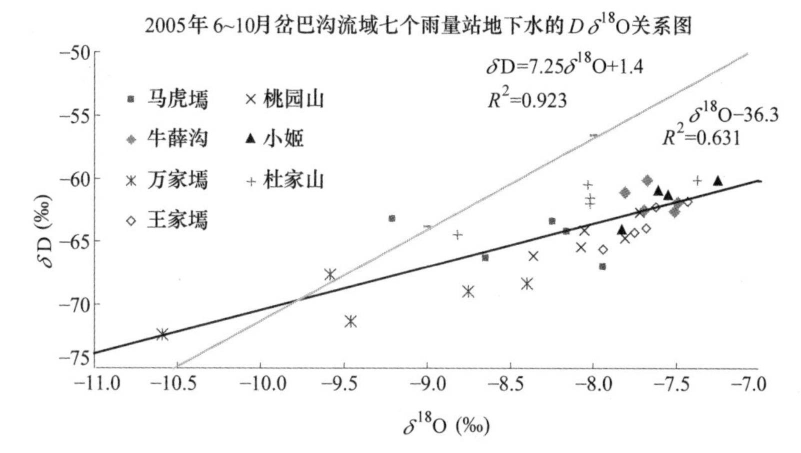

图 11　岔巴沟流域地下水的 $\delta D-\delta^{18}O$ 关系

的洪水过程在少数大雨或暴雨后且涨落过程迅速,历时多在 12 ~ 24 小时之间,之后迅速回落到 0.05 m^3/s 以下,年径流系数在 10% 左右;主要产流区集中在陡坡及低覆盖度的裸露黄土层。地表基流以基岩裂隙泉及少量黄土泉排泄为主。

(3)荒草和耕地两个坡面的表面 20 cm 层对降水的响应较快,含水量变化幅度大,而 30 cm 和 50 cm 层的响应逐渐微弱;尤其是 50 cm 层,仅在日降雨量 40 mm 且前期含水量较高时才能获得明显的补给。降水通过 20°坡面对深层土壤水及地下水的入渗补给微弱;整体上,地下水更新能力不容乐观。

参 考 文 献

[1] 李发东. 基于环境同位素方法结合水文观测的水循环研究——以太行山区流域为例[D]. 北京:中国科学院地理科学与资源研究所, 2005.

[2] 杨聪. 华北山区典型流域水循环过程实验——东台沟实验流域研究[D]. 北京:中国科学院地理科学与资源研究所, 2006.

[3] 胡堃. 华北石质山区典型流域坡面水文过程试验与模拟[D]. 北京:中国科学院地理科学与资源研究所, 2006.

[4] 杨聪, 于静洁, 宋献方, 等. 华北山区短时段参考作物蒸散量的计算[J]. 地理科学进展, 2004, 6:72 - 81.

[5] 杨聪, 于静洁, 刘昌明. 华北山区坡地产流规律试验研究[J]. 地理学报,2005,60(6):1021 - 1028.

[6] Li Fadong, Song Xianfang, Tang Changyuan, et al.. Tracing infiltration and recharge using stable isotope in Taihang Mt, North China. Environmental Geology[J]. 2007. DOI:10,1007/S00254 - 007 - 0683 - 040.

[7] 宋献方,李发东,刘昌明,等. 太行山区水循环及其对华北平原地下水的补给[J]. 自然资源学报,2007,22(3):398 -408.

[8] 宋献方, 李发东, 于静洁, 等. 基于氢氧同位素与水化学的潮白河流域地下水水循环特征[J]. 地理研究, 2007, 26(1):11 -21.

[9] 于静洁, 宋献方, 刘相超, 等. 基于 δD 和 $\delta^{18}O$ 及水化学的永定河流域地下水循环特征解析[J]. 自然资源学报,2007, 22(3):415 -423.

[10] Song Xifang, Liu Xiangchao, Xia Jun, et al.. A study of interaction between surface water and groundwater using environmental isotopes in Huaisha River basin. Science in China Series D[J], 2006,49(12):1299 -1310.

[11] 刘昌明, 洪宝鑫, 曾明煊, 等. 黄土高原暴雨径流预报关系初步实验研究[J]. 科学通报,1965, 2(2):158 -161.

[12] 刘昌明, 钟骏襄. 黄土高原森林对年径流影响的初步分析[J]. 地理学报,1978, 33(2).

[13] 黄明斌, 康绍忠, 李玉山. 黄土高原沟壑区森林和草地小流域水文行为的比较研究[J]. 自然资源学报,1999, 14(3):226 -231.

[14] 李佩成,刘俊民,魏晓妹. 黄土原灌区三水转化机理及调控研究[M]. 陕西:陕西科学技术出版社, 1999.

[15] 赵鸿雁, 吴钦孝, 刘国彬. 黄土高原森林植被水土保持机理研究[J]. 林业科学,2001, 37(5):140 -144.

[16] 李玉山. 黄土高原森林植被对陆地水循环影响的研究[J]. 自然资源学报,2001, 16(5):427 -432.

[17] 王红闪, 黄明斌, 张橹. 黄土高原植被重建对小流域水循环的影响[J]. 自然资源学报,2004, 19(3):344 -350.

[18] 李裕元,邵明安. 降雨条件下坡地水分转化特征实验研究[J]. 水利学报,2004(4):48 -53.

[19] 中国科学院黄土高原综合科学考察队水资源组地下水研究组. 黄土高原地区地下水资源合理利用[M]. 北京:学苑出版社,1990.

[20] 刘苏峡,张士峰,刘昌明. 黄河流域水循环研究的进展和展望[J]. 地理研究,2001, 20(3): 257 -265.

[21] 刘鑫,宋献方,夏军,等. 黄土高原岔巴沟流域降水氢氧同位素特征及水汽来源初探[J]. 资源科学,2007(3):59 -66.

黄河流域水资源管理

Tetsuya KUSUDA[1] Masahiro MATSUSITA[2] 杨大文[3]

(1.北九州大学,1-1 Hibikino, Wakamatsu - ku,北九州 808 - 0135,日本;
2. Tokyokensetsu 咨询公司, 5-6-20 Nakasu, Hakata-ku, 福冈 810-0801 日本;
3.清华大学水利工程系)

摘要:黄河是中国西北和华北地区最大的河流,流域面积为75.3万km^2,约占全国国土面积的8%。年均降水量为200 mm到800 mm不等。流域特点包括干旱半干旱气候、黄土高原、正在工业化、农耕发达。流域内缺水问题严重。水资源的合理配置有利于改善生态环境,促进可持续发展,繁荣经济,科学用水,有效重复利用水资源,控制污水处理排放等。

水资源的分配涉及政策和经济问题,主要分为农业用水、工业用水、生活用水和生态用水等几个方面。为更合理的分配水资源,很有必要对从粮食生产、经济和就业等方面考虑的分配方案进行评估。

本文用新开发的综合水量水质模型在供水和社会条件的约束下,讨论了几种开发方案。研究发现几种进一步发展的方法,比如节水灌溉、工业水再利用、日常生活用水的科学使用等。节余水量可用于增加灌溉面积。

关键词:黄河 水 管理 科学使用 灌溉

1 引言

黄河发源于青藏高原,流经北部半干旱地区,穿过黄土高原和东部平原,最终注入渤海(见图1)。干流河道全长约5 500 km。流域面积75.3万km^2,占全国国土面积的8.3%。黄河从源头到河口,有三种典型的地形:青藏高原,海拔在2 000~5 000 m之间;黄土高原及中游各支流,海拔在500~2 000 m;东部地区为冲积平原。流域内降水量从200 mm到800 mm不等,多年平均降水量为452 mm。黄河流域的降雨主要是在7个月的雨季里(4~10月),60%的降水是在7~9月之间。

据2000年资料统计,黄河流域人口11 000万人,占全国总人口的8.7%。农业人口占总人口的比率逐年递减,从1990年的73%降至2001年的63%

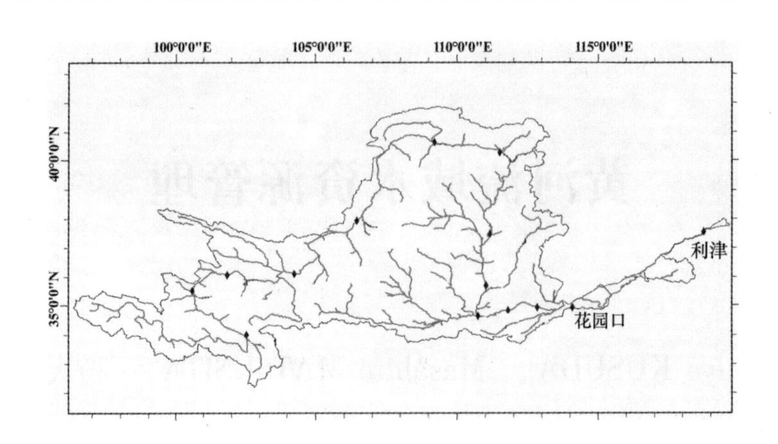

图 1　黄河流域

(WDI, 2003)。随着人们生活水平的提高,城市化和人口向市区聚集需要越来越多的水量。

流域内共有耕地 1 193 万 hm^2,林地 1 020 万 hm^2,牧草地 2 793 万 hm^2。灌区面积在不断增加,从 1949 年的 80 万 hm^2 增加到 1990 年的 710 万 hm^2。在 1990 年,510 万 hm^2 为地表水灌区,200 万 hm^2 为地下水灌区,其余的只能靠雨水浇灌。全部的农田需要大量的河水,农民的收入和供水水量直接相关。

流域内新建了很多工业基地和城市。根据 21 世纪初的中国经济发展战略布局,黄河流域有 4 个经济中心,分别是兰州、西安、中游地区的山西南部及下游部分。流域内工业的持续发展,尤其是这 4 个经济中心需要更多的水量。

由于工作和生活水平的提高,黄河流域在农业、工业、生活和生态用水方面,需要更多的水量,因此和国内其他地区一样,黄河水资源贫乏,生态用水供需矛盾显著,实现黄河流域的可持续发展的关键是水资源管理。科学用水、有效重复利用水资源、控制污水处理排放有利于改善人类环境和生态系统。

水资源的在几方面的分配是基于科学知识基础上的政策和经济问题。为实现科学基础上的水资源的合理分配,建立水质水量综合模型,并对未来情况进行模拟非常重要。

为改善流域内的收入水平,本文通过使用水质水量综合模型,结合水资源分配、水的利用和再利用及节水等,提出了几种方案。

2　水量水质耦合模型

水量水质耦合模型基于水文模型发展起来的,是一种基于地形学的水文模型(GBHM)和水质模型,模型中用 Streeter-Phelps 方程来分析黄河流域的水文现象。其中,水文模型由山坡和河流两部分组成。在每一部分中,分别计算了自然水循环和人工水循环。模型网格单元尺寸为 10 km × 10 km,子流域被分为两层,用一个合成的网格单元来表示。比如,地表水和非承压水层,可以用来计算土壤水运动。

水质模型建立在一维水平对流扩散方程基础之上。该模型使用的流速是用水文模型计算得来的,流域内污染物的排放源为点源和非点源两种情况。从点源排放的污染物量用基本单元来计算,而从非点源排放的污染物量用水土综合模型(SWIM)计算。该模型可以计算固体悬浮物(SS)、生化需氧量(BOD_5)、溶解氧(DO)、氨基氮(NH_4^+-N)和硝酸基氮(NO_3^--N)。模型结构和条件见表 1。

表 1　模型结构和条件

模型特征	结构	条件
流域的时空划分	流域界限	黄河流域
	子流域划分	Pfafstetter 方法(137 个子流域)
	网格单元	10 km × 10 km
	网格数量	182 × 266 = 47 866
	计算单元	1 小时
基本方程	河流流量	运动波方程,曼宁公式
	土壤水	理查德公式, Ven Genuchten 公式, 达西公式
	地下水运动	达西公式
数据输入	气象条件	降雨,降雪,温度,风速,日照时间,蒸腾
	人工用水	人口数量,工厂,家庭用水及排放,工业用水及排放, 污水处理,水库,灌区
	网格单元	高程,土地使用情况,坡度,坡长,土壤特性,地层厚度,NDVI,边界
	其他	子流域,河流,植被,土壤参数
数据输出	河流	流量,蒸腾
	网格单元	土壤水,地下水位,蒸腾

3　可能的水量再分配

科学的水资源再分配需要多余的水量。既然黄河流域农业用水占 60%,因此从灌溉用水中节水是可行的也是合理的。取水量中只有 34% 能用在灌区,60% 因蒸发蒸腾作用而流失。这说明减小渠道的渗漏和蒸发蒸腾损失可使流域内可用水资源增加。如果在渠道维修和节水灌溉(如滴灌)上投资,可以使其改善 50% 以上。其他流域的情况也基本相似。所以,当可以与工业、城市和/或者中央政府共同负担维修费用时,可以大为改善流域的缺水状况。

4 未来水资源分配的预计

4.1 预计条件

有必要设置气象、人类活动等的内部条件和外部条件，以及在社会不断发展情况下考虑黄河流域未来供水管理的方案。

4.2 气象条件

4.2.1 气象数据分布

用在水量水质耦合模型中的气象数据包括降雨、温度、风速和日照时间。这里分析了过去几年的数据并找到了它们分布的特征。结果见表2。

表2 气象数据特征

气象项目	项目	分布函数
降雨	年均月均降雨	对数分布
	月平均降雨降雪天数	泊松分布
日照时间	年均月均日照时间	对数分布
	日均日照时间	二项分布
	长短日照天数	二项分布
风速	日平均风速	韦伯分布
气温	年均最高最低气温	对数分布
	平均日温	正弦分布

4.2.2 气象数据的空间分布

通过对从1981～2000年20年120个气象站的气象数据的相关分析，把流域分为7个区域（见图2）。

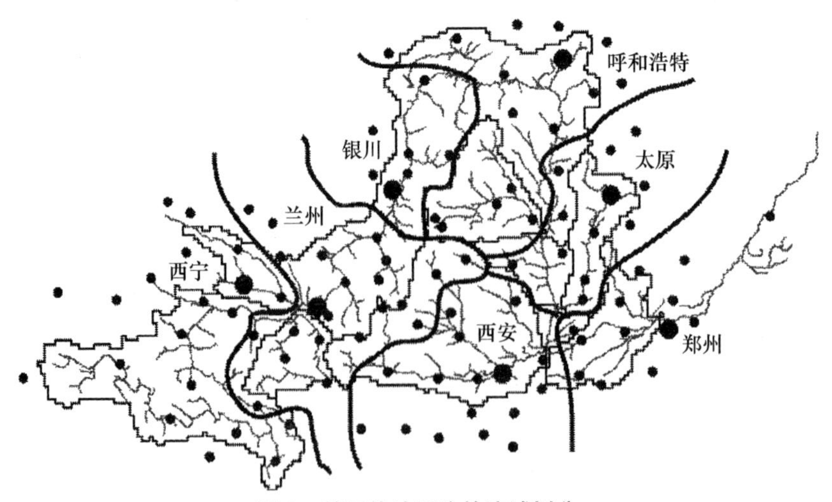

图2 基于估计用途的流域划分

气象数据可以用一定的程序预计重现。也就是说,对于降雨的预计,可能的年均、月均和日均降雨量可以用表 2 中的分布函数来计算。日照时间、气温和风速同样也可以用相似的程序来重现。

4.3 人类活动

4.3.1 人口和生产

每个省的城市、城镇、村庄的人口和生产的分布根据省统计年鉴资料来计算。

4.3.2 耗水量

每个省的城市、城镇、村庄的耗水量根据省统计年鉴、黄河年鉴和中国水资源出版物等资料来计算。

4.3.3 水库分布

水库资料取自管理部门的印刷资料。

4.4 社会经济发展设想方案

4.4.1 流域划分

根据图 3 所预计的未来不同发展时期、地域特征把流域分为五个部分:上游、中游、汾河流域、渭河流域和下游。

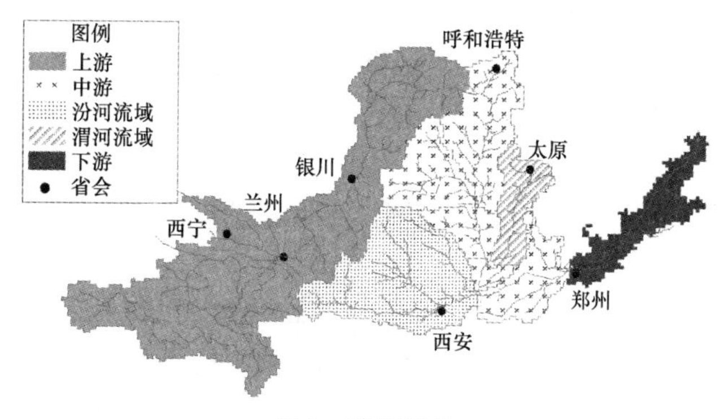

图 3 流域划分

4.4.2 人口

2005 年中国人口突破 13 亿而且仍在持续增长,人口增长率达 5.89‰。预计到 21 世纪中叶人口增长达到最高值,然后呈下降趋势。黄河流域人口空间分布见图 4。根据“十一五”计划,图 5 给出了各区域的预计人口增长。

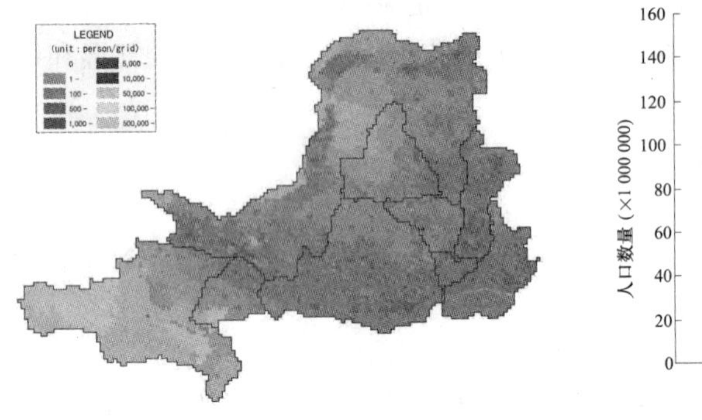

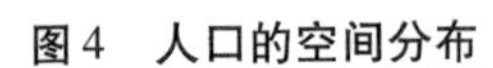
图4　人口的空间分布

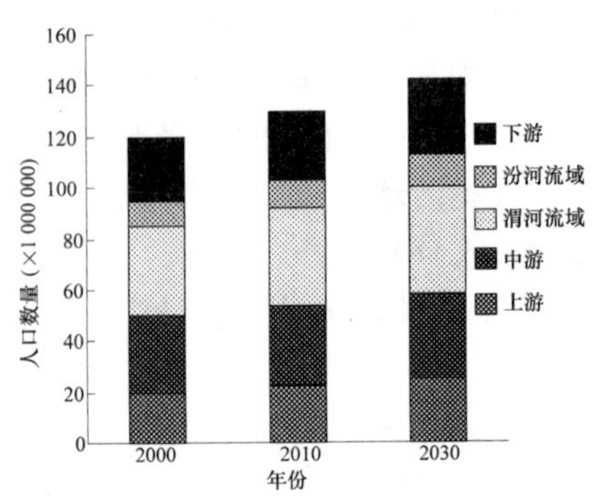

图5　人口增长

4.4.3　耗水量

每个区域家庭用水的基本单位用水量是家庭用水量除以人口数量得来的。同样,工业用水的基本单位用水量是用工业用水量除以工厂数量得来的。在估计未来用水量时,对新增需求的供水假定维持在原来的水平。

4.4.4　社会经济方案

社会的发展有6个衡量指标:区域最大收益、劳动力成本的增加(收入的增加)、就业机会的增加、食物安全、生态稳定性、泥沙减少。图6给出了如何确定方案的过程。在这个过程的基础上,表3和表4给出了几种方案。

表3　设置方案条件

设想方案		1	2	3	4	5	6	7
粮食产量	减少	○	○					
	不变			○	○			
	增加					○	○	○
灌区	减少	○	○					
	不变			○	○			
	扩大					○	○	○
灌溉效率	不变	○	○					
	提高			○	○	○	○	○
污水处理率	不变	○		○		○		
	提高		○		○		○	○
污水再利用率	不变	○		○		○		
	提高		○		○		○	○
退耕还林	不变	○	○	○	○	○	○	
	改善							○

表4　每个方案的条件

项目	现状	2010	2030	2050	适用方案
耕地面积减少比例	—	10%	20%	30%	1,2,7
灌溉效率增加比例	40%	50%	60%	70%	3,4,5,6,7
耕地中灌溉面	52%	70%	80%	90	5,6
		70%	85%	100%	7
城市家庭污水处理率	20%	50%	70%	90%	2,4,6,7 其他为现状条件
城市水再利用比例	0%	10%	20%	30%	
工业废水处理率	20%	50%	70%	90%	
工业废水再利用率	33%	50%	60%	70%	

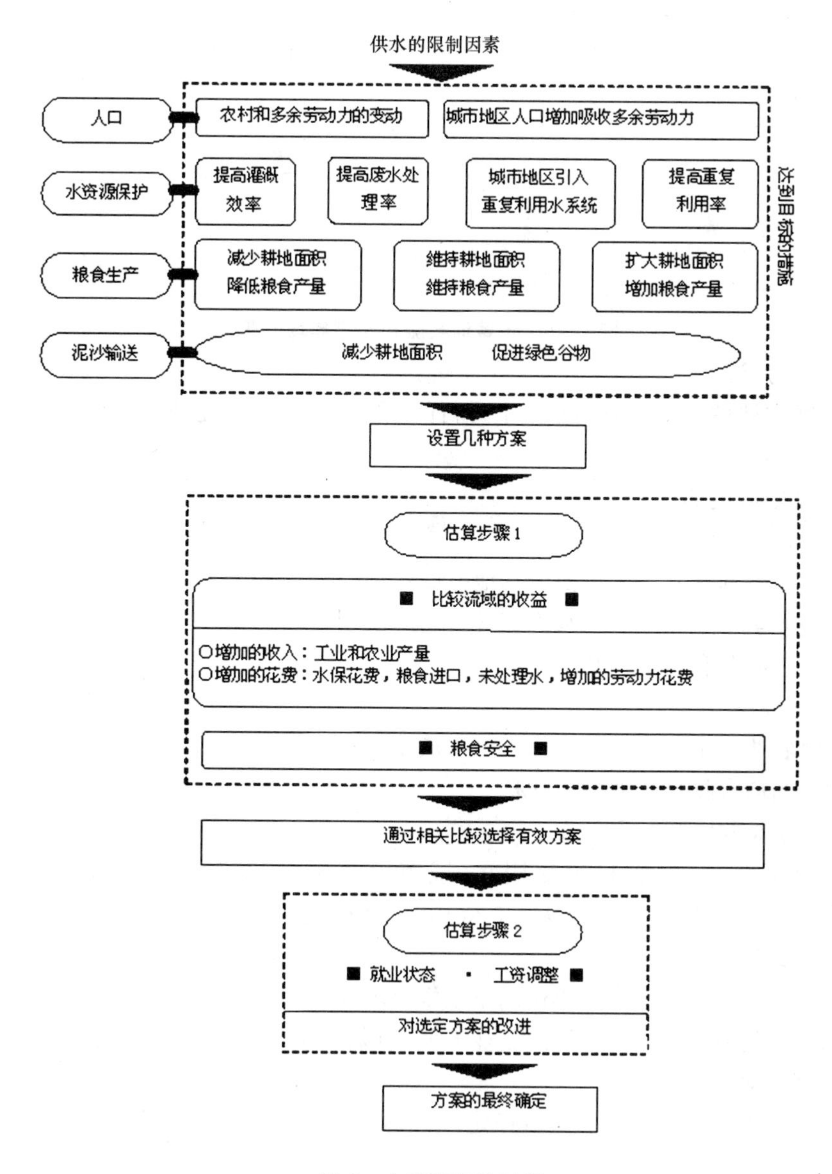

图 6　方案确定的过程

5　模拟和预测结果

5.1　水流流速模拟

水流速度可以用水量水质耦合模型计算。图 7 给出了 1997 年黄河实测和预测年均流速。用“GBHM + 人工值”计算得到的数值与实测值非常接近。

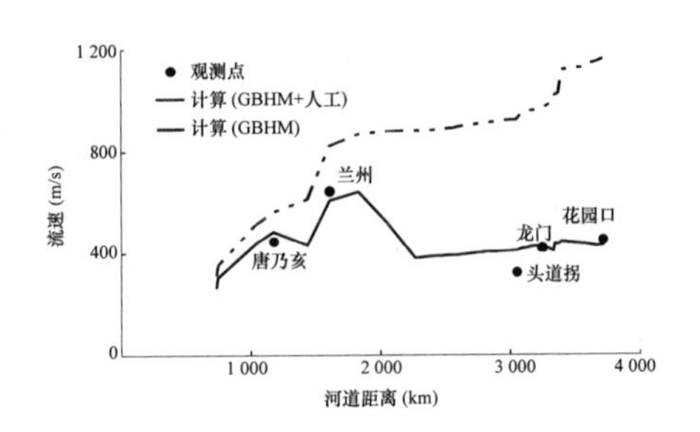

图7　1997 年黄河实测和预测年均流速

5.2　预测方法

方案的评估是在收益的基础上进行的。收益的净增值是收益总增值减去成本总增值。

计算中假定如下。

5.2.1　水源分配方面

(1)多余的农业用水转换到其他方面;

(2)多余工业和生活用水仍在各自内部使用;

(3)水源没有输出到其他流域。

5.2.2　生产率方面

(1)农业和工业生产的增长和供水成正比;

(2)当前食物自给率为100%。

5.2.3　基本单位用水量方面

目前灌溉用水、农村生活用水、城市生活用水、厕所用水分别为 4 279 t/hm^2、41.5 L/(人·d)、136.9 L/(人·d)、50 L/(人·d)。

5.2.4　经济方面

(1)日用品价格和基本单位用水量没有增加;

(2)农业剩余劳动力转移到工业方面,有效产出不变,其余的剩余劳动力转移到服务行业;

(3)城市劳动力的成本保持稳定,从农业转到其他行业的劳动力的成本从经济发展的角度来看也保持不变;

(4)在家庭污水处理、工业废水处理、节水灌溉、改造灌溉设施及植树造林方面的初始投资分别为 4.20 元/m^3、4.46 元/m^3、5.28 元/m^3、19 000 元/hm^2、0.23 元/hm^2;

(5)在家庭污水处理、工业废水处理、节水灌溉、改造灌溉设施及植树造林方面的维修费用分别为0.46 元/(m^3·a)、0.43 元/(m^3·a)、0.528 元/(m^3·a)、1 900 元/(hm^2·a);

(6)农作物产量分别为:玉米 0.13 t/人,小麦 0.14 t/人;

(7)玉米和小麦的进口价分别为 804 元/t、1 523 元/t；

(8)用于将未经处理的污水净化为可饮用水额外费用为 1.5 元/m^3；

(9)灌溉和非灌溉农田产量差为 3.69 t/(hm^2·a)。

5.3 预测结果

因为污水不能作为水源，所以只有增加污水处理和再利用处理过的水才能增加可利用水资源。方案 6 和 7 要比其余的几个好得多。方案 6 中的食物安全最好，方案 7 仅次之。至 2050 年方案 6 中的食物自给能力为 100%，方案 7 为 80%。每个设想方案的收入和收益见图 8。

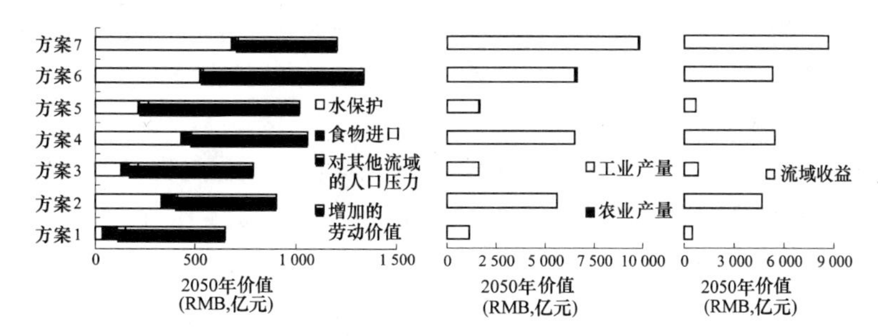

图 8　每个设想方案的收入和收益

由于进一步的消耗，方案 6－2、6－3 和 7－2 是新引进的，他们的人均耕地面积分别为现在 1.5、3 和 3 倍。人均耕地面积的增加导致了农业剩余劳动力转向其他方面，因此服务行业劳动力的增长可以导致人均耕地面积的增加。

图 9 和图 10 给出了每个方案中农民工资的增长和流域的总收益。首先，方案 6－3 中，农民工资最高，甚至超过了城市劳动力，然而失业率较高并且流域收益最低。方案 6 和 7 流域收益比起其他方案要好，而且人均工业产出率与现在相比是增加的。方案 6－2 突出了食物安全性，方案 7－2 的收益最高。

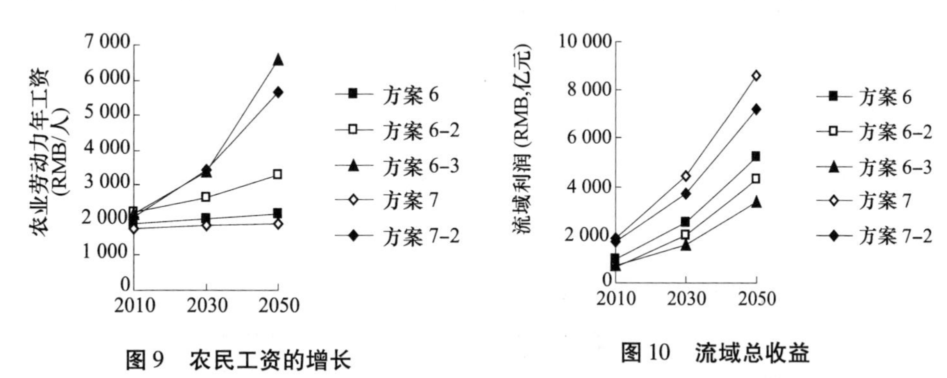

图 9　农民工资的增长

图 10　流域总收益

6 讨论

为了找到最优化的解决方案，下面讨论了几种方案：

（1）由于投资的大量增长，市区劳动力的需求增加。尽管方案6－3中市区劳动力的数量和方案7－2一样多，但是方案7－2的就业率要比方案6－3高。比较至2050年得到同样多的水资源所需要的成本，方案7－2（650亿元）比方案6－3（480亿元）高。

（2）提高农村和城市的生产率。方案7－2中就业稳定性在2010年和2030年都较高。2010年和2030年的工业生产总值分别为2 400亿元和4 900亿元，农业生产总值分别为40亿元和55亿元。因此，生产率的增长使得失业率也因人口的增长而增加。

（3）限制移民。方案6－2中2050年的人均耕地面积是现在的1.5倍，而方案6－3中是现在的3倍。方案6－3中，城市失业率持续升高，另外一方面，方案6－2的就业率一直维持在较高水平。因此，失业率的高低可以通过限制移民而控制。

7 结论

（1）建立了水量水质耦合模型。建立了黄河流域的水量水质耦合模型。水量水质的模拟结果与实测结果一致，证明该模型有较高的重现性。

（2）作为外部条件的未来气象条件可以用几种统计函数来预计，并给出了气象数据的合理空间布局。

（3）既然水资源的总量没有增加，因此局部水资源的增加应该从农业用水的转化、节水和水的重复利用中得到。

（4）黄河流域增加用水效率可能的方法有逐步城市化并把农业用水向其他方面转化，减少灌区面积，推广节水灌溉。

（5）由于设想方案假定工业产品增长，所以有必要验证包括出口在内的市场扩展的可能性。

（6）选择方案应用到某个实际目的是一个政策问题。

参考文献

Katou, H. China's economic development and pre－eminence of the market － verification of the reform and opening-up period. Japan: The University of Nagoya Press, 1997.

渭河流域水资源可持续利用和生态环境良性维持的对策研究

张 玫 龚 华

（黄河勘测规划设计有限公司）

摘要：渭河是黄河第一大支流，涉及甘肃、宁夏、陕西3省（区），从西向东横贯富饶的关中平原，在黄河治理开发和区域经济发展中占有重要地位。渭河流域水资源总量不足，随着经济社会的快速发展，水资源供需矛盾日益突出，缺水已经成为流域水资源可持续利用和河流生态系统良性维持的重要制约因素。在大力节水、高效利用现有水资源的情况下，尽快实施跨流域调水工程是解决渭河流域缺水状况、促进流域经济社会发展、维持河道基本功能的重要途径。

关键词：水资源 生态环境 对策 渭河流域

1 渭河流域水沙特点及用水现状

渭河流域多年平均水资源总量110.72亿m^3，多年平均天然沙量6.09亿t，流域面积、水量、沙量分别占黄河流域的17%、17.3%和35%。渭河流域来水来沙具有水沙异源、水沙年内分配不均、年际变化大的特点，特别是20世纪90年代以来，渭河华县站水量平均37.1亿m^3，沙量2.46亿t，较90年代以前平均水量、沙量分别减少53.8%和40.1%，水量减少的幅度大于来沙减少的幅度，渭河水沙关系更趋不利。

造成渭河流域河道径流量大幅度衰减的主要原因是国民经济耗水的快速增加。2000年渭河流域国民经济总用水量为63.8亿m^3，占水资源总量的57.6%；耗水总量为44.8亿m^3，水资源利用消耗率为40.5%，耗水量的增长主要表现在地下水耗水量大幅度增加，地下水的过度开采影响到了地表径流，成为地表径流减少的主要原因之一。1990～2000年，渭河流域国民经济用水量增加了17.1亿m^3，年均增长率3.2%，远高于黄淮海流域的0.3%和全国平均的1.1%。

2 水资源可持续利用及河流生态系统良性维持存在的突出问题

渭河流域水资源总量不足，承载能力有限，随着经济社会的快速发展，出现了供需矛盾突出、水环境恶化、下游河道淤积萎缩、防洪形势严峻等一系列问题，造成“上游水少，中游水黑，下游淤积”的局面，流域水资源的可持续利用及河流生态系统的良性维持面临着严峻威胁。

2.1 水资源总量不足，难以支持流域经济社会的可持续发展

渭河流域人均、亩均占有河川径流量分别为 293 m^3 和 125 m^3，为全国人均占有水量的 12%，亩均占有水量的 7%，相当于黄河流域人均、亩均水量的一半。水资源总量不足，干旱灾害频繁。据统计，1949～2000 年共发生较大干旱灾害 35 次，发生频率为 70%。特别是近年来，随着流域经济社会快速发展，用水量持续增加，各行业用水需求难以协调。90 年代以来，关中地区有 50% 的灌溉面积不能适时适量灌溉，2000 年全流域 29.7% 的灌溉面积失灌，灌区水资源供需矛盾极为突出。同时，由于水源不足、水质污染等因素，很多市县缺水，工业生活用水形势也十分严峻。目前不少城市及井灌区地下水超采，关中地区地下水位下降，漏斗范围逐年扩大，年超采量达到 5.0 亿 m^3 左右。西安、咸阳、宝鸡等市沉降较严重的地下水漏斗面积达 400 多 km^2，最大沉降 2.3 m，暴露于地面的地裂缝 11 条，总长 64.6 km，导致很多环境地质问题。

渭河流域历史上是我国经济较为发达的地区之一，目前也是我国重要的粮棉油产区和工业生产基地之一。区内分布有多个历史悠久的大中型灌区，并拥有机械、航空、电子、电力、煤炭、化工、建材和有色金属等工业，是我国西北地区门类比较齐全的工业基地。近年来，高科技、高新技术工业发展很快，在关中已形成西起宝鸡、东至渭南的高新技术产业开发带；在渭河北岸有以铜川为中心的煤田，是著名的“黑腰带”地区；在甘肃庆阳地区也形成了以能源为主的产业开发带。2000 年流域总人口 3 155 万人，国内生产总值（GDP）1 505 亿元，人均 GDP 为 4 770 元。关中地区素有“八百里秦川”之称，城市集中、经济发达、交通方便、旅游资源丰富、教育设施先进，在渭河流域国民经济中占有重要地位，2000 年 GDP 为 1 214 亿元，占全流域的 81.6%。同时，渭河流域地处我国西部地区的前沿地带，在国家实施的西部大开发战略中具有重要地位，未来经济社会发展对水资源的需求将进一步增加，现有水资源条件已难以支持流域经济社会的可持续发展。

2.2 水资源难以协调，河流生态系统呈整体恶化趋势

2.2.1 河道断流，河床萎缩，“二级悬河”形势加剧

国民经济用水的增加，使河道内生态环境用水被大量挤占，渭河入黄水量大幅度衰减。1991～2000 年渭河年均入黄水量 44.78 亿 m^3，较 90 年代以前年均入黄水量减少 48.3%。输沙水量严重不足，造成大量的泥沙淤积在下游河道，河床淤积严重，洪水灾害增加。20 世纪 90 年代以来，渭河河道累积淤积2.60亿 m^3，

60%以上泥沙淤积在主河槽,致使河床萎缩,主河槽过流能力由90年代以前的3 000 m^3/s减少到1 000 m^3/s左右,同流量洪水位大幅度抬升,洪灾频繁。“92·8”、“96·7”和“2000·10”等洪水均造成渭河下游受灾,2003年,咸阳、临潼、华县站洪峰流量分别为5 340 m^3/s、5 100 m^3/s和3 570 m^3/s,相应洪水位均创历史最高,特别是华县站水位342.76 m比1996年最高水位(华县站洪峰流量为3 500 m^3/s)高出0.51 m,渭河下游干流堤防决口1处,南山支流堤防决口10处,给渭南市临渭区、华县、华阴等地造成严重灾害,直接经济损失达28亿元。

2.2.2 水污染日趋加剧,危及人类的生存条件

2000年渭河流域废污水排放量与1982年相比增加了一倍,主要集中在宝鸡、咸阳、西安等沿岸城市。渭河干流及主要支流重要河段近2 600 km评价河长中,Ⅳ类水质河长占24.2%,Ⅴ类及劣Ⅴ类水质河长占53.8%,其中,干流Ⅴ类及劣Ⅴ类水质河长占50.6%,咸阳以下河段常年水质处于劣Ⅴ类状态,丧失了基本的水体功能。

由于污染水体的下渗和固体废物淋滤入渗等原因,渭河流域重要城镇和重点工业区的地下水污染问题日益突出,宝鸡、咸阳、西安等地地下水水质受到很大影响,西安地下水污染面积达470 km^2,一些灌区利用污水灌溉,不仅污染了地下水体,还造成了土壤和农作物的污染。渭河日趋严重的水污染状况,导致城市生活水源地和农业用水受到污染,工业用水水质得不到保证,对黄河潼关以下河段的水环境也产生了严重影响。

3 经济社会发展和河流生态系统维持对水资源的需求分析

根据全国水资源综合规划要求,分河道外生产、生活和生态以及河道内生态,对不同水平年渭河流域需水量进行预测。

3.1 经济社会发展对水资源的需求

渭河流域作为我国粮棉油和工业生产基地,尤其是关中地区作为西部大开发的前沿地带,未来发展潜力巨大。按照黄河流域水资源规划预测,在充分考虑产业结构的转变与各行业节水、严格控制需水量增长条件下,2000年、2020年、2030年水平渭河流域国民经济需水量分别为76.3亿m^3、87.7亿m^3和91.2亿m^3,其中关中地区国民经济需水量分别为56.7亿m^3、63.9亿m^3和65.5亿m^3,占流域需水总量的71.8%~74.3%。

3.2 河流生态系统对水资源的需求

渭河是多泥沙河流,河流生态系统良性维持需要的水量主要包括河道输沙需水和非汛期生态基流需水量。

考虑不同时期平滩流量及河槽变化情况、河道治理工程及防洪续建工程标

准等因素，提出渭河下游中水河槽标准为3 000 m^3/s。根据渭河下游1974年以来100余场洪水的冲淤特性，建立输沙水量与来沙量、河道冲淤量和河槽形态的关系，并预测不同水平年渭河流域来水来沙状况，提出2000年、2020年和2030年水平，维持渭河下游中水河槽需要的输沙用水量分别为58.1亿m^3、50.7亿m^3和47.5亿m^3。考虑维持河道基本形态、维持一定的稀释自净能力、城市段河道内生态景观用水、回补地下水等要求，下游河道内非汛期(11月～翌年5月)最小生态需水量为6.13亿m^3。则2000年、2020年和2030年水平，维持河道生态系统需要的水量分别为64.6亿m^3、57.7亿m^3和54.8亿m^3。

综上所述，2000年、2020年和2030年水平，渭河流域经济社会发展和河流生态系统维持需要的水量分别为140.5亿m^3、144.6亿m^3和144.8亿m^3，各水平年需水预测成果见表1。

表1　渭河流域各水平年需水预测成果汇总　(单位:亿m^3)

水平年	生活			生产			生态			河道外	合计
	城镇	农村	小计	二、三产业	农业	小计	河道外	河道内	小计	小计	
2000年	3.6	3.6	7.2	14.8	53.9	68.8	0.33	64.2	64.6	76.3	140.5
2020年	8.0	4.3	12.3	24.4	50.1	74.5	0.87	56.8	57.7	87.7	144.6
2030年	10.4	4.3	14.7	25.3	50.0	75.3	1.16	53.6	54.8	91.2	144.8

根据需水预测可见，随着水土保持的逐步实施，各水平年流域产沙量逐步减少，相应的河道输沙水量也由现状水平的58.1亿m^3减少为2030年水平的47.5亿m^3；随着流域经济的发展、人口增长以及生活水平的提高，流域国民经济需水量由现状水平的76.3亿m^3增长为2030年的91.2亿m^3，年增长率为0.6%。

3.3　未来水资源供需形势

根据维持河流健康生命的基本需求和水资源可持续利用的原则，在首先满足城乡居民生活用水前提下，考虑生态环境低限用水需求，剩余水量配置在河道外各生产部门。不同水平年渭河流域水资源供需平衡结果见表2。

表2　渭河流域各水平年水资源供需平衡结果　(单位:亿m^3)

区域	水平年	河道外			河道内				缺水合计
					6～10月		11～翌年5月		
		需水	供水	缺水	需水	缺水	下限	缺水	
渭河	2000年	76.3	62.9	13.4	58.1	16.3	6.13	0	29.6
	2020年	87.7	71.5	16.2	50.7	8.7	6.13	0	24.9
	2030年	91.2	73.2	17.9	47.5	7.59	6.13	0	25.5
关中	2000年	56.9	45.8	11.1	58.1	16.3	6.13	0	27.4
	2020年	64.2	51.4	12.9	50.7	8.7	6.13	0	21.5
	2030年	65.8	51.3	14.6	47.5	7.6	6.13	0	22.1

由表2可见,在严格控制农田面积发展、普遍实施节水和加大污染防治等措施的条件下,渭河流域2000年、2020年和2030年水平缺水量分别为29.6亿 m^3、24.9亿 m^3 和25.5亿 m^3,流域缺水地区主要集中在关中地区,缺水量占流域总缺水量的86.5%~92.3%。缺水部门主要集中在河道外农业用水,其次是输沙用水;缺水时段主要集中在有输沙需求的6~10月及农业需水相对较大的3月和4月。

4 对策和措施

4.1 统筹安排生活、生产和生态环境用水,优化水资源配置

根据维持河流健康生命的基本需求和水资源可持续利用的原则,统筹安排流域生活、生产和生态环境用水。水资源配置要在首先满足城乡居民生活用水前提下,考虑生态环境低限用水需求,剩余水量配置在河道外各生产部门。渭河流域水资源配置见表3。

表3 渭河流域水资源配置 (单位:亿 m^3)

水资源总量			水资源需求量				缺水量
流域水资源量	外流域调水	合计	生态环境低限用水量	非用水消耗量	生产生活需耗水量	合计	
110.6	5.3	115.8	55.8	5.4	68.1	129.2	13.4

2010年水平,通过各种节水措施的实施,国民经济需水量为90.9亿 m^3,相应需耗水量为68.1亿 m^3;结合现实可行的调水方案,积极安排引洮一期工程向渭河补水、引乾济石和引红济石等调水工程,增加外调水量5.3亿 m^3。在首先考虑河道外生态环境需水4.6亿 m^3,河道内生态环境低限需水51.1亿 m^3 和非用水消耗量5.4亿 m^3 后,生产生活配置的可耗水量为54.6亿 m^3,缺水为13.4亿 m^3,缺水率为10.4%。

4.2 合理控制干流主要断面下泄水量,保证河流生态环境良性维持的基本水量要求

保证河流输沙用水和非汛期生态基流是保证河流生态环境良性维持的基本要求,选择林家村、华县和洑头为主要控制断面,考虑各断面生态环境低限用水要求,平衡流域水资源量、水土保持用水量、生活生产可耗水量、调入水量等指标,提出2010年水平一般来水年份各断面的下泄水量控制指标,多年平均来水条件下,林家村、洑头、华县三站下泄水量分别为15.1亿 m^3、5.4亿 m^3 和45.8亿 m^3,见表4。

表4　一般来水年份主要断面下泄水量控制指标　　（单位：亿 m^3）

断面	林家村	华县	状头	入黄
多年平均水量	15.1	45.8	5.4	51.1

4.3　建立节水型社会，高效利用当地水资源

渭河流域现状国民经济各部门总用水量中，农业灌溉和工业用水占76%，是节水的主要部门。根据渭河流域节水潜力分析，2000年渭河流域平均灌溉定额310 m^3/s，随着节水措施的实施和种植结构的调整，2020年、2030年灌溉定额分别下降为272 m^3/s和261 m^3/s；未来城市化和工业化发展的趋势，决定了今后工业用水还将持续增长，但是通过节水和产业结构调整，工业节水也有相当大的空间，2000年渭河流域工业万元增加值取水量为264 m^3，2020年、2030年工业万元增加值取水量分别降低为54 m^3/万元、28 m^3/万元，而美国、法国、韩国、德国等发达国家的万元增加值取水量分别为164 m^3/万元、77 m^3/万元、60 m^3/万元、43 m^3/万元，说明渭河流域工业节水水平已经基本达到发达国家的标准。

在采取各种工程和非工程措施，充分挖掘节水潜力的条件下，渭河流域节水对缓解缺水将起到一定作用。但是，由于水资源总量不足，即使充分考虑节水措施的实施，2020年、2030年水平渭河流域正常来水年份缺水量仍分别达到24.9亿 m^3 和25.5亿 m^3，枯水年份缺水量更多。若节水措施不落实，渭河流域缺水形势将更加严峻。因此，对于渭河这样严重缺水的地区，水资源供求矛盾的解决，仅靠节水的效果是有限的。不失时机地实施跨流域调水工程，有效增加黄河流域水资源量，是缓解黄河流域水资源短缺形势的重要途径。

4.4　实施跨流域调水工程，从根本上解决渭河流域缺水问题

为缓解渭河流域缺水问题，正在进行前期工作的有引汉济渭和南水北调西线工程调水方案，近期又对小江调水方案进行了初步研究。

引汉济渭调水方案从长江支流汉江调水，由渭河右岸支流黑河进入渭河干流，引水线路长79.2 km，抽水扬程210 m，年调水量15亿 m^3。南水北调西线工程向渭河供水方案，由黄河上游干流玛曲县城附近引水到洮河上游，经河道输水，再由洮河中游引水到渭河上游，线路包括引黄入洮和引洮入渭两部分，线路全长74.6 km，其中引黄入洮51.1 km，引洮入渭23.5 km，全线自流，第一期工程可向渭河配置水量10亿~20亿 m^3。

引汉济渭工程调水距离较近，工程规模相对较小、工期较短、社会问题较简单，实施难度相对较小，但受汉江水资源条件制约，调水规模仅15亿 m^3，而且入渭位置低，因此只能以解决渭河关中地区生产、生活缺水问题为主，不能全部解决渭河缺水问题。南水北调西线工程调水进入渭河源头，调入20亿 m^3 水量，可

全面解决渭河流域国民经济缺水问题,也可适当减少入渭水量,与引汉济渭工程共同解决渭河缺水问题。

近期,对三峡库区调水入渭河的小江调水方案也进行了研究。该方案从三峡库区小江调水,在西安附近进入渭河,线路全长453.3 km,抽水扬程378 m,年调水量40.1亿~102.9亿 m^3。小江调水方案调水规模大,且主要集中在汛期6~9月(或5~10月),调水以解决渭河下游进而是黄河潼关以下河段的泥沙淤积问题为主,但由于抽水扬程高、运行成本大,而且输沙减淤作用的发挥还需要有一定的调蓄工程配合运用,工程方案还需作进一步研究。

5 结语

渭河流域水资源总量不足,在充分考虑节水的条件下,2020年、2030年水平缺水量仍在25.5亿 m^3 左右,其中河道外国民经济缺水16.2亿~17.9亿 m^3,占总缺水量的65%~70%。考虑水源条件、工程建设条件以及渭河流域缺水状况,近期应抓紧引汉济渭和南水北调西线工程的前期工程,争取早日实施,尽快解决渭河流域国民经济缺水问题,以水资源的可持续利用支撑流域经济社会的可持续发展。同时,要进一步加强小江调水方案的研究,为渭河下游河道减淤和中水河槽形成,实现河流生态系统的良性维持创造条件。

气候变化对黄河流域水资源的影响

贾仰文　仇亚琴　高　辉　牛存稳　申宿慧

（中国水利水电科学研究院水资源研究所）

摘要：气候变化是造成近年来黄河流域水资源情势变化和引发生态恶化的主要原因之一。本文应用 WEP－L 分布式水文模型分析了黄河流域近 50 年来气候变化对黄河流域水资源的影响，并以黄河河源和黄河中游伊洛河流域为主要研究区域，分析水资源对降水和气温等主要气候因子变化的响应。结果表明，黄河流域 1980～2000 年与 1956～1979 年相比，在气候变化的影响下，各水资源量的变化是：地表水资源量减少 30.3 亿 m^3，地下水资源量减少 25.0 亿 m^3，其中不重复水量减少 3.8 亿 m^3，水资源总量减少 34.2 亿 m^3。对于主要气候因子来说，气温增加使得狭义水资源量减少，其中地表水资源和地下水资源量减少，不重复量变化不大。降水改变引起狭义水资源量及其构成的变化趋势是一致的。月径流对气温变化的响应随季节变化而不同，月径流量对降水变化的响应分成丰水季节、枯水季节及过渡季节三种类型。

关键词：气候变化　分布式模型　WEP－L　黄河流域　水资源

1　引言

由于世界人口的急剧膨胀和经济的快速发展，温室气体大量排放，降雨、气温等气候条件发生了不同程度的变化，由此带来了水资源情势变化和引发水资源水环境问题。

虽然早在 1977 年美国国家研究协会（USNA）就组织会议讨论了气候、气候变化和供水之间的相互关系和影响，但直到 20 世纪 80 年代中期，关于气候变化对水文水资源影响的研究才引起国际水文界的高度重视。我国从 80 年代起，在“七五”、“八五”、“九五”攻关项目和 GAME 项目中也相继开展了专门的研究（江涛，2003）。

气候变化的研究具有很多不确定性，这些不确定性主要由三种因素引起，分别为未来温室气体排放的数量、气候系统的响应和自然界的多变性（Metoffice，2002）。研究气候变化对水文水资源演变具有重要的影响，研究气候变化对水

基金项目：中国水科院科研专项（资集 KF0701），国家 973 课题海河流域水循环及其伴生过程的综合模拟与预测（2006CB403404）。

文水资源的影响对未来水资源系统的规划设计、开发利用和运行管理具有重要的理论意义和现实意义。

2 黄河流域近50年来气候变化趋势

20世纪以来,由于大气中的CO_2和其他温室气体含量的增加,使得全球呈现变暖趋势。对于黄河流域则表现为波动性增温的趋势,图1为黄河流域1956~2000年气温和降水的变化状况,表1和表2分别为黄河流域二级区1956~2000年气温和降水的变化状况。

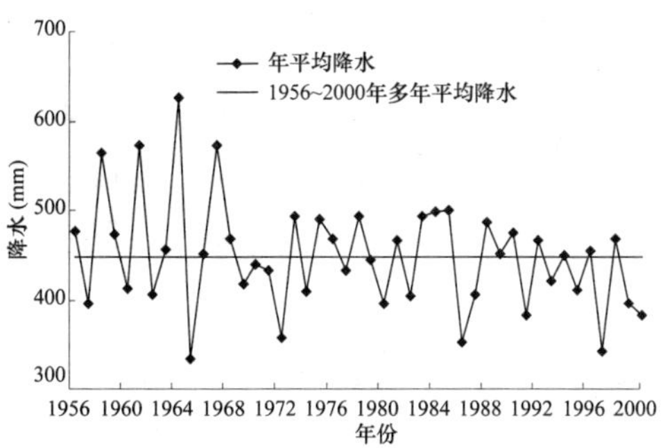

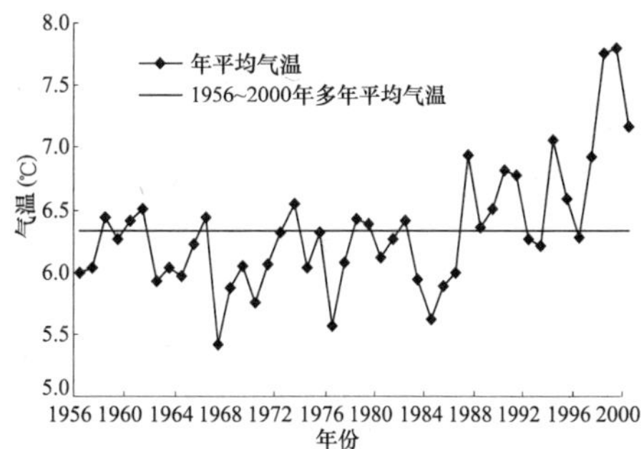

图1 黄河流域1956~2000年降水、气温变化

表1 黄河流域各二级区1956~2000年气温变化

流域分区	1956~1959	1960~1969	1970~1979	1980~1989	1990~2000	1956~1979	1980~2000
黄河区	6.2	6.1	6.2	6.2	6.9	6.1	6.6
龙羊峡以上	-1.5	-2.5	-2.4	-2.2	-1.9	-2.3	-2.1
龙羊峡至兰州	1.7	1.3	1.4	1.5	2.3	1.4	1.9
兰州至河口镇	6.6	6.8	6.9	7.1	8.0	6.8	7.6
河口镇至龙门	8.2	8.3	8.3	8.3	9.3	8.3	8.8
龙门至三门峡	9.6	9.7	9.7	9.7	10.4	9.7	10.1
三门峡至花园口	12.6	12.9	12.9	12.7	12.5	12.8	12.6
花园口以下	12.2	12.6	12.5	12.5	12.1	12.5	12.3
内流区	7.2	7.4	7.5	7.6	8.4	7.4	8.1

表2 黄河流域各二级区 1956～2000 年降水量变化

流域分区	1956～1959	1960～1969	1970～1979	1980～1989	1990～2000	1956～1979	1980～2000
黄河区	477.0	471.3	446.1	445.4	422.7	461.8	433.5
龙羊峡以上	460.4	494.2	482.0	507.2	468.8	483.5	487.1
龙羊峡至兰州	476.3	491.6	487.3	480.4	459.7	487.3	469.6
兰州至河口镇	288.9	277.3	269.5	243.3	262.2	276.0	253.2
河口镇至龙门	510.6	463.6	427.9	415.6	397.3	456.6	406.0
龙门至三门峡	585.4	578.4	532.7	553.6	492.3	560.5	521.5
三门峡至花园口	738.5	685.0	639.9	671.7	606.1	675.1	637.4
花园口以下	697.2	680.3	645.7	564.4	660.0	668.7	614.5
内流区	287.3	305.2	274.1	251.5	251.8	289.2	251.7

上述结果表明，1956～2000 年，黄河流域的气温变化过程虽有一定波动，但总体呈较为明显的上升趋势，而与全球增温一致，其中河源地区变化幅度最大。与气温得升高相反，降水则呈现出波动下降的趋势，这种变化势必会给黄河流域的水资源开发利用带来新的挑战。

3 气候变化对黄河流域水资源的影响

3.1 分析方法

关于气候变化对水文水资源的影响，众多学者提出了不同的水文模型，模型主要包括经验统计模型、概念性水文模型和分布式水文模型。经验统计模型通过分析气候因素（主要为降水与气温）和水文要素（包括径流量、洪水频率等）的历史资料，建立各量之间的统计相关模型，利用统计关系分析气候变化对水文水资源的影响。概念性水文模型是模拟假定气候情景下的径流过程，分析气候变化对径流量、蒸散发量、洪峰流量、峰现时间、水文要素空间分布的影响。分布式水文模型是将全球或区域气候模式和分布式水文模型耦合在一起或者以离线方式将气候模式输出作为分布式水文模型的输入，研究宏观尺度区域内气候变化对径流的影响（Kite 等，1999）。

分布式水文模型的发展弥补了统计模型和概念性模型的不足，如难以描述变化环境（如土地利用，气候变化影响评价等）中的陆地表面过程差异性，参数易受历史资料的不独立及不确定性的影响等问题。

本文主要采用 WEP－L 分布式水文模型分析黄河流域气候变化对水文水

资源的影响。

3.2 分布式水文模型

3.2.1 模型介绍

WEP – L (Water and Energy transfer Processes in Large River Basins) 模型(Jia 等, 2006;贾仰文等,2005)是在国家重点基础研究(973)发展规划项目(G1999043602)研究中开发的大流域分布式水循环模型。WEP – L 建立在网格单元型分布式模型 WEP(贾仰文等,2006; Jia et al. , 2001)基础之上。为了适应黄河这样的超大流域,克服采用小网格单元带来的计算灾难,以及采用过粗网格单元产生的计算失真问题,WEP – L 采用了“子流域内的等高程带”为计算单元,而计算单元内的地形、河网水系、植被、土壤和土地利用等属性基于 1 km 网格空间信息数据。根据 1 km DEM 和实测水系矢量图,应用 GIS 技术将黄河流域划分成具有空间拓扑关系的 8 485 个子流域,将各子流域划分成 1 ~ 10 个等高带,黄河流域共划分为 38 720 个等高带。面对大量的计算单元和计算数据,研究中提出了改进型的 Pfafstetter 规则,建立了包含拓扑信息的河网生成、流域划分与编码系统,对子流域及其相应河道进行编码和计算排序,而子流域内的等高带则按照由高至低顺序进行计算。

模型的详细情况请参见文献(Jia 等, 2006;贾仰文等,2005;Jia 等, 2001)。需要说明的是,WEP – L 模型考虑了黄河流域气温和降水随地形的变化、积雪融雪过程的模拟和冻土水分运移受气温的影响。气温和降水随地形的变化根据其随高程的变化率和 DEM 进行了插值计算(周祖昊等,2004),积雪融雪过程采用度日因子法模拟(Maidment,1992),而冻土水力传导系数受气温的影响采用下述公式计算:

$$k_f = \begin{cases} k_0 & T_a \geq T_c \\ k_0 e^{a(T_a + b)} & T_a < T_c \end{cases} \tag{1}$$

式中,k_f 为冻土的水力传导系数;k_0 为冻土完全融化状态的水力传导系数;T_a 为日平均气温;T_c 为冻融临界气温;a 和 b 为常数。T_c、a 和 b 根据流量过程线进行率定,在黄河源区,经率定 $T_c = -5℃$,$a = 0.05$, $b = 0.25$)。研究表明,对于黄河上游区域,如果不考虑冻土水力传导系数受气温的影响,枯水期流量过程线模拟结果难于与水文站观测结果吻合起来。

3.2.2 模型验证

本研究采用变时间步长(即对降雨强度超过 10 mm 以上的入渗产流过程采用 1 h、坡地与河道汇流采用 6 h 而其余的采用 1 d),对黄河流域的38 720个计算单元和 8 485 条河流进行了 1956 ~ 2000 年共 45 年的连续模拟计算。其中 1980 ~ 2000 年的 21 年取为模型校正期,主要校正参数包括土壤饱和导水系数、河床材料透水系数和 Manning 糙率、各类土地利用的洼地最大截留深以及地下水含水层的传导系数及给水度等。河道流量、地下水位、土壤含水率、地表截留深及积雪等水深等状态变量的初始条件先进行假定,然后由根据 45 年连续模拟计算后的平衡值替代。校正准则包括:①模拟期年均径流量误差尽可能小;②Nash - Sutcliffe 效率尽可能大;③模拟流量与观测流量的相关系数尽可能大。模型校正后,保持所有模型参数不变,对 1956 ~ 2000 年(验证期)的连续模拟结果进行验证。模型验证主要将黄河流域 23 个主要水文测站 45 年逐日或逐月天然(还原)径流系列与模拟系列进行对比分析,其主要断面水文站的验证结果见表 3。

表 3　天然径流量模拟结果校验

水文站	还原径流量年均值(亿 m^3)	计算径流量年均值(亿 m^3)	相对偏差(%)	月径流过程Nash 效率系数
唐乃亥（黄河干流）	204.0	198.0	-2.9	0.819
贵德（黄河干流）	212.0	216.3	2.0	0.826
兰州（黄河干流）	333.0	333.7	0.2	0.857
三门峡（黄河干流）	503.9	498.7	-1.0	0.718
花园口（黄河干流）	564.0	546.7	-3.1	0.758
华县(渭河)	85.8	81.7	-4.9	0.722

3.3　黄河流域水资源对气候变化的响应

本文采用分布式水文模型模拟黄河流域在 1956 ~ 2000 年气象条件下的天然水文循环过程。为了消除下垫面影响的干扰,模型采用 2000 年下垫面。比较不同气象条件下的水资源量,分析黄河流域水资源对气候变化的响应。

表 4 是在分布式水文模型的基础上评价得到的黄河流域各分区 1956 ~ 1979 年的水资源量,表 5 是 1980 ~ 2000 年的水资源量。

表 4　1956 ~ 1979 年黄河流域水资源量　　(单位:亿 m^3)

水资源分区	地表水资源量	地下水资源量		狭义水资源总量
		资源总量	不重复资源量	
黄河区	597.01	393.94	102.83	699.88
龙羊峡以上	210.05	64.40	1.85	211.90
龙羊峡—兰州	118.03	35.39	0.65	118.68
兰州—河口镇	22.04	51.41	27.39	49.43
河口镇—龙门	46.78	50.70	11.98	58.77
龙门—三门峡	124.12	122.45	29.6	153.73
三门峡—花园口	47.53	31.53	1.37	48.90
花园口以下	24.90	14.62	9.09	33.99
内流区	3.55	23.43	20.9	24.45

表5 1980～2000年黄河流域水资源量 （单位：亿 m³）

水资源分区	地表水资源量	地下水资源量		狭义水资源总量
		资源总量	不重复资源量	
黄河区	566.68	368.93	98.99	665.72
龙羊峡以上	212.79	65.33	1.92	214.71
龙羊峡—兰州	109.92	35.37	0.66	110.58
兰州—河口镇	16.42	43.64	31.27	47.69
河口镇—龙门	39.40	43.94	8.94	48.34
龙门—三门峡	114.57	117.38	28.23	142.80
三门峡—花园口	47.82	30.44	1.21	49.03
花园口以下	22.73	13.35	8.67	31.40
内流区	3.04	19.46	18.08	21.12

从计算结果可以看出，黄河流域1980～2000年多年平均气温比1956～1979年的降低0.5 ℃，降水减少28 mm。降水减少引起各水资源量的减少，而气温增加使得地表附近的辐射、潜热、显热和热传导增加，进而增加蒸发蒸腾量，相应减少了地表水资源量和地下水的入渗补给量。两个主要因素共同作用，各水资源量的变化是：地表水资源量减少30.3亿 m^3，地下水资源量减少25.0亿 m^3，其中不重复水量减少3.8亿 m^3，水资源总量减少34.2亿 m^3。从各二级水资源分区来看，由于降水和气温变化幅度不同，其水资源量的变化也存在一定的差异。

4 水资源对不同气候因子变化的响应

评价气候变化影响的方法有三种：影响、相互左右和集成方法（IPCC，1994）。气候变化对区域水文水资源影响的研究主要采用影响方法，即 What - if 模式：如果气候发生某种变化，水分循环各分量将随之发生怎样的变化（江涛，2000）。

我国气候变化影响的研究，主要采用2种气候情景：一种是根据区域气候可能的变化，人为给定，例如假定气温升高0.5 ℃、1 ℃、2 ℃等，降水量增加或减少10%、20%等，两者的任意组合构成气候变化的假想情景；另一种是基于 GCMs（大气环流模型）输出的情景，一般直接用赵宗慈等给出的7种平衡的 GCMs 预测值作为未来气候情景。

气候因子对水循环过程的影响是复杂的、多层次的，本文仅研究气温和降水对水资源量的影响。气温和降水是相互影响的，本文假定气温和降水互相不影响，并假定气温和降水的空间分布不变。气候情景则采用假定的气候模式。

4.1 黄河源区

在气候变化的影响下，冰川退缩、冻土退化、湖沼疏干等环境问题彼此影响、相互加重,有明显恶化的趋势。目前黄河源区(本文指唐乃亥水文站以上区域)环境的整体恶化已经大大削弱了源区的水源涵养能力。黄河源区是黄河流域的主要产流区,流量减少以及水资源短缺问题将对黄河流域的社会经济造成长远的影响。因此,对本文着重对黄河源区进行径流量的气候响应模拟分析。

4.1.1　情景模拟方案设定

本文根据近几十年来的气候变化趋势,设定了 8 种情景方案。分别是将 1956～2000 年的气温变化 ±1 ℃、±2 ℃,降水量变化 ±10%、±20%。

4.1.2　情景分析

情景分析一:气温对径流的影响

(1)年径流变化分析。根据假设情景中的气温变化值,模拟出 45 年系列的年径流量的变化比例,结果如图 2 所示。可见,45 年系列的年径流对气温变化响应是一致的,气温升高,径流量减少,反之增大。由图 2 曲线可以看出,对于同一变化值,年径流的变化大致处于同一水平,与降水量的多少没有明显的联系。

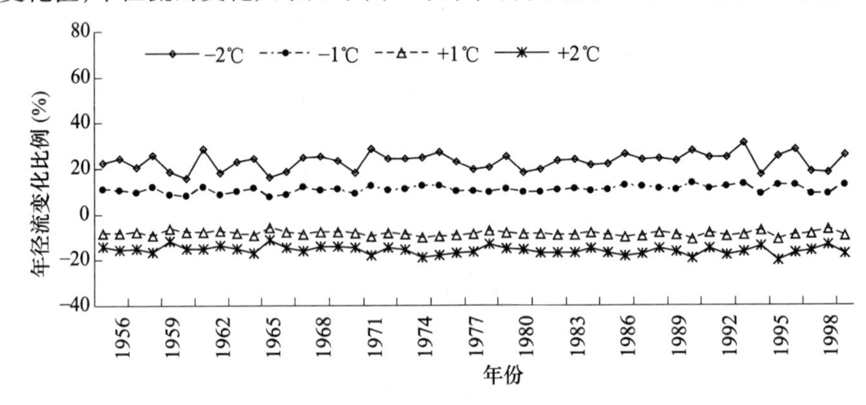

图 2　45 年系列年径流量对气温变化的响应

(2)月径流变化分析。在分析年径流变化的基础上,本文将情景模拟结果做了更小时间步长的分析,图 3 是对 1956～2000 年时间系列中的气温变化下的 1～12 月径流作了 45 年平均,得到了与年径流变化不同的结果(图 3)。

由模拟结果可知,45 年系列平均月径流对气温变化的响应与年径流不同,图 3 中各条曲线有交叉现象,主要体现在每年天气转暖的春汛季节,由于源区位于高原地区,有常年的积雪,每年 3、4 月份气温开始上升至 0 ℃以上,积雪融化形成春汛。此时由于融雪是径流的主要组成部分,对气温变化的响应比较大,气温增大时径流量增大,气温减小时径流量减小。变化最明显出现在 1989 年 3 月,气温增加 2 ℃,径流量增加了 63.67%;另外,每年的 11 月、12 月至次年 1 月、2 月,气温较低,增大的气温还不足以使冰雪融化,径流对气温变化的响应很小;而 5～10 月,气温通常在 0 ℃以上,气温的变化影响蒸发量的变化,此时径流

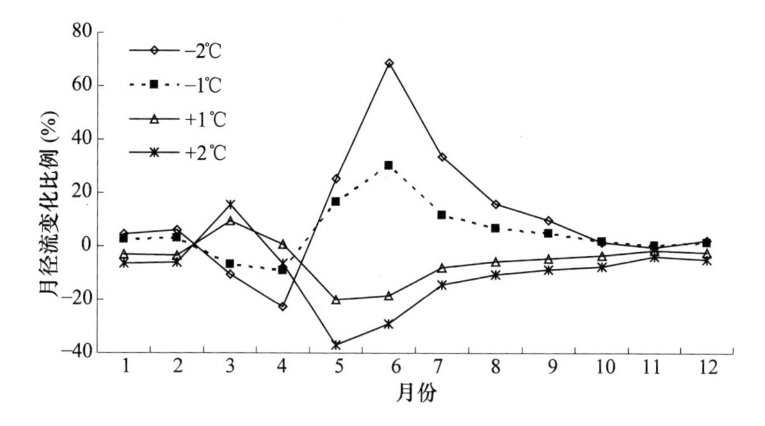

图3　45年平均月径流对气温变化的响应

的主要组成是地表径流,因此气温升高时,蒸发量增多,径流量减少。

上述结果与Middelkoop等(2001)研究的气候变化对莱茵河水文循环的影响结果基本上是一致的,尽管所用的模拟方法不同。Middelkoop等应用UKHI和XCCC的试验数据,发现冬季由于融雪增加和降水的增加,径流量增大;而夏季由于蒸发量大,径流量减小。

情景分析二:降水对径流的影响

(1)年径流变化分析。年径流量对降水变化的响应见图4。可见,径流量对降水变化的响应较大,降水增大,径流增加,反之则减小。对于同一变化比例,45年系列的变化维持在同一水平。

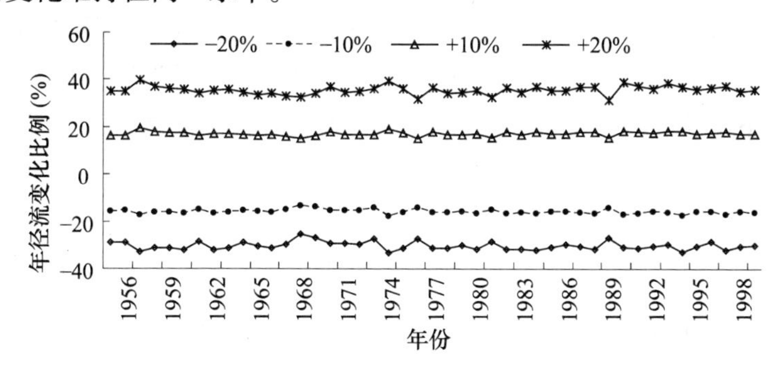

图4　1956~2000年年径流量对降水变化的响应

(2)月径流变化分析。图5是1~12月径流45年平均值在降水变化下的增减情况。

由图5可见,月径流量变化比例与降水变化比例具有不同的关系。其响应可以分成丰水季节、枯水水季节和过渡季节三部分,每年的11月、12月到次年1月、2月、3月,降水量相对较少,为枯水季节,径流变化比例大致维持在一个相同的比较低的水平,此值接近且不大于降水的变化比例,而6月到9月雨水较多,

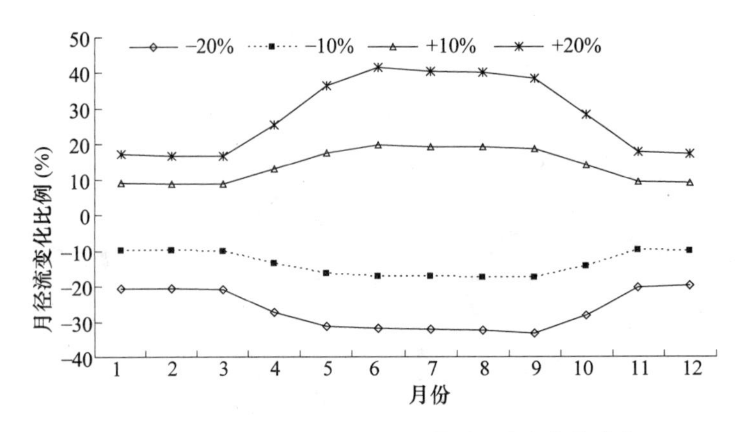

图5　1956～2000 年月平均径流量对降水变化的响应

为丰水季节,维持在同一较高的水平,高变化比例是低比例的 1.5～2.0 倍。4 月、5 月、10 月三个月属于过渡月份,变化比例处于上述二者之间。

4.2　黄河中游伊洛河流域

伊洛河流域属暖温带山地季风气候,气候变化完全受季风支配。伊洛河流域是黄河下游多暴雨地区之一。流域内暴雨具有集中、量大、面广、历时长等特点。因此,对本文选取伊洛河流域分析其水资源量的气候响应。

4.2.1　情景模拟方案设定

根据以往研究分析(IPCC,2001;王邵武,2000;高庆先,2002;),未来气温呈现上升的趋势,其预测主要集中在 0.3～5.8 ℃,而降水量趋势的预测则各有不同,有增有减,且增加的幅度大于减少的幅度。因此,本研究假定气温升高 5%和未来预测的极端温度 5.8℃,降水量为减少 5%,增加 5%和 10%等 5 种模式研究其对水循环及水资源量的影响。本文选定的基准方案为 2000 年下垫面和 1956～2000 年气象系列。

4.2.2　情景分析

情景分析一:气温对水资源量的影响

伊洛河流域多年平均气温为 12.6 ℃,气温升高 5%,则气温增加为 0.6 ℃。气温变化情景设定为:保持模型中的输入数据及参数不变,情景一,将 1956～2000 年系列的日气温系列增加 0.6 ℃,情景二,将 1956～2000 年系列的日气温系列增加 5.8 ℃。

气温变化必然引起水文循环的变化。蒸发蒸腾伴随能量交换过程,气温变化影响地表附近的辐射、潜热、显热和热传导,进而影响蒸发蒸腾过程。而蒸发蒸腾的变化同时引起径流、入渗等水文过程的变化,造成水循环过程和水资源量的变化。

从表 6 可以看出,气温增加 0.6 ℃引起狭义水资源量减少 0.7 亿 m^3,减少

2.4%；地表水资源减少0.7亿m^3，减少2.4%；地下水资源量减少0.3亿m^3，减少2.1%；不重复量变化不大。

气温增加5.8℃加剧了狭义水资源量及其构成分量的衰减，更加快了地表蒸散发过程。狭义水资源量减少19.0%，地表水资源量减少19.2%；地下水资源量减少16.1%；不重复量变化不大。与情景一相比，情景二对水循环及水资源量的影响更大，但水资源变化率与气温变化率的比值减小。

从各水资源分项来看，地表水资源量较地下水资源量对气温变化更敏感。

表6　气温变化对广义水资源量的影响　　（单位：亿m^3）

情景设定	年平均气温(℃)	地表水资源量	地下水资源量		狭义水资源量
			资源总量	不重复量	
基准方案	12.6	29.1	16.4	0.29	29.4
情景一	13.2	28.4	16.1	0.30	28.7
情景二	18.4	23.5	13.7	0.30	23.8

气温变化在影响水资源量的同时，也影响了蒸发和径流的年内分配以及径流过程。随着气温的增加，蒸发呈逐渐增加的趋势，而径流呈逐渐衰减的趋势，其中7月、8月、9月气温增加对蒸发和径流的影响最大。

情景分析二：降水对水资源的影响

降水设定三种情景来分析降水对水资源的影响。保持模型中的输入数据及参数不变，情景三是将1956～2000年系列的日降水系列增加5%；情景四是增加10%；情景五是减少5%。

降水是流域水资源的唯一来源，对流域水循环起到至关重要的作用。计算结果表明，各项水资源量变化趋势与降水量的变化趋势一致。

降水增加5%，则地表水资源量增加11.3%，径流系数有所增加，从0.22增加到0.23；地下水资源量增加7.9%，不重复量增加6.1%，狭义水资源量增加11.2%。随着降水量的增加，狭义水资源量及其构成呈增加的趋势，各水资源量变化率与降水量变化率的比值也呈递增的趋势，即狭义水资源量及其各分量随降水的增加而显著增加。降水量的减少使得各项水资源量都呈减少的趋势。降水减少5%，则地表水资源量减少10.7%，径流系数由0.22减小到0.20；地下水资源量减少7.9%，不重复量减少6.2%，狭义水资源量减少10.9%，降水量的减少使得各项水资源量都呈减少的趋势。

从以上分析可以得出，降水改变引起各狭义水资源量及其构成的变化趋势是一致的；地表水资源量较地下水资源量对降水变化更敏感；随着降水的增加，各水资源量显著增加；变化相同幅度时，降水增加对地表水资源及狭义水资源量的影响要大于降水减少对它们的影响，降水增加对地下水资源量的影响及降水减少对其的影响大致相同，而降水增加对不重复地下水量的影响则略大于降水减少对其的影响，见表7。

表7　降水变化对广义水资源量的影响　　（单位：亿 m^3）

情景设定	年平均降水(mm)	地表水资源量	地下水资源量		狭义水资源量
			资源总量	不重复量	
基准方案	133.7	29.1	16.4	0.29	29.4
情景三	140.4	32.4	17.7	0.31	32.7
情景四	147.1	35.8	19.0	0.33	36.2
情景五	127.1	25.9	15.1	0.28	26.2

降水变化在改变水资源量的同时，同样也改变着径流和蒸发的月分配过程，其中对7月、8月、9月径流以及洪峰径流的影响最大，对蒸发量影响较大的月份也集中在7月、8月、9月。

5　结论

本文分析了黄河流域近50年来气候变化趋势，并采用分布式水文模型（WEP－L模型）模拟黄河流域1956～2000年天然水文循环过程。用1956～1979年的数据和1980～2000年数据分别进行了模型参数率定和验证，取得了很好的模拟效果。本文根据已有的未来气候变化趋势的成果，采用假定气候情景，分析了黄河源区和黄河中游伊洛河地区水资源对不同气候因子变化的响应。研究主要结论如下：

（1）1956～2000年，黄河流域的气温变化的过程虽有一定差异，但总的趋势都是上升，因而与全球增温存在着某种程度的一致性。其中变化幅度比较大的是黄河河源地区。而对于降水来说，则呈现出波动下降的趋势。

（2）黄河流域1980～2000年多年平均气温与1956～1979年的降低0.5 ℃，降水减少28 mm。降水减少引起各水资源量的减少，而气温增加使得蒸发蒸腾量增加，地表水资源量和地下水的入渗补给量相应减少。在两个主要因素共同作用下，全流域地表水资源量减少30.3亿 m^3，地下水资源量减少25.0亿 m^3，其中不重复水量减少3.8亿 m^3，水资源总量减少34.2亿 m^3。从各二级水资源分区来看，由于降水和气温变化幅度不同，其水资源量的变化也存在一定的差异。

（3）降水改变引起各狭义水资源量及其构成的变化趋势是一致的。地表水资源量较地下水资源量对降水变化更敏感；随着降水的增加，各水资源量显著增加；变化幅度相同时，降水增加对地表水资源及狭义水资源量的影响要大于降水减少对它们的影响，降水增加对地下水资源量的影响及降水减少对其的影响大致相同，而降水增加对不重复地下水量的影响则略大于降水减少对其的影响。

(4)气温增加使得狭义水资源量减少。其中地表水资源和地下水资源量减少;不重复量变化不大。气温的增加,带来地温的增加,地面蒸发增加,蒸腾增加。随着气温逐渐升高,狭义水资源量及其构成分量的衰减加剧,地表蒸散发增速加快。气温变化在影响水资源量的同时,也影响了蒸发和径流的年内分配过程。

(5)黄河源区月径流对气温变化的响应与年径流不同,每年的春汛季节,气温增大时径流量增大,气温减小时径流量减小;每年的 11 月、12 月至次年 1 月、2 月,气温较低,径流对气温变化的响应很小;而 5 ~ 10 月,气温升高时,径流量明显减少。

(6)黄河源区月径流量对降水变化的响应分成丰水季节、枯水季节及过渡季节三种类型。每年的 11 月、12 月到次年 1 月、2 月、3 月(枯水季节),径流变化比例大致维持在一个相同的比较低的水平,此值接近且不大于降水的变化比例;而 6 ~9 月(丰水季节)则维持在同一较高的水平,高变化比例是低比例的 1.5 ~2.0倍;4 月、5 月、10 月三个月(过渡季节)变化比例介于其他二者之间。

参 考 文 献

[1] IPCC. 关于评估气候变化影响和适应对策的技术指南[R]. WMO, UNEP, 1994.

[2] Jia Y, Wang H, Zhou Z, etc.. Development of the WEP – L distributed hydrological model and dynamic assessment of water resources in the Yellow River Basin[J]. J. Hydrol., 2006, 331: 606 – 629.

[3] Metoffice. PRECIS2 Update [M]. London :Metoffice ,2002.

[4] 贾仰文, 王浩, 严登华. 黑河流域水循环系统的分布式模拟(I)——模型开发与验证[J]. 水利学报, 2006, 37(5):534 – 542.

[5] 江涛,陈永勤,陈俊合,等. 未来气候变化对我国水文水资源影响的研究[J]. 中山大学学报(自然科学版),2000,39(增刊):151 – 157.

[6] 贾仰文,王浩,王建华,等. 黄河流域分布式水文模型开发与验证[J]. 自然资源学报, 2005, 20(2): 300 – 308.

[7] Jia Y., Ni G., Kawahara Y, etc.. Development of WEP model and itsapplication to an urban watershed [J]. Hydrological Processes, 2001, 15(11): 2175 – 2194.

[8] Kite G. W., U. Haberlandt. Atmospheric model data for macroscale hydrology. Journal of hydrology, 1999, 217:303 – 313.

[9] Maidment, D R. Handbook of Hydrology. 1 McGRAW – HILL, New York,1992.

[10] 周祖昊,朱厚华,贾仰文,等. 大尺度流域基于站点的降雨时空展布[C]//中国自然资源学会 2004 年学术年会论文集. 2004. 499 – 606.

渭河流域和黄河上游蒸散发监测与校验

Marjolein De Weirdt[1] Andries Rosema[1] 赵卫民[2]
Steven Foppes[1] 王春青[2] 戴 东[2]
(1. 荷兰 EARS 公司,德尔伏特,荷兰; 2. 黄河水利委员会水文局)

摘要:实际蒸散发(*ETa*)是水平衡评估和径流模型最关键的信息,中荷合作项目"建立基于卫星的黄河流域水监测和河流预报系统"中用能量水平衡系统(EWBMS)方法监测实际蒸散发。用 FY-2C 卫星的 VIS 和 TIR 波段推导出日实际蒸散发,然后以能量平衡方法作实际蒸散发数据处理。结论是降雨径流模型和水资源评估的质量依赖于时空连续近乎实时的蒸散发数据精度的改进。项目研究区域在黄河河源区和渭河流域。

关键词:蒸散发 遥感 能量平衡 水平衡

1 简介

能量水平衡系统(EWBMS)提供整个黄河流域日和 10 日平均的实际蒸散发。在进行水资源评价和河流降雨模拟及水文应用中,连续的时空测量和蒸散发监测能力至关重要。结合 EWBMS 降雨数据,用实际蒸散发为黄河河源区水资源预报系统和渭河高水位预报系统提供输入。

2 能量平衡和 EWBMS

用地表能量平衡可计算出用于地表水蒸发的能量。能量平衡方程为

$$I_n = G + H + LE + E \tag{1}$$

式中:I_n 为净辐射;G 为土壤热通量;H 为显热通量;LE 为潜热;E 为光合作用(单位都为 W/m^2)。

若有植被,太阳辐射一部分用于光合作用电传播 E。以日或更长的时间为尺度,G 可忽略,假设为 0,由此能量平衡方程可简化为

$$I_n \approx H + LE + E \tag{2}$$

2.1 辐射

为了由能量平衡方程计算出潜热 LE，需要已知显热通量 H 和净辐射 I_n。净辐射由短波太阳辐射和长波辐射计算出来。

能量部分可写为

$$I_n = (1 - A)I_g + L_n \tag{3}$$

式中：I_g 是日总辐射；A 是地面反照率；L_n 是净长波辐射。

中午入射太阳辐射 I_g 由下式可得：

$$I_{gn} = St\cos i_s \tag{4}$$

式中：S 为太阳常数（1 355 W/m^2）；t 为时间传播参数（Kondryatyev, 1969）；i_s 为太阳天顶角。

日辐射 I_g 由日太阳活动周期积分而得，是日数和纬度的函数。对于有云的像素，云透射系数 t_c 用云反照率根据 Kubelka-Munk 理论求出。

面反照率由 FY-2C 可见光波段获得。长波净辐射 L_n 由地面温度和大气温度及发射率计算所得：

$$L_n = \varepsilon_0\varepsilon_a \sigma T_a^4 - \varepsilon_0\sigma T_0^4 \tag{5}$$

面发射系数 ε_a 平均在 0.85（沙漠）到 0.95（植被）间，假设为 0.9。大气发射系数 ε_0 由 Brunt 方程可得，根据相关的空气湿度值。云下假设向上与向下的通量抵消（$L_n \approx 0$）。

2.2 温度

地面温度 T_0 由卫星热红外所得。根据热红外像素数，由卫星热红外校正可得行星温度。应用边界层顶空气温度信息由大气校正方法可转换为地面温度。在此过程中，中午和午夜的地面温度可由行星温度和地面温度的关系导出，可表示为

$$(T_0 - T_a) = k/\cos(i_m) \, . \, (T'_0 - T_a) \tag{6}$$

式中：k 为大气校正系数；i_m 为卫星天顶角；T_a 为层顶气温（Rosema 等, 2004）。

气温 T_a 由标识的正午行星温度 T'_{0n}与午夜行星温度得出 T'_{0m}，它们是线性关系，回归方程 $T'_{0n} = aT'_{0m} + b$。在大气完全热交换情况下地面温度和大气温度没有差别，$T'_{0n} = T'_{0m} = T_a$，结合两者关系，气温 $T_a = b/(1-a)$，这个过程应用了 200 km×200 km 移动窗，T_a 为中心像素。

结合 EWBMS 地面温度 T_0和空气温度 T_a，可确定地面 1.5 m 的日平均温度（$T_{1.5\,\mathrm{m}}$），EWBMS 计算 $T_{1.5\,\mathrm{m}}$用地面温度和空气温度的线性内插，由中国 5 个 WMO-GTS 站的信息可得 1.5 m 温度。EWBMS $T_{1.5\,\mathrm{m}}$（K）可表示为：

$$T_{1.5\,\mathrm{m}} = 1.066\,2[0.45\,(T_{o,n} + T_{o,m})/2 + 0.55T_a] - 12.9 \tag{7}$$

式中 $T'_{o,n}$ and $T'_{o,m}$ 分别为中午和午夜地面温度。

2.3 显热通量

从地面到大气的热交换可表示为

$$H = (\alpha_c + \alpha_r)(T_0 - T_a) = Cv_a(T_0 - T_a) + 4\varepsilon_0\sigma T^3(T_0 - T_a) \quad (8)$$

式中：α_c 为对流显热转换系数；α_r 为辐射显热转换系数；C 为阻力系数；v_a 为平均风速；σ 为 Stefan Boltzman 常数。地面温度和边界层温度的差决定了显热通量 H 大小。阻力系数 C 依赖于区域动力粗糙度，可表示为

$$C = (0.371\,0^{-3}\,h + 0.92)\exp(-h/H) \quad (9)$$

式中：h 为地面高度；H 为标高，方程(9)第一部分表示高程对区域空气动力粗糙度的作用，第二部分表示空气密度与高度的影响。在海拔很高、地形非常不规则、地面非常复杂时，假设粗糙度随高度增长很小。粗糙元素大小与 FY-2C 卫星影像的尺度(3～5 km)的在丘陵、高原和山区粗糙元素比较而得，空气密度的作用由标高 H 量化，H 由气压和高程的关系确定：

$$H = -h / (\lg P - \lg P_o) \quad (10)$$

式中：P 为大气压力；P_o 为海平面大气压力。

方程(10)和黄河流域 4 个高度不同的站的气压可确定标高 H 为 83.39 m。

由中午显热通量，假设一个日常数能量分配或波文比，可得出日平均值。能量平衡模型的默认输出是日对流显热通量。进而结合光合作用从净辐射中扣除显热通量，其结果输出产品为实际蒸散发。

3 结果和校验

图 1 显示 2006 年黄河流域由 EWBMS 计算得出的实际蒸散发的总和。蒸散发从南到北和东到西递减，陕西、河南、山东省，黄河流域东部和东南部的总蒸散发为 500～600 mm。西北部的内蒙古、甘肃、青海较为干燥，2006 年总蒸散发在 100～200 mm 范围内。

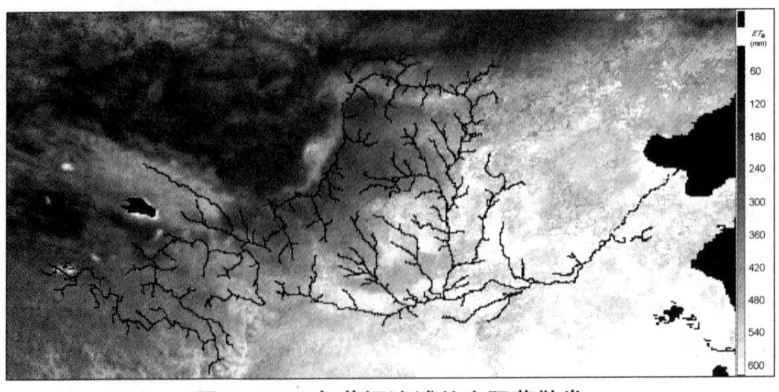

图 1 2006 年黄河流域总实际蒸散发

3.1 1.5 m 日平均温度的校验

用 EWBMS 计算的 1.5 m 日平均温度与 15 个 WMO-GTS 站 1.5 m 日平均温度比较,在河源区,用2000 和2001 年9 个站的6 579 个日温度观测值进行校验,此段时间的 GMS 卫星图像用于校验,其结果见表 1。GTS 和 EWBMS 温度相关较好,确定系数 r^2 从 0.68 ~0.9,平均 0.81,1.5 m 温度观测误差由 0.08 ℃至 3.36 ℃,平均误差为 0.94 ℃。由两年数据得夏、春、秋季误差小于冬季误差。

表 1 黄河河源区用 GTS 观测和 EWBMS 计算 的 1.5 m 气温校验

站号	站名	经度	纬度	高程 (m)	R^2		$T_{1.5\ m}$观测差(℃)	
					2000	2001	2000	2001
52943	兴海	99.98	35.58	3 323	0.860	0.830	1.945	1.780
56043	玛沁	100.25	34.47	3 719	0.820	0.820	1.667	1.180
52974	同仁	102.02	35.52	2 491	0.790	0.850	-2.456	-3.080
56033	玛多	98.22	34.92	4 272	0.900	0.870	3.139	2.810
56046	达日	99.65	33.75	3 968	0.810	0.810	0.920	0.910
52957	同德	100.65	35.27	3 289	0.850	0.850	2.508	-0.080
56151	斑马	100.75	32.93	3 750	0.720	0.680	-0.648	-0.900
56065	河南	101.60	34.73	3 500	0.790	0.820	3.359	2.540
56067	久治	101.48	33.43	3 629	0.770	0.740	0.985	0.340

黄河中游或渭河流域,用 2006 年 6 个站的 2 060 观测数据对 $T_{1.5\ m}$进行了校验,表 2 显示每个站的 RMSE 和 r^2,平均确定系数为 0.73,5 个站 GTS 温度高于 EWBMS 的 $T_{1.5\ m}$,平均观测误差为 -1.39 ℃,比较四季观测误差,冬季也没有显著改变。图 2 表示 2006 年榆林和盐池相关关系。

表 2 黄河中游 GTS 与 EWBMS 1.5 m 温度校验

站号	站名	经度	纬度	高程(m)	R^2	$T_{1.5\ m}$观测差(℃)
53723	盐池	37.78	107.40	1 349	0.75	-1.13
53646	榆林	38.23	109.70	1 058	0.80	-2.18
53903	西吉	36.00	105.70	1 921.4	0.71	-0.90
53810	同心	37.00	105.90	1 345.2	0.75	-2.48
56093	岷县	34.40	104.00	2 315.8	0.66	-2.81
52996	华家岭	35.38	105.00	2 450	0.73	1.17

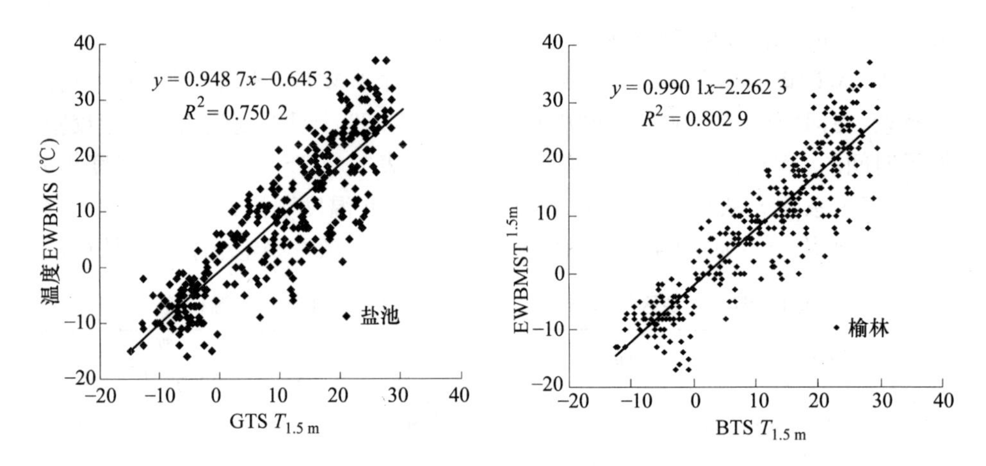

图 2　2006 年盐池和榆林 EWBMS 计算的和 GTS 观测的 1.5m 温度

图 3 表示 2006 年榆林 1.5 m 温度变化。两种数据匹配较好。除了 10 月、11 月外,一年多数情况下 EWBMS 计算温度低于 GTS 观测温度。

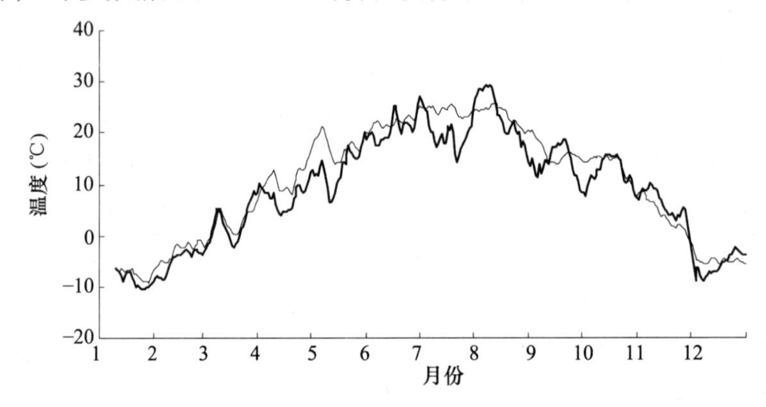

图 3　2006 年榆林 EBMS 和 WMO－GTS 的 10 日 1.5 m 温度比较

3.2　净辐射校验

4 个 LAS 站同时观测气象信息。净辐射仪向上面测量半球(180°)的太阳和远红外能量,向下面测量地面吸收能量。两个值变为单一输出值表示净辐射,传送到数据记录仪,形成 10 分钟平均值。为与 EWBMS 日净辐射比较,由 10 分钟值内插为日平均值。

图 4 表示 2006 年泾川站用 EWBMS 计算所得的 10 日平均净辐射和地面观测净辐射。一年内多数时段两组数据相关性较好。仅在冬季 1 月、11 月、12 月 EWBMS 净辐射值大于观测值。以日为单位,均方根误差为 28 W/m^2,平均观测差 10 W/m^2,确定性系数 r^2 为 0.80。以 10 日为单位,均方根误差为 14 W/m^2,

平均观测差 6 W/m^2。

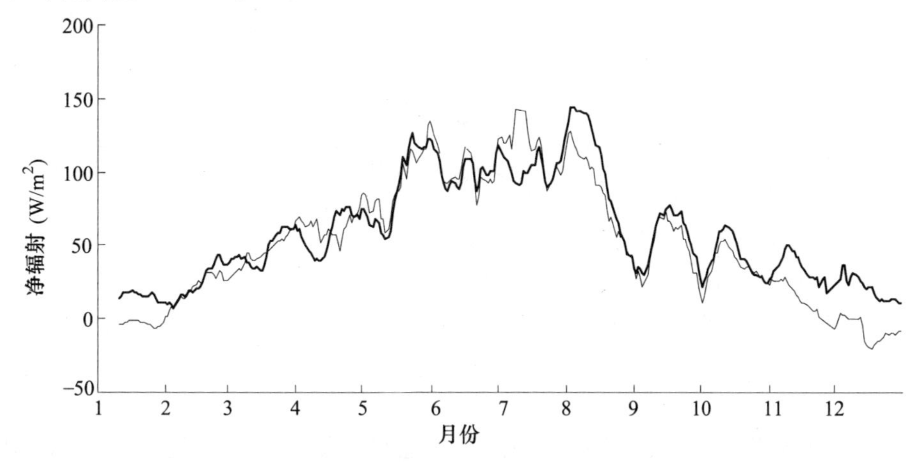

图4　2006 年泾川站 10 日实测净辐射和 EWBMS 计算净辐射

在唐克和兴海站，EWBMS 净辐射值小于地面观测值。以日为单位，由唐克站 2006 年 4～8 月观测值可得观测差为 − 11 W/m^2，由兴海站 2006 年 5 月至 10 月观测值可得平均差为 −19 W/m^2，相应 RMSE 为 41 W/m^2 和 32 W/m^2，确定性系数 r^2 分别为 0.4 和 0.61（图 5）。玛沁站仅有 2005 年 8 月、9 月和 2007 年 4 月、5 月资料可用，在此时段，观测差为 −16 W/m^2，均方根误差为 26 W/m^2。

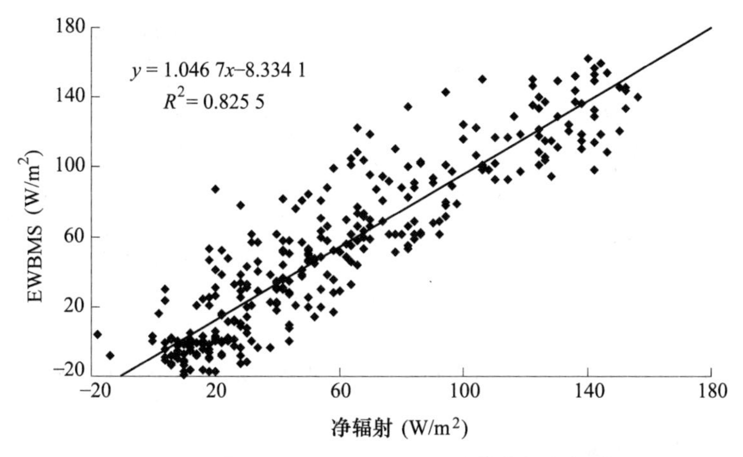

图5　2006 年泾川实测和 EWBMS 计算净辐射相关图

3.3　区域尺度校验

安装 4 个大口径闪烁仪（LAS）设备用于测量和校验显热通量，闪烁仪是一光学装置，用于监测大气湍流的折射率 C_n^2，C_n^2 由接收信号的相对波动强度而定。另外每个 LAS 站都安装了自动气象站。由地面进入大气的热通量也可计算出来。测量点与卫星像素相似,因此有在黄河河源区有 3 个 LAS 站可选用,泾河有泾川 LAS 站供选用。表 3 给出了 LAS 站地点、路径长度、有效高度等信息。

表 3　LAS 系统的地点和参数

地名	纬度	经度	高程(m)	发射端距地高度(m)	发射端距地高度(m)	LAS 有效高度(m)	路径长度(m)
径川	35.33	107.35	1 039	2.8	10.9	23.7	1 343
玛沁	34.46	100.23	3 730	6.7	5.2	5.8	1 110
兴海	35.58	99.98	3 310	13.7	6.6	16.3	1871
唐克	33.38	102.45	3 434	7.7	7.3	7.52	586

由 2006 年 4 月、5 月唐克站观测显热通量数据,平均日观测差为 - 0.81 W/m^2,均方根误差为 17 W/m^2。日的相关系数比较低(0.32),但 10 日的相关系数有所提高(0.77)。即使相关系数较低,显热通量结果仍然良好,具有合理性,能满足径流和高水位预报(图 6)。

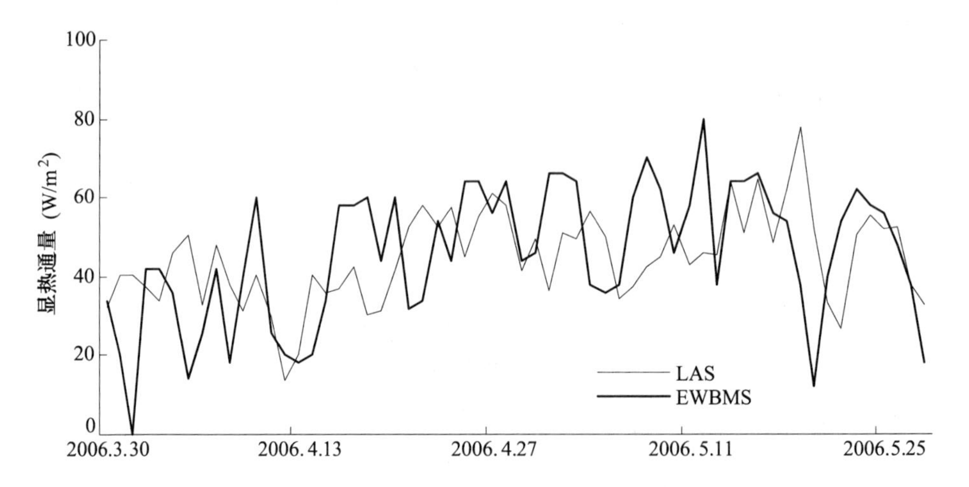

图 6　2006 年 3 月 30 日至 5 月 28 日唐克站 LAS 观测的和 EWBMS 计算的日净辐射比较

3.4　以流域尺度校验

遥感技术的优势在于以描述潜热通量区域空间变化。因此,可用于校验诸如渭河和黄河源区这种大区域蒸发情况。

假设相对蒸散发没有其他水汽损失,流域年有效降雨和由此产生的径流或多或少等于流量。唐乃亥站由 EWBMS 蒸散发图得到结果与 EWBMS 降雨和实测流量的差的比较见表 4。这是一个合理和可靠的水平衡校验,对水资源和高水位预报系统非常重要。

表4　1999 年至 2001 年唐乃亥以上黄河河源区的年水平衡

年份	EWBMS 计算的降雨量(mm)	流量观测值(mm)	水量平衡蒸散发量(mm)	EWBMS 计算的实际蒸散发量(mm)	实际蒸散发差(%)
1999	502	190	312	328	5
2000	441	121	320	333	4
2001	478	108	370	349	-6
合计	1 421	419	1 002	1 010	0.8

以 3 年为单位,EWBMS 的实际蒸散发结果和年实际蒸散发估算的河道径流的误差仅为 1%,年偏差为 5%。

4　结语

本文所研究的由能量水平衡系统结合 FY-2C 卫星得到的温度、净辐射和显热通量值与地面测量值相比较,温度和净辐射的比较相关性良好,误差较小。以 10 日为单位还会减少。显热通量校验显示 2 个月时段误差为 2%。径流预报最重要的是水平衡的结果。通过比较 1999~2001 年 3 年度降雨和实测流量,仅有 1% 的误差。

参考文献

[1] Foppes, S. Precipitation and Water Balance Monitoring the Weihe and Upper Yellow River. 2007.

[2] Kondryatyev, K. Y. Radiation in the Atmosphere, Academic Press, New York, London. 1969.

[3] Maskey, S., Venneker, R., 赵卫民. A Large-Scale Distributed Hydrological Modeling System for the Upper Yellow River Basin using Satellite-Derived Precipitation Data// 第二届黄河国际论坛论文集. 2005.

[4] Maskey, S., Flow and Forecasting in the Weihe Sub-Basin. 2007.

[5] Meijninger, W. M. L. Surface Fluxes over Natural Landscapes Using Scintillometry. Wageningen University. 2003.

[6] Rosema, A., Verhees, L. Sun, S. etc.. China Energy and Water Balance Monitoring System. Scientific Final Report Oret Miliev project 98/53. Commissioned by the State Forestry Administration. 2004.

[7] Venneker, R. Overview of the Large Scale Hydrological Model. 2007.

挪威在可持续水管理、环境保护、洪水及侵蚀控制和气候变化研究方面的经验

Linmei Nie[1] Arne Tollan[2] Oddvar G. Lindholm[1]
Lillianøygarden[3] Jim Bogen[2] Eirik J. Førland[4]

(1. 挪威生命科学大学数学科学与技术系,Drøbakveien 31, 5003, 1432 Ås, 挪威; 2. 挪威水资源与能源局(NVE), Middelthuns gate 29, 5091 Majorstuen, 0301 奥斯陆, 挪威;3. 挪威农业与环境研究院, Fr. A. Dahlsvei 20, 1432 Ås, 挪威;4. 挪威气象学院, 43 Blindern, 0313 奥斯陆, 挪威)

摘要:本文旨在阐述挪威可持续水管理的经验,涵盖了水资源统一管理的各专业领域,包括城市暴雨管理、水电开发与环境保护、水文资料整理与防洪、农田土壤流失与控制、流域内及输沙的生态系统保护、气候变化的长期发展。

水管理具有系统性和可预见性,并基于合法原则。本文回顾了在调节水管理方面采取的主要措施和重要的法规,包括有关饮用水、污水处理、取水许可费、河流建筑物的安全与监督等的法律。在挪威水法规的很多章节中都明确了水的经济价值。本文的第一部分突出阐述了水资源统一管理中城市暴雨管理的有关问题;第二部分介绍了水电开发中环境保护的相关法规;第三部分总结了挪威典型气候造成的洪水问题及减轻洪水损失的工程与非工程措施;第四部分讲述了农田中的土壤侵蚀及控制措施与监测系统;第五部分介绍了对流域侵蚀、冰蚀及在黏土区、山区和北极圈河流侵蚀机理与输沙 的研究;最后给出了 1900 ~ 2100 年挪威气候的演变,并提出了区域气候经验性的和动态的小比例模型。文中也给出了挪威最近 100 ~ 150 年气温与降雨的变化及 21 世纪气候变化预测结果。

关键词:可持续的水管理 城市暴雨 洪水 侵蚀 气候变化

1 可持续水管理

本节总结了挪威水资源管理和城市暴雨管理的经验。

1.1 定义

这里对可持续性、统一性和水管理进行了注释和定义。水管理即是公共机

构对调度、控制和保护水资源开展的合法活动。挪威水管理在国家、地区和当地三个层次上实施。具体的管理常常由从公共管理机构批准的私营或半公共机构来执行。

“可持续的”意味着满足目前合理的需求而不影响将来的利用。可持续性发展是“满足现实的需要且不会因此而影响后代人获得自身需要的能力的发展”。

“统一”是一个常常混淆的词汇。在水管理方面，它通常包括（Tollan，2002）：认识和尊重水的自然循环过程；认识土地开发利用对水循环的影响；把流域或蓄水层作为管理单元；土壤、空气和 水是不断变化的；水最终要流入海洋的 ；水量与水质是紧密相连的；尊重水体的景观价值；保护作为动植物栖息地的河流、湖泊及湿地；考虑所有平等的水资源开发利用；加强中央和地方管理的紧密联系。

水管理应该是系统的和可预见的，并基于合法原则。人们个体的决定应该在法律中加以明确。挪威的法律体系通常由很多执行法律和法规组成。在水管理方面的主要法律有水资源法（2001）、有关河流调节的法律（1917）、污染法、规划与建设法、有关自然保护的法律。

这些重要的法律法规包括关于饮用水、污水处理、取水许可费、河流建筑物安全和监督的法规（RMPE，2006）。

1.2　挪威水管理立法的指导原则

近来国际上对水资源统一管理的认识主要集中在一些指导方针上，并逐渐在许多国家立法中得以贯彻。例如 1992 年在都柏林召开的水与环境会议归纳产生了所谓的《都柏林原则》。对于挪威，除上面列出的水资源统一管理原则外，以下原则也值得重点关注。

1.2.1　分权与公共参与

这指公共管理方面民主的长期性，例如表现在规划建设法中，要求所有层次上的规划管理局都要主动地告知正在进行的项目规划，“受影响的个人和团体都有机会参与规划过程”。通过运用广泛的公众媒体来达到目的，例如水电项目的开发。都柏林原则表达了相同的意图：应该在最低合适的层次上作出决策。

1.2.2　可持续水管理

可持续水管理的概念最早源于 1987 年世界联盟在有关环境与发展的报告“我们共同的未来”。它在挪威与水相关法律中的多个方面得以反映。例如《水资源法》为“确保全社会对河流水系和地下水的合理利用与管理”；《污染法》的目的是防止污染物和废物降低自然界的生产与更新能力。有许多具体的管理工具：环境影响评价（EIA）、各类规划文件（洪水区划、植被覆盖图、地质图、水文图等,水电开发的总体规划)。与空气传播污染有关的自然容许临界点的概念已被应用,特别为达成国际间的一致性,以避免长期影响。所称的“预防原则”已经被采纳,意味着科学上的不确定性不应该成为对异常严重和不可挽回的环境破坏风险不作为的借口。

1.2.3 水是经济商品

对水的经济价值的认可在挪威水法规中的多个条款中可见。在国家的水电开发总体规划中使用经济标准来对开发项目加以分类。污染法本着“谁污染谁治理”的原则,国家供水与净化设施费用近100%地由污染者来承担。政府大力支持减轻污染威胁的水处理设施与重要措施。

1.3 管理机构

和其他国家一样,挪威具有多层次的水资源管理构架。国家没有水务部,但是以下为与水相关的重要的部委:环境部(自然资源、自然保护、污染保护);石油和能源部(物理勘探、具体的水电开发);卫生部(供水健康方面,水的饮用性质);水产部(水产业);地方自治与地区发展部(地方供水的扶持);农业部(渔类疾病,农业灌溉与排水)。

接下来所属的有三个与水相关的局:挪威水资源与能源局,NVE(水文,用水许可,河流安全,防洪);国家污染控制局,SFT(依据污染法的污染排放许可,排放控制,水和空气质量监测)自然管理局,DN(户外生物,内陆渔业)。

另有其他的局和政府组织来处理饮用水水质、水产业、水上运输、侵蚀、洪水损失和应急准备等事务。与水相关的研发由大学和研究机构来进行。

县和地区市的管理在中央政府与居民之间起到了很重要的桥梁作用。地区市负责地方供水和净化实施的管理,对个体排放及流量的许可。县级在某些情况下具有一定的许可权力,并对市级决策有申诉的权利。

1.4 城市暴洪管理

前几十年欧洲已呈现了城市地区洪水增加的趋势。气候变化与快速的城市化进程加剧了这一趋势。城镇化地区洪水事件已引起了极大的公众关注和担忧,其经济影响常常是 严重的。除了减少洪水发生几率的工程措施外,新的综合方法需要研究和实施,并通过进一步减少其薄弱点来适应受气候变化影响的城市环境的改变。

对于暴雨径流的法律、法规和指导方针已经提出。城市暴洪管理的几个解决措施也已得到落实,包括可持续的城市排水(SUD)措施、开设地面排洪道、防止冲刷等。挪威的法律、法规及新的针对防洪的下水道设计与恢复的强制条款已公布,并与欧盟和北欧各国的标准作了比较。

1.4.1 关于暴雨径流的法律、法规和方针

《河道法》第7条:为减少排水管网的入流量,相应的管理者(通常为市政府)可能需要新的规划来加强暴雨径流向地下的渗透量。

《河道法》第47条:由于开敞式的和地面排水系统的维护与操作不当而造成的洪水,市政府将负全责。

《污染控制法》第24a条:2001年公布了新的《污染控制法》。第24a条规定,"如果是因为地下污水排水系统的过流能力不足以避免洪水而造成的损失,由此系统的所有者负责"。还强调,即使管网的所有者是按通常公认的工程实践来设定的系统尺寸,也要为洪水损失负责("客观责任")。管网公司也要为维护与操作不当造成的损失负全责。

依照规划与建设法的技术规章:甚至在遇到设计雨量的情况下,排水与暴雨径流也不应该造成不便与损失。市政府可以决定暴雨径流不应该单独排出或渗透地面。

经过修订的规章可能包括:市政府应该限制暴雨径流进入市政排水网;地面开敞式排洪道应该包含在地区规划中,并应设定尺寸与进行详细规划,使建筑物在设计雨量的重现期内不会遭到破坏。

挪威供水与排水工程协会(NORVAR)导则(代替NS-EN752):挪威供水与排水工程协会于2005年12月出版了设计雨量重现期的国家指导原则(Lindholm等,2005)。这些重现期列于表1。指导原则也敦促市政当局关注以下建议:①基于BMP解决方案的开敞天然土壤如有可能尽量采用传统方式。②城市排水导则应统一纳入到市政府各级区域规划中。③市政府应规划将不能被管道系统处理的暴雨径流由开敞的排洪道来容纳以避免损失。开敞式排洪道的安全重现期应为100年。④被污染的暴雨径流在排放入受水区前应加以处理。

表1 挪威居民区和商业区设计雨量的最小重现期(Lindholm等,2005)

设计降雨	地区类别	洪水设计重现期
5	潜在损失小的地区 农村	10
10	居民区	20
20	城市中心区和工业商业区	30
30	潜在损失非常大的地区	50

表2比较了中心城市区对重现期的北欧规定和CEN标准。

表 2　北欧各国城市地区设计重现期

国家	独立排水系统		混合排水系统	
	全管排流能力	临界超排标准	全管排流能力	临界超排标准
丹麦	1	5	2	10
芬兰	2	3		
冰岛	5	10	5	10
挪威	20	30	20	30
瑞典	2	10	5	10
EN－752	5	30	5	30

因此,关于重现期可以做出以下结论:

(1)冰岛、挪威和 CEN 标准在独立与混合排水系统方面并无不同。

(2)丹麦、芬兰和瑞典独立排流系统的全管设计重现期采用 2 年或小于 2 年,冰岛和 CEN 标准为 5 年,而挪威采用 20 年,远高于其他各国。

(3)对混合排水系统中全管重现期,冰岛、瑞典和芬兰采用 5 年,但丹麦仅为 2 年,而挪威仍采用 20 年的高重现期。

(4)我们可以看到 3 类独立排水系统的临界超排标准:丹麦和芬兰采用 5 年或更小;冰岛和瑞典用 10 年为标准;挪威和 CEN 标准都大于 30 年。

(5)对于混合排水系统的临界超排标准,挪威与 CEN 标准用 30 年而其他国家采用 10 年。

1.4.2　应付暴雨洪水需要新的工程措施

处理暴雨径流的主要目标应为防止对健康、财产和环境的危害;将城市的暴雨径流资源化;巩固城市的生物多样化。

规划与建设法可以强制性采取城市可持续排水(SUD)模式:植被区域的保护与巩固;在道路宽度上采用尽量少地硬化表面;可透水路面与停车坪;可透水解决方案的运用;渗透沟渠和池塘;允许进入排水管网的最大流量;用沼泽洼地来代替传统的管沟与排水槽;用吸水性土壤覆于不透水土壤之上;“绿色”屋顶的应用;用蓄水池来蓄集房顶的雨水。

2　水电开发与环境保护

水电资源开发前依法需要有一个政府的提案。开发提案既包括技术经济规划也要包含环境及社会影响评价。只有当断定利大于弊时,提案才能获得通过。提案会受到有关的环境部门对其各方面的评估,包括国家污染控制局、自然管理委员会、地方当局及公众媒体。提案在 NVE 的建议与意见的基础上由石油能源部批准。大多数情况要由国家议会来决定。1950 ~ 1980 年是水电开发的快速增长时期,以至于目前挪威每年生产近 1 200 亿 kWh 电,成为世界上第六大水电产生国。本章基于 RMPE (2006) 和 Perdersen (2007)的研究。提供的个案研究是为解决河流上水电的负面影响。

2.1 国家河流保护计划

挪威建设的许多水电项目是有争议的,并因为自然保护的原因在 19 世纪六七十年代曾得到强烈的反对。1973 年第一个国家河流保护计划被采纳。1986 年、1993 年和 2005 年分别通过了修订和补充的保护计划,近 400 条河流具有 440 亿 kWh 水力发电潜力目前已被保护,不再开发。此计划的目的是通过全流域保护来保持由山脉到海域的环境多样性。当前的计划只保护河流不再进行水电开发,也应该出台限制性的政策来阻制可能对环境有更大影响的其他开发活动。

目前还允许进行小型及微型水电(<1 MW)等对河流的保护性开发,但此类开发不应与保护条例相抵触。实践中,此政策有很强的限制性,仅在一些特殊情况下才得到允许。

2.2 对水电开发的总体规划

在同一时期对于未来水电开发的综合与长远规划的要求已变得异常紧迫,1986 年出台的国家水电开发总体规划正逢其时。总体规划对具体的水电开发项目根据经济和技术可行性进行分类,同时考虑了与环境和文化价值的潜在冲突。根据总体评估,开发项目可分为三类:

I 类:即将获得许可和上马的水电项目;

II 类:需要获得议会批准的水电工程;

III 类:由于不合理的高开发成本或有较大的利益冲突包括环境影响。

这一规划后来得到补充,II 类和 III 类已被合并。

只有具有最大经济性和最少冲突的工程才被提倡。但那些装机容量小于 10 MW 或年发电量小于 5 000 万 kWh 的工程排除在总体规划体系的论证之外。批准的条件常常要求减少环境问题。改善措施可能是指定的最小流量、保持当地水位的溢流堰或珍贵鱼类的再生等。目前对于大型水电工程还有政治上的阻力。电力需求的增长希望能够通过已建电厂的升级和扩容、能源节约措施及结合新的小水电和再生能源的开发等得以解决。

2.3 小水电

在挪威,小水电(<10 MW)越来越引起更多人的关注。目前小水电的年发电量为 5 000 万 ~6 000 万 kWh,而理论蕴藏量为 2.5 亿 kWh。小水电的经济性

当然也是很重要的。1 kWh 电的工程投资为 0.38 欧元(2007 年),是具有经济可行性的。当然它可能随时间而变化。

当前有 200 多个提案正在许可申请的阶段。这些许可也要遵循水资源法的规定,但相比较大工程要简单的多。要求提供一个对可能造成的环境影响和冲突的总的阐述及一个有关生物多样性特别是濒危种类的详细的报告。

为了更好地管理一个有界区域或流域几个单独工程造成的综合影响,政府已经倡议了地区级的总体规划的编制。这一规划将为开发者提供指导,鼓励较好的提案和限制较差的规划项目。县管理当局将协调整个规划过程,最终的规划要得到县议会的批准。

规划的第一步是在每个郡的地图上为潜在的小水电开发划定“规划区域”。第二步是确定对小水电敏感的各利益方,如地貌、生物多样性、娱乐与旅游、文化遗产、渔业、未开发的“荒野区”和鹿的驯养。为了界定可能的冲突地区,根据他们的固有价值对这些利益方进行分类。第三步是基于规划区每一部分系统化的资料来制定管理政策和规章。获准的规划进入国家的审批程序。

国家对于小水电提案的评价的指导方针出自国家的政策和目标,如地貌与环境、生物多样性、娱乐、文化遗产、内陆渔业和驯鹿人们的利益,他们主要是生活在挪威北部的土著人群。

2.4 日水力发电高峰对冲刷与淤积过程的影响

挪威水力发电已有 100 多年的历史,许多水电工程对河道产生负面影响并导致了自然与生物的改变。由电厂运行所致的水位和流量的暂时变化称为水电极峰。正像每日不同时间对电能的需求是变化的,发电的短时间变化正迎合了这一点。核电与火力发电并不能这样运行。一个挪威的科研项目开展了对水电极值的环境影响的研究。

对自然与生物的调查都包含其中。研讨了不同类型水电工程的峰值调节造成冲刷的多种因素,Bogen 和 Bønsnes (2000)根据日峰值调节对冲刷的影响对水库进行了基本分类。地下水和沟蚀可能对各类水库如冰河、冰湖和近期的河流蓄积造成麻烦。侵蚀强度受沉积矿床与水库水位下降率的影响。对于易侵蚀地区取决于水面降低。在季节性调度中常发生细颗粒的风蚀,因此在最频繁调节的河岸区域有很少泥沙产生。在流域获得持续来沙的水库中,波浪冲刷将可能产生泥沙。因此,水库的深测与浅水区的比例也是很重要的。深水水库的波浪对侵蚀与悬移质的作用影响相对较小。快速的水位降低会导致沿裸露的河岸线的沉积层的非饱和孔隙水压力。在有些地方,过大的孔隙水压力会导致滑坡和地下水管涌冲刷。

3　挪威的洪水状况和防洪措施

本节总结了较大河流的工程与非工程防洪措施及城市洪水状况和解决方案。

3.1　挪威的气候特征及洪水

挪威位于世界的最北端。它从最南端的纬度58°延伸到北部的71°,长1 700多 km。由于地处北部,这个国家南部全年有4个月为积雪覆盖,偏远的北部与山区有6~7个月。但由于受北大西洋海湾暖流的影响,这一国家的气候是温和的,在沿海地区冬季的平均气温为0 ℃左右,降水以雨或雪的形式。年平均降水变化从南部的2 000 mm 到北部的不足1 000 mm,沿海的小区域山区常常超过3 000 mm。1999 年在 Sogn 和 Fjordane 的 Brekke 地区曾有过年降水5 596 mm的记录。

除了降水,早春的融雪也是地表水与地下水的主要来源。结果形成了典型的夏秋暴雨洪水与早春融雪和降雨混合而成的洪水。另外,历史上也有融雪与降雨形成的冬季洪水。因此,挪威四季都有洪水:春汛、夏洪、秋汛和冬汛。其中,秋汛与春汛为两大主要洪水(Roald, 2003; Brox, 1995; NOU, 1996; Herschy, 2003)。

3.2　防洪减灾措施

3.2.1　防洪工程措施

工程措施在减轻洪水灾害中起了重要的作用。自1753年至今,挪威已经建了2 185座大坝与水库,见表3。根据 Kartulf 的一个 GIS 项目分析知,主要有五类坝型:混凝土坝(872)、土坝(149)、砖石坝(407)、砌石坝(387)和木坝(50)。

表3　挪威的大坝与水库

坝高(m)	数量	库容(百万 m³)	数量
≤100	4	>1 000	15
30~100	111	100~1 000	137
<30	2 068	<100	2 033
合计	2 185	合计	2 185

3.2.2　洪水预警预报系统

3.2.2.1　观测数据库

挪威气象局负责降水(降雨与降雪)、温度和其他气象要素的观测和预报。

挪威水资源与能源委员会(NVE)实施全国范围内的水文观测。在 NVE 的 Hydra II 数据库中在册有 4 676 个水位站。另外有些站点归电力公司、当地政府及个体利益方,并未包含在 NVE 的数据库中。NVE 已经开发了处理巨量时间序列水文气象资料的系统,并带有水质控制、数据纠错、数据演示与分析工具。

3.2.2.2　洪水预警预报

由挪威水资源与能源委员会管理的洪水预报系统为全国的公众提供洪水警报。此系统由以下几部分组成:

(1)挪威气象局的约 100 个气象站的降水与温度观测。

(2)80 条流域的流量与水位的实时监测(包括自动测距仪和电话应答系统),见图 1(a)。

(3)60 条流域基于降水量与温度预报的水文模型(降雨径流模型)实时运作(以一条流域为例,见图 1(b))。这些模型能日常更新和对未来 6 天径流进行流量预报。

(4)从融雪调查与卫星图片得到的信息及多个雪枕的在线传输。用方格化积雪模型来计算和描绘挪威的积雪图。

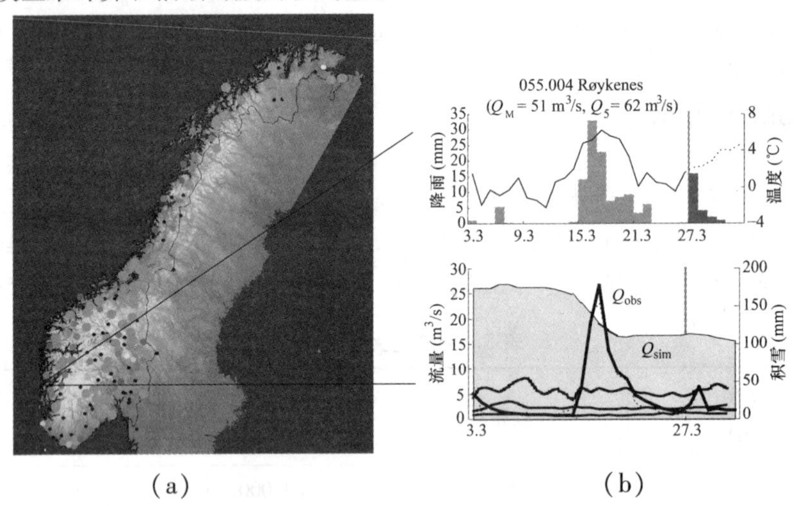

(a)　　　　　　　　　　(b)

图 1　流量观测站分布图(a) 和观测及预测的流量(b)

洪水警报的发布是基于预测流量与年均流量相比较。如果某站或更多站的预测流量超过 5 年一遇流量将发布洪水警报;如果所模拟的流量超过 50 年一遇则发布大洪水警报。当大洪水警报一直延续,NVE 洪水警报办公室将实时更新预报信息,并在挪威文字电视台和 NVE 的网站 www. nve. no 上公布。

3.2.3　洪水风险淹没图项目

1995 年挪威东南部发生大洪水之后,一个政府的委员会提出了几点建议以减轻将来的洪水损失。

1998 年 NVE 开始了洪水风险淹没图的绘制。NVE 负责整个项目的管理，其中的专业人员做了主要的分析工作。其他组织如挪威测绘局与私有顾问机构提供了一些基本数据。地方政府是绘制过程的积极参与者，帮助提供以前洪水的当地水位信息及在项目开展时期洪水的观测。

洪水风险淹没图包含了可能有较大损失的地区。这一计划是绘制 188 条河流的平面图，包含了 168 个城镇的 1 750 km 的河流长度。总耗资估计 800 万美元，整个项目历时 10 年(1998 ~ 2007 年)。

这一项目获得以下成果：

(1)洪水淹没图是数字化的，用户能够用他们自己的工具结合其他的资料做出个性的展示。

(2)采用了高精度绘图，使用者不需要进一步分析在土地利用规划中就能直接利用此成果。

(3)地表面通过基于详细高程数据的数字高程模型(DEM)来模拟，河床由勘测的横断面来确定。DEM 的预期精度为 ±30 cm。

(4)通过洪水频率分析与水力学模拟，可计算得到 10 年、20 年、50 年、100 年、200 年和 500 年的洪水水位。计算的水位预期精度为 ±30 cm。

(5)用 GIS(地理信息系统)来确定淹没面积。

(6)从当地的见证人和档案资料来鉴别河流流域已知洪灾的历史事件，像冰坝、冰流、冲刷、泥石流等，并不把这些事件与统计概率相对照。

(7)最终从河流各断面取得的结果以纸质地图和数字数据两种形式传送到用户。此图的标准比例尺为 1∶15 000，并标注横断面与大堤等。所有计算洪水水位列于图表(纵剖面)中。

数字洪水风险图可与洪泛区(Toverød 等，1999)防洪和土地利用指导一起加以应用。

3.2.4 城市洪水

与国际上存在的情况相似，由于气候变化、现有基础实施的年久老化及城市化进程，使得挪威城市水部门也面临着巨大的变革。挪威的数个城市的财产遭受着洪水的影响。保险公司的报告显示了近 15 年来洪水造成的损失呈稳定且强势增长(见图 2)。挪威市政府的财产清单揭示几乎所有的财产都遭到过洪水的影响，56% 的资产将洪水作为首要问题。但仅有少数的城市做了潜在的洪灾分析，很少有城市做防洪预案。

2005 年排水设计与恢复的新的强制性条款开始实施，本文第 1 节中作了阐述。除了传统的工程措施，对洪水径流管理的非工程措施被多个城市当局所推崇。

在NVE的水文观测网中目前有9个观测站在运行，以收集温度、降雨、水位和流量、雪与短时凝固的融雪等数据。开发了先进的模型来模拟洪水和排水网的溢出流(Matheussen, 2004; Nie, 2004; Rosvolt, 2000)。

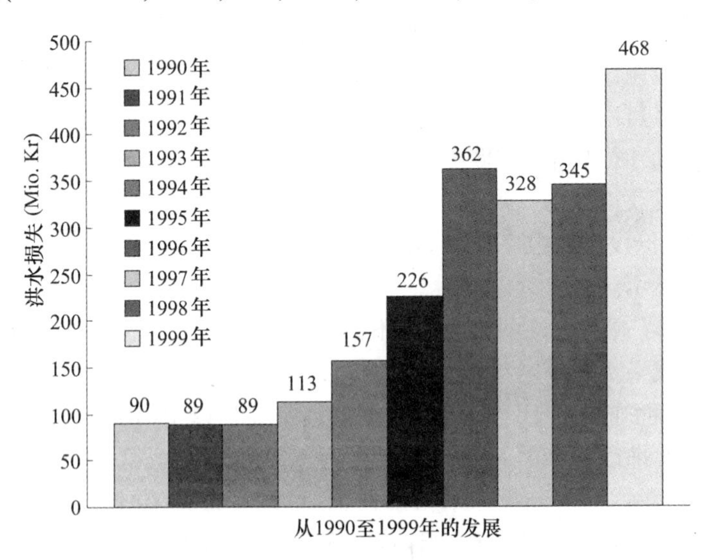

图2　保险公司对由洪灾造成的财产赔偿的增长 (Stensrod, 2001)

挪威已经为高速公路和主要道路的出流建设了近50个存储和净化设施。这些设施通常由存储池、人造湿地和渗流设施组成(Åstebøl og Hvitved - Jacobsen,2005,2006)。

4　农业种植区土壤侵蚀及控制措施

本节概括阐述农业区的土壤侵蚀与监控措施，以及水电开发和水土保持工程对河流中泥沙传输的影响。

4.1　农业区的土壤侵蚀

挪威农业区的分散径流在20世纪80年代初已经受到关注。挪威东南与中部地区具有海底沉沙与粮食的主要产地，土壤侵蚀是农业区泥沙及磷肥损失入水的主要根源。这样的径流也导致了许多内陆湖的富营养化与水质恶化。它也导致了有毒藻类的大量繁殖，造成那里的水夏季无法洗浴及作为饮用水供应的状况。由于农业环境政策的改变，这些问题在70年代末80年代初进一步突出。

过去提高补贴金的政策导向促使了农业生产体系的变化。粮食的生产集中在挪威的东部和中部，而牛奶和肉类产品则由西部和北部及内陆地区提供。这样在粮食生产区，秋季农业区的耕作增加了耕地。当土壤在秋季耕种时，就为秋季降雨与冬季融雪侵蚀提供了可能性。特别是融雪发生在部分冰冻的土地上，土壤侵蚀很严重。许多秋季耕种的土地以前都是草地和牧地，土壤侵蚀很小。正是农业生产体系的变化包括作为作物种类变化与秋季耕作增加的耕作方式变化，才导致了土壤流失的增加。

土地利用的变化，从草地到粮食生产体系的转变也促使了人工土地平整。先前用做牧地的沟壑地形并不适合高强度大面积机械化的粮食生产。为了能够更好地利用农业区进行粮食生产和大面积机械化耕作，土地平整是必要的。进行土地平整的农民会得到一定的补贴金。在有些地市，超过40%的农业土地得到平整。但在海底泥沙沉积地区进行土地平整导致了农业地区非常严重的土壤侵蚀。由于土地平整使这些地区土壤侵蚀增加了2~3倍。主要归因于2个因素：

（1）由于平整后土壤物理属性的改变增加了被侵蚀的危险。平整时翻上来的地下土壤具有松软的土壤结构、较低的有机物含量、高密度、低渗透性和少孔隙与裂缝。这样脆弱的土体结构很容易被地表径流冲刷侵蚀。平整后土地的侵蚀度估计一般会增加3~13倍。

（2）土地平整过程。在平整之初不会发生侵蚀，但推土机常常将下层土混合表层土。当地表径流没有得到控制就会导致田间的冲刷，特别是田间水流沿岸。水流沿岸冲刷与水力设备周边的侵蚀导致了严重的沟壑化和水流的泥沙输送，与发源于冰河的河流泥沙量传送相当。由于严重的侵蚀，土地平整已被严格限制，除了特别许可，不允许再进行土地平整。平整过的土地表层土必须被放回，表面流必须得到控制。排水管道和平整管道的出口必须保护起来。河流沿岸要设置专门的坡度并以草覆盖。

由于平整过的土地那么明显的侵蚀发生，对表面流与水力设施的控制和改善也是很有必要的。平整的土地已得到控制，并且对下一步的改进已经做了计划，也对修复农业土地侵蚀破坏的活动给予了补贴。为了避免有害影响，防侵蚀研究开始于1980年，不仅在法律条文上，特别是对减少土壤侵蚀措施的试验效果进行了研究。

4.2 控制措施

1988年和1989年在北海发生的藻类灾害促使了针对减少污染负荷的国际协议的出台。在北海宣言中，环北海欧洲各国承诺削减50%的磷和氮的排放。这促使了对农业土地径流的更多关注，政府当局也决定加强控制措施的实施。土壤侵蚀是农业区磷肥流失的主要途径。挪威在减少侵蚀方面的策略是实施河流流域裸露土地的土壤分区图项目，建立农业环境项目来模拟在最易侵蚀土壤类型上进行春季耕作的过程。侵蚀风险图对土壤流失风险分为4类：低、中等、高和很高。侵蚀风险图被扩展用于在农田耕作中减少侵蚀的计划措施中提供服务和咨询。

从 1991 年政府决定给予不进行秋季耕作的农民以补贴来避免侵蚀发生。1993 年后这一补贴主要针对高侵蚀风险区域。农民可以选择粮食或耕种,但专门的补贴来提高对环境的友好爱护管理。下面的减少侵蚀的措施是开放给农民以经济支持的:保护性耕种;间种;建设沉沙池;缓冲带;植草的排水沟;控制地面流的水力设备的修复。

从 2003 年起,每一个挪威农民都要求为他们的农田和耕作做一个环境规划,减少侵蚀包含其中。在河流流域的裸露土地上已经制定了专门的规章来减少土壤侵蚀。

目前 50% 的土地仅在春季耕种,并且每年给予 50 ~ 175 欧元/hm^2 的现金补贴。在秋季不耕种补贴支付后的第一年农民们反应很快。2000 年间作补贴实施后,立刻促进了此类种植面积的增加(见图 3)。

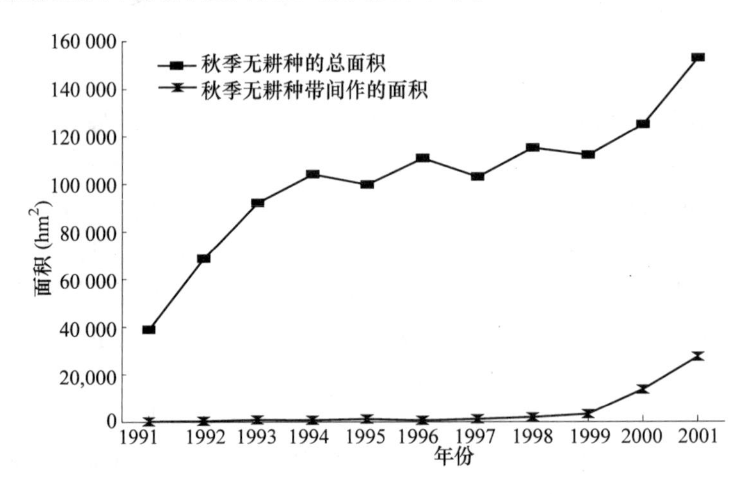

图 3　收到退耕补贴(秋季退耕)的总面积和退耕与间种的总面积(Lundekvam 等,2003)

对于过渡区和沉沙池的建设,农民们可以得到花费最高 70% 的补偿。

试验显示,5 ~ 15 m 的过渡区可以减少 55% ~ 95% 的土壤颗粒流失。小于流域面积 0.1% 的沉沙池可以有效地减少 50% ~ 60% 的泥沙量。由于这些正面的效果和补贴,这些措施已经被广泛推广和实施。据研究,春季耕种和犁耙相比秋季耕种减少土壤侵蚀 14% ~ 30%。在这些措施的实施中,研究机构、农业和环境部门、咨询服务机构与农民组织之间形成了很好的合作关系。挪威农业和环境政策强有力地影响着农民的生产行为及土壤侵蚀。

从 2005 年农业部门为各郡的农业生产引入了区域环境支持系统。他们既关注有文化价值的地貌特征也留意农业污染问题。各郡可以设计和制定减少污染的首选补贴方案,如减少侵蚀。一旦此项目大致成形后农民组织将参与其中。国家农业部从各县中作比较并核准他们的方案。

4.3 监测

自1991年挪威农业环境监测系统开始对受农业活动影响的河流的水质实施监测。这一项目由挪威农业部出资,Jordforsk(土壤与环境研究中心)具体负责项目实施。此项目包含了1~20 km^2 面积不等的10个农业开发流域区。径流量被连续测量,提取水样并分析其中的悬浮固体物、磷和氮含量,还专门对农药施用进行监测。这一项目的主要目的就是鉴定不同农业耕作方式和土地具体属性对侵蚀与营养成分流失的影响(如 Bechmann 等,1999; Vandsemb 等,2002)。其成果已被用做地方与中央决策者对农业生产体系及其环境影响的参考。农民们提供了有关农业活动的详细信息,如作物种类、耕作、施肥、农业施用等。这些信息每年从流域内个体的农民那里收集得到,在实践上的任何变化都会有所记录。那样的信息对于研究水质的变化趋势很重要。政策规定如补贴会影响种植方式与耕作活动的选择进而对水质产生影响。另外气候的年度变化也对农田的土壤与营养流失造成明显的影响。这些从个体农民那里收集到的有关农业活动与天气条件变化的资料是很必要的和根本的。在监测期间,新的补贴政策在被监测流域推行,如为退耕、间种、过渡区和沉沙池的补贴。

4.4 新挑战

欧盟水框架指导的实施促进了进一步的工作和措施来减少侵蚀与农业土地的污染扩散。水框架指导主要强调流域范围和良好的水生态状况。这需要确定来自不同方面的各种污染源。如果达不到良好的生态状况,必须采取措施。

5 水电开发与水土保持工程对挪威河流含沙量的影响

按照水资源法和本文第1、第2部分提到的河流相关法律的规定,必须采取强制性措施来研究人类对河流的干预活动造成的影响。从这点出发,在水电厂运行的基础参数必须考虑到流域内其他不同利益。这样的研究也可以用来改善环境条件并在将来的工程中进一步考虑环境的重要性。在各类泥沙生态环境中的大量参照站点正由挪威水资源与能源委员会(NVE)来运作。有些站也被用来观测生态指数。影响含沙量与沙量的侵蚀过程将在以下选取的案例中加以探讨。

5.1 参照流域的泥沙监测项目

挪威水资源与能源委员会(NVE)管理的泥沙监测站的取样方法不同于JOVA项目里的方法。JOVA站是采集每周的混合样本,而NVE站是以实时的方式来记录单个洪水事件的泥沙输送量。Bogen (1992)介绍了针对取样方法与实验方式NVE建立的流程。

观测显示,挪威各流域的产沙量特征有很大不同并且表现了不同时段的极端变化。有六类产沙区:海底沉积的黏土区、森林丘陵区、北极与高山区流域、冰河流出区、冰河形成的河流流域及耕地区。这些类型源区是根据基本一致的土壤类型、侵蚀过程和产沙机理来划定的。在挪威高山水源区,冰下侵蚀是最为显著的泥沙来源。因此冰河对下游河段的水质及季节性径流变化造成了很大影响。大量的粗颗粒底沙的来源也影响了下游河段的河势与稳定性。挪威不同产沙区泥沙产量的比较见图 4。

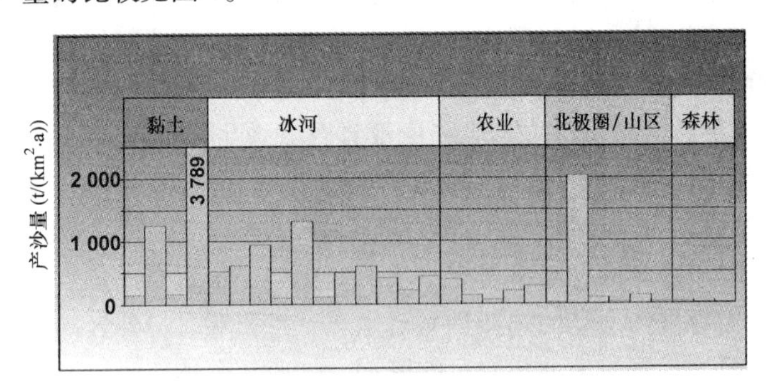

图 4　不同产沙类型区河流的产沙量

5.2　水土保持工程对 Gråelva 河输沙量的影响

在挪威中部的 Gråelva 流域的另一个黏土地区实施了输沙量监测并配合以水土保持工程的建设。这条河流的部分河段甚至比 Leira 河退化的部分还不稳定。主河床被抬高并被卵石和大漂石所覆盖。为了防止支流的进一步退化,他们侵蚀基准面已经被人为抬高。这一工程开始于 1992 年 7 月,但每年的进度不一。截至 2001 年,共计 10 km 的主河道和支流已经被保护起来了。

1992 年和 1993 年,当时条件还接近于自然状态,最大含沙量为 15 000 ~ 25 000 mg/L,计算的每年悬浮泥沙输送量为 163 000、99 000 t/a,相应的产沙量分别为 8 150、4 950 t/(km^2 · a)。到 2000 年和 2001 年,最大含沙量不超过 6 000 mg/L,每年输沙量显著地减少为 11 800、18 500 t/a,相应的产沙量仅为 590、925 t/(km^2 · a),见图 5。但年度变化也受气候变化的影响(Bogen 和 Bønsnes, 2004)。

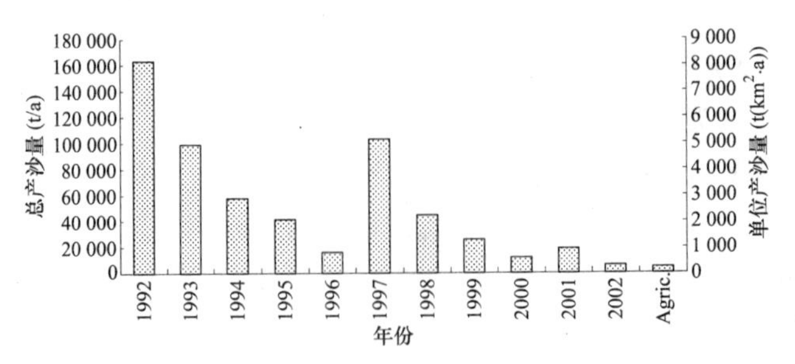

图 5　Gråelva 河 1992 ~ 2002 年年悬移质产沙量的减少

注:农业 = 由农业区形成的沙量。

6　1900 ~2100 年挪威气候的发展变化

挪威的气候以较大的时空变化为特征。北部纬度的大的自然变化也影响了挪威日常、季节、年度及年代等时间尺度上的气候状况。挪威的自然地理条件造成了短距离大的气候梯度变化,例如从低地到高山区和从沿海到内陆区。年降雨及大暴雨的发生存在很大的地区与区域差异。20 世纪挪威有了显著的气候变化,最近 IPCC(2007)的报告显示,21 世纪在北部高纬度地区将会比全球其他多数地区发生更强烈的气候变暖。

6.1　挪威最近 100 ~150 年的气候变化

近 130 年来挪威不同地方的年平均气温增加 0.5 ~1.5 ℃不等(见图 6)(Hanssen - Bauer, 2005)。除了芬兰马克县的部分地区外,据统计所有地方的年平均气温增长在 1% 的水平上。冬季气温在挪威 6 个温度区的 3 个都有了显著增高(至少 5% 的水平);春季气温也普遍增高;夏季气温在北部地区有明显的增高现象;秋季气温除了中部与芬兰马克郡内陆区外也普遍显著增高。

近 130 年来,在挪威 13 个"降水分区"中 9 个的年降水统计(见图 6)都有显著的增长(5% 水平)(Hanssen - Bauer, 2005)。没有一个地区显示减少的趋势。最大增长(15% ~20%)发生在西北部。西北部的秋季降水有显著增长,内陆地区也有一定程度的增长。在北部的大部分地区夏季降水增长明显。

在对降水变化对水管理、环境及生态条件的影响研究中,大的降雨事件尤为重要。最大 1 日降水趋势分析显示,从 1900 年 2/3 的雨量站都有所增加(Alfnes & Førland, 2006)。但多数站的变化是缓慢的,在 33 个长系列观测中只有 4 个站有超过 5% 的增加。最大降水的最大增加发生在挪威西南部。但那些没有变化或减少趋势的站点尽管不明显,却在此地区也有表现。

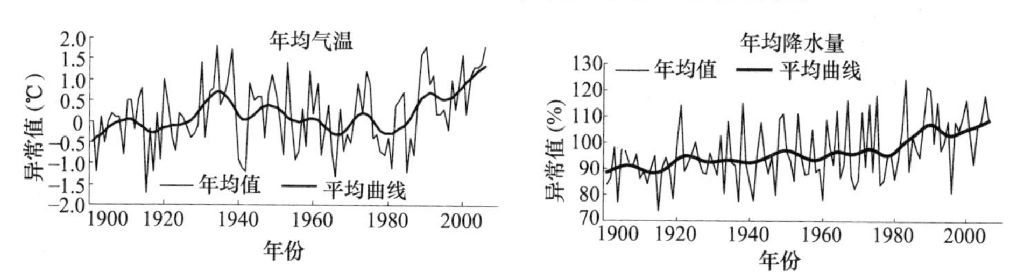

图 6　1900 ~2006 年挪威大陆年气温与降水变化

注:非正常是指背离 1961 ~1990 年的平均值("正常")。

平滑曲线显示年代变化,细线条代表当年数值。

6.2　区域气候变化模型

大气海洋全球环流关联模型(AOGCMs)是模拟全球变暖最常用的工具。

AOGCMs 解决方案对大范围建模是满足的,但通常在重现地区或区域范围的气候上这些模型就太粗糙了。为了对地区影响研究提供有用的空间解决方案,有必要缩减 AOGCM 的模拟规模。为此可应用地区模型(动态缩小模型)、统计方法(经验缩小模型)或这些方法的结合。在挪威无论是动态还是经验方法都已经用来缩小 AOGCMs 的模拟成果(Bjørge 等, 2000; Hanssen - Bauer 等,2003, 2005)。

6.3 21 世纪气候发展的预测

为了降低对挪威气候演变的不确定性,来自不同的全球气候模型的动态小规模模拟结果被结合起来使用(http://regclim. met. no)。它们分别是英国 UK Met 办公室 Hadley 中心的 HadCM3 模型(HAD)、德国 Max - Planck 组织的 ECHAM4/OPYC3 模型(MPI)和挪威的卑尔根气候模型(BCM)。模型演算了不同的 IPCC SRES (IPCC,2007)排放假设(如 IS92a, A2, B2 and A1b 等)。挪威未来气候变化的主要结果是基于排放假设 B2 条件下,经验小规模模拟和 HAD 与 MPI 动态小规模混合模拟基础之上的。

从 1961 ~1990 年到 2071 ~2100 年,挪威不同地区预计年气温增高 2.5 ~3.5 ℃(表4)。最大的气温增长预计在内陆地区和最北端。小尺度假定显示,在最大增长的芬兰马克郡的内陆地区的冬季气温将比现在高 2.5 ~4.0 ℃。夏季是气温增加最小的季节,郡内的大部分地区增加 2.0 ~2.5 ℃。在挪威的沿海和低地地区冬季最低气温在 0 ℃的天数将增加 10 ~25 天(http://regclim. met. no)。

表4 从 1961 ~1990 年到 2071 ~2100 年的平均的气温变化 (单位:℃)

地区	全年	春季	夏季	秋季	冬季
全国(挪威大陆)	2.8	2.9	2.4	3.3	2.8
芬兰马克和 Troms 北部	3.2	3.3	2.2	3.5	3.6
Nordland & Troms 南部	2.7	2.9	2.0	3.1	2.7
挪威西部 (包括 Trφndelag)	2.6	2.7	2.3	3.2	2.4
挪威东南部	2.9	2.8	2.6	3.5	2.8

注:此结果基于两个全球气候模型的动态小尺度模拟方案(MPI and HAD, B2 排放假设)。

对 1961 ~1990 年到 2071 ~2100 年的降水变化的研究表明,挪威不同地区的年降水将增加 10% ~15%(表5)。增加最大(约 20%)的地区为西南沿海和远北地区。季节变化最大的是秋季,西部、北部和中部地区要增加 20%。挪威东南部秋季和冬季的降水预计增加 15% ~20%,而这一地区的部分区域夏季降水最多可能减少 15%。

表5 1961～1990年到2071～2100年平均降水的变化

地区	降水变化(%)				
	全年	春季	夏季	秋季	冬季
全国(挪威大陆)	13	13	3	20	13
芬兰马克和 Troms 北部	14	11	12	23	7
Nordland & Troms 南部	12	10	13	18	6
挪威西部 (包括 Trφndelag)	13	14	2	20	14
挪威东南部	12	15	-5	19	18

注:此结果基于两个全球气候模型的动态小尺度模拟方案(MPI and HAD, B2 排放假设)。

合成的小尺度模型也可用来研究极端降水的变化(http://regclim.met.no)。结果显示,根据模拟方案现在认为极端的日降雨将来则更为常见。

6.4 未来气候预计的不确定性

在全球气候假定和地区与区域范围的小尺度假定方案中有很多不确定性。这些不确定主要源于:①气候系统的变化导致了不可预见的自然变化;②自然(太阳辐射,火山爆发)和人为(气体与颗粒的排放)气候的将来变化的不确定性;③土地利用未来变化的不确定;④气候模型的缺陷的强加性和模拟过程(过程中的物理和数学处理,不够完善的解决方案以及小尺度模拟方法中薄弱点)。

7 结论

本文回顾和总结了挪威在可持续水管理、水电开发与环境保护、不同地区和河流的生态保护以及近100～150年的气候演变趋势等多个方面的经验,可为黄河流域和中国其他流域及其他国家的可持续水管理提供借鉴参考。

致谢:

5个合作作者分别从各自的专业领域撰写本总结文章。本文为针对环境与生态影响的可持续水管理的双边合作项目实施的背景下而做,合作的双方为挪威联合组织和中国的黄河水利委员会,本项目受到挪威科研委员会的支持。

参考文献

[1] Alfnes, E., Førland, E. J. 2006. Trends in extreme precipitation and return values in Norway. met. no report 2/2006 Climate.

[2] Bechmann, M., Eggestad, H. O., Våje, P. I., Stålnacke, P & Vagstad, N. 1999. The Agricultural Environmental Programme in Norway. Erosion and nutrient runoff. Results

including 1998/1999. Jordforsk report no. 103/99. ISBN 82 – 7467 – 3549. 31 pp.

[3] Bjørge D, JE Haugen, TE Nordeng. 2000. Future Climate in Norway. DNMI Research Report 103, Norwegian Meteorological Institute, Oslo.

[4] Bogen, J. 1992. Monitoring grain size of suspended sediments in rivers. s 183 – 190 in: J. Bogen, D. E. Walling, T. Day : Erosion and sediment transport programmes in river basins, IAHS publ no 210, 538s.

[5] Bogen, J. 1996. Erosion and sediment yield in Norwegian rivers, p 73 – 84 in: D. E. Walling and B. W. Webb (eds) Erosion and sediment yield: Global and regional perspectives, IAHS – publ no 236.

[6] Bogen, J. & Bønsnes, T. E. 2000. Virkninger av effektregulering på erosjon og sedimentasjon i vannkraftmagasiner. Rep: 16 i Effektregulering – Miljф virkninger og konfliktreduserende tiltak. Statkraft, Høvik, 66s.

[7] Bogen, J. & Bønsnes, T. E. 2001. The impact of a hydroelectric power plant on the sediment load in downstream water bodies, Svartisen, Norway. Science of the Total Environment, special issue 266, pp. 273 – 280.

[8] Bogen, J. , Bønsnes, T. E. 2004. The impact of erosion protection work on sediment transport in the river Gråelva, Norway, p 155 – 164 in: Sediment transfer through the fluvial system, eds: V. Golosov, V. Beyaev and D. E. Walling.

[9] Braskerud , B. 2001. The influence on vegetation on sedimentation and resuspension of soil particles in small constructed wetlands. Journal of Environmental Quality 30 (4): 1447 – 1457.

[10] Brox, Gunnar 1995, Flooding in east Norway (in Norwegian), NVE Report No. 1995:34.

[11] Børresen, T. , Riley, H. 2003. The need and potential for conservation tillage in Norway. Proceedings International Soil Tillage Research Organization`s 16 Conference. Brisbane, Australia.

[12] DANVA. 2005. Funktionspraksis for aflфbssystemer under regn. Baggrundsrapport for skrift nr. 27. København. 2005.

[13] European Committee for Standardisation. 1997. EN – 752 – Drain and sewer systems outside buildings Part 4: Hydraulic design and environmental consideration.

[14] Hanssen – Bauer I, EJ Førland. 2000. Temperature and precipitation variations in Norway 1900 – 1994 and their links to atmospheric circulation. Int J Climatol 20, No 14: 1693 – 1708.

[15] Hanssen – Bauer I, OE Tveito, EJ Førland. 2000. Temperature scenarios for Norway. Empirical downscaling from ECHAM4/OPYC3. DNMI Klima Report 24/00, Norwegian Meteorological Institute, Oslo.

[16] Hanssen – Bauer I, OE Tveito, EJ Førland. 2001. Precipitation scenarios for Norway. Empirical downscaling from ECHAM4/OPYC3. DNMI Klima Report 10/01, Norwegian Meteorological Institute, Oslo.

[17] Hanssen - Bauer, I. , E. J. Førland, J. E. Haugen, 2003. Temperature and precipitation scenarios for Norway: Comparison of results from empirical and dynamical downscaling. Met. no report 06/03 Klima.

[18] Hanssen - Bauer, I. , C. Achberger, R. E. , Benestad, D. Chen and E. J. Førland. 2005. Statistical downscaling of climate scenarios oevr Scandinavia. Clim. Res. 29, 245 - 254.

[19] Hanssen - Bauer, I. . 2005. Regional temperature and precipitation series for Norway: Analyses of time - series updated to 2004. met. no report 15/2005 Climate.

[20] Herschy, Rag. 2003, World Catalogue of Maximum Observed Floods, the International Association of Hydrological Science (IAHS), publication 284, ISBN: 1 - 901502 - 47 - 3 and ISSN: 0144 - 7815.

[21] IPCC. 2007. Climate Change 2007: The physical science basis. Working group I contribution to the Intergovernmental Panel on climate change fourth assessment report.

[22] Lindholm, O og Nordeide, T. 2000. Relevance of some criteria for sustainability in a project for disconnecting of storm runoff. Environmental Impact Assessment Review vol. 20 p. 413 - 423.

[23] Lindholm, O. , Endresen, S. , Thorolfsson, S. , Saegrov, S. and Jakobsen, G. 2005. Veiledning i overvannshåndtering. NORVAR - rapport 144. Hamar, Norway.

[24] Lindholm, O. and Bjerkholt, J. 2007. Dimensioning of sewerage and drainage systems in the nordic countries". The COST C22 "Urban Flood Management" Book "Advances in Urban Flood Management" Taylor & Francis. ISBN 9780 4154 36 625.

[25] Lindholm, O. , Greatorex, J. and Paruch, A. M. 2007. Comparison of methods of sustainability indices for alternative sewerage systems - Theoretical and practical considerations. Ecological indicators, vol. 7, Issue 1, January 2007, Page 71 - 78.

[26] Lundekvam, H. , Romstad, E. & øygarden, L. 2003. Agricultural policies in Norway and effects on soil erosion. Environmental Science & Policy. 6: 57 - 67.

[27] Matheussen, B. V. 2004. Effects of anthropogenic activities on snow distribution and melt in an urban environment (Ph. D. Thesis). Norwegian University of Science and Technology. ISBN 82 - 471 - 6346 - 0 ISSN: 1503 - 8181.

[28] Myllyvirta, I. 2005. Function requirements for sewer systems in Finland. Ninth Nordic Sewerage Conference". Stockholm 7 - 9th November 2005.

[29] Nie, L. M. 2004. Flooding Analysis of Urban Drainage Systems (Ph. D. Thesis). Norwegian University of Science and Technology. ISBN 82 - 471 - 6240 - 7, ISSN: 1503 - 8181.

[30] Nie, L. M. 2004. Flood situations and flood control in Norway. The Proceedings of the 9th International Symposium on River Sedimentation, Vol. II, pp. 515. 523, 18 - 21 Oct. 2004, China.

[31] Nie, L. M. 2005. The State of Urban Hydrological Data in the National Monitoring System in Norway. Abstract proceeding of UNESCO IHP VI Workshop of Integrated Urban

Stromwater Management in Cold Climate, Trondheim, Norway, Nov. 3 – 4, 2005. ISBN 82 – 471 – 6035 – 8.

[32] Norwegian Official Commission (NOU). 1996. Flood Protection Measures (in Norwegian), NOU 1996:16, Ministry of Industry and Energy, ISSN: 0333 – 2306; ISBN: 82 – 583 – 0404 – 6.

[33] Pedersen, T. S.. 2007. Contribution to: Common implementation strategy for the water framework directive. WFD and Hydro – morphological pressures. Policy paper (in prep.)

[34] Roald, Lars Andreas. 2003, Public lecture notes.

[35] Rosholt, L. P. 2000. Pollution based real time control of urban drainage systems (Ph. D. thesis). Norwegian University of Science and Technology, ISBN: 82 – 7984 – 062 – 1, ISSN: 0802 – 3271.

[36] Royal Ministry of Petroleum and Energy of Norway (RMPE) 2006a. Acts relating to the energy and water resources sector in Norway (original in Norwegian), 80 p.

[37] Royal Ministry of Petroleum and Energy of Norway (RMPE) 2006b. Regulations relating to the water resources sector in Norway (original in Norwegian), 173 p.

[38] Royal Ministry of Petroleum and Energy of Norway, 2006c. Facts 2006: Energy and water resources in Norway, 129 p.

[39] Saltveit, S. J. (ed.) 2006. Ecology of rivers – impacts of river flow changes. A compilation of current knowledge (in Norwegian). NVE, 152 p.

[40] Stensrod, O. 2001. Development of water – related damage. Presentation by Gjensidige NOR.

[41] Skarphedinsson, Sigurdur. 2005. Personal communication. Reykjavik Iceland.

[42] Syversen, N. 2002. Cold – climate vegetative buffer zones as filters for surface agricultural runoff. Ph. D thesis. Agric. Univ. Norway, 2002:12.

[43] Svensk Vatten. 2004. Dimensionering av allmänna avloppsledningar P 90". Stockholm.

[44] Taksdal, S. 1999. Hydrological data in Norway – an overview of Sept. 1999, Vol. 1 – 3, NVE publications: 1999:9.

[45] Tollan, A. 2002: Water resources (in Norwegian). Lectures at University, 227 p.

[46] Toverød, B. S., Høydal, ø. and Berg, Hallvard. 1999. Guideline of Land use and safety in flood exposed areas (1/1999), ISBN 82 – 410 – 0378 – 1.

[47] øygarden,, L., Lundekvam, H., Arnoldussen, A. & Børresen, T. 2006. Soil erosion in Norway. In: Boardman, J. & Poesen, J. 2006: Soil Erosion in Europe. John Wiley & Sons. 855 pp: pp 1 – 17.

[48] Åstebøl, S. O. and Coward, J. E. 2005. Monitoring the performance of a wet pond for treatment of highway runoff in Oslo. The Norwegian Public Roads Administration, UTB report 2005:02.

[49] Åstebøl, S. O. and Hvitved – Jacobsen, T. 2006. Protection of water resources in planning and construction of roads. The Norwegian Directorate of Public Roads, handbook 2006:261.

论与水资源承载能力相适应的经济结构体系建设

姜丙洲　程献国　景　明

（黄河水利科学研究院）

摘要:针对日益严重的水资源危机,建设节水型社会是社会经济可持续发展的根本出路,而建立与水资源承载能力相适应的经济结构体系则是建设节水型社会的关键。与水资源承载能力相适应的经济结构体系建设,需要通过产业结构调整、城镇化建设、农业结构调整、种植结构调整以及虚拟水理论的引入等多种途径来实现,从而引导水资源向高效益行业流转,提高水资源的利用效益。

关键词:经济结构　水资源　承载能力　节水型社会

面对我国现状水资源承载压力过大、用水结构严重失调等制约因素,社会经济可持续发展的出路是建设节水型社会,建立与水资源承载能力相适应的经济结构体系,通过经济结构调整,发展节水高效产业,引导水资源向高效益行业流转,提高水资源的利用效益。

1　与水资源承载能力相适应的产业结构调整

对于经济欠发达地区,工业基础薄弱,要实现经济社会的长期、稳定和快速发展,必须立足于区域的潜在资源优势和产业比较优势,大力培育和加快发展具有较大市场需求和显著竞争优势的特色产业。同时延长产业链,将资源优势和比较优势转化为经济优势,调整优化三次产业结构,实现传统农业经济向现代工业经济的转型。通过经济结构调整带动用水结构的调整。第一产业耗水结构大幅度减少,第二产业的耗水比重得到有效提高。支持水资源向高效益行业转变,提高水资源的利用效益。目前,火力发电、纺织、造纸、钢铁、石油石化等5个高用水行业过度集中在北方缺水地区,使该地区水资源供需矛盾日益突出,水环境恶化的状况加剧,由此带来地下水位下降、地面沉降和水污染问题日益严重。因此,在制定区域社会经济发展规划时要充分考虑水资源条件,加强建设项目评估,严格控制不符合本地区水资源承载能力的项目。充分考虑项目建设对资源的消耗和对生态环境的影响。在水资源不足的地区,应当对城市规模和建设耗水量大的工业、农业和服务业项目加以限制。通过调整产业结构,将水从低效益用途配置到高效益领域,发展节水型的工业、农业和服务业,提高单位水资源消耗的经济产出。一个地区根据资源禀赋进行产业选择和调整,发展有比较优势的产业,不仅不会降低经济社会发展,反而能够实现更高层次上的可持续发展。如宁夏地区,具有能源和矿产资源优势、农副产品优势、独具特色的旅游资源优势等。大力发展以优势农产品为原料的农产品加工业,提升工业发展水平。加速发展资源和生产条件优越、传统优势突出、产品竞争力强、在国内外市场占有一定份额的枸杞、乳品、清真牛羊肉、马铃薯四大战略性主导产业的系列加工能力,以及有资源优势和产业基础、特色竞争优势明显、具有很大发展潜力的酿酒葡萄、蔬菜、玉米、优质稻麦、饲料和淡水鱼等六大区域性特色产品的精深加工,同时要加快具有相对优势、产品已经在市场有一定知名度、发展潜力较大的现代中药和保健品、化学原料药和造纸、羊绒等地方特色产品开发。形成产业链、产业带和产业群为一体的农副产品深加工体系,打造品牌,不断延伸农产品加工产业链,提升优势农产品的附加值和竞争能力。完善旅游服务体系,将宁夏打造成富有魅力的中国西部特色旅游目的地。通过产业结构的调整,为宁夏水资源的可持续利用提供了有利的支持,使全区的用水量减少 20% ~30% 。甘肃省张掖市发挥水能、矿产资源优势,重点做好电、煤、钨三篇大文章。黑河中上游 8 个梯级电站装机总容量可达到 100 万 kW 以上,目前已建成 1 个、开工 2 个;花草滩和平山湖煤矿,煤炭储量分别达 1.2 亿 t 和 3 亿 t,目前正在钻探。储量 43.6 万 t 的肃南特大型钨矿已完成采、选矿场建设,将陆续开展深加工。电、煤、钨三大资源开发项目建成后,年可实现销售收入 94.5 亿元,将从根本上改变张掖工业“短腿”的局面。同时,坚持每年兴建 15 个左右投资上千万元、销售收入3 000万元的中型项目;通过扩大招商引资和发展非公有制经济,加快小项目建设,形成具有张掖特色的工业主导型经济格局。未来的张掖市将是耗水量小的产业部门代替耗水量大的产业部门,限制发展高耗水项目,并压缩耗水量大、效益低的行业,重点发展高新技术产业和服务业,区域耗水减少 15% ~25% 。

2　与水资源承载能力相适应的城镇化建设

城镇化是建设小康社会的必由之路,城镇化建设必须考虑水资源的承载能力,以建设功能齐全、规模适中的中小城镇为重点发展城镇化,拓展城市发展空间,突破现有城乡壁障,建立城市与区域一体化的都市圈层,积极培育和发展区域性中心城市。还要积极合理地建设小城市,并择优培育和建设小城镇。

将农村人口的产业转移和空间转移提到战略的高度,一方面积极推进农村人口城市化进程,更为重要的是,加快制度创新和政策调整,形成有利于农村人口转化为城市人口的制度和机制。实行新型的自主生态移民模式,即通过延长农业产业链,加强农村教育,对青年农民进行大规模的职业技能培训;完善农民工就业服务体系,建立城乡统一的劳动力市场;促使更多农民转向第二、第三产业。张掖市围绕推进城镇化进程,按照建设全省一流中等城市的目标,突出张掖历史文化名城特色,不断完善城市功能。将张掖城区面积扩大1倍,达到40 km^2;加快以县城为重点、乡镇企业开发区和建制镇为支撑的小城镇建设步伐,增强城镇的就业容纳能力,为发展非农产业、推进城乡一体化奠定基础,以有效减轻农业和土地对水资源的压力。

城镇化要从水资源角度出发,充分考虑水资源的承载能力,建立起"以水定城市发展合理规模,以水定城镇产业发展"的宏观调控机制,真正做到以供定需、以水定发展。

3 与水资源承载能力相适应的农业结构调整

长期以来,粮食生产成了农村最重要的工作。农业以种植业为主,种植业以粮食为核心的单一生产结构延续了多年。直到20世纪90年代末期,粮食的供求关系发生了历史性转变,农业资源的合理配置才被提上了日程。

种植业用水一直处于耗水量大、产出低的水平。在节水型社会建设中,要充分考虑全国及各区域的水资源条件,在缺水地区减少水稻、冬小麦等高耗水农作物种植比例。加强作物品种改良,调整种植业结构,大力发展节水型农业,逐步建立与水资源承载能力相适应的农业经济结构体系。促进种植业由传统的粮、经"二元结构"向粮、经、饲"三元结构"转化。在大农业内部,加快发展畜牧业和水产业,降低种植业所占比重,优化种养业结构。着眼于农业的可持续发展,积极实施退耕还林、还草、还湖制度,恢复和保护生态环境。在增加农业经济总量的同时,减少农业生产的耗水量,为水资源向高效益、高效率行业流转提供基础;在农业经济结构向节水高效方向调整的同时,利用水权、水市场理论作指导,引导农业内部的水权向高效益、高效率的林业和牧渔业等行业流转。

例如,张掖市着力推进农业结构调整,2000~2003年三年压缩水稻种植面积10万亩,带田40万亩,退耕还林还草71万亩,全市农作物种植结构由2000年的粮经58:42调整为2003年的粮经草26.5:61.5:12。重点建设草畜产品加工、种子加工、果蔬产品加工和轻工原料加工四大龙头企业群体,带动全市种植结构调整。如宁夏2004年农林牧渔业产值为125.5亿元,种植业、林业和牧渔业的比例为58.3:5.1:36.6。结合宁夏的实际情况,预计到2020年宁夏农林牧渔业产值为265.5亿元,种植业、林业和牧渔业的比例为35:10:55,其中种植业的产值占总产值由现状 58.3% 降低到 35%，需水量占种植业、林业和牧渔业总需水量的比重由现状水平 86.8% 降低到 79.7%，通过农业经济结构的调整，农林牧渔业的需水量由现状水平的 77.23 亿 m^3 减少到 62.38 亿 m^3，宁夏农业经济结构的调整，适应了宁夏水资源承载压力过大的实际，为宁夏社会经济的可持续发展奠定基础。

4　与水资源承载能力相适应的种植结构调整

由于人口多耕地少，我国种植业结构长期以来以粮为主。粮食问题直接影响着国民经济的总体发展与整个社会的安定。随着农业现代化进程及商品经济的发展，我国农产品缺短时代已经过去，粮食供求基本平衡。种植业的粮食作物、经济作物及饲料作物三元结构逐步确立。但农业生产主要是粮食作物，经济作物和畜牧业发展相对处于弱势。农产品品种单一，质量低下，不具有竞争优势，尤其是土地密集型农产品完全没有任何强有力的竞争力，有竞争优势的农产品主要是技术含量高的劳动密集型农产品。因此，必须因地制宜，发挥各地的自然、经济、社会等优势，进行种植结构的调整。

种植结构调整，应充分考虑水资源承载能力，保证粮食生产的基本政策，以人均占有 400 kg 左右粮食产品为前提，严格限制高耗水的水稻等作物的种植比例；积极发展经济作物和经济果林；大力推动饲料作物的生产，为畜牧业的发展创造条件；重点发展各地的特色经济，形成不同的品牌农产品。

在水资源短缺的宁夏地区，2004 年农作物播种面积达到 1 737.6 万亩，其中粮食的播种面积达到 1 187.5 万亩，占总播种面积的 68.3%，粮食播种面积过大，进一步加剧了水资源的紧缺趋势。因此，依据区域水资源承载能力，今后宁夏应当逐渐降低水密集型农产品的种植面积，根据基本自给略有盈余的粮食安全保障战略，合理确定粮食生产能力，实施优质粮食产业工程，压缩高耗水、低效益、不适销品种，稳定优质小麦、水稻、玉米、小杂粮播种面积，形成优质粮食产业带；扩大优质牧草、饲料，实行草田轮作，做大做强草畜产业，延长产业链；发展枸杞、酿酒葡萄、瓜菜、经果林等效益高、增收效果明显的经济作物，最终形成粮食作物、经济作物和饲料作物协调发展的基本格局。根据宁夏地区情况，将现状年和 2010 年人均粮食安全标准提高到 422 kg，2020 年提高为 472 kg，据此 2010 年和 2020 年宁夏全区粮食总需求量分别为 270 万 t 和 340 万 t，以此作为农业种植结构调整的基本依据，确定粮食播种面积和粮食灌溉面积的合理规模。

5　虚拟水理论对经济结构体系的影响

虚拟水是英国学者 Tony Allan 在 20 世纪 90 年代初首次提出的，虚拟水是指在生产产品和服务中所需要的水资源数量。这一概念的引入为分析和研究粮食安全问题提供了一种新思路。虚拟水战略是指贫水国家或地区通过贸易的方式从富水国家或地区购买水资源密集型农产品(尤其是粮食)来获得水和粮食的安全。传统上,人们对水和粮食安全都习惯于在问题发生的区域范围内寻求解决问题的方案。虚拟水战略从系统的角度出发,运用系统思考的方法找寻与问题相关的各种各样的影响因素,从问题范围之外找寻解决流域内部问题的应对策略,提倡出口高效益水资源商品,进口本地没有足够水资源生产的粮食产品,通过贸易的形式最终解决水资源短缺和粮食安全问题。从全球范围来看,我国粮食生产并不具有优势,而且粮食是水资源耗用大户,可以在不威胁国家经济安全的条件下,适当多进口粮食等大耗水产品,节余的水资源可用于发展工业、牧业、生态环境建设等,实现水资源的高效利用。

6 结论

我国是一个以农业为主导产业的国家,建立与水资源承载能力相适应的经济结构体系,是对社会经济进行的战略性结构调整,需要在一个较长时期内坚持不懈的努力,政府在社会经济转型时期的宏观调控与管理能力是建立与水资源承载能力相适应经济结构体系的关键。政府必须要在经济结构战略性调整过程中,一是要增强政府对于结构调整的宏观调控能力,确定科学的调整方向和调整步骤,完善制度,健全体制和机制,如土地管理、农产品标准化生产等;二是要提高政府对市场经济的指导、管理和驾驭能力;三是要增强政府对于经济转型的服务意识与能力,包括信息服务、教育与科技服务等。引导社会经济向适应于水资源承载能力的方向调整。

参考文献

[1] 汪恕诚. 水权管理与节水社会[J]. 中国水利,2001.4:6－8.

[2] 孙雪涛. 水权制度建设在我国水资源管理中的地位和作用[EB/OL]. http://www.hwcc.com.cn,2005.

[3] 李希,田宝忠. 建设节水型社会的实践与思考[M]. 北京:中国水利水电出版社,2003.10.

[4] 李新文 陈强强. 国内外虚拟水研究的发展动向评述[J]. 开发研究,2005(2).

[5] 宋建军. 解决西北地区水资源问题的出路[EB/OL]. 中国公众科技网,2005－05－25.

[6] 程国栋. 虚拟水:水资源与水安全研究的创新领域[J]. 中国科学院院刊,2003(4).

马斯河的安全运行对生态系统产生的效益

P. J. Meesen E. M. Sies

（荷兰交通、公共工程及水利部土木工程司）

摘要：1993 年和 1995 年在马斯河沿岸地带发生的洪水清楚地表明荷兰还没有足够好的防御设施来抵御洪水风险，因而在马斯河开始了大规模的水管理项目。交通、公共工程及水利部与林堡省和农业、自然及粮食质量部进行合作，目标是使马斯河成为一条安全的、在将来可进行航运的河流，同时成为植物及动物的天堂。通过综合利用多种防洪措施，有了更多机会创造新的保护区和改善现存的植物及野生动物栖息地。通过大规模的工程项目来同时获得安全和生态效益是完全可能的。

关键词：安全运行 生态系统 效益

1 介绍

马斯河起源于法国海拔 500 m 的朗格勒（Langres Plateau）高原，从发源地到汇入大海总长约 950 km，然后流经比利时，与桑布尔（Sambre）河汇合。在比利时马斯河蜿蜒东去，绕过阿登城（Ardennes），进入荷兰最南部的马斯特里赫特城（Maastricht）附近。河流在荷兰向北流向奈梅亨（Nijmegen），然后向西汇入莱因河进入广阔的三角洲地区，最后在鹿特丹附近流入北海（见图 1）。

马斯河全年主要以雨水为水源，通常最大流量在冬季。特别是在阿登河段，附近地区的雨水快速排入马斯河，这就意味着一旦在阿登地区发生强降雨，则马斯河在荷兰部分（林堡省）的水位在 24 h 之内将迅速上涨。另外，马斯河是西欧重要的水道，在比利时安特卫普港将阿尔波特运河与之相连，在荷兰其与鹿特丹港及通过错综复杂的水道系统与其他港口相连，马斯河因此成为欧洲的主要水上通道之一。

为了确保全年的航运，除了夏季的小流量期，马斯河在荷兰部分的水位通过坝堰进行永久控制。但主要的问题是在 Grensmaas（荷兰名称，指马斯河边界），从 Maastricht 到 Maasbracht 形成了荷兰与比利时的边界。河流在该段没有进行渠化，水流流速快，在砂砾浅滩上蜿蜒摆动。实际上该段河流无法进行航运，驳

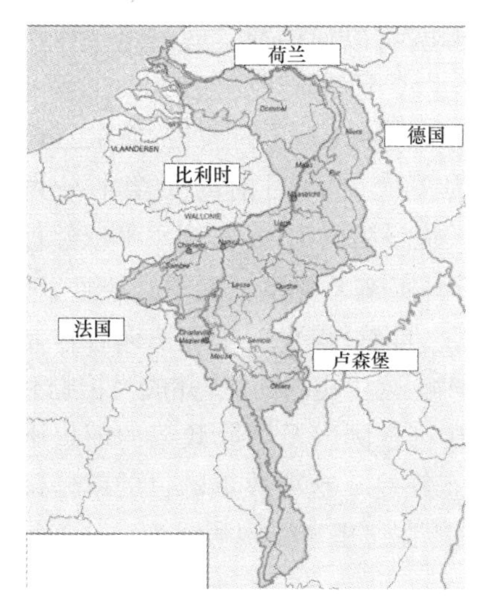

马斯河流域

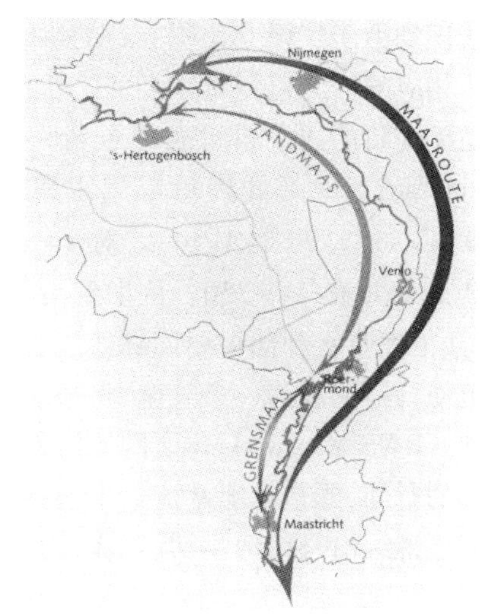

马斯河在荷兰部分

图 1　马斯河流域

船是从与之平行的 Juliana 运河通过。已经进行渠化的 Maastricht 至 Lith 河段则是可以进行航运的。马斯河在 Mook 向西流去之前，是没有大堤的，在筑堤段河道很宽，而且冬季河床正在下沉。

马斯河在荷兰边界处所测流量在 0 ～3 100 m^3/s 之间（Huisman，2004），平均流量为 320 m^3/s，设计流量为 3 800 m^3/s（当前设计标准为 1∶1 250）。

马斯河发挥着多种不同功能，除了是雨水的排泄通道和重要的内陆水上交通线以外，它的两岸大堤所包围的区域还发挥着农业、植物、野生动物及休闲娱乐的功能；马斯河的河水被用作饮用水、工业处理用水及冷却水；另外，河流的夏季河床是重要的沙和砂砾的重要来源。

在 1993 年和 1995 年发生的高水位对社会及经济造成了相当大的破坏，两次洪水的影响也是巨大的（见图 2）。

图 2　马斯河 1993 年和 1995 年发生的洪水

认识到由于气候变化所导致的洪水问题,可以促使荷兰政府尽快作出决定并采取相应的措施避免将来类似洪水问题的发生。荷兰交通、公共工程及水利部对尚无堤防的河段组织实施了名为 RWS Maaswerken 的项目,使洪水风险在3 275 m^3/s流量时降低到每年洪水概率为1∶1 250(目前的安全水平为流量27 000 m^3/s时1∶20到1∶50)。对于已有大堤设防的河段,安全水平依然保持在38 000 m^3/s 时的1∶1 250。认识到沿马斯河实施大规模工程的必要性,荷兰交通、公共工程及水利部需要同林堡省和农业、自然、粮食安全部协同合作制定新的政策使马斯河成为一条安全、将来能发挥航运功能的河流,并成为植物和动物的天堂。RWS Maaswerken 项目的任务是在符合国内及国际政策的前提下给河流更大的空间,既包括泄水流量也包括生态恢复。这项政策的目的就是确保后代不但能继续沿马斯河生活、工作,而且也能在这里享受闲暇时光。

2 RWS Maaswerken 项目及新的防洪政策

在过去解决洪水问题的措施就是沿河流加高大堤,虽然这项措施证明非常有效,但是也需要新的方法去满足沿河区域其他的新的利益需求。需要更多的流域智能管理,通过利用湿地和其他方法在遭遇大流量时来降低洪水水位。RWS Maaswerken 项目组制定了相应的工作计划,在其中防洪区、自然保护区、内陆航运及采砂区协同进行。在2002年荷兰政府按照参与各方利益共同者的程序接受了该计划。在15年的时间内,主要投资为加固大堤、降低河床、增加泄洪道,以及开挖和移出大量的土方。另外,为满足新的内陆航运标准,需对船坞进行改造及加高桥梁;一些堤段的大堤将面临侵蚀;一些天然大堤和动植物群的栖息地需进行改善。

为了实施这项计划,采用的标语为"马斯河的明天", RWS Maaswerken 项目办公室分成三个专家组,每个组集中在项目不同的部分:

The Sand Meuse 是位于 Roermond 和 Hertogenbosch 之间的河段,项目主要集中在防洪和有限的发展保护区(共570 hm^2),结合多项措施来保护该地区再次免受洪水灾害:沿河城市堤防进行加高和加固;夏季河床进行加宽和加深;在冬季河床建设大型泄洪道,在遭遇大型洪水时该泄洪道开始发挥功能排泄洪水,在一些具体区域降低洪水水位;在 Roermond 城西部建设500 hm^2 的滞洪区,该滞洪区只有在紧急情况下使用,一旦遭遇极大洪水,该区域将被充满以降低洪水水位;在沿沙马斯河段的几个地方,去除沿岸的乱石堆以允许水流冲蚀和泥沙沉积的发生,为动植物群创造新的栖息地。

The Border Meuse 是介于 Maastricht 和 Roermond 之间的不能进行航运的河段。此段设定了三个目标:防洪、采砂和自然保护,1 000 hm^2 土地可以用做自然保护。此河段的大堤允许进行冲蚀。加宽河道产生的约 5 200 万 t 的砂砾可以满足未来几十年全国对砂砾的需求。

The Meuse Route 是改善沿马斯河航运的一系列措施的总称。这些措施包括 3 条运河,即 Juliana 运河、Lateraal 运河和 Maas-Waal 运河。马斯河将可以满足推拖双驳船的航行需要,例如长 190 m、宽 11.4 m、散装高度 3.5 m,某些河段还能处理堆放 4 层的集装箱驳船。马斯河工程见表 1、图 3。

表 1　马斯河工程

项目	数据
防洪、自然保护成本	14 亿
改善航运路线成本时间表	3 910 亿
时间表	开始: 1995 年 第一阶段结束: 2015 年(防洪) 第二阶段结束: 2022 年
涉及机构	3 个部 6 个水董事会 42 个荷兰当地机构 1 个比利时省

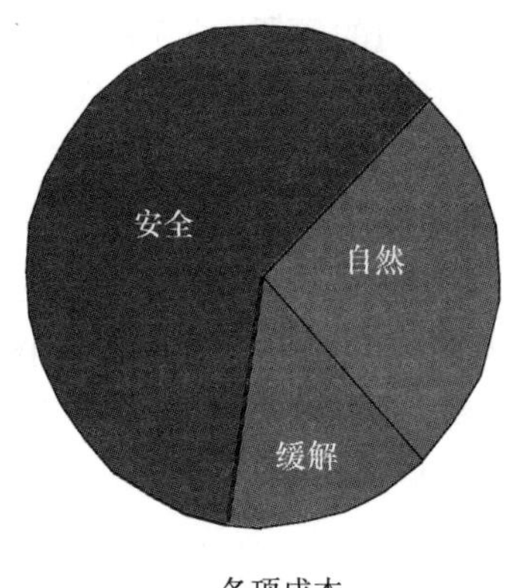

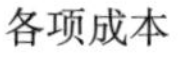
各项成本

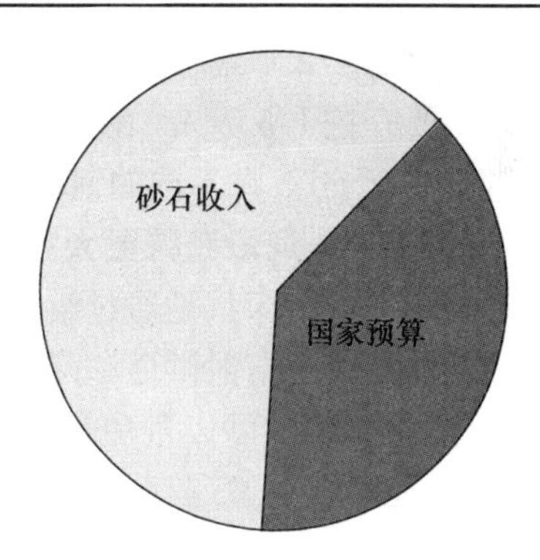

项目投资预算

图 3

3　RWS Maasweken 项目

3.1　对 Sand Meuse 河段进行疏浚

为了减少洪水风险,需要结合多项措施,鉴于当地的情况,各地采取的措施各有不同。基于新的水管理政策(见第 2 章)及给河流更大空间的新观点,设计者对马斯河河床进行新的规划。对于沿河受限的区域,无法获得额外的土地,如现存的基础设施,可以采取其他方案。在此情况下,加深河槽似乎是非常有效的措施。在加深河槽不太可能的情况下,如由于土壤情况和大量泥沙运输的风险,可以选择加高大堤作为最终方案。

在遭遇洪水时,多项措施的实施效果通过先进的二维模型 WAQUA 进行计算。由于当前实际情况的不同,各地所采取措施的效果也不同(见图4)。

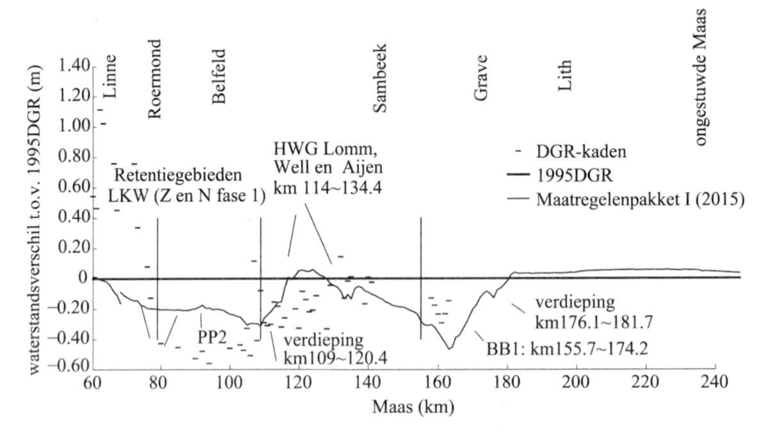

图4　二维模型 WAWUA 计算对水位的影响

疏浚和加深河床是其中的一项措施。如为了降低 Hertogenbosch 城的洪水风险到每年的1:250,需要加深 Grave 和 Lith 围堰之间的河段,长5 km、宽3 m 的河床需要开挖145万 m^3 的砂砾。结合在其他河段夏季河床的疏浚总开挖量将超过500万 m^3。在不同的河段,所有措施将降低水位0 ~ 40 cm。

3.2　Sand Meuse 河段获得更大空间的其他可能措施

疏浚和加深河床只是通过给河流更大空间,从而降低洪水风险的一种措施之一。其他措施还有泄洪道和降低相邻地面高度。泄洪道可以增加小型侧槽或者高水位水槽,侧槽可以避免地下水直接流入河槽,高水位河槽具有相似的功能,但是它还可以在遭遇高水位时排泄一定的流量(见图5)。

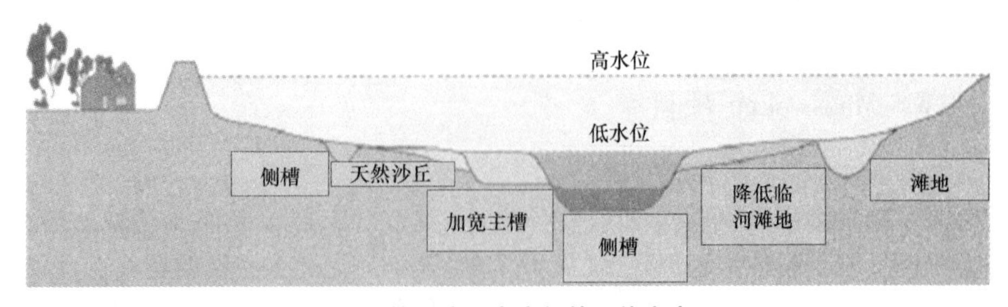

图5　给河流更大空间的可能方案

3.3 Sand Meuse 河段自然保护功能

3.3.1 允许坝岸/天然坝侵蚀

沿 Sandmeuse 河段三处区域覆盖坝岸的乱石将要被移除,总长约 1.5 km。在 Bergen. Aijen 和 De Waerd 三处可以允许水流侵蚀两岸 50 m 至最大 100 m。水流结合由船舶经过导致的波浪会对坝岸造成侵蚀并形成新的动植物栖息地(见图 6)。

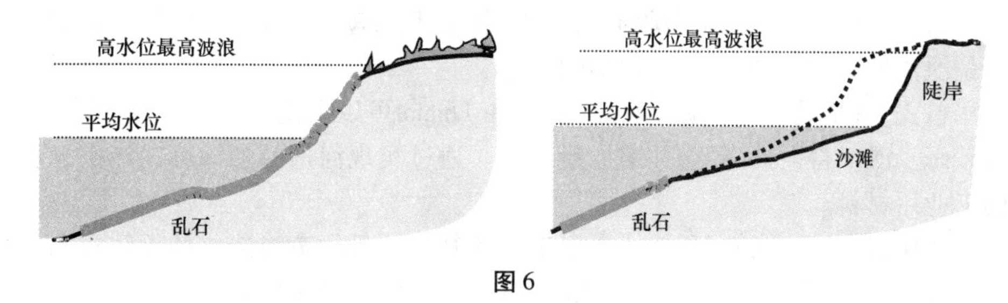

图 6

最终,会沿着这些段落形成沙滩,就像 1970 年以前见到的那样,一些小片的林地也会形成,为鸟类和植物提供新的家园。根据不同河段的情况(波浪、湍流、林地、土壤状况),最终的结果或者形成浅滩或者形成陡坡(见图 7)。

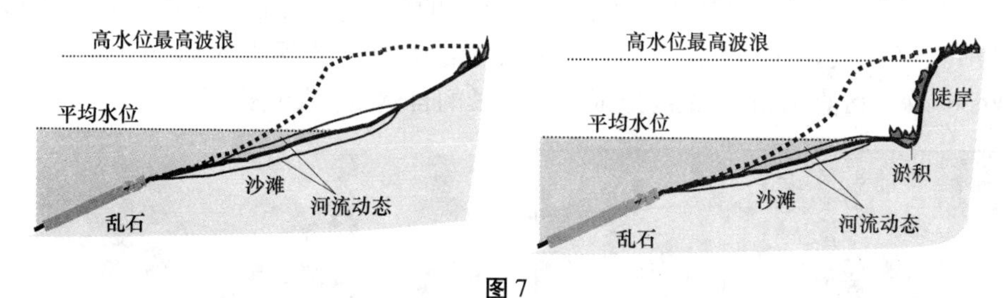

图 7

坝岸这样发展的结果就给生态发展提供了更多的机会。

(1)浅滩及沙质夏季河床为河流鱼类提供了栖息地,如鲃鱼、雅罗鱼、鮈鱼,以及一些大型动物,如里海泥虾、蜉蝣幼虫及水牺河鲈。

(2)沙洲可以用做翅虫的栖息地,也可以作为鸟类筑巢和觅食的场所(燕鸥、反嘴鹬)。另外,哺乳动物如蝙蝠、欧亚河狸、欧亚水獭可以将沙洲作为它们的栖息地。沙洲上的先锋植物群包括棕莎草、黑芥子、橡叶树、红藜、金多克、狗尾草及大黄芥。

(3)河岸陡坡很少或没有植被,包括一些先锋植物或早期延续下来的植物(藜、尾巴草)。潜在动物包括潜花蜂、欧亚河狸、欧亚水鼩鼱。陡坡为喜欢挖洞的动物提供了极好的机会,如沙马丁、鱼狗。

(4)沿河的短时浅水(>20 天/年),含有黏土或沙,只要水面足够大,很适合像赤睛鱼和梭鱼生存。另外,浅水对鸭子和鹅也很有好处。水生植物如水池草、沼生植物(黄鸢尾、香蒲)和动物(扁卷螺蜗牛、摇虫)也会找到合适的栖息场所。

河堤将定期进行检查,其侵蚀程度将受到监控以确保财产或基础设施的安全。为确定生物物种的发展状况,以上提到的物种将受到监控。

3.3.2 Lomm 泄洪道

通过安全运行使得生态收益的一个很好的例子就是位于 Lomm 村附近的高水位泄洪槽,该泄洪槽具有三种功能:

首先,就是其砂砾资源。将来 10 年在 Lomm 可以采挖大约 550 万 m^3 的沙和砂砾。滩区将会被降低,并增加泄洪槽。通过实现河槽的加深可以产生大量的工业用材料。

其次,就是泥沙的沉积功能。由于沿河其他项目的疏浚造成的无法重利用的泥沙可以在此沉积。开挖区将用约 150 万 m^3 的疏浚材料填满。

第三,其明确目标就是高水位泄洪槽,同时具备非常吸引人的自然和生态景观。当水位上涨,洪水将被引入泄洪槽,以快速排向下游,水位将在该处下降约 10 cm。

在 Lomm 处的泄洪槽为鱼类提供了良好的繁育场地,而且大堤给新的林地及沼泽植被提供了理想的条件。在该处沿河的新的保护区将与 Barbara's Weerd 保护区直接相连,最终形成一个很长的自然生物带(图 8)。

图 8

整合这三项功能需要进行良好的协调,开挖泄洪槽的时间计划必须与其他项目所产生的泥沙和土方相结合。

3.4 Border Meuse 自然保护功能

Border Meuse 项目有三个目标:减少洪水风险、砂石采挖及约 1 250 hm^2 的新的初级保护区。为了在 2007 ~ 2022 年间实现这些目标,该河段将转变、形成一条蜿蜒的、拥有不同堤岸和各种动植物的“活的河流”。

在 Maastricht 附近约 40 km 的长度内将实施几个项目，加宽河床，降低滩区，增加泄洪槽。所有这些规划项目都是在环境影响评价的基础上进行的，并且已经于 2006 年 1 月完成。

一个有疏浚承包商、砂砾采挖公司、土地所有者及自然协会组成的联合体将实施位于 12 个不同地方的项目。联合体将实现项目的各个方面，从许可到实施。总共采挖约 5 300 万 t 的砂砾，多数材料将用于工业。其中的 1 600 万 t 没有市场，将被储存于区域内的几个存放场(图 9)。

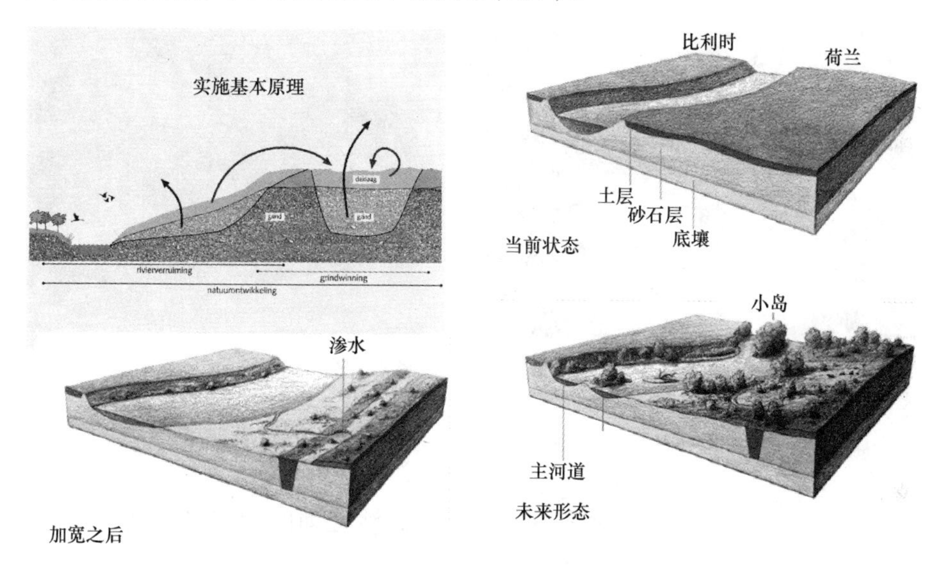

图 9　Border Meuse 项目功能原理

所有的防洪措施都有一个共性，就是有大量的疏浚、开挖，以及砂、石、土的运输。砂、石、土的采挖提供了与防洪相结合的机会，同时创造了一些新的保护区，改善了现存的动植物生活栖息地。另外，从砂、石采挖中所获得的收益使得项目不需要成本成为可能。

沿着河岸南部 12 处区域将实施采砂，首先将表层壤土层去除，然后从表层开始采砂。通过这种方式加大河流将有助于创造有吸引力的自然景观。河流将对浅采砂坑进行重新改造，给动植物创造新的栖息地。

在 Bosscherveld 小岛 3 m 厚的黏土层将被去除，然后用砂砾回填表面形成如过去的样子。水流将在河床中形成一些小堤、小岛和河槽，这些区域将建设一些步行或自行车小路。在 Bosscherveld，河流将通过加宽河床、降低滩地来恢复其原有状态，并形成保护区，另外还会建设一些用来划船的建筑。

在 Itteren 以北，在过去存在很多洪水问题，河流通过加宽和降低滩区获得了更大的空间。在该区域河流将会获得自己的空间，如沙坝、砂石坝、河槽及小岛，同时该区域还具有自然功能。另外，还会建造一座野生动物使用的小桥，使该保护区与其他保护区相连。在小城"Aan de Maas"，也会有一个保护区，在扩大河流空间的同时降低洪水风险。在该地区，河床将会被加宽，滩区被降低。

在 Meers 处的项目满足上面所提到的所有原则，该项目被认为是试点项目。通过加宽 2 km 的河床，河流将恢复其原有形态，该区域也将会被重新塑造成自然区(见图 10)。

图 10　Meers 当前及将来状况

由于在 Maasband 镇附近缺少空间，将采取建设一条泄洪槽的办法来降低洪水风险。

在 Urmond 镇一个用来对采砂项目进行泥沙处理的设施将会被去除。另外，河床将被加宽，并将新保护区与一个现存保护区相连。

Nattenhoven 镇的西部将被降低，用排放的黏土质材料做成小型土块以防治该地区失水。

在 Grevenbicht 新的泄洪槽将形成一个小道，由于小道含有被污染的泥沙，因此该岛自身将保持完整性。由于建设泄洪槽，现存的 120 m 范围内的挡水建筑物将被拆除。

Koeweide 镇位于河流的一个弯道处，此处的河床将被加宽形成一个巨大的天然河流。另外，建设一些用于划船的建筑物使该区域可以成为参观旅游区(见图 11)。

在 Visserweert 将加宽并建设一个泄洪槽，因建设泄洪槽阻断该镇通往较高区域的路线，要建设一座桥与该镇连接。

项目的实施将采用一些陆上设备如反铲挖土机、推土机、铲、分类机、倾倒车，以及水上设备，如切吸式挖泥船、浮筒及砂、砾分类设备。

图 11　Koeweide 镇当前及将来状况

参 考 文 献

[1] Tomorrow's Meuse. Published by RWS Maaswerken.

[2] WWF Background Briefng Paper. Managing floods in Europe: The answers already exist. 26. September 2002. WWF Danube - Carpathian Programme. WWF Living Waters Programme - Europe.

[3] MER Dekgrondbergingen Grensmaas. Consortium Grensmaas B. V. 195264. RM. 215. R001.

欧盟水框架指南和可持续水管理

José Albiac

(西班牙阿拉贡地区政府农业经济部)

摘要:在欧洲,水资源短缺和水质恶化是一个重要的环境问题。水的大量使用导致了一些区域的水资源短缺,同时出现的点源和面源污染也导致了水质的大幅度的下降。特别是在夏季,欧洲南部的一些国家由于大量的灌溉用水和旅游用水,水资源短缺问题尤为突出。尽管出台了一些法规,并且在水污染处理方面增加了大量的投资,但是在很多流域水质仍然呈下降趋势。水资源管理的改善需要大量有用的地表水和地下水以及其周围生态环境方面的信息和知识。这些任务的完成需要时间和物力投入,另外,地下水生物物理循环过程知识和数据的缺乏,可持续管理知识的多少也是限制任务完成的因素。知识技术在制定合理的控制措施时是非常必要的,例如欧盟水框架指南就是非常有用的一个指导性文件。

关键词:欧盟水框架指南　水资源短缺　水质恶化

1　引言

在欧洲,水质和水资源短缺问题是一个主要的环境议题[1]。就水量而言,在欧洲,水资源的开采超过了可再生淡水资源的20%,在夏季,欧洲南部的一些国家由于大量的灌溉用水和旅游用水,水资源短缺问题尤为突出。未来几十年,由于水利用量的不断增加以及气候变化的影响,欧洲南部的一些国家,水资源供需将面临更加大的压力。

就水质而言,主要是水源的污染。污染物为一些营养物质、有机物以及重金属、化学物质等危险物。在过去的10年里,由农业生产排放到河流中的硝酸盐类物质已经在一定程度上有所降低,但是富营养化和饮用水污染的现象依然存在[2]。由于有机物负荷量的减少,无磷洗涤剂的使用,城市污水处理设施的使用,几乎没有河流被严重无染。然而,欧洲大约20%的地表水仍然存在严重的水污染问题。

2000年,《欧盟水框架指南》被批准实施,它是欧盟保护地表水、地下水和海

---

❶ 其他的重要议题是气候变化,空气质量,生物多样性和土壤质量(EEA 2005a).

❷ 富营养化是由河道中营养物质过剩引起的,这些营养物质消耗水中的氧的浓度。氧浓度的降低将损害水生生态系统中的动植物生长。

洋水质的重要行动计划。它的最终目标是到2021年和2027年解决欧洲水资源短缺和水质问题，2021年是《欧盟水框架指南》第一轮管理目标的最后期限。2027年是《欧盟水框架指南》实现最终目标的最后期限。

但是，由于存在两方面难以解决的水资源管理问题，最终目标的实现将受到影响。一方面是地下水的可持续管理，另一方面是非点源污染的控制，困难的原因在于它们是共有的资源，在执行政策法规时遭遇同样的问题。

制定合理的水资源管理办法需要管理部门做到：

(1)掌握地下水、生物物理动态循环以及污染物迁移转化的信息及知识；

(2)制定政策时考虑利益相关者的利益。

地下水管理和非点源污染控制需要集体的努力以及利益相关者的合作，对管理者来说这是一项艰巨的任务。

2 不同部门水需求和水短缺问题

目前，欧洲水资源的使用总量为307 200 hm^3，115 100 hm^3为灌溉用水；104 000 hm^3为冷却水和发电用水；53 300 hm^3为城市用水；34 900 hm^3为工业用水（表1）。冷却水和发电用水退水水质变化很小。但是，农业、城市生活和工业用水的退水水质却有所恶化。

表1 欧洲国家的水利用情况(2001)

国家	总用水量 (hm^3)	城市用水 (hm^3)	工业用水 (hm^3)	灌溉用水 (hm^3)
法国	40 400	5 500	5 600	600
德国	5 800	1 100	300	900
希腊	37 700	3 800	1 400	24 600
匈牙利	33 500	5 800	3 600	4 800
意大利	8 900	900	100	7 700
波兰	5 600	700	200	500
葡萄牙	56 200	10 100	9 600	25 900
西班牙	11 600	2 200	600	1 000
英国	9 900	800	400	8 800
保加利亚	15 900	6 300	1 600	1 900
罗马	7 300	2 500	900	1 000
土耳其	39 800	4 300	3 500	31 000
欧洲	307 200	53 300	34 900	115 100

来源：EEA(2005b),INE (2005),IFEN (2005).

消费性用水在欧洲的一些地方导致水资源短缺和点源、非点源污染的问题。

在过去的10年间,尽管不同部门之间的用水趋势大不相同。消耗性用水造成水资源的短缺,引起河道点源和非点源的污染,总水量在减少。未来几十年内,农业和工业用水将增加,冷却水和发电用水将明显下降,城市用水保持稳定(EEA 2005a)。

农业用水超过了总用水量的1/3。由于欧洲南部一些国家,匈牙利、土耳其等国家需灌溉土地面积的增加,灌溉用水量将增加。经济发展将引起工业用水的增加,特别是在东欧的一些国家和准备加入欧盟的国家。由于高效制冷设施的使用,冷却水和发电用水将减半❶。城市耗水占总用水量的20%,从长远发展来看,城市用水趋于平衡,城市用水量取决于以下一些因素:例如家庭的大小和收入、水价的高低以及高新技术对水的利用率提高的程度。

在欧洲中部和北部的一些国家例如德国、法国和英国,如果发电作为主要的用水需求,那么在未来的几十年内用水量将会大幅度降低,相应地,工业用水量将增加。与此相反,如果取水主要用于发电,在未来的几十年间,用水量将会大幅度下降,如果取水主要用于工业,则会上升。相反地,在南欧,主要用水为农业灌溉,西班牙、意大利和土耳其联合取水则超过了80 000 hm^3(表1)。由于在未来几十年可灌溉耕地面积的增加和气候变化对农作物需水量的影响,灌溉需水量将增加。由于家庭收入和工业活动要赶上西欧国家的水平,在东欧一些国家和土耳其的城市工业需水量将增加。

总之,欧洲北部和中部的一些国家不存在严重的水危机,主要的水需求为能源发电,而且能源发电的退水又重新回到了河道里。总需水量正在持续下降,在这些区域,未来几十年所面临的水压力很小❷。比较严重的水短缺问题出现在南欧的一些干旱和半干旱地区,例如南伊比利亚半岛和意大利半岛。在这些区域,灌溉用水量很大。由于可灌溉耕地面积的增加和海滨区域旅游用水量的增加,这些区域面临的水危机会更加严重。未来的几十年,在地中海国家,气候变化会对可用的水资源产生负面影响。

3 水质问题

地表水、地下水和海洋水具有各种各样的用途,这些用途包括:家庭用水、工业用水、农业用水、娱乐用水和水生生态系统用水。水和土地资源是人类活动和创造财富的源泉。在人类创造财富的同时,人类活动引起的点源和面源污染造成了水质的恶化。为解决水质恶化的问题,根据水的最终用途,颁布执行了不同的水质标准。有两种办法可以让水质达到适当的标准,一种是减少污染物向河

---

❶ 同现在的单循环的制冷系统相比,新的冷却塔每千瓦时电减少了两个数量级的用水量。
❷ 这些现象出现在莱茵河,易北河,卢瓦尔河,维斯瓦河,奥德河,加伦河。

道的排放量,一种是加强对使用水的处理。比较急需的是针对饮用水的标准。

20 个世纪以来,由于工业发展和家庭耗水量的增加,废污水的排放量持续增加。污水排放的残留量取决于污水管网和污水处理设施、工业生产流程,以及家用消费产品的型号。在最近的几十年,尽管欧洲地域间存在差异,但是在城市,连接到城市污水管网和污水处理设施的城市人口在上升。北欧的国家的所有人口的生活污水都经过城市污水厂的处理。在欧盟的新成员国,半数人口的生活污水经过城市污水厂的处理。

《城市污水处理指南》于 1991 年通过,1998 年修改。该指南要求,到 2000 年,居民数量大于 15 000 的城市,须要建设二级城市污水处理厂;居民数量大于 2 000 的城市,到 2005 年须要建设二级城市污水处理厂。中欧和北欧的国家已经建成了配备二级和三级污水处理设施的城市污水处理厂❶。磷和氮的排放量分别是 0.1 kg/(人·年)和 2 kg/(人·年)。在法国、比利时、英国和一些南欧的国家,配备二级污水处理设施的城市污水处理厂,磷和氮的排放量分别是 0.4 kg/(人·年)和 3 kg/(人·年)(EEA 2005a).

《城市污水处理指南》的颁布,使得地表水接纳废污水量明显减少,抑制了对水生生态系统环境的危害。但是,污水处理厂处理后的废水排放水平依然很高,容易引起脆弱地区的富营养化。欧洲部分河流水质状况见表 2。

表 2 欧洲部分河流水质状况(1999 ~ 2001 年平均值)

国家	流域	BOD ($mg\ O_2/L$)	N (mg N/L)	P (mg P/L)	Pb (μg/L)	Cd (μg/L)	Cr (μg/L)	Cu (μg/L)
挪威	悉思河	0.2 *	0.2	0.02	0.1	0.01	0.15	0.58
瑞典	达拉吕恩河	0.1 *	0.1	0.02	0.5	0.02	0.37	1.46
丹麦	古德诺河	2.6	1.3	0.10				
英国	泰晤士河	2.0	7.4	1.36	3.3	0.10	1.27	6.63
荷兰	马斯河	2.6	5.2	0.21	3.4	0.21	2.34	4.47
比利时	马斯河	2.2 *	2.5 *	0.70 *	3.2 *		1.00 *	2.05 *
德国	莱茵河	2.9 *	2.6	0.14	3.8	0.20	2.99	8.59
	易北河	8.8 *	3.3	0.19	2.5	0.23	1.76	5.42
	威悉河	2.2	4.0	0.17	4.5	0.20	2.03	4.40
法国	卢瓦尔河	3.7	3.3	0.26		0.37 *		
	赛纳河	3.1	5.6	0.63	22.1 *	2.18 *	24.67 *	15.03 *
西班牙	瓜达尔吉维尔河	4.2	6.1	0.95 *	10.2 *	2.27 *		5.73 *
	埃布罗河	5.0	2.5	0.20	7.7 *	0.23 *	0.64	1.61
	瓜的亚纳河	2.6	2.0	0.69 *				
葡萄牙	特茹河	2.3	1.0	0.24	24.3 *	5.00 *	22.33	1.67
意大利	波河	2.2	2.1	0.23				
希腊	思椎莫纳斯河	1.3 *	1.4	0.08		0.64		
土耳其	波尔苏克河	1.2	1.2	0.07	4.3	5.00	6.33	5.00

来源:OECD (2005). * 指的是 1993 ~ 1995 年的平均值,生化需氧量(BOD)指的是水中有机物的污染。饮用水 BOD 的范围为 0.75 ~ 1.50 O_2 mg/L。

---

❶ 三级处理比二级处理更先进,磷的去除量达 60%,氮的去除量达 90%。

影响水质的危险污染物的数量很多,来源广泛。工业、制造业对大部分重金属(铅,汞,镉)的排放负有责任,而其他的物质,如营养物质和杀虫剂主要来自于农业生产。由于在过去的几十年,一些危险物质得到了有效的限制,使得这些物质的排放量下降,但是,排放量的消除并不容易。在泰晤士河、瓜达尔吉维尔河和塞纳河流域,氮和磷的污染排放量占很大的比例,塞纳河、塔霍河、瓜达尔吉维尔河、波尔苏克河,重金属含量很高。

在过去几年,由于家用清洁剂中磷的减少,相应地,输送到污水处理厂的磷的排放量由1.5 kg/(人·年)下降到1.0 kg/(人·年)。同时,氮的浓度仍然维持在5.0 kg/(人·年)。水体中的磷来自于城市和工业生产的点源污染和农业与畜牧业的非点源污染。大部分氮的排放来自于农业与畜牧业的非点源污染。

尽管有关水生生态系统的信息非常缺乏,但是一些河流的水质状况却有所好转。这种改善是因为有机物和磷的排放量减少,同时也是因为从工厂排放出的化学物质和重金属的减少。但是,农业非点源污染的氮和磷的排放量没有得到控制,而且污染程度在加剧。因此,地表水中50%~90%氮的含量是来自于农业生产。污染问题的严重性,取决于污染源的位置和从每个农民田里排出的污染物的量。污染消减办法的制定具有重要的意义,因为点源污染的控制办法对非点源污染不适用,非点源污染控制需要更加综合的办法。

在中欧和北欧国家,大量施用化肥是一个很严重的问题。在这些国家,化肥的施用量超过了150 $kg/hm^2$❶。因此,由农业非点源污染引起的水质问题较为严重,而在南欧,所面临的问题主要是水资源短缺问题。

由于对水资源短缺和水质问题的关注,欧盟已经出台了大量的规章制度和管理办法。《欧盟水框架指南》(2000)、《饮用水指南》(1998)、《综合污染防治控制》(1996)、《城市废污水处理》(1991)、《硝酸盐》(1991)、《硝酸盐类危险物质》(1976,2006年合并到水框架指南里)和《洗浴水质量》(2006)。

由于城市和工业水污染处理设施的建设和污染物排放量的下降,该立法在抑制城市和工业点源污染方面已经取得了重要的进展。地表水和海洋水的水质得到了改善,水生生态系统的压力降低了。然而,农业面源污染依然存在,特别是营养物和杀虫剂的污染(欧洲委员会2002)和地中海国家水资源短缺的问题。

4 水框架指南

欧盟通过了一项重要的保护水资源的立法《水框架指南》2000/60/CE,2003年在西班牙颁布。该指南在水政策方面提出了一个共同的框架意见,其目的是

❶ 肥料的消耗同N,P_2O_5和K_2O的总量是一致的。在德国,比利时,法国,荷兰,爱尔兰和英国,肥料使用超过了200 kg/hm^2。例如,在荷兰,土壤中氮的过剩量为215 kg/hm^2,在比利时和德国是100 kg/hm^2。而在西班牙,过剩量为40 kg/hm^2,in Spain (EEA 2003)。这种过剩是水体中硝酸盐污染的根源。

保护地表水、过渡水、海洋水和地下水。致力于避免水质的进一步恶化,改善生态环境,促进水资源的可持续发展,通过减少排污,保护和改善水体状况,逐步减轻地面水的污染,最终达到缩减洪水和干旱的影响。水资源管理在流域、区域的层面上进行管理。该指南重点致力于提供充足的、平衡的、公平的、质量良好的地表水和地下水,消减水污染。

2003 年,欧盟已经划分了流域内的区域和管理机构,2004 年完成了对区域内各流域的压力、影响和经济分析。结果已经被运用到评价人类活动的影响和确定需要特别保护的区域以及指导 2009 年之前流域管理规划和措施纲要的制定。2010 年引进水价政策,为了在 2015 年达到环境目标,2012 年执行纲要。

指南提出,为了提高水资源的有效利用率,水价应该和水的全部恢复成本接近。全部恢复成本包括水的提取、分配和处理费用,还应该包括环境费用和资源本身的价值。指南建立了混合的排放限制和水质标准,要求所有的水体水质按期限要求达到适当的质量标准(良好的生态状况);要求水资源管理基于区域和利益相关者参与的原则,水价接近于水的全部恢复成本。

成本恢复原则是指南提倡经济分析的一个重要因素。把水价提高到水的恢复成本对工业和城市用水是非常有意义的,因为工业和城市用水和水价关系密切,而且有利于提高水的利用效率。相对而言,灌溉用水对水价不响应,所以这对把水的价作为农业灌溉水量分配的依据提出了疑问 。

设定最低的农业灌溉水价,可以让农民清楚水不是免费的物品。然而,利用水价作为调节机制分配农业用水是有疑问的,而且 Cornish 和 Perry(2003)以及 Bosworth 等.(2002)通过文献查询和经验研究提出,在发达国家和发展中国家利用水价分配灌溉用水的不可行之处。和水价相比,作者提出引入水市场机制虽然执行起来有困难,但是更合理。

因此,该指南在水价方面的内容,对减少地中海国家灌溉需水是没有用的。在这方面,西班牙是一个明显的例子,因为水资源危机出现在东南部地区,这些区域,个人从地下取水现象突出,而且有大量的高效经济作物。流域管理机构不能控制个人的取水行为,因此他们不能征收水费。此外,在这些区域抑制需求的必需水价应在每立方米 3 欧元以上,但是这个价格从政策上来说是不可行的(Albiac 等. 2006)。相反地,在西班牙内陆,种植低经济作物地区,由于推行集中灌溉,水资源危机的矛盾相对比较缓和。而且,这些区域的流域机构有权管理水资源,是唯一有权征收水费的管理机构。Martínez 和 Albiac (2004 与 2006) 的研究表明,征收水费是一个低效的减少由灌溉引起的非点源污染的方法。

为了达到水框架指南的目标,问题的根本在于提高水资源输送和分配网络的工作效率,因为它的效率水平,对水资源的总的开采量有很大的影响。欧洲的

表 3　2002 年不同部门取用水量情况　　（单位：hm^3）

	总量	农业	水公司	其他部门	冷却水
取水量	38 200	25 200	5 400	1 400	6 200
地表水	32 500	20 900	4 200	1 200	6 200
地下水	5 700	4 300	1 200	200	
管网损失	5 500	4 500	1 000		
农业	20 700	20 700			
家庭	2 600		2 600		
其他	3 200		1 800	1 400	
冷却	6 200				6 200

许多国家，水在渠道中的损失量很大，例如农业。这表明，大部分从地下抽取的水，在没有到达用户之前就消耗掉了。更新输送设备意味着大量的节约。尽管目前，有些用法还很受局限，但是减轻水资源短缺的另一个手段是，利用污水处理厂处理后的污水和脱盐后的海水。

5　结论

在欧洲，水资源短缺和水质恶化是一个重要的环境问题。年淡水取水量占可再生水资源量的 20%，主要的用水压力来自于农业、工业和灌溉用水。这些用水造成了部分地区水资源的短缺和大范围的由点源和非点源污染造成的水质下降。在南欧，由于夏季灌溉和旅游需水的大量增加，水资源短缺非常严重。水质恶化是由人类活动引起的，人类活动产生了大量的污染物质，例如，营养物质、有机物、重金属和其他化学副产品。

在北欧和中欧，水资源短缺问题不严重，能源生产用水正在减少。在地中海半干旱地区，例如南伊比利亚半岛和意大利半岛，灌溉用水量很大。这些区域，水资源短缺的状况，非常不乐观，这是由于日益增加的灌溉面积和海滨旅游造成的，同时，也跟气候变化引起的可用水资源减少有关。

在 20 世纪，工业的发展以及家庭耗水量的增加是水资源危机的重要原因。从 17 世纪开始，西欧已开始通过立法抑制水污染。这些立法通过污水收集和建立污水处理设施解决了城市和工业污水排放所造成的点源污染问题。

在过去的几十年间，尽管管理机构采取了一些措施，但是由营养物质和重金属所造成的污染在欧洲一些重要的河流中依然存在。大量的立法加大了对污水处理厂的投资和工业及产业方面的技术革新，这些措施限制或者降低了污染物质的排放量，但是污染物质排放量的消除还很艰难。因此，抑制城市和工业点源污染的努力仍需继续，对非点源的有效控制也需要做工作，例如，消除来自于农业的营养物质和杀虫剂的污染。

未来的欧洲水资源,需要依靠采取管理措施解决不同区域的水资源问题。由于对取水不进行控制和气候变化的影响,南欧水资源短缺问题将会越来越严重。解决水资源短缺的问题需要重新分配水资源。尽管人类活动的影响和采取的措施不同,但是水质下降的问题几乎在整个欧洲国家都存在。

水资源管理的进一步改善,需要地表水和地下水以及周围生态环境的相关信息和知识。完成这些工作需要时间和人力、物力投入,而且目前的水质和水量数据并不完备,缺乏地下水资源,生物物理循环和可持续管理的知识。这些知识对制定合理的管理措施是非常重要的,例如水框架指南需要的一些知识。

同样的,地下水是我们共同的水资源,正如西班牙和其他一些国家的教训,水资源的管理富有挑战性。管理地表水和地下水资源的水质和水量问题的症结在于水的公共物品特性和它的环境外在性特征,包括复杂的生物物理特性和时空特性。

利用合理的政策措施,解决水质和水量问题需要丰富的知识作支撑,这不但适用于西班牙,而且适用于其他国家。第一,在欧盟,水量数据不好用,水质数据非常有限;第二,为更好地使公众参与,需普及地下含水层动力学特征的相关知识;第三,非点源污染控制需要污染物排放量、污染物迁移转化以及它的毒性机理等方面的相关信息,也需要河道周边环境污染的信息;第四,缺乏污染对水生生态系统所造成破坏的价值费用体现,而且这部分费用没有在政策方法的成本效益评价中加以体现。

参考文献

[1] Albiac J. , Y. Martínez and J. Tapia. 2006. Water quantity and quality issues in Mediterranean agriculture. In Water and Agriculture: Sustainability, Markets and Policies, OECD, Paris.

[2] Bosworth B. ,Cornish G. , Perry C. and Van Steenbergen F. (2002). Water Charging in Irrigated Agriculture. Lessons from the Literature, Report OD 145, HR Wallingford, Wallingford.

[3] Cornish G. and Perry C. (2003). Water Charging in Irrigated Agriculture. Lessons from the Field. Report OD 150, HR Wallingford, Wallingford.

[4] European Commission (2002). Implementation of Council Directive 91/676/EEC concerning the protection of waters against pollution caused by nitrates from agricultural sources. Synthesis from year 2000 Member States reports. Report COM(2002)407. Directorate - General for Environment. Office for Official Publications of the European Communities. Luxembourg.

[5] European Environment Agency (2003). Europe's water: An indicator - based assessment.

Topic Report No 1, EEA. Copenhagen.

[6] European Environment Agency (2005a). European Environmental Outlook. EEA Report No. 4, EEA. Copenhagen.

[7] European Environment Agency (2005b). Sectoral Use of Water in Regions of Europe. EEA data service, EEA. Copenhagen.

[8] Institut Fran? ais de L'Environnement (2005). Données essentielles de l'environnement. IFE. Orleans.

[9] Instituto Nacional de Estadística (2004). Estadísticas del Agua 2002, INE. Madrid.

[10] Instituto Nacional de Estadística (2005). Cuentas satélite del agua en Espa? a. INE. Madrid.

[11] Martínez Y. and Albiac J. (2004). Agricultural pollution control under Spanish and European environmental policies. Water Resources Research 40 (10), doi: 10.1029/2004WR003102.

[12] Martínez Y. and Albiac J. (2006). Nitrate pollution control under soil heterogeneity. Land Use Policy 23(4): 521 – 532.

[13] Organisation for Economic Co – operation and Development (2005): OECD Environmental Data. Compendium 2004, OECD. Paris.

黄河治理和水资源可持续开发

杨树清

（韩国海事大学市政环境工程系）

摘要:本文在系统分析的基础上阐述了黄河治理方略。得出了高泥沙含量是“悬河”产生的根本原因,并且黄河流域存在着严重的水资源时空分布不均的情况,导致了洪水威胁和断流的发生,使得黄河严重影响了中国的经济发展和生态系统。为了缓解水资源短缺和保证水沙平衡,本文提出了以下几种方法,包括:①在河口建造海洋水库存留洪水;②沿着河道铺设软管道以增大水流速度,冲刷泥沙,稳定主槽。初步研究表明这两种方法能够大大降低流域洪涝灾害。如果流域水管理与南水北调工程相结合,其作用更加明显。

关键词:黄河治理　水资源　可持续开发

1　研究背景

黄河,中国的第二大河。发源于青海高原巴颜喀拉山北麓约古宗列盆地,蜿蜒向北,然后折向南,再一路向东,穿越黄土高原及黄淮海大平原,流经 5 464 km 后注入渤海。形成了面积达 79.5 万 km^2 的流域总面积,养育了1.07 亿人口。黄河中游的黄土高原是世界上侵蚀最严重的地区,黄河年均水量 580 亿 t,挟沙量 16 亿 t,90% 的沙来自黄土高原。每年,大约有 4 000 万 t 泥沙沉积在下游,导致河床以每年 0.1 m 的速度抬升。黄河是中华民族的摇篮,由于其挟带的大量泥沙形成了冲积平原被称为中国的母亲河,然而又因它汛期洪水泛滥被称为灾难河。目前河床高于背河地面 4 ~7 m(被称为悬河)。由于中国人口更加稠密,黄河变得越来越危险,因为一旦堤防决口,可能带来巨大的损失。1950 年前,黄河流域内的居民,特别是下游的人经受了多次决堤的灾难,平均 3 年 2 决口,100 年一改道。1950 年后,由于对堤防进行了加高加固,洪水被导入海,再也没有发生过决口。然而,出现了另一个问题,就是当堤防的高度逐渐达到了它的极限后,随着河床逐年抬高如何将洪水安全地排导入海。历史上采用的方法是自然改道,沿着新河道重新修建堤防。显然,这种方法在今天已经不适用了,沿黄两岸人口密集,河流改道损失巨大。现代科技与古时相比发达得多,这使得我们可以采用其他的方法来减轻洪涝灾害。在过去的50年中,黄河下游的居民没有遭受过洪涝灾害,但他们遭受了旱灾。从1972年以来,由于上游多处过度引水致使黄河下游断流21次。1997年,下游704 km的河道断流226天,导致下游平原及三角洲产生了严重的经济和生态问题。

因此,迫切需要解决的问题是如何解决干旱以及减轻洪涝灾害。本文的目的就是提出一个一举两得的方案以减轻旱情和洪涝灾害,同时探讨此方案的可行性。

2 现行供水和泥沙控制策略回顾

下面的方法是由黄河水利委员会提出的(黄河水利委员会是水利部下属负责黄河流域的防洪和泥沙控制的机构),包括:

(1)宽河固堤。

(2)蓄水拦沙。

(3)上拦下排,两岸分滞。

在黄河平均年径流中(约580亿 m^3),380亿 m^3 用于工农业及生活用水,200亿 m^3 用于将泥沙从小浪底水库冲到渤海(见图1)。为了保留下游宝贵的水资源,何富荣和胡春宏提出,建造内陆水库,将含有泥沙的流量排放到水库中。利用混凝土板形成封闭水道,水道中的泥沙形成水库的防洪堤,泥沙去除后,水可排入水库。一个成功的模型已经在黄河河口附近的东营市建立了。张红武指出黄河的一切问题都与缺水有关,一个有效的办法就是在黄河汛期,调用相邻流域的水用于冲沙,这样邻近流域的洪涝灾害得到了缓解,流域水压力解除。

谢鉴衡(1980,1999)将河床的逐年抬高归结为河口的水动力特性,水流无力传送高含沙水流。因此,河口泥沙的沉积导致了整个下游河床的不断抬升。林等(2000)重申了河口治理的重要性,他们建议抽海水到利津水文站以冲刷河口,这样,海水和泥沙混合就可以在河流入海口形成异重流,异重流可以将泥沙带离河口。其他专家也意识到了河口治理对黄河下游治理的重要性。比如,康熙帝(1654~1722)在1697年明确指出,“河口的治理将对洪水在不产生灾难的前提下顺利入海有重要影响;所以,首先,我们要经常疏浚河口,人为地提高河口的流速”。显然,在300年前,即使康熙帝意识到了河口的沙坝是下游河道输沙能力下降的原因,从而导致流域内发生洪灾,也不可能采取有效的措施来疏浚河口。

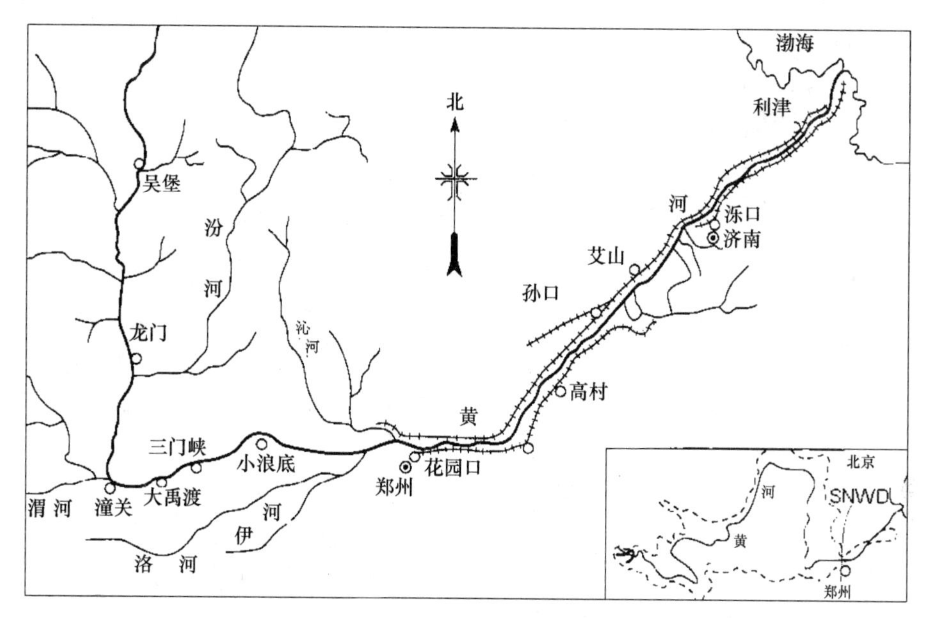

图 1 黄河中下游水文站位置图

3 水沙平衡方案

黄河下游是典型的具有宽滩、纵向坡度较缓、高含沙量的不稳定主槽的游荡型河道。每年小浪底水库中的 200 亿 m^3 水必须要用来冲 12 亿 t 的沙入海，也就是说，黄河河口会有足够多的淡水等待开发利用。另一方面，应在黄河下游采取工程措施，提高冲沙效率，以减少冲沙用水或提高冲沙量。束窄河道以提高水流速度和泥沙含量，河道也要尽可能地顺直，使大部分势能转化为冲沙动能。这个方法最初由在 1565 ~ 1592 年间负责黄河防汛的潘季驯（1521 ~ 1595）提出。他提出了“筑堤束水，以水攻沙”。含沙水流被限制在较窄的河槽中，泥沙处于悬浮状态，河床就会被冲刷。这种方法首先要有能经受高速水流淘刷的坚固堤防。潘季驯的方法实施后，堤防不断决口，造成不少灾难。证据之一是图 2 中显示的河床的持续抬升，其中 1950 ~ 1999 年间水位增幅与 1950 年不同，河床纵剖面清晰地表现河床的发展变化情况。从图 2，可以得出一个结论，就是河口水位的逐渐抬升是引起整个下游河道抬升的原因，换句话说，就是河口就像是水力实验室中的水槽的后挡板，后挡板越高，槽里的水位越高。这就是潘季驯不能永久解决“悬河”问题的真正原因，因为他没有降低河口处河床水位，使得整个河槽里水位抬升。河口处河床高程是控制侵蚀的基础，可以称为“侵蚀基准”。如果不人为地降低侵蚀基准，水位和河床的持续抬升不可避免，从表 1 可以得出此结论。

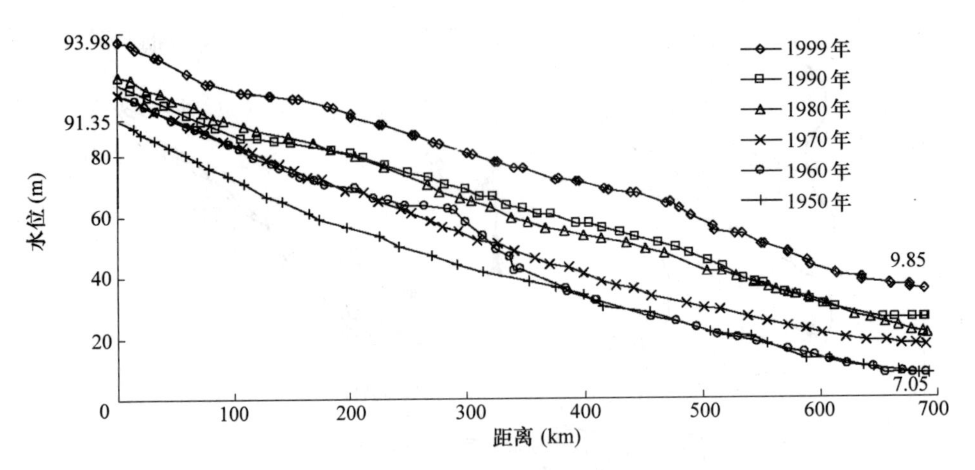

图 2　流量 3 000 m^3/s 的沿程实测水位

表 1　流量 3 000 m^3/s 下游水文站水位

年份	花园口	夹河滩	高村	孙口	艾山	泺口	利津	出口
1950	91.35	72.53	59.62	44.89	38.20	27.50	11.49	
1955	91.76	72.54	60.56	45.55	38.70	27.50	10.82	
1960	92.25	73.56	60.77	46.66	38.35	27.41	11.41	7.05
1965	91.53	72.25	59.88	45.47	37.73	26.85	11.85	8.00
1970	92.19	73.66	60.95	45.96	39.05	28.15	12.35	8.11
1975	92.76	74.36	61.81	47.25	40.15	29.75	13.40	8.62
1980	92.80	74.34	62.15	47.14	40.10	29.70	13.20	8.45
1985	92.50	73.90	62.15	47.25	40.15	29.68	12.48	8.26
1990	92.68	73.99	62.12	47.51	40.60	30.12	13.15	8.93
1995	93.20	74.60	63.00	48.37	41.26	30.76	14.10	9.85
1999	93.98	75.38	63.54	48.65	41.80	31.40	14.24	9.85
距离(km)	0.00	96.68	169.61	287.80	351.67	453.51	621.31	693.39
河床增幅(m)	2.63	2.85	3.92	3.76	3.60	3.90	2.75	2.80
每年增幅(m)	0.05	0.06	0.08	0.08	0.07	0.08	0.06	0.07

为了解决“悬河”问题,在使用潘季驯方法之前,必须降低河口侵蚀基准。否则,堤防要随着河床的抬高而加高直到达到极限,防洪体系就要面临堤防决口,然后沿河新修堤防。因此,从河道治理角度看,降低河口河床高程在河道整治和水资源开发中非常重要。黄河流域另一个基本问题是如何减轻用水压力。目前,河流每年要向流域外的城市如天津和青岛供水 41 亿 m^3。到 2000 年,流域年缺水量达到 85.16 亿 m^3,即便如此,黄河年径流的 1/3 要用来冲沙,在入海之后,全部浪费掉了。因此,从水资源开发的角度看,需要尽力节约冲沙用水。根据以上分析,在水资源开发和和防洪方面可以将重点转向河口,在河口地区找

到一个综合解决办法，同时解决水资源开发、控制泥沙和减轻洪灾的问题。本文提供了一种解决方法：①在河口处海岸水库收集要流入海里的淡水，以满足河口附近的城市的用水需求；②在滩区内安装软管道控制水流方向，束窄河槽；③调用南水北调中线工程水用于冲沙。这样，可以节省上游水库200 亿 m^3 的水减轻用水压力。另一方面，南水北调中线来水汇集在海岸水库中，再调往原设计的目的地如北京和天津等。上述方案的可行性在以下的段落中予以讨论。

3.1 海岸水库和水资源开发

表2 给出了每年流入渤海的水量，显然这些水是白白浪费了。如果将这些水利用起来，就可以大大减轻黄河下游及邻近地区如淮海平原的用水压力。通过建造合适的障碍物将海水与淡水分开，淡水会很容易地存储在海里。这道固体屏障可以多种形式建造，比如，建成封闭的土堤或者混凝土海堤。传统的建造技术可以直接用来建造河口水库，最近发展起来的“沙袋”技术也可以用来建造海岸水库的拦河坝。在长江口建造的为航道防沙用的屏障在图 3 中清晰可见，屏障两侧的水完全不同，一侧是海水，一侧是河水。

为了建造此河口水库，要对渤海的气象水文条件予以关注（见表3）。值得注意的是渤海波浪和海潮高度比世界上其他地方要低，这就说明黄河入海口的平稳水力条件为河口水库的修建提供了良好的条件。因此，从经济和技术层面上看，在黄河海口水库的修建是可行的。

图3　长江口修筑的沙袋拦河坝

表 2　1986～2000 年黄河利津站的实测流量和输沙量

年份	淡水($\times 10^9$ m^3)		泥沙($\times 10^9$ t)	
	5～9 月	全年	5～9 月	全年
1986	8.71	15.7	0.153	0.169
1987	5.10	10.8	0.077	0.096
1988	15.2	19.4	0.802	0.812
1989	14.4	24.2	0.527	0.599
1990	13.0	26.4	0.351	0.469
1991	3.9	12.2	0.080	0.249
1992	9.5	13.4	0.448	0.482
1993	12.1	18.5	0.380	0.471
1994	11.8	21.7		
1995	11.6	13.7		
1996	13.5	16.7		
1997	1.9	4.2		
1998	8.43	10.11		
1999	4.11	6.6		
2000	1.9	4.0		
平均	9.01	14.5		

表 3　黄河河口的气象水文状况

项目	海滩坡度	潮汐变化(m)	波浪高度(m)	D_{50}(mm)	风速(m/s)	水流速度(m/s)
平均	1:3 000	2.22	0.6	0.003	4.6	0.22～0.41
最大	1:2 000	3.44	3.78	0.036	23	1

但是,还有一个问题值得注意,就是河口水库的使用寿命,因为黄河是一条高含沙河流。河流的平均泥沙浓度是 24.7 kg/m^3，如果我们假设每年有 100 亿 m^{3}的水进入海口水库(V_w)，输沙体积可以用公式

$$V_s = SV_w/\rho_s \tag{1}$$

得出。这里,ρ_s 代表沙的密度(≈2 650 kg/m^3)。从公式(1)中,可以得出每年河流流入海里的沙量 9 320 000m^3,如果水库面积(A)为 500 km^2，每年的海底增幅(Δh)为

$$\Delta h = V_s/A = 18.6(\text{cm}) \tag{2}$$

如果水库的平均水深为 8 m,水库的使用寿命为 43 年。事实上,水库的使用寿命可以通过在水库内修建堤防和泵站来延长(见图 4)。泵站可以将淡水输送到干旱地区,去除泥沙后的干净的水流到水库里。在低潮时,海潮闸门打开用

来冲刷狭窄河道的泥沙,泵站用来增大水流速度以冲刷泥沙。水流可直接入海,不经过与水库中净水的混合。因此,水库的生命周期就会延长,如果海潮闸门采用合适的管理方法,淡水的质量便能得到保证。黄河三角洲地带的水资源短缺也在水库修建后得到缓解(见图4)。优质的淡水存留在水库中,污染的水借助泵站的额外能量冲沙入海。

正如前所述,河口或者侵蚀基准在悬河的产生过程中起着至关重要的作用,治理河流的首要任务是控制河口河床的抬升,这个目标可以通过修建泵站达到。因为只要泵站运转正常,冲刷坑就会形成,侵蚀基准就会降低,至少可以保持水位稳定,稳定的河口水位就能控制整个河床的抬升,“悬河”形势就不会恶化。

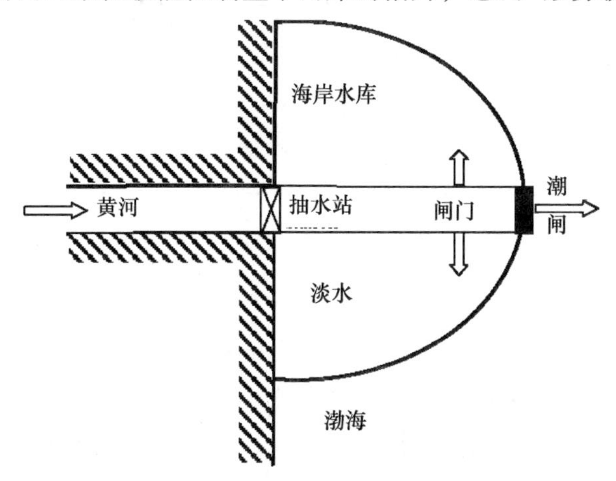

图4　河口水库示意图

然而,从表2我们可以看到,入海径流量在某些干旱年份小于10 km^3,比如在1997、1999和2000年;那么如何保证三角洲地区的用水需求。另外,如何提高黄河上游用水配额也是黄河水资源管理的一个挑战。我们注意到中国政府的南水北调中线工程,就是从长江引水通过在花园口(图1)附近开凿的人工运河和地下隧道调水到北京,如果从长江调水到黄河,并且从花园口冲沙到河口,这样,从长江过来的水就能存留在河口水库中,最后,利用泵站抽水到南水北调的目的地城市——北京。从黄河花园口到北京的南水北调原渠道长764 km,如果采用推荐方案,长度可减到450 km。另一方面,如果南水北调的水用来冲黄河下游的泥沙,这就意味着黄河中上游的用水配额可增加到200亿 m^3,因为不再用黄河小浪底水库的水冲沙,而是用长江的水。因此,推荐方案可以大大缓解黄河流域用水压力。

3.2　河流治理和泥沙控制

正如上面所提到的,减轻洪涝灾害的关键是控制黄河泥沙。如果泥沙不能得到有效控制,在大堤加高到一定限度后,堤防迟早会决口。目前河床和堤防均以平均 10 cm/a 的速度抬升。由于 20 世纪 80、90 年代干旱缺水,导致主河槽内泥沙沉积,情况日趋恶化。住在滩区的 178 万人为了保护他们的家园和耕地,修筑了生产堤,造成主河槽比滩区地势要高的“二级悬河”,滩区地势比背河地面高 4 ~ 13 m(见图 5)。2002 年,在流量仅为 3 000 m^3/s 时,生产堤决口,滩区被淹。为了避免遭遇特大洪水,确保滩区人民生命财产安全,要有效地降低主槽底,高程采取适当的措施稳定游荡型河道。

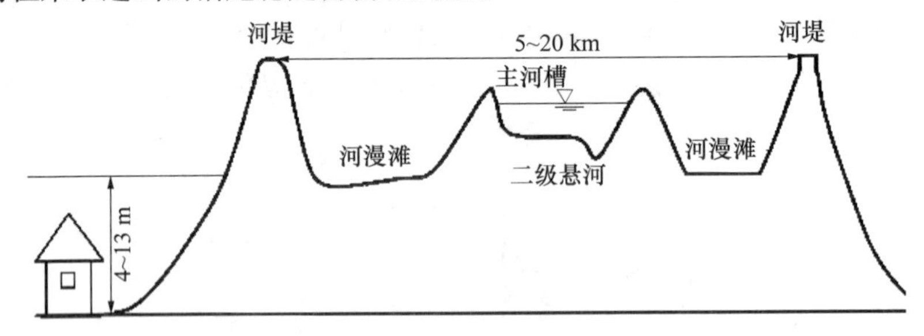

图 5 “悬河”和“二级悬河”典型断面

正如上面所提到的,有两种因素导致了“悬河”的产生,一个原因是河口河床的不断抬高;另一个原因与河道输沙能力低有关。如果第一个因素由在河口安装泵站控制侵蚀基准来解决,后者就变成了引起河床抬高的重要原因。为了提高河流的输沙能力,大概 400 年前,就已经提出了“筑堤束水,以水攻沙”的策略。然而,事实上,河流工程师一直采用筑堤的方法束窄主槽,这在某种程度上提高流速,增加了输沙能力。但是堤防频繁决口受到洪水的影响,因此主槽就被拓宽,流速降低,这就是为什么在历史上游荡型河道一直没有稳定的原因。为了提高游荡型河道的输沙能力,进而减轻“二级悬河”严峻形势,本文建议在主槽中采用软管来代替人工堤防(见图 6)。从图 6 中,我们可以看到管道两端封闭。水可以由管道上部的孔洞进入,管道中多余的水也可以通过管道排放出去,这个软管可以固定在停泊地点(杨,2004)。

目前,黄河中下游建造了许多大型水库,从水库中流出的流量不到 2 600 m^3/s,下游水深不到 2 m,低流量导致黄河下游泥沙淤积,形成“二级悬河”的局面。我们注意到河流水深小于软管的直径,从而可以得出结论,这个类似于膨胀的橡皮坝的软管道可用于河道整治。与橡皮坝在两侧能承受不同水压力不同,软管两侧的水压力基本上一样,当软管固定在主槽中时(见图 7)。作用在管道上的阻力可以用以下公式表示:

$$F = C_d \rho \frac{U^2}{2} A_1 \tag{3}$$

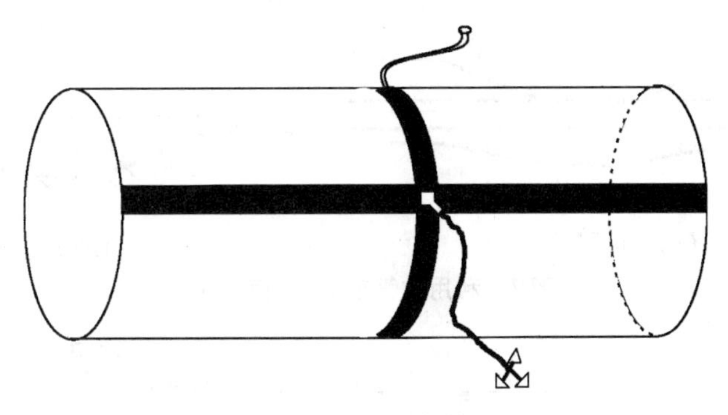

图 6 膨胀的软管

式中，C_d 是管道阻力系数；ρ 为泥沙密度；U 为水流速度；A_1 为软管投影在河流流动方向的最大截面面积。显然，在顺直的河槽中，管道与水流方向一致时，A_1 非常小，阻力在水流方向可以忽略。两个软管道之间的水流以流速 V 流向下游，软管以外是死水区。当两个软管道互相靠近，流动水域产生。这种现象就如同两艘船互相靠近时产生的水流现象。这样水流速度和挟沙能力增强。与水流方向垂直的压力差可以用伯努利方程来计算

$$\Delta p = \frac{\rho}{2}U^2 \tag{4}$$

这里，Δp 是压力差。因为主槽不总是顺直的，在河槽弯道处压力比顺直河段要大，这样，固定的管道线有助于慢慢地使游荡型河道顺直。可以想象在弯道处水流会改变方向，这个压力会对固定在河床上的软管产生作用力，弯道的曲率就会变小，弯道凹面得到保护，凸面受到侵蚀。这样，因为管道的限制，水流方向发生改变，游荡型流路在横向随着流动方向的减小而减弱。结果，纵向水流增强，水流输沙能力增强。纵向侵蚀发生。经过一段时期以后，可以发现游荡型河道逐渐成为顺直河道。当一个较长的顺直河槽形成后，水流势能增大，水流流速和输沙能力增强。同时，由于软管的保护，水流对主槽两岸的冲刷要比河床小，因此可以得出结论，如果这种软管在黄河上得到应用，两岸得到保护，河床受到冲刷，换句话说，也就是潘季驯的策略得到了实现。

由于水深沿着河道的变化，河流中管道变形值得在这里讨论一下（见图 8）。显然，当管道充满水时，在深水区会膨胀，在浅水区会收缩。随着河床高度的不断变化可以通过管道上方的孔洞释放多余的水，这样管道中水可以沿着管道从高处流向低处。从而，这种特别设计能够自动地调整纵向河床，也能够有效地限制或减弱横向水流，使得游荡型河道逐渐顺直，在保护两岸的同时，增强河流输沙能力。

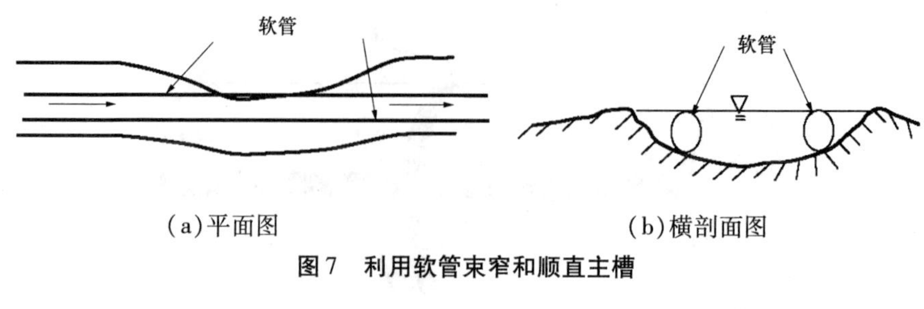

(a)平面图　　(b)横剖面图

图7　利用软管束窄和顺直主槽

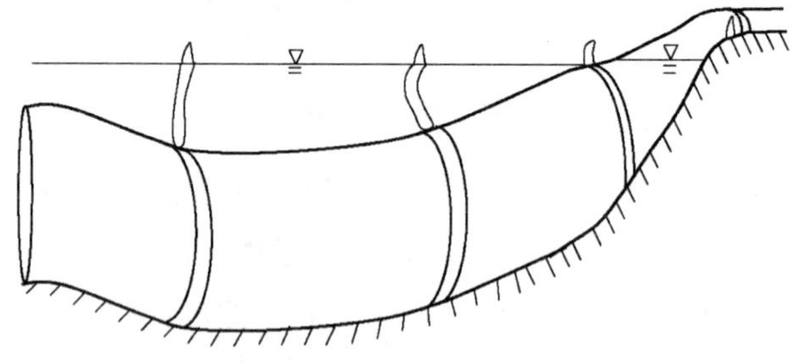

图8　沿着河道的软管发生变形

4　结论

黄河是世界上最复杂、最难治理的河流之一,洪涝灾害频繁发生,给两岸居民带来了巨大的灾难。基于对黄河治理和开发的系统分析,本文从河流整治工程、水资源管理、防洪、泥沙控制等方面提出了黄河治理策略。为了治理河流,摆脱灾难,本文在对黄河现状分析后,提出了下面的治理策略:

(1)灾难是由高含沙量形成的"悬河"甚至于"二级悬河"引起的,导致了流域巨大的洪水威胁。为了降低河床高程,必须减小河口处河床的不断抬高,在河口利用泵站有效地稳定了侵蚀基准。

(2)为了缓解流域内和其他城市,像北京和天津的供水压力,本文建议建造河口水库,滋养黄河三角洲地区,前面提到的泵站可以在旱季为城市提供淡水。部分洪水就变成了可利用的水资源。

(3)研究发现,黄河流域可以利用南水北调工程改良方案从长江调来的水来冲沙,黄河中上游可以额外得到200亿 m^3,黄河下游用水得到满足。冲沙用水收集在河口水库中,淡水得到再次利用。如果此方案得到实施,将会缓解流域用水压力。

(4)为了提高冲沙效果,保护两岸,研究建议利用特别设计的管道系统束窄河道,提高水流速度,增强河道输沙能力。

参 考 文 献

[1] Yang, S. Q. “黄河治理策略和下游供水初步研究”黄河论坛. 2001.

[2] 何富荣,胡春宏. 黄河下游水旱灾害治理措施的研究[J]. 泥沙研究,2000(2).

[3] Zhang H. W, Zhang J. H, Yao, W. Y. “黄河治理策略”泥沙研究. 2000.

[4] 谢鉴衡. 黄河下游治理方法现状初步[J]. 泥沙研究,1999(1).

[5] 谢鉴衡. 黄河下游河床纵向剖面演变研究[J]. 人民黄河,1980(1).

[6] Mu, Y. W. and Mu, Y. Y. , (2001). “三个河槽,洪水排放防止黄河淤积方法应用”黄河论坛.

[7] Yang, S-Q. (2002a). “如何减轻全球用水压力:中国分水方案实例研究” 国际水力研究协会会议,新加坡, 614 - 618.

[8] Yang, S-Q. (2002b). “小岛屿水资源开发策略”国际水力研究协会会议,新加坡, 642 - 645.

[9] Yang Shuqing, (2004). “软管隔断墙”,专利号码. : 03257886. 5 (中国专利).

借鉴荷兰水管理经验，推进黄河水资源一体化管理

胡玉荣[1]　王锦周[2]　李跃辉[3]

（1. 黄河水利委员会水资源管理与调度局；2. 黄河水利委员会信息中心；3. 黄河水利委员会国际合作与科技局）

摘要：本文详细分析了荷兰水资源一体化管理情况，针对黄河水资源管理中存在的问题以及未来面临的形势，提出了借鉴荷兰在水管理体制、法律体系以及水资源规划方面的成功经验，促进黄河水资源一体化管理的措施及对策。

关键词：一体化管理　经验　荷兰　黄河

黄河是我国西北和华北地区的重要水源，以占全国河川径流总量2%的水资源，承担着全国12%的人口、15%的耕地的供水任务，同时还承担着向流域外部分地区远距离调水任务。随着流域及相关地区经济社会的迅速发展，黄河承载的压力日益增大，流域生态环境呈现出整体恶化的趋势，黄河健康生命受到严重威胁。国内外的治河实践证明，实施流域水资源一体化管理，是维持黄河健康生命，实现人与水的和谐共处，促进水资源的优化配置和地区经济社会的可持续发展的重要支撑。

1　荷兰的水资源一体化管理

荷兰是一个国土面积小、人口稠密且高度发达的国家，位于欧洲的西北部，三条主要河流莱茵河、马斯河、斯海尔德河的出口处。全国国土面积3.4万km^2，其中围垦造成的土地面积2.0万km^2。荷兰地势低洼，全国约有1/3的土地位于平均海平面以下，65%的土地面临洪水威胁。全国年径流量约100亿m^3，人均水资源量687 m^3。特殊的地理条件促使荷兰人建立了一套错综复杂的水管理系统。举世闻名的北部拦海大坝和西南部的三角洲工程以及纵横交错的堰、坝、渠、管道以及闸等水利工程为荷兰构筑了一道道安全的防线。除了完善的水利设施外，健全的水管理体制、水法规体系以及决策的科学化、民主化，也为荷兰的水资源综合利用和管理提供了良好的保障。近代，荷兰的治水经验已从单一的水利防洪概念扩展为水利、环保、生态并重的一种多层次理念。

1.1 荷兰的水管理体制

荷兰的水管理体制分为三级,最高级为国家级即中央政府,其次为区域一级包括省政府、水董事会、饮用水公司。然后是地方一级,主要是市政府和较低一级的水董事会。在这些机构中,水董事会是一个具有特殊功能的、非政府的、公共的、经济独立的水管理机构。

在国家一级,交通、公共事务和水管理部是荷兰水管理最重要的机构,其职责是制定荷兰综合的水法规和政策以及对国有的水域和水资源进行规划和管理,同时也考虑土地运用规划和环境管理等其他部门的需要。主要负责管理国有地表水,包括大江大河、主要运河、河口、领海及防洪、防潮大坝、大堤等。并对省政府、水董事会、市政府进行监督管理。

在区域层面上,省政府是水管理的主体,其职责是在国家政策的框架体系下,制定省的水管理计划和战略规划,主要负责地下水和区域内的地表水水质的管理。绝大多数省的地表水水质授权给水董事会管理,省政府对水董事会和市政府进行监督。饮用水的供给由饮用水公司管理,虽然这些公司属于私人所有,但公共机构占有股份。

在地方一级的水管理中,地方市政府主要管理城市排水系统,并将收集到的污废水送到水董事会管理的污水处理厂进行处理。

荷兰的水董事会以一种独特的组织管理形式与三级政府平行存在、自成一体。主要负责地方与区域性的防洪、地表水水量和水质的管理。作为专业性的管理组织,直接代表民众、业主和地主的利益。本着“利益—付费—授权”的原则,那些受益方必须为所获的服务和收益付出一定的费用。利益越大的团体,纳税越多,在水董事会中的发言权和权利越多。荷兰的水董事会财政收入来自于对企业和个人所征收的水务费和污染税。

1.2 荷兰的水法律体系

经过长期努力,荷兰形成了一套完善的水法律法规体系,不同法律和法规之间协调统一,各级水管理机构的法律职责明确,为水资源统一管理提供强有力的法律保障。荷兰涉及水的法律法规主要有水法、河流法 、三角洲工程法、地表水污染防治法、地下水法、土壤保护法、水管理法、水董事会法、防洪法等。

在水政策的制定上,不同的发展阶段有不同的侧重点。1968 年第一次制定的水管理国家政策的重点是防洪;1984 年第二次制定的水管理国家政策的重点是水质保护;1989 年第三次制定的国家水管理政策的重点是水资源综合管理;1997 年第四次制定的国家水管理政策的重点是水环境与可持续发展。

1.3 荷兰的水资源管理规划系统

荷兰一向重视用系统规划的方法来进行水资源管理。该方法能具体提出防洪及水资源供需中存在的问题并给出相应的措施。1989 年,荷兰政府出台了水管理行动,对水资源规划的制定和实施做了明确分工,并提供了三个不同层次的规划:由国家政府制定的国家水资源管理战略规划、由各省(区)制定的区域水资源管理战略规划和水董事会制定的水管理运行规划。省级水务局提出的策略框架和操作计划可以保证国家水资源战略规划在区域范围内很好地执行。此外,要求所有水资源规划每隔 4 年进行一次修改。

水资源规划的重点放在环境和生态的保护上,尽可能多地使河流和湖泊恢复到自然状态,强调遵循人类与水和谐共处的规划理念。

1.4 荷兰水资源管理的投资与费用回收机制

荷兰每年用于水利建设和水资源管理的经费,占国民生产总值的 1%,人均 240 多美元。荷兰之所以能够进行举世闻名的大型水利工程建设,建立和维护完善的供排水设施和高标准污水处理系统,其原因是建立了一套完整的、良性循环的投入和费用回收机制。荷兰的水资源管理费用实行责(付费)、权(发言权)、利(利益)相统一的原则。荷兰政府在提供经费方面提供了三项优先权:一是成本应当由那些受益部门及实施有害水活动的主体负担;二是如果水主管部门的投资不能被专项拨给的话,这些投资将会以税的形式分摊到各受益者或有连带责任的成员当中;三是如果以上两种方法都是不可能的,资金将会从国家的专项预算中列支。

2 黄河水资源管理存在问题

(1)流域管理与行政区域管理之间的事权划分还不太明晰,各涉水部门之间也缺乏协调、统一和制约。由于流域管理与行政区域管理之间的事权划分模糊,黄河水利委员会作为流域机构的管理职责落实起来还存在一定难度,缺乏有效的调控手段。与流域健康发展息息相关的工农业布局、污染控制、资源开发、水产养殖、生态保护等由其他部门依法进行管理。各部门从单一目标、局部利益出发,对水域某些资源片面开发、垄断管理,并缺乏有效的信息沟通和协商机制,难以有效解决黄河流域当前急需解决的资源、环境和生态问题。

(2)水资源保护和水污染防治相结合的管理体制有待完善。由于缺乏法律授权,流域管理机构在水资源保护、水污染防治方面的监督指导作用难以充分发挥。黄河流域水污染情势不断加剧,与流域内各行政区域长期以来更加重视经济发展,不够重视生态和环境保护有直接关系。水污染防治也应该以流域为单元,进行统筹规划,全面治理与保护。但目前流域机构并不负责流域水污染防治规划的编制,对规划的实施没有监督和管理职能。

(3)流域管理政策法规制度不够全面,不同的法律法规之间缺乏有效衔接和统一。一方面,《中华人民共和国水法》虽然明确了流域管理机构及地方政府的水资源管理法律地位,但规定是粗线条的,原则性的,流域机构及地方政府需要根据本流域(区域)特点,制定相应的配套法规和规章来规范流域(区域)的水资源管理。从实践看,目前与《中华人民共和国水法》相配套的流域管理法规还不健全;另一方面,在水资源保护有关法律实施方面,水利部门、环保部门职能交叉,缺乏必要的协调和协商机制。需要进一步修订完善与水资源保护和管理相关的法律法规。

3 黄河水资源管理面临的形势

目前,黄河河川径流的开发利用程度已接近70%,远远超过了40%这一国际公认的合理限度。随着西部大开发、西电东送、中部崛起、粮食安全等战略的逐步实施,黄河水资源宏观配置格局将发生重大变化,黄河水资源的供给和防断流面临着更大的压力,沿黄地区工农业用水及生态用水不能够完全满足,用水高峰期黄河干流多处河段仍面临着断流的危险。作为流域机构,既要以水资源的合理利用保障饮水安全、粮食供给和经济发展,有效地支撑流域及相关地区经济社会的可持续发展,又要保证最低生态环境水量,尽最大可能地满足河流生态需水过程,确保黄河不断流,以维持黄河健康生命,黄河水资源面临严峻挑战和压力。

4 推进流域水资源管理一体化的途径

所谓的水资源管理一体化,是指将水资源放在社会—经济—环境所组成的复合系统中,用综合的系统方法对水资源进行高效管理。旨在实现对水资源的开发利用和保护并重,对水量和水质进行统一管理,对地表水和地下水进行统一调度,对原水和再生水、海水淡化进行综合利用等,确保水的利用能够促进一个国家社会和经济发展,而且发展不以损害重要的生态系统为代价或者危及子孙后代对水资源的需求。水资源管理一体化的最终目标是水资源开发利用必须达到经济效益、社会效益和生态效益的协调统一。黄河流域水资源管理一体化实际上是流域利益相关者的利益再调整过程,核心是在不过多损害黄河自身利益的前提下,通过改进黄河流域水、土地和相关资源的管理和开发方式,使经济、社会和生态的综合效益最大化。而水资源管理一体化的实施必须有相应的管理体制、管理机制、管理措施和管理技术作保障。

4.1 建立高效、有序的水资源管理体制

建立以流域管理为基础,流域统一管理与区域水务一体化管理相结合的水管理体制是推进流域水沙一体化管理的基础。对流域而言,要在流域水资源统一管理的前提下,逐步探索建立政府宏观调控、流域民主协商、准市场运作和用

水户参与管理的权威、高效、协调的流域水资源管理运行模式。对区域而言，要实行涉水事务一体化管理，即对区域供水、节水、排水、中水利用、污水处理等涉水事务进行统一管理。

合理高效的管理机制是推进流域一体化水管理的保障。水资源管理是政府的重要职责，在政府主导的同时，也要注重发挥市场对资源配置和激励机制的作用，实现水资源优化配置，提高水的使用效率和效益。并且应通过建立一套完善的管理制度体系，用制度来约束和管理水事活动，协调解决部门间的利益冲突。制定各利益相关者参与流域重大水问题决策的机制，并为之提供参与平台；努力改善公众参与流域管理的环境，建立流域信息披露和发布制度，培养和提高利益相关者参与流域管理的能力；不断提高流域机构的协调能力，并逐步走向决策权、执行权和监督权的分离。在黄河流域应建立“统一规划、共同决策、分工负责、信息共享、经济激励、社会监督”的流域水资源管理运作模式。

4.2 科学编制黄河流域综合规划

黄河流域综合规划是推进流域水资源一体化管理的重要手段，要以维持黄河健康生命的科学理念来指导规划编制工作，把河流作为经济社会环境复合系统里的重要组成部分，统筹协调流域内水资源开发、水土流失治理、生态保护和水质维护等的相互关系，综合考虑河流本身的物理因子与气候变化、人类活动、环境影响等的关联度。明确维持黄河健康生命的远景目标和近期目标，以及为实现相应目标而必须采取的途径和措施，构建和完善各项体系，在兼顾特殊地区或特殊情况的基础上，追求流域综合效益的最大化。

一方面通过加强工程和非工程措施，进一步提高水资源和水环境承载能力；另一方面，根据流域水资源和水环境承载能力，提出对经济发展布局的意见、建议，促进流域产业结构调整和经济增长方式转变。以现有规划为基础，以流域综合规划为主线，统筹协调各专项规划，进一步完善的流域水利规划体系，并以流域规划指导和约束区域规划。

4.3 建立完善的黄河水法规体系

法律法规是约束人们行为的强制性规范。为了维持黄河健康生命，为流域及其相关地区社会经济发展提供可持续的支持，应建立健全流域水管理规章制度，创新管理方式，规范管理程序，推进《黄河法》、《黄河河源区管理办法》的立法工作进程。要修改现有各项法律制度中有关流域管理的相关内容，明确流域管理的利益相关者之间的权利和义务，明确流域机构的职责和权利，明确人们在流域内活动所必须遵守的规则，为流域水资源一体化管理提供强有力的法律保障。

4.4 加强黄河水资源管理信息化建设

坚实的信息和科技基础是实施黄河流域水资源一体化管理的重要支撑。应当充分利用现代高新技术,加大数字流域建设的投入,构建覆盖全流域的气象、水文、泥沙、水质、地下水、生态、地貌和涉水工程等信息监控和处理体系;开发具有较强反馈功能的黄河流域水循环模拟技术,实现以信息化推进流域水管理的现代化进程。

参 考 文 献

[1] 陈燕 ,傅春,荷兰水管理体制与水资源综合管理[J]. 中国水利,2004 (03).

[2] 姜文来. 21 世纪中国水资源安全战略研究[R/OL]. http://www. stcsm. gov. cn/learning/lesson/zonghe/20021203/lesson-5. asp.

[3] Pieter Huisman. 荷兰水资源管理费用的资金来源[R/OL]. 欧州水管理在线, 2002.

[4] 王亚红. 浅析中国与荷兰水资源管理的区别[J]. 浙江水利水电专科学校学报,2002(03).

黄河上游径流变化规律与来水形势展望

顾明林[1] 邱淑会[2] 毛利强[2]

(1. 黄河水利委员会上游水文水资源局;2. 黄河水利委员会水文局)

摘要:在分析黄河上游径流成因、径流变化规律和径流预测模型成果基础上,提出黄河上游降水未来几十年内可能增加、未来10年径流将进入一个相对丰水的阶段。

关键词:径流 规律 展望 黄河上游

1 前言

黄河上游唐乃亥是龙羊峡水库的入库站,其以上地区是黄河上游的主要产流区,来水量分别占黄河总水量的35%、龙羊峡和刘家峡水库入库水量的95%和75%以上。龙羊峡入库(唐乃亥站)年径流量为202亿 m^3,其中汛期(6~10月)径流量占全年总量的72%。因此,其来水量的丰枯变化对黄河上游乃至整个黄河流域水资源的利用都有着举足轻重的作用。

唐乃亥以上地处青藏高原,流域内群山耸立,河流、湖泊、沼泽地众多,湖沼总面积达2 000 km^2,该区气候差异很大,属高寒湿润地区,多草地及森林灌丛,植被良好,径流来源有三个方面:一是天然降水;二是冰雪融水;三是地下水补给。径流量的多少及洪峰流量的大小,主要取决于降水量的多寡及其时空分布特点。

黄河上游唐乃亥以上人类活动影响小,唐乃亥站径流未经人工干预,自1956年设站观测以来,至今已有40多年观测资料,为了使黄河上游径流分析更加完整,根据规范利用上诠水文站的径流观测资料对唐乃亥水文站的径流资料进行延长,并进行合理性检验。结果表明,唐乃亥水文站各月及年水量(1956~2004年)实测序列延长后的(1920~2004年)序列的有关参数(均值、变差系数及偏态系数)均无显著差异。用1920~2004年径流序列资料对唐乃亥站径流演变规律进行分析,唐乃亥站的径流呈现一个丰枯交替变化的过程,通过气候演变和对未来降水形势预测,随气温的升高,黄河上游降水未来几十年内可能增加,黄河上游唐乃亥的径流经历了20世纪90年代以来的偏枯时期,今后10年内唐乃亥径流变化将进入一个相对偏丰阶段。

2　黄河上游径流量变化的成因分析

2.1　径流与降水

黄河上游径流最主要的来源之一是降水,降水的多少及地区分布决定了径流量的多少及洪峰流量的大小。由于黄河上游地处青藏高原,雨季短,主要集中在夏秋季节;冬春主要以降雪为主,且冻土层较厚,降水量对径流的贡献主要在夏秋雨季,该地区雨季为6~9月。9月份降水对本月和其后长达8个月的径流都有显著贡献,9月至次年5月正是黄河上游用水关键时期和黄河宁蒙河段防凌期,可以利用9月份降水和径流预报其后一段比较长时段的来水。

2.2　径流与青藏高原地面感热

从径流直接来源看,径流是降水的直接结果,为了进行径流预报,还要寻求其自身以外的影响因素。孙国武等的研究指出,夏季高原热源变化是导致高原地区乃至黄河上游流量变化的重要原因之一。汤懋苍等的研究指出前期地热变化对后期径流变化有一定程度的相关关系。研究结果表明,前期冬季高原地面感热通量与夏季径流有很好的对应关系,即当冬季(2月)高原地面感热通量增大时,7月黄河上游径流偏丰,冬季高原热力异常也可视为黄河上游夏季径流异常的前期指标。

2.3　径流产生的大气环流背景

影响径流最直接的气象因素是大气环流,马镜娴等对黄河上游丰、枯水年同期环流特征进行分析后认为,丰、枯水年同期环流特征有明显的差异,在500 hPa高度场上,多水年东亚大陆副高强,高原槽明显,距平场为“东正西负”,高度场为“东高西低”,而少水年,大陆副高弱,高原脊明显,距平场为“东负西正”,高度场为“东低西高”。在100 hPa高度场上表现为,多水年南亚高压异常强大。而少水年南亚高压很弱。

为了进行径流预报需要分析前期环流对后期径流的影响,霍世青等的分析表明,黄河上游汛期(6~10月)降雨、径流量与1月环流的关系最为密切,其次为2月、12月。唐乃亥汛期径流总量与100 hPa高度在高纬度极区为负相关,在中纬度地区为正相关,同时在大西洋和太平洋的东北部沿岸地区各有一个正相关区,500 hPa也有相似分布形式。

3　黄河上游径流的变化规律分析

3.1　黄河上游径流丰、枯年划分

按一般径流分析和预报评定标准,径流量在平均径流量正负20%以内属正

常，径流量大于平均径流量的20%且小于平均径流量的30%属偏丰，径流量大于平均径流量的30%属丰水；径流量大于平均径流量的－30%且小于平均径流量的－20%属偏枯，径流量小于平均径流量的－30%属枯水。

在上述范围内，计算出相应的模比系数（k_p = 某一年的年径流量/多年平均径流量），便可分析多年模比系数的丰、平、枯段（见表1、表2）。

表1　黄河上游唐乃亥站的 k_p 值

丰水年		平水年	枯水年	
丰水	偏丰		偏枯	枯水
>1.46	1.46～1.05	1.04～0.93	0.92～0.79	<0.79

表2　黄河上游唐乃亥站径流丰、枯水循环期

丰、枯水循环期			丰水期			枯水期		
起止年份	年数	k_p	起止年份	年数	k_p	起止年份	年数	k_p
1920～1938	17	0.94	1920～1921	2	1.04	1922～1933	11	0.71
1939～1951	13	0.99	1933～1938	5	1.06	1939～1943	2	0.9
1952～1968	17	1.04	1943～1951	8	1.09	1952～1960	9	0.9
1969～1989	21	1.06	1961～1968	8	1.18	1969～1974	6	0.87
			1975～1986	12	1.24	1990～2004	14	0.87

从表1、表2中来看，自1920年以来，黄河上游唐乃亥径流的交替循环，大致可分为4个完整的丰、枯循环周期和一个单独枯水段，各循环周期长短不一，但其 k_p 平均值接近多年平均值。目前正处于1990年开始的第五个枯水段。

3.2　径流的年内和年际变化

3.2.1　径流的年内变化

径流量的年内分配主要取决于径流的直接补给，黄河上游唐乃亥径流的年内分配是冬季径流由地下水补给，到1、2月份最小，3月份以后随气温转暖融雪融冰径流逐步增大，6～10月份径流由降水补给，径流较大，唐乃亥7～9月份出现年内洪峰，7月、9月径流分配所占比例最大（见表3、图1）。

表3　唐乃亥站径流的年内分配

月份	1	2	3	4	5	6	7	8	9	10	11	12	全年
月平均流量	168	165	218	359	580	897	1290	1060	1200	957	470	223	632
占年径流量(%)	2.21	2.17	2.87	4.73	7.64	11.82	17.0	13.97	15.82	12.61	6.19	2.94	100

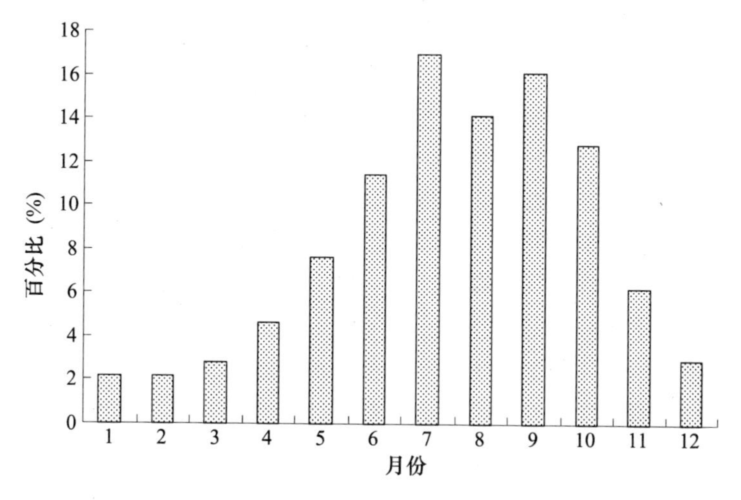

图 1　黄河上游唐乃亥站各月径流占年径流的百分比

3.2.2　径流的年际变化

黄河上游唐乃亥以上地区人类活动影响小，和其他地区相比径流的年际变差系数较小，C_v 值小于 0.3。黄河上游唐乃亥自 1920 年以来以 10 年作为代表段，20 年代为枯水段，30 年代至 50 年代为平水段，60 年代偏丰，70 年代属平水段，80 年代偏丰，90 年代以后水量偏枯（见表 4）。据统计根据上述丰、枯年份划分的 5 个级别概率分布，均以枯水年出现的概率为最大，呈显著的负偏态分布，其次最大可能出现的则是丰水年，由此黄河上游流量的预报应侧重于偏态预报。

表 4　黄河上游唐乃亥站不同年代的丰枯变化

年代	年平均流量(m^3/s)	平均 k_p	距平(%)	丰枯
1920 ~ 1929	504	0.82	-22.4	偏枯
1930 ~ 1939	580	0.94	-6.37	平水
1940 ~ 1949	636	1.03	3.08	平水
1950 ~ 1959	577	0.94	-6.48	平水
1960 ~ 1969	686	1.12	11.1	偏丰
1970 ~ 1979	646	1.05	4.72	平水
1980 ~ 1989	763	1.24	23.7	偏丰
1990 ~ 2004	557	0.87	-14.7	偏枯

3.3　径流的持续性

由于黄河上游冬半年径流补给主要是地下水，因此冬半年径流持续性非常好,而夏季径流的持续性较差。年际间枯水年到枯水年的持续性较好,而丰水年的持续性没有枯水年好。

唐乃亥站年径流系列点绘其年径流过程模比数差积曲线如图 2 所示,对其进行对比分析就可以明显看出丰枯年组的变化规律。1920 ~ 1933 年曲线下降,说明径流变化过程处在枯水段;1934 ~ 1950 年曲线上升,说明径流变化过程处在偏丰段;1951 ~ 1959 年曲线下降,径流变化过程又处在枯水段;1961 ~ 1967 年曲线上升,径流变化过程又处在偏丰段;1967 ~ 1973 年曲线又下降,径流又处在偏枯段;1974 ~ 1988 年曲线上升,径流变化过程处在丰水段,尽管期间也有偏枯水段,但总的趋势在上升;1989 ~ 2002 年,径流变化过程中个别年份偏丰,总体趋势在下降,径流过程又处在枯水段。径流的这种连续偏丰、连续偏枯的不规则长持续性变化,是水文要素变化的自然规律。

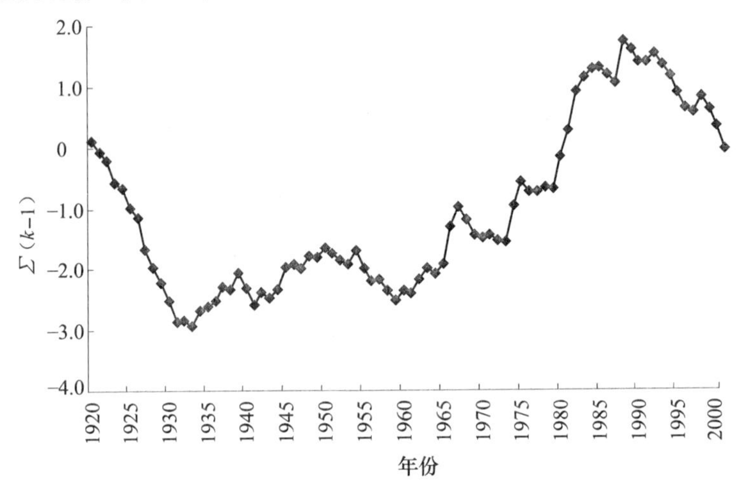

图 2　黄河干流唐乃亥站年径流模比数差积曲线

3.4　径流的周期性

水文要素及影响水文要素的大气环流和气象要素的长期变化,都存在着不同程度的波动现象(周期变化)。以傅立叶分析为基础的谱分析是研究这些波动现象规律性的常用方法。对黄河上游唐乃亥站年平均流量系列进行功率谱分析、谐波分析及方差分析,并进行显著性检验,均能获得 2 年、3 年、6 ~ 7 年、10 年、12 年、17 年、20 年、23 年等显著周期。

黄河上游径流量上述周期的存在是有一定物理意义的。首先,3 年及 6 ~ 7 年的变化周期与副高脊线位置的准 3 年周期(徐国昌和董安祥,1982)及地极移动振幅变化的 7 年左右的周期是一致的,它们均是影响我国西部广大地区降水的重要系统。并且其变化将会引起地球离心力系统的变化,从而造成大气环流以及空气质量、水分输送的变化,进而影响水文气象要素的变化。张先恭通过对

1951～1984 年逐月副高面积指数和赤道东太平洋海温资料的分析研究，得出副高强弱的变化有 2～3 年等主要周期；副高 3～4 年震荡主要受海温支配等结论。副高是影响整个黄河流域降水的主要系统之一，故黄河上游径流变化存在3年左右的周期可能是反映了海—气相互间的作用。2 年左右周期的存在已被许多水文气象工作者的研究所证实（霍世青和温丽叶，1996）。至于 16～17 年周期与平流层大气客观存在的 17 年自然周期相对应；22 年周期的存在，可能与天体运动规律和太阳黑子强弱变化的中长波周期有关（陈兴芳，1995）。研究表明，太阳黑子活动有 200 年左右的长周期变化、22 年和 11 年左右的的中短期变化（康兴成，1992），它与气候要素变化及我国大范围旱涝均有着密切的关系，黄河上游径流量的变化也不例外地要受其影响。当太阳黑子活动增强时，往往是 E 型（经向）环流发展，W 型（纬向）环流减弱的时期；E 型（经向）环流的加强有利于空气南北交换，同时，由于 W 型（纬向）环流减弱使青藏高原热低压加强，青藏高原东北部地区的降水增多，从而使黄河上游径流量增加。反之，E 型（经向）环流减弱，W 型（纬向）环流发展，而使黄河上游径流量减少。

4 黄河上游来水形势展望

世界上许多科学家使用35 个全球气候模式，在 6 种代表性温室气体排放标准情景下，预测了未来 50～100 年的全球气候变化（IPCC，2001）。虽然各模式预测结果不尽相同，也包含相当大的不确定性，但都一致地表明，温室气体的增加是导致 21 世纪气候变化的最大因子。中国科学家在国外气候模式的基础上，发展和建立了自己的气候模式。在假定大气 CO_2 浓度继续增加和气溶胶浓度改变的情景下，预测了我国未来气候变化，与全球气候变化趋势一样，我国的平均温度也将继续上升，到 2020～2030 年，全国平均气温将可能上升 1.7 ℃；到 2050 年，全国平均气温将上升 2.2 ℃；温度的增加幅度由南向北增大，西北、东北地区温度上升明显，到 2030 年，我国西北地区气温可能上升 1.9～2.3 ℃；西南可能上升 1.6～2.0 ℃；青藏高原可能上升 2.2～2.6 ℃。

黄河上游自 1990 年以来，已连续 13 年来水偏枯（中间 1999 年来水偏丰），中科院寒区旱区环境与工程研究所科研人员的有关研究成果表明，由于太阳黑子的活动及大气环流的影响，使黄河上游径流的变化过程由一系列持续时间长短不同的丰枯循环周期组成。在经历了一个从 20 世纪 80 年代末开始的十几年的枯水段之后，黄河上游的径流有望进入一个相当丰水的时期。施雅风等据区域气候模式推算，在未来 CO_2 浓度加倍情况下，西北地区平均增温 2.7 ℃，降水增加 25%，时间在 2040～2050 年。如果综合考虑自然因素（主要为以太阳黑子周期长度变化为代表的太阳活动变化对气候的影响）与人类活动（主要为温室气体与气溶胶变化)，预测至 2050 年，西北地区平均增温 1.9 ~ 2.6 ℃，降水增加 4% ~ 34%，经验推算冰川融水增加 50% 以上，展望西北西部高降水与高径流再延续数年后将转向偏少，包括黄河上游在内的西北东部在近期降水可能增多而转为丰水期。徐影等利用 IPCC 数据发布中心提供的 CCC、CCSR、SCRI、ODKRZ、GFDL、HADL 和 NCAR 等 7 个全球耦合海洋环流、海冰和陆地生态系统模式重点研究我国西北地区 21 世纪气候变化情景，结果表明，如果考虑温室和硫化物气溶胶的共同作用，包括黄河上游在内的我国西北地区平均气温将继续上升，并且升幅高于我国其他地区。西北地区的降水都将增加，21 世纪前期西北东部降水增加最明显，随后逐渐减弱。从季节上看，西北地区同全球一样也是冬季升温幅度最大；而降水增加主要在夏季。按照黄河上游径流丰枯循环交替的规律和科学家对今后气候预测的结果，黄河上游未来气温上升、降水增加，今后 10 年黄河上游唐乃亥年径流变化将呈现一个上升的趋势。

参考文献

[1] 蓝永超，康尔泗，金会军，等. 黄河上游径流特征及变化趋势的分析[J]. 地球科学进展，1998，13(13)：112 - 120.

[2] 中国科学院地理研究所. 青藏高原地图集[M]. 北京：科学出版社，1990：77 - 79.

[3] 高志学，宋昭升. 黄河上游地区的水文地理概况[J]. 水文，1984，(3)：55 - 58.

[4] 冯松，汤懋苍，王冬梅. 青藏高原是我国气候变化启动区的新证据[J]. 科学通报，1998，43(6)：633 - 636.

[5] 施雅风，沈永平，李栋梁，等. 中国西北气候由暖干向暖湿转型问题评估[M]. 北京：气象出版社，2003.

[6] 唐海行，陈永勤，陈喜. 应用随机方法研究全球气候变暖对东江流域水资源的影响[J]. 水科学进展，2000，11(2)：159 - 163.

[7] Arnell N W. Climate change and global water resources[J]. Global Environmental Change，1999(9)：531 - 549.

淮河行蓄洪区洪水资源化利用综合评价的研究

唐　明[1,2]　邵东国[1]

（1. 武汉大学水资源与水电工程科学国家重点实验室；
2. 安徽省防汛抗旱指挥部办公室）

摘要：研究行蓄洪区洪水资源化利用的效益和风险问题，对指导行蓄洪区改造项目的规划，保障其防洪功能的发挥都是十分必要的。本文在查阅大量与淮河行蓄洪区相关文献资料的基础上，综合分析了淮河行蓄洪区洪水资源化利用的必要性及途径，以及利用淮河行蓄洪区本身实现洪水资源化带来的效益与风险，最后就行蓄洪区的洪水资源化综合评价做了探讨。

关键词：洪水　资源化　效益　风险　行蓄洪区　淮河

1　前言

淮河流域人口密度为 615 人/km^2，居中国七大江河流域之首，"人水争地"的矛盾非常突出。枯水期，农民就在退出水面的洼地和河道中耕种居住，并搭起小土堤围护，久而久之就形成今天的行蓄洪区。这些历史上形成的行蓄洪区既破坏了原有的水环境，也加剧了水灾害。在水资源日渐紧缺和洪水资源化利用呼声日趋高涨的今天，水利工作者们很自然地把目光投向这些行蓄洪区，不少人设想让这些行蓄洪区蓄水，并常年保持一定水位，以增加蓄水量，从而缓解当地旱情。

淮河流域行蓄洪区数量多、分布广、面积大，人口众多。在对这些行蓄洪区进行功能改造之前，决策者需要慎重考虑如何妥善安置这些居民，如何评估大规模移民安置带来的社会效应，如何评价行蓄洪区本身防洪功能的变化，如何估计行蓄洪区蓄水后生态环境方面的变化，如何合理评价水资源利用的社会经济效益。可以看出，淮河行蓄洪区洪水资源化利用的评价不仅仅是经济上的分析，还应当考虑到社会、生态等方面的影响。因此，研究行蓄洪区洪水资源化利用的效益和风险问题，对指导行蓄洪区改造项目的规划和保障其防洪功能的发挥都是十分必要的。

2 淮河行蓄洪区概况

淮河流域气候多变,地形特殊,水系复杂。1950 年大水后,中央确定了“蓄泄兼筹”的治淮方针,要求淮河中游蓄泄并重,一方面利用湖泊洼地拦蓄干支流洪水;另一方面整治河道,承泄拦蓄以外的全部洪水。当时将沿淮一些经常受淹的洼地,改建为一定标准的行蓄洪区。并随着河道整治拓宽,堤防退建或加固,工矿企业发展壮大,有关部门对行洪区作了局部调整与增减。到目前为止,淮河干流两侧分布有 27 处行蓄洪区,其中蓄洪区有蒙洼、城西湖等 10 处,行洪区有邱家湖、姜唐湖等 17 处,总面积 3 858 km^2,耕地面积 349.5 万亩,人口 172.7 万人。

行蓄洪区既是防洪工程体系的重要组成部分,又是部分群众赖以生存的生产、生活基地。受行蓄洪影响,区内安全建设严重滞后,洪水灾害直接威胁着区内群众的生命财产安全,制约了当地社会经济的发展。主要存在 4 个方面的问题:一是区内人口多、居住分散,启用前,组织撤退转移工作难度大;随着区内经济的发展,固定资产不断增加,启用时财产损失惨重,从而造成行蓄洪区启用决策困难和难以及时启用。二是已建安全设施标准低,难以满足防洪保安要求。三是行蓄洪区管理缺乏规章,管理难度大。四是行洪区爆破行洪难度大,效果差,同时,由于淮河干流高水位持续时间长,行蓄洪区退水困难,也增加了区内灾害的损失程度,严重影响灾后生产恢复。

3 淮河行蓄洪区洪水资源化利用的必要性和途径

据安徽省水利水电勘测设计院测算,蚌埠闸上淮河北岸(涡河以西)地区的多年平均当地资源量为 67 亿 m^3,人均水资源占有量 460 m^3;淮河南岸地区多年平均当地水资源量 84 亿 m^3,人均水资源占有量 1 038 m^3。按国际通用的水紧缺指标判断,淮河南岸地区系缺水区,蚌埠闸上淮北地区系严重缺水区,属资源性缺水区。

北部地区主要靠充分开发当地水资源和利用涡河、颍河等河道境外来水解决供水问题;沿淮地区除充分开发当地水资源外,淮河干流洪水资源化利用是解决该区域缺水问题的有效途径。除了挖掘上游水库及淮河流域干支流上现有众多大型水闸的潜力外,淮河洪水资源化要充分利用沿淮行蓄洪区的天然优势,发挥其在洪水资源化方面的作用。

淮河行蓄洪区洪水资源化利用的途径是选择部分行蓄洪区常年蓄水,即退田还湖,从而有效缓解淮河流域偏枯年份水资源紧缺的矛盾,进而缓解淮河中下游地区,特别是淮北地区需水短缺问题。

由于各个行蓄洪区的自然地理环境、工程的功能及运用条件、周边的社会经济条件和发展前景均有差别;应当区别对待各个行蓄洪区的功能调整,分别研究沿淮各行蓄洪区可能的兴利蓄水位、需采取的工程与非工程措施、所需投资及供水效益等。还应合理评价行蓄洪区功能改造对防洪功效、生态环境、社会保障、经济发展等方面的影响,从而对各个行蓄洪区调整的可行性、科学性进行全面评价。

4 淮河行蓄洪区洪水资源化利用的效益与风险

4.1 调配和利用洪水资源的效益与风险

淮河行蓄洪区蓄水就是实现洪水资源化,从单纯抗拒洪水转变为给洪水出路,把洪水资源留下来,为沿淮缺水地区提供宝贵的淡水资源。除了供水的直接收益外,还能带来其他社会经济效益,如带动旅游资源的开发利用、推动养殖业及相关产业的发展等,从而增加劳动就业机会,促进当地社会经济的发展。

水资源利用的风险主要来自于引水和用水的不确定性。淮河干流水位决定了各行蓄洪区自流引水量的大小,它的不确定性影响到供水成本;供水区社会经济发展水平决定了水资源的消费数量和结构,它的不确定性影响到供水收益。

4.2 土地功能调整的效益与风险

行蓄洪区蓄水后,促进沿淮水产养殖业等避灾农业的发展,对减轻洪灾损失、调整当地农村种植结构都会产生积极的影响。

但是,土地是当地农民生存的主要手段,而且人多地少的矛盾在当地十分突出,土地安置难度很大。对历来以农业种植为主要生产出路的移民来说,一旦失去土地,生活压力巨大。此外,当地农民还有一部分收入来源于公共护堤地,当地政府对这些公共资源是不给予补偿的,丧失这些资源会使他们失去部分家庭收入来源,进一步加剧家庭贫穷化。

4.3 移民安置的效益与风险

移民是工程建设的重要组成部分,也是一项复杂的系统工程。我国的移民政策是以妥善安置移民为前提,采取前期补偿补助与后期生产扶持相结合的办法,为失地农民创造基本的生活条件。因此,移民安置过程中的相关培训、就业机会和社会福利保障为行蓄洪区的农民早日脱贫提供了难得的机遇。另外,行蓄洪区蓄水后的移民安置能够一次性、永久地转移区内群众及其财产,各级政府不需要再把大量的精力放在组织临时迁移、灾后重建、防止永久移民回流等工作上。

但是,我们还必须认识到移民的文化素质和技术水平普遍偏低,在搬迁后的新环境中,失地移民的生存能力和竞争能力较弱,失业将逐渐显现。此外,工程移民大量涌入安置区,会增加安置区内资源和社会服务的压力,就业竞争随之增加,社会矛盾和健康风险也都相应增加。

4.4 防洪调度的效益与风险

行蓄洪区问题是淮河防汛工作的焦点和难点,行蓄洪区的每一次使用都有一个艰难的选择过程。当行蓄洪区常年蓄水后,决策者们在面对是否分洪时,不再有大量的易损财产让他们顾忌,更不需要他们组织群众紧急转移;行蓄洪区的启用将会更加快捷,可以为防洪调度争取更多的机动时间,从而增加调度的灵活性。

但是,行蓄洪区常年蓄水使得其有效蓄洪容积减少,蓄洪能力降低,直接影响到分洪的时机与效果,从而增加其他行蓄洪区运用的可能性,并间接增加下游堤防的防洪压力。

4.5 生态环境的效益与风险

行蓄洪区常年蓄水使得沿淮湖泊面积增大,大面积水体有着较大的环境调节功能和生态效益,在调节气候、涵养水源、均化洪水、降解污染物、保护生物多样性和为当地居民提供生产、生活资源方面发挥着重要作用。

行蓄洪区常年蓄水带来的生态风险主要是湖区的淤积。

5 行蓄洪区洪水资源化利用的综合评价

可以看出,淮河行蓄洪区洪水资源化利用有着巨大效益的同时,也存在着诸多的风险。因此,科学、合理地认识和量化这些效益与风险,是有效利用淮河行蓄洪区进行洪水资源化的基础。为此,我们必须建立一套科学的行蓄洪区洪水资源化利用的评价指标体系,涵盖其社会合理性、经济合理性、生态合理性、资源合理性等多维评价指标。确定科学的评价指标选择准则,合理筛选评价指标并确定评价权重,从而提供有效的综合评价结果,为淮河行蓄洪区洪水资源化利用提供科学依据。

5.1 行蓄洪区洪水资源化利用的评价指标体系的基本原则

行蓄洪区洪水资源化利用的综合评价是一个复杂的系统工程,任何具体的指标都只能反映其效益的某一个侧面。为了科学合理地进行效益评价,有必要建立一套科学的、完善的综合评价指标,这些指标能反映行蓄洪区洪水资源化利用的效益及风险的多个层面。在选择综合评价指标时应遵循完整性、独立性、动态性、针对性、可操作性和层次性等原则。

完整性原则是要求评价指标体系能够比较全面地、概括地反映行蓄洪区改造对流域发展的各方面影响,如防洪效益、社会效益、环境效益及带来的风险等。

独立性原则是要求各个评价指标尽可能不相互交叉,以免增加评价的难度。

动态性原则是要求评价指标具有动态性,能够综合反映项目治理后所产生效益的发展趋势。

针对性原则是要求评价指标既能从流域的层面反映行蓄洪区整体改造的影响,又能够量化每个行蓄洪区的影响,从而能够具体判断每个行蓄洪区改造的可行性。

可操作性原则是要求指标的复杂性适中,有利于推广。过于简易不能反映评估对象的内涵,对评估结果的精度产生影响;过于复杂则不利于评估工作的开展。

层次性原则是要求所建立起的指标体系呈现出结构层次性,即体系是所有指标的有机结合体。这些指标有一定的隶属关系,而不是无序组合,一般可分为总体指标、分类指标、分项指标三个层次。这样既可以对行蓄洪区洪水资源化进行总体的评估,又可以对其各基本要素进行单独的评估,从而更全面、更具体地把握淮河流域发展的趋势。

5.2 行蓄洪区洪水资源化利用的评价指标体系框架

根据上述原则,结合现状,提出行蓄洪区洪水资源化利用的评价指标体系框架(如图1所示)。具体分为经济效益、社会效益、环境效益,以及资源利用、移民安置、防洪调度和生态环境方面的损失与风险。

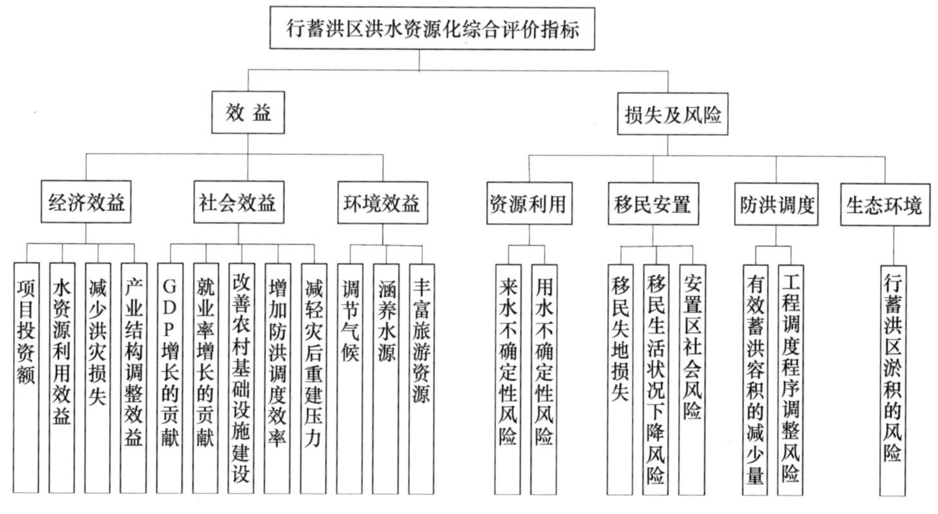

图1 行蓄洪区洪水资源化综合评价指标体系框图

5.3 行蓄洪区洪水资源化利用的综合评价方法

常用的综合评价方法有矩阵分析总结法、专家评分评价法、组合指标评价法、德尔菲法、综合指数评价法、模糊综合评价法、层次分析(AHP)法、数据包络分析(DEA)法、人工神经网络(ANN)法、灰色系统决策评价法等。

无论哪种综合评价方法,指标权重的量化是评价工作的重点,它是以数量的形式反映各指标在综合评价中的重要程度,即体现多目标的属性。但是,在实际问题中,指标的重要程度很难确切度量。因此,按照指标权重确定方法的不同,综合评价方法又被分为两大类——主观评价方法与客观评价方法。主观评价法采用主观判断来确定各指标的权重;客观评价法根据指标样本的固有特征、相关关系和变异程度来确定各指标的权重。这两类方法各有特点,也各有不足。

因此,在评价行蓄洪区洪水资源化利用的前景时,应当选用合适的综合评价方法,把主观因素和客观因素有机地结合起来,使之既能够充分考虑到有关专家的意见,又能够考虑到各指标间的相关性,体现出各指标的固有特性,使评价结果更加客观合理。

6 结语

综上所述,我们可以看出,淮河流域的水资源状况决定了洪水资源化利用的必要性,同时,淮河流域众多的行蓄洪区为洪水资源化提供了得天独厚的条件;但是,行蓄洪区洪水资源化也存在着诸多风险。因此,我们在进行洪水资源化利用评价时,要坚持实事求是、尊重科学的原则。总之,我们要坚持确保工程安全和防洪安全,适度承担风险的原则,建立一套科学的综合评价指标体系,选择合理的综合评价方法,科学地评价行蓄洪区洪水资源化带来的综合效益、损失及风险。

参考文献

[1] 邵东国,等. 洪水资源化利用风险管理理论与技术研究报告[R]."十五"国家科技攻关项目.

[2] 王浩,殷峻暹. 洪水资源化利用风险管理综述[J]. 水利发展研究,2004(5).

[3] 程殿龙,尚全民,等. 以科学精神和积极态度对待洪水资源化[J]. 中国水利, 2004(15)25 -27.

黄河下游引黄灌区水资源开发利用与可持续发展

詹子胜　陈伟伟　曹惠提

（黄河水利科学研究院）

摘要：随着黄河水资源供求关系的紧张，黄河下游引黄灌区面临的水资源问题越来越突出。目前灌区灌溉面积逐年萎缩等一系列深层次问题，正是由于水资源问题引起的。本文分析了黄河下游引黄灌区水资源开发利用现状，针对黄河下游引黄灌区在水资源利用中存在的一系列问题，从完善灌区基础设施建设、对灌区水资源进行一体化管理、加强节水宣传、发展节水农业、培育和完善水商品市场等几个方面，提出了黄河下游引黄灌区可持发展的对策。

关键词：可持续发展　开发利用　水资源　引黄灌区

1　灌区概况

黄河下游引黄灌区是指从黄河桃花峪到入海口之间以黄河干流水量为灌溉水源的灌区。黄河下游引黄灌区始建于20世纪50年代初期。几十年来，随着社会经济的发展和沿黄两岸地区对黄河水需求的不断增长，黄河下游引黄灌溉事业得到了迅速发展，引黄灌区也不断扩大。

据统计，截至2003年底，黄河下游河南、山东两省共建成670 hm^2（1万亩）以上引黄灌区98处，设计灌溉面积357.93万 hm^2，有效灌溉面积为214.733万 hm^2，实灌面积达到197.467万 hm^2。引黄受益范围涉及豫鲁两省共18个市（地）87个县（区），受益县土地总面积达9.20万 km^2，引黄受益县总人口为5 271万。

黄河下游引黄灌区是我国重要的粮棉油生产基地，多年来在保证豫鲁两省粮棉油稳产高产方面发挥了重要作用。黄河下游引黄在保证受益范围内农业用水的同时，还为沿黄部分城市及重要工业区提供了工业和生活用水。

此外，黄河下游引黄灌区还在改善生态环境、涵养水源、净化空气、抑制水土流失、减轻风沙威胁等方面起着巨大的作用。

2　水资源开发利用现状

目前，黄河下游共建有引黄工程230处，其中引黄涵闸117处，扬水站、提灌站 110 处，虹吸 3 处。总许可取水量 101 亿 m^3，其中河南 30.5 亿 m^3，山东 70.5 亿 m^3。

2001～2003 年，黄河下游引黄涵闸年平均引黄水量 75.81 亿 m^3。引黄水量主要用于农业，少部分用于工业、人畜生活等方面。据统计，农业用水占 93.6%，工业用水占 4.9%，人畜生活用水占 1.0%，其他用水占 0.5%。

下游引黄灌区除引用黄河水外，还提用地下水和当地地表水。根据豫鲁两省《水利统计年鉴》，灌区平均每年取用水量 110.0 亿 m^3，其中黄河水 66.4 亿 m^3、当地地表水 7.6 亿 m^3、地下水 36.0 亿 m^3。黄河水、当地地表水、地下水占总取用水量的比例分别为 60%、7% 和 33%，其中河南三水比例为 50%、6%、44%，山东省三水比例为 65%、7%、28%。

由此可以看出黄河水仍是黄河下游引黄灌区的主要水源，随着黄河水资源供求关系的日趋紧张，黄河下游引黄灌区面临的水资源问题越来越突出，目前灌区灌溉面积逐年萎缩等一系列深层次问题，正是由于水资源问题引起的。在南水北调工程生效之前，目前黄河水资源可供黄河下游引黄灌区使用的水资源量不可能增加，灌区在现有的水资源条件下，只能通过挖掘自身潜能，以维持黄河下游引黄灌区的可持续发展。

3 灌区水资源开发利用存在的问题

3.1 工程设施配套差，老化失修严重，水资源利用程度不高

黄河下游引黄灌区大多是 20 世纪 50 年代末 60 年代初和 70 年代建成的，因受当时客观条件限制，投资普遍不足，建设标准偏低，灌区配套建设又一直没有跟上，至今仍有一部分灌区不能很好发挥效益。据对豫鲁两省的大型引黄灌区调查，干支渠有渗漏、险工、经常冲淤等问题的渠道长度，占其渠道总长度的约 60%，渠系建筑物完好率也仅有 35% 左右。灌溉工程的这种状况，降低了灌溉水的利用率，灌溉用水的有效利用平均约为 0.4，与黄河下游引黄灌区水资源紧缺是不相适应的，也在很大程度上影响农业生产的进一步发展。

3.2 灌区水资源管理不统一

灌区只管理引黄灌溉用水，而当地地下水资源的管理则属于当地水行政部门，造成水资源的管理不统一，导致自流区由于大量引用黄河水，地下水埋深较浅，开发利用程度很低，而在井灌提水区，由于水源紧张，大量开采地下水，造成超采，甚至有的地区形成漏斗区，致使对提高灌区水资源的利用效率有很大影响。

3.3 灌区用水计量不到位

灌区内由于工程不配套和计量设施不健全，计量体制不完善，导致灌区用水

计量不能到户,如果没有计量设施,节约用水、计划用水就成了无源之水、无本之木。供水无计量,导致工农业用水浪费严重,节水没有积极性。主管部门对灌区用水定额和节水指标没有考核,鼓励农民节约用水改善灌溉方式的政策没有出台,这些也都制约了灌区在用水管理方面的作为。

3.4 水价低于供水成本

黄河下游灌区水价尚未建立根据市场供求和成本变化及时调整的机制,水价水平远低于供水成本。尽管2000年12月国家提高了黄河下游引黄渠首的水费标准,但目前,河南省引黄灌区到户农业水费标准为0.048元/m^3,农业供水成本为0.12~0.20元/m^3,仅占成本的24%~40%;山东省引黄灌区农业平均供水成本为0.129元/m^3,平均供水价格0.050 1元/m^3,仅占成本的39%。这种农业水费标准与农业供水成本之间的差距使灌区管理单位陷入了不供水没有经济来源,供水越多亏损越大的恶性循环之中。

3.5 水费征收不到位

一方面,由于人们的水商品意识淡薄,灌区又缺乏健全的收费体系和有力的制约措施,灌区水费征收率较低。以河南省引黄灌区为例,1999年应收水费364万元,实收152万元,水费征收率为41.8%;2000年应收水费296万元,实收134万元,征收率为45.3%。另一方面,由于长期以来水费一直是作为事业性收费,没有纳入商品价格范畴进行管理,以至于征收的水费被随意挪用或减免现象严重,使灌区管理单位得不到完全的、甚至是必要的补偿,长期处于亏损状况,难以维持简单的再生产,造成工程老化失修,供水保证能力下降。

4 水资源可持续利用对策

4.1 增加投资,完善灌区基础设施建设

对灌区进行系统的续建配套与节水改造,在资金投入上要按照《水利产业政策》,实行国家补助,地方、集体、群众集资投劳的筹资形式。鼓励发展民营工程和股份制工程;同时鼓励企业事业单位和其他社会团体或个人,在灌区内投资兴建和开发经营性水利设施。建立合理的产权结构和科学完善的水利固定资产经营管理体系,形成一种多元化、多渠道、多层次的投入机制和民办水利及社会办水利的格局。从根本上改变灌区工程基础设施差的状况,为灌区水资源可持续利用打下坚实的基础。

4.2 对灌区水资源进行一体化管理

对灌区水资源进行一体化管理,改革灌区现有水资源分割管理状况,按照现代企业制度建立起产权关系明确、自主管理、自主经营、权威、高效、协调的现代化大型水资源管理实体,符合灌区水资源可持续利用的要求。加强灌区水资源

统管,对灌区水资源进行统一规划、统一管理、统一调配,分层次、分水平制定不同年份的水资源分配方案。对灌区各种水源如地表水和地下水、当地水和过境水、浅层地下水和中深层地下水的联合运用,而且要运用经济杠杆来制约,以保证得到合理、优化供水和用水。

4.3 实现水资源可持续利用必须把节水放在首位

农业是用水大户,要解决水资源不足的问题,根本出路在于大力开发规模化农业高效节水技术,逐步提高大范围农业水利用率和田间单方水的利用率。彻底改变过去遗留下来的吃“大锅水”的现象,把浇地变为浇作物,制定合理的灌溉制度,普及常规节水灌溉技术,推广各种高新技术和方法。加强节水效益向经济效益转换,建立节约用水机制,促进水资源可持续利用。

4.4 实现水资源可持续利用,宣传是关键

尽管目前黄河水资源的供需矛盾日益紧张,但对于灌区老百姓和部分领导来说,还没有真正认识到缺水对当地、对个人有什么样的利害关系,所以也就认识不到节水灌溉的重要性和紧迫性,依然按照传统的观念和方法行事,没有从全局的高度来认识节水的社会意义。因此,加强宣传势在必行。在宣传中要牢牢把握以下几点:①节约用水是我国的一项基本国策,发展节水灌溉是必由之路;②水是商品、是资源,它并非取之不尽用之不竭的,也并不是无偿使用的,它之所以有价值是因为它凝聚了物化劳动,需按经济规律运行;③宣传依法治水,贯彻落实水利法规,依法调节水事关系,对节约用水和浪费水资源的现象要有明确的奖罚制度,用行政、法律的手段管水。

4.5 培育和完善灌区水商品市场

完善的水商品市场将有利于水资源的可持续利用与水利事业的可持续发展。建立健全水商品市场,一是要理顺水价,按供水成本和水在工农业生产中的作用核定水价,用经济手段抑制用水浪费现象,促进节水工作的开展。二是要制定合理的水费征收政策,实行超计划用水加价,对超计划用水的地区和单位实行累进制水价,同时扣减下年度用水指标,对节约用水的单位进行奖励,并根据节水率的大小给予管理部门补助等。三是制定节水效益转移补偿政策。随着经济的发展和城镇建设速度的加快,工业和城镇居民生活用水大幅度增加,挤占农业用水在所难免。工业单方水产值远远高出农业单方水产值,这种经济和社会效益的转移是农业向工业化转移的必然趋势,但这种效益的转移不应该是无偿的,而应进行适当补偿。四是完善计量收费体系。五是提高水管单位的服务水平与经营能力,保证供水质量。

5 结语

实现黄河下游引黄灌区的可持续发展,是一项系统工程,必须根据黄河下游

引黄灌区的水资源、工程、自然地理、种植布局等搞好水资源的优化配置方案，注重节水灌溉和生态农业建设，做到统筹兼顾、合理规划、统一管理、统一调度；加强工农业生产结构调整，依法对水资源进行有效管理；在农业节水中，不但注重工程节水，还要注重农艺节水、生物技术节水；同时必须完善各方面的制度建设。

参考文献

[1] 王鸿燕. 河南省水资源利用现状及对策分析[J]. 中国水利,2002(7).

[2] 王自英,李会安,等. 黄河下游引黄灌区节水途径和措施分析[J]. 灌溉排水,2001,19.

[3] 沈大军,梁瑞驹,王浩,等. 水价理论与实践[M]. 北京:科学出版社,1999.

降水量的空间变异性研究

朱芮芮[1,2]　刘昌明[1,2]　苏玉杰[3]　戴向前[1,2]

(1.中国科学院地理科学与资源研究所;2.中国科学院研究生院;
3.浙江省水利河口研究院)

摘要:降水的形成和分布是一个复杂的过程,影响降水空间分布的因素包括地理因素和气象因素,目前国内外学者已经对这方面做了大量研究。依靠雨量站网的观测资料,借助一定的气候模式来推求流域降水量的空间分布是一个有益的探索。本研究基于这样的背景,选择无定河流域,依靠流域雨量站网多年的观测资料,研究流域降雨量的空间变异规律。研究表明,该流域降水量的空间变异性极强,地形和气象因素是影响其降水量空间分布不均匀的重要因素。

关键词:空间变异性　降水量　降水量的空间分布　离差系数　不均匀系数　无定河流域

1　概述

水文模型模拟计算中的误差通常来源于两个方面。一方面是模型结构、算法,这包括模型的确定与不确定性带来的误差和计算方法的误差;另一方面是输入资料的误差,这包括观测仪器误差,观测站点的疏密,空间位置,与流域要素的时空分异等引起的误差。实际情况表明,在同一气候分区或同一个流域内,降水量在不同时间、不同地点是明显变化的。流域的降水量空间分布存在明显差异,尤以干旱地区最为显著。降水是水文模型的重要输入项,降水量的空间分布是影响径流模拟精度的关键因素,而径流模拟又是研究其他水文问题的重要基础。最近20年,随着全球变化研究的兴起,景观区域、全球尺度的生态系统模型MT - CLIM、FOREST - BGC等不断被开发出来,需要空间化的降雨数据作为环境因子参数,也从另外一个方面强化了降水量信息空间化的重要性。

降水量的空间分布受气象因素和地理因素两方面影响。气象因素包括大气环流(季风)气压带等;地理因素包括比较稳定的宏观地理环境和不稳定的微观地形因素两方面。宏观地理环境因素包括地理位置因素(经度和纬度)、宏观地形因素(大地形特别是大山脉走向与总体高度、海陆分布、距海远近)。微观地

基金项目:国家自然科学基金项目(40601015)。

形因素包括局地海拔高度、坡地方位和小地形形态。另外人类活动在一定程度上也影响了降水量的分布。气象因素和地理因素等因为在空间分布上具有一定规律,故其影响降水的空间分布也有一定规律。

降水量会影响到其他的环境变量,降水量的空间模拟非常重要。降水量的空间分布研究是根据气象和水文观测站点的资料采用某一种方法用单点的降水资料推求其他点的降水。将观测站点上同一时间内实测的降水信息外推到整个研究区域的方法有统计模型法、空间插值法和综合研究法。从理论和大量计算结果看,综合法是研究降水因子空间变化的相对理想算法。

近些年来,国内外学者在这方面做了卓有成效的研究。根据有限的实测资料,考虑采样点的地理位置和采样点之间的相关性,许多学者用插值方法研究了气候要素的空间分布并取得了较好的结果。通常降水量随着高程的增加而增大。对降水的空间分布研究将海拔高度考虑到地理统计中,一些研究利用回归方程,建立降水与地形变量值如纬度、经度、大陆度、坡度坡向的回归方程。但这个方法在山区得到的精度是有限的。由 Nalder 等提出的梯度距离平方反比法中,在距离权重的基础上,还考虑了气象要素随经度、纬度和海拔高度的梯度变化,适用于大区域。Sevruk 等在小山前流域降水分布研究中考虑了风和地形的影响。Wotling 等利用主成分分析方法分析地形特征对降水分布影响的重要性,通过 DEM 建立了降水分布模式。Collinge 和 Jamieson(1968)在研究英国 Tyne 流域时指出地表面风向和地形是影响年降雨空间变化的主要因素。杨立文、石清峰等分析了风对山地雨量的影响,指出在有风的情况下,山地的雨量比平地多,迎风坡的雨量多于背风坡。傅抱璞研究了地形和海拔高度对降水的影响,指出:地形对降水的最大影响是发生在盛行风向与风向坡坡向的交角 σ 接近 0°而迎风面地形坡度 α 为 45°时,σ 越小,地形对降水的增幅越大。依靠雨量站网的观测资料,借助一定的气候模式来推求流域降雨量的空间分布是一个有益的探索。本研究选择无定河流域,在 GIS 技术的支持下,研究流域降雨量的空间变异规律。

2 流域概况和处理方法

2.1 流域概况

无定河是黄河中游河口镇—龙门区间最大的一条支流。流域内总面积为 30 261 km^2,干流全长 491.2 km,全河比降 1.97‰。水土流失面积达 23 137 km^2,占总面积的 76.5%,侵蚀模数达 8 000 t/(km^2 · a)。按地形地貌及水土流失特点,可分为风沙区、河塬梁涧区及丘陵沟壑区。流域雨量站位置分布如图 1 所示。数字高程如图 2 所示。

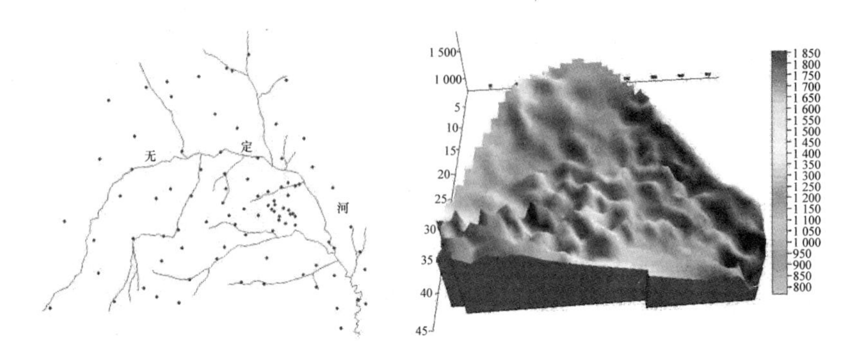

图 1　无定河流域雨量站空间分布图　　　　**图 2　无定河流域数字高程图**

风沙区位于流域北部和西北部，区内面积 16 446 km^2，占全流域面积的54.3%，其中 8 654.65 km^2 位于内蒙古伊昭盟地区，7 791.35 km^2 位于陕西省榆林地区。区内气候干燥，水系网稀少，地面起伏平缓，海拔 1 000 ~ 1 400 m。本区分布有大面积的沙漠，昼夜温差大。

河塬梁涧区位于流域西南部，区内面积3 454 km^2，占全流域面积的 11.4%。主要分布在榆林地区，海拔 1 100 ~ 1 600 m，呈梁峁状丘陵。

黄土丘陵沟壑区分布于流域东南部，区内面积 10 361 km^2，占全流域面积的 34.3%。大部分在榆林地区，约 9 650 km^2，其余 711 km^2 位于延安地区。地面坡度大于 25°的占 60%左右，海拔 612 ~ 1 400 m。

2.2　降雨空间分布不均匀性指标

无定河流域有 90 多个雨量站，近一半是 1975 年以后建立的，本研究选择其中的 79 个雨量站，根据雨量站 1980 ~ 2000 年的实测资料，应用目前分布式水文模型中广泛应用的 Thiessen 多边形法描述降水量的空间分布，并分析其影响因素。

选择流域面雨量离差系数 C_v 和流域降雨不均匀系数 η、α 三种指标来表示降雨空间分布的不均匀性。流域面雨量离差系数 C_v 为降雨特征值均方差与均值的比值，可表示不同均值系列的离散程度。C_v 越接近于 1，离散程度越大；C_v 越接近于 0，离散程度越小。流域降雨不均匀系数 η 为降雨特征平均值与最大值的比值，反映了降雨的点面折减系数，η 越接近 1，表示降雨越均匀。α 是流域最大点雨量与最小点雨量的比值。α 反映了流域内两个极端值之间的倍数关系，显示了降雨的不均匀程度。α 为 1 时表示降雨处于极均匀状态，α 越大，表示降雨空间分布越不均匀。其计算公式为：

$$C_v = \frac{1}{\bar{X}} \sqrt{\frac{\sum (X_i - \bar{X})^2}{n-1}} \tag{1}$$

$$\eta = \bar{X}/X_{max} \tag{2}$$

$$\alpha = X_{max}/X_{min} \tag{3}$$

式中：$\bar{X}$ 为流域平均雨量，mm；X_{max} 为流域的最大点雨量值，mm；X_{min} 为流域的最小点雨量值，mm；n 为雨量站数目；C_v 为流域面雨量离差系数；η 为流域降雨不均匀系数；α 为流域最大点雨量与最小点雨量的比值。

3 结果和分析

3.1 降水量的区域分布

从表1可以看出，无定河流域降水量空间变异性非常大，C_v 随着 η 的减小而增大，随着 α 的增大而增大，C_v 与相关系数是0.87，C_v 与的相关系数是0.92。风沙区降水量的空间分布最不均匀，其中西北部的降水量是最小的，点雨量的最大值与最小值的比值达到了1.5；其次是黄土沟壑区，点面折减系数 η 为0.836；河塬梁涧区降水量空间分布较均匀，降雨量变差系数是0.059，点雨量的最大值与最小值的比值达到了1.173。在这三个分区中，风沙区的降水量是最少的，尤以西北部最少，属于干旱地区；在河塬梁涧区和黄土沟壑区均存在一个暴雨高值区。尤其是黄土沟壑区在夏季经常发生强度大、历时短的大暴雨，并伴有大风天气。从总体来看，整个流域的降水量呈明显的东南向西北递减趋势。西北部是降水低值区，年降水量是250 mm，东南部是高值区，年降水量是430 mm。

表1 降水量空间分布不均匀性指标统计表

分区	C_v	η	α
风沙区	0.118	0.795	1.538
河塬梁涧区	0.059	0.919	1.173
黄土沟壑区	0.103	0.836	1.476
无定河流域	0.124	0.801	1.731

3.2 降水量空间分布的影响因素分析

雨量站所测的雨量受高程、坡向、水汽来源的影响，会表现出很大的差异性。坡面风速大小、风向与迎风坡正交程度和山坡陡平决定了气流的上升运动速度，从而影响了降水。风速大，风向与山脉迎风坡交角愈大时，气流的辐合抬升作用愈大，则迎风坡多成为“雨坡”，背风坡则成为“雨影”。山脉走向与盛行气流平行或交角很小时，则山脉两侧的降水量相差较小。坡度的大小可加强或减弱气象因素的作用，增加或减少降水的流失，影响排气的速度。

无定河流域在地势上是西高东低。气候属于大陆性季风气候，风沙大，旱、洪、雹、冻灾害频繁，十年九旱。受降水气团的影响，冬春之际降水量甚少，夏季雨水增多。

该流域降水量与海拔高度之间呈较弱的相关性：河塬梁涧区二者的相关系数为0.35，风沙区为0.2，黄土沟壑区为0.41。在河塬梁涧区，降水量随着海拔高度的增加而增大，另外两个区域则相反（如图3所示）。表2只列举了河塬梁涧区代表性雨量站的地形因子和其多年平均雨量。在同一个分区中，同一高程处，由于坡向的不同，降水量也不相同，迎风坡大于背风坡。西北坡、西坡、北坡和东坡的降水量要小于西南坡、南坡、东南坡。这是由于受到来自西太平洋和印度洋的水汽影响，当盛行西南季风时，西南坡的降水量要高于其他坡，当盛行东南季风时，东南沿海的暖湿气团就会更多地影响东南部，使得东南坡的降水量高于其他坡向。同一坡向，随着海拔高度的抬升，降水量也呈增加趋势。因此，整个流域形成了西南部和东南部两个暴雨集中高值区。

表2　部分雨量站地形因子与多年平均雨量统计

站名	经度(°)	纬度(°)	高程(m)	雨量(mm)	坡向	分布区域
白狼城	109.329	37.404	1 157	352.634	东	河塬梁涧区
青阳岔	109.212	37.371	1 289	402.886	西南	河塬梁涧区
阳克浪湾	109.129	37.254	1 314	368.143	东北	河塬梁涧区
毛团库伦	108.512	37.604	1 350	350.572	北	河塬梁涧区
林湾疙坨	108.979	37.287	1 379	345.715	南	河塬梁涧区
刘家峁	109.012	37.487	1 407	343.396	东	河塬梁涧区
新城	108.646	37.271	1 467	381.592	南	河塬梁涧区
羊羔山	108.546	37.421	1 524	386.963	南	河塬梁涧区
天赐湾	108.879	37.337	1 528	397.381	东	河塬梁涧区
胡尖山	108.179	37.237	1 575	372.301	东南	河塬梁涧区

总的看来，该流域的降水量空间变异性较大，古长城以北降水量明显小于古长城以南。这是由于在流域的北部和西北部分布有大面积的沙漠，地面起伏平缓，而古长城以南地面起伏较大，海拔高度西南部超过西北部，距离海洋较近，流域受西太平洋副热带高压和印度低压影响，盛行东南、西南季风，潮湿的海洋气团带来大量水汽，导致雨水增多。因此，其影响降水量的因素既有气象因素也有地理因素。

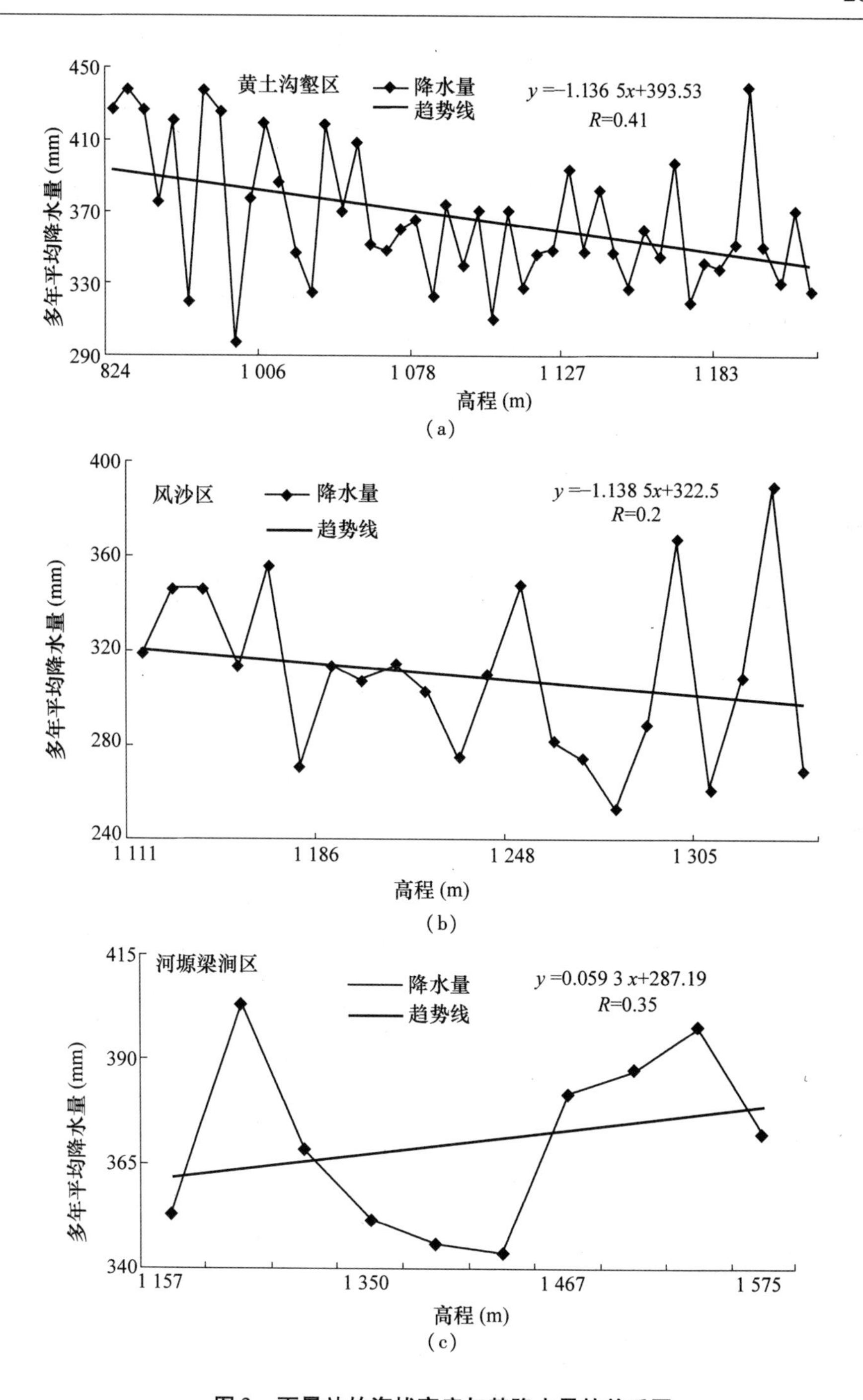

图 3　雨量站的海拔高度与其降水量的关系图

4 结论

雨量站的地形、距离海洋的远近和区域气象因素影响了区域降水量的空间分布。无定河流域地形复杂,根据研究需要将流域分成3个区域,研究表明地形因素和气象因素决定了其降水量的空间分布状况:同一高程处,不同的坡向处降水量也不相同,迎风坡的降水量大于背风坡;同一坡向,随着海拔高度的抬升,降水量也呈增加趋势。整体来讲,流域降水量的空间分布极其不均匀,东南多西北少,最大点雨量是最小点雨量的1.73倍,降水量变差系数达到了0.12。

雨量站在一定程度上表现了降水量的空间分布,由雨量站的实测资料来研究区域降水量的空间分布是不够的。因为雨量站布设的位置、密度都在一定程度上影响了降水量空间分布的研究。应当加强对流域降水量空间分布描述方法的研究。如将由雷达和遥感获取的降雨面信息与地面雨量站的降雨点信息相结合以确定降雨空间分布,应是未来的发展方向。

参考文献

[1] Running, S. W., et al. Extrapolation of synoptic meteorological data in mountainous terrain and its use in simulating forest evapotranspiration rate and photo synthese[J]. Canadian Journal of Forest Research,1987,17:472-483.

[2] Band, C. Forest ecosystem processes at the watershed scale: Basis for distributed simulation [J]. Ecological Modelling,1991,56:171-196.

[3] 梁天刚,王兮之,戴若兰.多年平均降水资源空间变化模拟方法的研究[J].西北植物学报,2002,20(5):856-862.

[4] Kurtzman, D., Kadmon, R. Mapping of temperature variables in Israel: a comparison of different interpolation methods[J]. Clim. Res., 1999, (13):33-43.

[5] Oliver, M. A., Webster, R. Kriging: a method of interpolation for geographical information systems[J]. Int J. Geogr. Inform. Syst., 1990, 4(3):313-332.

[6] Philip, G. M., Watson, D. F. A precise method for determining contoured surfaces[J]. J. Aust. Petrol. Explor. Assoc., 1982, 22, 202-212.

[7] Mitas, L., Mitasova, H. General variational approach to the interpolation problem[J]. Comput. Math. Applic. 1988, 16 (12), 83-992. Great Britain.

[8] Smith, R. B.. The influence of mountains on the atmosphere[J]. Adv. Geophys. 1979, 21, 87-230. Academic Press.

[9] Spreen, W. C. A determination of the effect of topography upon precipitation. Trans. Am. Geophys. Union[J]. 1947, 28, 285-290.

[10] Martinez-Cob, A. Multivariate geostatistical analysis of evapotranspiration and

precipitation in mountainous terrain[J]. J. Hydrol. ,1996,174(1 -2):19 -35.

[11] Prodhomme, C. , Duncan, W. R. Mapping extreme rainfall in a mountainous region using geostatistical techniques: a case study in Scotland[J]. Int. J. Climatol, 1999,19(12): 1337 - 1356.

[12] Goovaerts, P. Geostatical approaches for incorporating elevation into the spatial interpolation of rainfall[J]. J. Hydrol, 2000, 228:113 - 129.

[13] Basist, A. ,Bell, G. D. Meentenmeyer, V. Statistical relationships between topography and precipitation patterns[J]. J. Clim. , 1994,7(9):1 305 - 1 315.

[14] Goodale, C. L. , Alber, J. D. , Ollinger, S. V. Mapping monthly precipitation, temperature and solar radiation for Ireland with polynomial regression and digital elevation model[J]. Clim. Res. , 1998, 10:350 - 49.

[15] Ninyerola, M. , Pons, X. , Roure, J. M. A methodological approach of climatological modeling of air temperature and precipitation through GIS techniques[J]. Int. J. Climatol, 2000,20(14): 1 823 - 1 841.

[16] Wotling, G. , Bouvier, Ch. , Danloux, J. , Fritsch, J. - M. Regionalization of extreme precipitation distribution using the principal components of the topographical environment [J]. J. Hydrol, 2000,233:86 - 101.

[17] Weisse, A. K. , Bois, P. Topographic effects on statistical characteristics of heavy rainfall and map ping in the French Alps[J]. J. Appl. Meteorol,2001,40(4):720 - 740.

[18] Daly, C. , Neilson, R. P. , Phillips, D. L. A statistical topographic model for mapping climatological precipitation over mountainous terrain[J]. J. Appl. Meteorol, 1994, 33,2.

[19] Nalder, I. A. , Mein, R. W. Spatial interpolation of climate normals test of a new method in the Canadian boreal forest[J]. Agric Meterol, 1998,92:211 - 225.

[20] Sevruk, B. , Nevenic, M. The geography and topography Effects on the areal Pattern of Precipitation in a small prealpline basin[J]. Wat. Sci. Tech. ,1998,(37):163 - 170.

[21] 杨立文,石清峰. 风对山地雨量的影响[J]. 水文, 1997,(6):44 - 48.

[22] 傅抱璞. 地形和海拔高度对降水的影响[J]. 地理学报, 1992,47(4):302 - 314.

华北平原地下水压采方案研究

唐克旺[1] 陈桂芳[2] 李原园[3] 侯 杰[3]
姚建文[2] 唐 蕴[1] Nicolò Moschini[4]
(1. 中国水利水电科学研究院水资源研究所;2. 水利部南水北调规划设计管理局;
3. 水利部水利水电规划设计总院;4. SGI 工程咨询公司,意大利帕多瓦)

摘要:南水北调受水区是我国地下水超采最严重的地区。南水北调工程为解决当地地下水超采问题,提供了良好的历史机遇。本文根据水利部南水北调(东、中线)受水区地下水压采方案编制工作的成果,介绍了受水区地下水超采状况、地下水压采面临的困难和问题以及今后需要采取的对策和措施。

关键词:南水北调 受水区 地下水超采

1 概述

南水北调是我国跨世纪的重大战略工程,是实现我国水资源空间调配的重大举措。工程的主要目的是缓解华北地区的供水紧张状况,减少地下水超采量,修复当地的生态环境。

受水区涉及京、津、冀、鲁、豫、苏 6 省(区),面积 23 万多 km^2,涉及 38 座地级及其以上城市、245 座县级市(区、县城)和 17 个工业园区。受水区属半湿润季风气候区,受大气环流的影响,具有春季干旱多风、夏季炎热多雨、秋季晴朗凉爽、冬季寒冷干燥的特点。年平均降水量自南向北递减,河南南部最高达 800 ~ 900 mm,河北平原中部最低仅为 450 ~ 500 mm。降水量年际变幅大,年内分配很不均匀,丰枯水年最大和最小降水量相差 2 ~ 3 倍,汛期降水量占全年的 60% ~ 80%。

受水区水资源的主要特点是水资源总量少、降水时空分布不均、经常出现连续干旱和枯水年,近 20 年,当地水资源量出现明显衰减的趋势。受水区水资源总量为 430 亿 m^3,人均水资源量为 288 m^3。河北省人均水资源量仅为 144 m^3。总体上,受水区水资源短缺,多年来,一直依靠地下水超采维持供水,产生了很多严重的生态环境问题,制约着当地的可持续发展。

2 超采区分布

2.1 浅层地下水超采区

2003 年,受水区浅层地下水超采面积为 5.77 万 km^2,占受水区总面积的 24.75%。其中,河北东部平原浅层地下水很大一部分为咸水,开发利用很少。因此,河北省如果扣除东部平原近 2 万 km^2 的咸水(矿化度大于 2 g/L)分布区,实际超采区面积占浅层淡水分布区面积 70% 左右,几乎全部处于超采状态。

按照超采的严重程度,划分为一般超采和严重超采两个等级。受水区浅层地下水一般超采区总面积占受水区面积的 14.03%;严重超采区占受水区总面积的 10.72%。超采面积占受水面积比例较大的地区是北京和河北。

2.2 深层承压水超采区

2003 年,受水区深层承压地下水超采区总面积为 7.37 万 km^2,大于浅层超采面积,深层超采区面积占受水区总面积的 31.6%。天津市深层地下水基本上都处于超采状态;河北省深层超采占 1/2 以上,山东省占 1/3 左右,江苏和河南深层地下水超采面积占受水区面积比例不大。

按照超采等级,深层承压水一般超采区总面积为 1.72 万 km^2,占受水区总面积的 7.38%,严重超采区总面积 5.65 万 km^2,占受水区总面积的 24.23%。可见,深层地下水不仅面积大,而且严重程度要超过浅层地下水,尤其是天津、河北和山东 3 省(区)。

3 超采区地下水开发利用状况

3.1 浅层超采区地下水开发利用

受水区浅层地下水超采区内,现状地下水实际开采量总计 137.5 亿 m^3,可开采量 81.4 亿 m^3,超采量为 56.1 亿 m^3。超采量主要集中在河北省(见表 1),占 2/3 左右。浅层地下水开采井总数达 79 万眼。

表 1 浅层超采区地下水开采状况

省级行政区	实际开采量(亿 m^3)	可开采量(亿 m^3)	超采量(亿 m^3)	各省超采量占总超采量的比例(%)
北京市	23.00	17.20	5.80	10.34
天津市	—	—	—	—
河北省	74.00	37.00	37.00	65.95
河南省	21.30	12.00	9.30	16.58
山东省	19.20	15.20	4.00	7.13
江苏省	—	—	—	—
总计	137.50	81.40	56.10	100.00

超采区地下水开采量在各部门的分布情况是:城市生活 11.4 亿 m^3、农村生活 8.5 亿 m^3、工业 19.1 亿 m^3、农业 98.5 亿 m^3,相应所占比例分别是 8.29%、6.18%、13.89%、71.64%,各省情况见表 2。

表 2　浅层超采区地下水利用情况

省级行政区	城市生活		农村生活		工业		农业		总开采量(亿 m^3)
	开采量(亿 m^3)	比例(%)	开采量(亿 m^3)	比例(%)	开采量(亿 m^3)	比例(%)	开采量(亿 m^3)	比例(%)	
北京市	4.90	21.30	2.30	10.00	4.10	17.83	11.70	50.87	23.00
天津市	—	—	—	—	—	—	—	—	—
河北省	3.90	5.27	3.60	4.86	8.50	11.49	58.00	78.38	74.00
河南省	2.00	9.39	1.40	6.57	3.70	17.37	14.20	66.67	21.30
山东省	0.60	3.13	1.20	6.25	2.80	14.58	14.60	76.04	19.20
江苏省	—	—	—	—	—	—	—	—	—
总计	11.40	8.29	8.50	6.18	19.10	13.89	98.50	71.64	137.50

总体上农业是浅层地下水超采区内的主要地下水用户,其中河北省的农业开采占 78.38%,山东和河南农业用水比例也很高。这种以农业为主要开采部门的用水结构,为地下水压采带来了严重的制约。

3.2　深层超采区地下水开发利用

从资源保护的角度,深层承压水宜作为战略储备资源,不应作为日常开采的常规水源。但超采区内水资源严重短缺,为了维持生活和生产,开采承压水不可避免。但从长远发展来看,宜将深层承压水作为储备性资源,日常开采仅限于生活用水或少量工业用水。为此,河北、天津、江苏确定了一个相对保守的深层承压水可开采量。

深层超采区地下水现状实际开采量总计 42.72 亿 m^3。开采量在各部门的分布情况是:城市生活 3.34 亿 m^3、农村生活 4.08 亿 m^3、工业 11.85 亿 m^3、农业 23.45 亿 m^3,相应所占比例分别是 7.82%、9.55%、27.74% 和 54.89%。其中,河北省农业开采的深层地下水占其总深层开采量的 67%。全超采区深层地下水开采井近 13 万眼。

3.3　超采引起的生态环境问题

南水北调(东、中线)受水区内,水资源供需矛盾尖锐,当地长期依靠地下水超采维持社会经济的发展。由于地下水超采,引发了一系列生态环境问题。

(1)土地沉陷。由于水资源严重短缺,开采地下水是解决供水问题的重要途径。据统计,现状超采区内近百万眼深浅层井大范围地开采地下水,形成了以北京、石家庄、保定、邢台、邯郸、唐山等城市为中心的大面积浅层地下水漏斗区和以天津、衡水、沧州、廊坊等城市为中心整体连片的深层地下水漏斗区。

由于深层地下水过量开采,地面下沉现象十分普遍。在天津、唐山、保定、衡水、石家庄、邯郸、邢台等城市出现20多处地面下沉,有的出现200多条大裂缝,有的最大沉降已达3 m左右,还有的已沉降到海平面以下。据报道,至1995年,海河东部地面沉降量大于200 mm的面积达4.94万km^2以上。仅天津地区累计沉降量大于300 mm的面积达1万km^2以上。地面沉降对当地土地、基础设施、防洪安全等构成严重威胁。

(2)湿地减少和消失。20世纪50年代初,天然湿地在海河平原广泛分布。白洋淀、衡水湖、七里海、大港、永年洼等湖泊密布、湿地连片,洼淀状况基本上维持在自然水平上。根据有关资料显示,当时海河流域的湿地面积约为1万km^2,基本形成了白洋淀、文安洼等3大洼淀群。从天津坐船、经河北一直可抵达河南安阳,到处都是湖泊湿地。但到目前,河北省曾经拥有的3 100 km的航运里程已接近于0。

20世纪60年代初~70年代末,海河流域湿地开始逐步消亡。20世纪50年代,流域内白洋淀等12个主要湿地面积共有3 801 km^2,到21世纪初,这一数字已经下降到538 km^2,减少了5/6。湿地减少与地表水用水增加有直接关系,但地下水过量开采导致地下水和湿地及河道之间相互补给的调节能力受到破坏也是重要原因。平原湿地的减少和河道的断流使得用水更加依赖于地下水,形成恶性循环。

(3)海水入侵。由于地下水超采,许多城市滨海地带出现海水向淡水含水层入侵问题。据有关报道,1991~1993年间,辽宁、河北、山东等省沿海各县(市、区)112个乡(镇)存在着不同程度的海水入侵,入侵面积1 434 km^2,海水入侵区大面积耕地盐碱化,灌溉面积减少,群众饮用海水入侵的地下水,健康受到影响。

4 压采条件分析

地下水压采的条件包括是否有充足的替代水源,另外,新增水源是否能优先用于地下水替代,而不是被新用户所利用和消耗。

4.1 替代水源组成

地下水压采的替代水源是指专门用于替代地下水超采区内地下水开采量的水源,包括当地地表水、南水北调水、再生水、雨洪水、海水综合利用等。

受水区长期依靠超采地下水来维持社会经济的发展，主要原因是水资源短缺，当地地表水已经开发过度。因此，替代水源主要是来自南水北调工程直接供水以及间接的水量，如污水回用。随着南水北调工程的建设和水源配置格局的改变，当地地下水压采的替代水源主要包括南水北调直接替代水量和间接替代水量两部分。直接水量为直接供给地下水用户的南水北调水，间接替代是新增污水回用量和城市返补农村的地表水量。另外，还有一些微咸水、海水综合利用等可作为替代水源，但水量很小。

本次地下水压采方案编制仅考虑东、中线一期工程的受水区。

4.2 替代水源水量

根据各省受水区水源状况和压采需求，结合水资源综合规划提出的水资源配置方案，提出了可用于地下水压采的替代水源水量。

近期各省基本没有南水北调水可用于替代。中期可有48.1亿m^3的水量用于替代超采，远期有58.6亿m^3。除了南水北调水直接替代量外，由新增污水回用量和城市返补农村的地表水转换量等构成的间接替代还有很大一部分(见表3)。

表3 6省(市)不同时期地下水压采的替代水量 (单位:亿m^3)

省级行政区	2010年	2015年	2020年
北京市	1.25	5.04	4.13
天津市	0	1.12	3.05
河北省	6.40	27.21	33.40
河南省	0	8.78	9.96
山东省	0.01	4.93	6.89
江苏省	0.72	1.00	1.21
总计	8.38	48.08	58.64

尽管南水北调水量总体上大于受水区超采量，但省际间不平衡，导致地下水压采不可能全面实现最终目标。河北省存在很大的压采缺口。由于地域的局限，农村地区很难直接利用南水北调水作为替代水源，而仅能够用其回用于农业的污水以及城市返补农村的部分水量。农业用水比例大、超采量也大的河北省就面临替代水源水量不足的问题。

从替代水源的组成上看，城市95%的替代水量来自南水北调水量，而农村地区则呈现多样化的水源特征，包括南水北调、当地地表水、中水回用等。

5 压采量确定

在综合考虑地下水超采量、替代水源条件、供需状况的基础上，各省研究提出了不同水平年的地下水压采量，见表 4。

表 4 各省不同水平年地下水压采量和压采程度结果

省级行政区	总超采量（亿 m^3）	压采量（亿 m^3）			压采程度（%）			远期缺口（亿 m^3）	缺口分配（%）
		近期	中期	远期	近期	中期	远期		
北京市	5.80	1.20	6.50	5.00	20.69	100.00	86.21	0.80	2.55
天津市	1.75	0	1.12	3.05	0	64.04	100.00	0	0
河北省	61.31	3.37	27.18	33.40	5.49	44.33	54.47	27.91	89.05
河南省	16.30	0	10.01	11.44	0	61.38	70.17	4.86	15.51
山东省	6.43	0.01	4.93	6.89	0.16	76.65	100.00	0	0
江苏省	0.72	0.72	0.95	1.19	100.00	100.00	100.00	0	0
合计	92.31	5.30	50.69	60.97	5.74	54.91	66.04	31.34	100.00

从表 4 可见，远期受水区总压采 61 亿 m^3，压采了 66%，还有 34% 的剩余超采量。这些压采缺口有 89% 位于河北省。

从城乡来看，城市压采目标基本全面实现，但农村地区的压采难度大，是压采的主要缺口分布地区。

南水北调通水后，受水区地下水超采状况将得到极大的缓解。在工程完全达效后，现状超采量将被压缩 66%，当地长期持续超采地下水的局面将得到很大的转变：城市地下水超采状况得到根本的扭转，北京、江苏、天津等城市地区的地下水得到明显的修复，地下水位将得到有效提升。

受水区中农业是地下水开采和超采的主要大户，浅层超采区地下水总开采量中 71.64% 用于农业，深层承压水超采区中，有 54.89% 的开采量用于农业。受替代水源及农业用水水价的制约，农村地区地下水压采任务将十分艰巨，需要长远考虑农业用水和节水问题。

6 关键问题

6.1 农村地区压采问题

根据本次地下水压采方案的编制，农村地区地下水压采面临巨大的困难，主要原因是农业开采比例高，而农业又很难寻求到新水源。南水北调是直接供给城市的，农村地区压采只能以新增的污水量、城市返补农村的地表水以及其他少量非常规水作为替代水源。例如，河北省农业是造成地下水超采的主要用户，超采区浅层地下水开采量中,有78%是农业开采;超采区深层地下水开采量中,有67%的开采量用于灌溉。这样,在农村地下水压采中,面临着水源不足的问题,污水回用受农业用水季节性和调蓄能力不足的影响,也难以大规模利用。

为了根本解决农村地区地下水压采问题,应该采取综合的有针对性的措施。首先是继续加大节水力度,尤其是通过农业产业结构调整来实现节水。其次是在南水北调供水价格方面,要研究制定公益性用水价格,让农业能够利用南水北调工程的余水补给地下水或直接利用。

6.2 生态用水和农业用水的联合运用

按照南水北调工程总体规划,这个工程属于战略性工程,要解决的是华北地下水长期超采和地表水生态系统严重退化问题。为了实现这些战略目标,需要制定公益性供水政策。在适当的时候,为河道、湿地进行生态补水。这些生态水在农业用水高峰期可以作为地下水的替代水源。这样,南水北调工程就发挥了农业供水、生态补水和地下水恢复的多重功效。

生态补水和农业用水一样,要在水价机制、供水成本和经济分析方面制定系统配套的政策。

参考文献

[1] 张国良,许新宜. 南水北调工程总体规划的基本特点[J]. 南水北调与水利科技,2003,1(1):11-13.

[2] 张福存,安永会,姚秀菊. 地下水调蓄及其在南水北调工程中的意义[J]. 南水北调与水利科技,2002,23(3):15-17.

[3] 孙蓉琳,梁杏. 利用地下水库调蓄水资源的若干措施[J]. 中国农村水利水电. 2005,(8):33-35.

[4] 毕守海. 全国地下水超采区现状与治理对策[J]. 地下水. 2003,(25)2:72-74.

[5] 张光辉. 海河平原东部地区地面沉降机理与趋势//中国地质灾害与防治学报[J]. 2005,16(1):13-17.

[6] 倪深海,郑天柱,徐春晓. 地下水超采引起的环境问题及对策[J]. 水资源保护[J]. 2003,19(4):5-6.

[7] 唐克旺,侯杰,唐蕴. 中国地下水质量评价(Ⅰ)——平原区地下水水化学特征[J]. 水资源保护,2006,22(2),1-5.

非洲跨国界水资源管理

Luke ONYEKAKEYAH

(尼日利亚拉各斯市《卫报》编辑部)

摘要:近30年来,非洲人均可用淡水资源的显著减少,促使我们反省:究竟采取何种程度的管理可以确保持续利用共享水资源。为了满足各自国内的用水需求,近段时间,一些国家在公共水的分配问题上产生冲突。河流沿岸国家对水资源的共享成为地区紧张局面的潜在因素,例如尼罗河与介于尼日利亚和卡麦隆之间的巴卡西半岛。许多案例表明,非洲大多数水系处于紧张状态,使得这一潜在趋势有可能爆发为公开的武装冲突。

本文的目的是通过对经验信息的调查和收集,从现有的共享水资源方面文件和相关资料评价中提取相关的案例和参考。这一研究重点以赞比西河为例,并基于以下准则:

(1)赞比西河流经非洲南部的干旱地区,穿越8个国家。在当地,水资源能看作是社会经济发展中解决一切问题的基础。

(2)赞比西河是非洲最发达的流域之一,因此可以从水资源管理应用上吸取更多的经验和教训。

(3)赞比西河为大约700万人口提供了饮用水和生活用水,成为非洲最大的并且是最重要的水源之一。

(4)赞比西河被南非发展共同体在亚区水资源开发上称为首要议程。

赞比亚和津巴布韦两个国家是除8国之外共同分享水资源的国家,在那里我们进行了调查。为了得到该国详细的数据,将问卷寄到该国经过筛选的专家手中。另外,还从已出版的资料和文件的文献查询中获得了进一步的信息。通过资料分析可知,非洲主要淡水资源的紧张源于多种因素,包括干旱、土壤侵蚀和泥沙、人口的快速增长、工业污染、农业的商业性生产、采矿活动和水电开发等。为了解决这一问题,管理和控制行动已经在社区间、国家和地域层次上发起。我们针对管理的过程提出了一些措施和建议来保持其可持续性。

关键词:跨国界 水资源 非洲 赞比西河

1 简介

非洲有54个跨国界的流域系统,例如尼罗河,尼日尔河,刚果河,塞纳哥河,桔河,林波波河和赞比西河等。那些流经七八个国家的河流要通过国际合作来共同管理和使用水资源。这些共享的水资源跨越国界在为人们提供服务的同时,往往也成为用水国家之间冲突和争端之源。这就要求研究这些国际水域的使用、过度利用、争议以及在管理中国际间合作开展到何种程度等问题。本文试图在非洲跨国界水系统管理上做出相关评价。

非洲的年平均降雨量约为 670 mm,但由于受季风和气压等气候因素的影响,地区之间存在着很大差异。最大降雨发生在沿赤道带地区,特别是尼日尔三角洲和刚果流域。西海岸的塞拉利昂、利比里亚和马达加斯加等国,在北纬 18°附近,年均总降雨量超过 2 000 mm,而地中海沿岸的摩洛哥、阿尔及利亚及突尼斯等的降雨量约为 1 000 mm。

赤道南端的降雨分布更为复杂。例如,在赤道和南回归线之间降雨由北向南递减,再往南,则由东向西递减。在湿润的热带,通常全年降雨都很多,而在亚热带半干旱地区,则是季节性降雨而且会经常性发生干旱。在沙漠地区,降雨量变化在 40% 以上,而在热带地区,则不到 15% 。因此,沙漠地区干旱,全年缺水。气候的变化影响着非洲的径流特征。潮湿的中西部有充足的径流量。相比较而言,非洲大陆的总径流量比陆地面积仅为它 80% 的北、中美洲还少。年均约 570 mm 的高蒸发率,使降雨的作用大大减小,导致河流呈明显的季节性。据恩德斯和麦哈斯坦统计,非洲河川年总径流量为 $4.2 \times 10^{12}\ m^3$,总基本径流量约为 $2.1 \times 10^{12} m^3$。仅刚果流域就占河川总径流的 50% 还多。人们引用年径流量的 3% ,但只需要总基本径流量的 0.5% ~1% 或至多每年 $1.06 \times 10^{10} m^3$ 的流量来满足所需。径流的主要特点是季节性变化,这影响着水资源的利用和管理方式的运用。

2 研究的目的和范围

水资源已成为世界范围内关注的重要事务。在非洲,水问题无论在数量上还是质量上都异常重要。10 年前,河流水量还能够满足人们所需,但很快,水资源已不能满足个人所需(Onyekakeyah, 1996)。在这一情况下,本研究的实施主要为达到以下目标:

(1)以赞比西河为具体实例,来评估非洲国际河流的资源价值;

(2)确定影响水资源开发的因素;

(3)对过去、现在和将来对提高水资源利用率所采取的措施进行评价;

(4)提出非洲国际河流管理的方案和建议。希望此研究可为参与边界河流共用水资源的决策者提供借鉴,以通过制定合理有效的水管理措施来作出更科学明智的决策。

在非洲的多个国际水流域中,此研究专注于赞比西河流域并基于以下准则:

(1)赞比西河是非洲第四大流域系统,流经南部非洲的干旱地区,水作为关键物质,被认为是地区社会经济发展中所面临的一切问题的根本所在。

(2)赞比西河是非洲开发程度最高的流域之一,因此可以从中学到更多的经验和教训。

(3)赞比西河供养着约7 250 000人口,是非洲人们赖以生存的重要的水源。

(4)赞比西河被列为南非发展共同体在亚区水资源开发的首要议程。

本文主要研究解决以下几个问题:①赞比西河水资源价值的组成元素;②有哪些因素影响水资源开发;③在国际层次上采取的管理措施多大程度上加强了流域系统的开发;④怎样加强水资源的优化利用。

本文通过这些问题来探讨有关跨国淡水资源的利用管理。河流沿岸国家共享的水资源将成为国际紧张和冲突的热点,例如尼罗河水系和巴卡诗·帕尼苏拉河上的尼日利亚和卡麦隆。已有的证据表明,非洲日益紧张的水资源无论在数量上还是在质量上正威胁着水源的持续供应。如果不采取及时的措施,这一紧张局势有可能演变为公开的武装冲突。因此,很有必要对这一重要事务进行更深入研究和加强政治方面的认识。

3 赞比西河水系

赞比西河是南非重要的流域。它发源于赞比亚西北部的中非高原,在津巴布韦注入莫桑比克海峡,流经安哥拉、博茨瓦纳、马拉维、莫桑比克、纳米比亚、坦桑尼亚、赞比亚和津巴布韦等8个国家,全长2 560 km。从北流向南的喀辅埃和卢安哇两大河也属于赞比西河流域。赞比西河冲积平原是这一带最低的部分,海拔约300 m。南非的主要流域水系见表1。南非大部分处于干旱地区,由于降雨在时空上的分布不足,使这一地区遭受着干旱的侵扰。水资源管理的改善对于地区经济的发展起着重要的作用,对人民生活水平的提高和社会的可持续发展有着积极影响。特别是赞比西河对这一地区的发展尤为重要。

表1 南非的主要流域水系

水系	用水国家	用水人口
赞比西河	安哥拉、博茨瓦纳、马拉维、莫桑比克、纳米比亚、坦桑尼亚、赞比亚和津巴布韦	7 250 000
拯救河	莫桑比克、津巴布韦	5 250 000
林波波河	博茨瓦纳、莫桑比克、津巴布韦	5 485 257
喀辅埃河	赞比亚	2 000 000
欧肯凡哥河	博茨瓦纳	235 257
卢普拉河	赞比亚	2 000 000
桔河	莱索托、南非	1 625 000
卡瑞巴河	赞比亚、津巴布韦	4 250 000
坦噶尼喀	坦桑尼亚、津巴布韦	6 250 000

注:来源于 Onyekakeyah, 1996。

4 数据收集的计划和方法

对引用赞比西河水的赞比亚和津巴布韦两国进行了两周的研究调查，目的是获取有关赞比西河在非常及通常情况下区域水资源管理的详细数据。赞比西河管理局的总部在赞比亚的首都卢萨卡。对以下机构进行了拜访：

- 位于赞比亚卢萨卡的水务局(DWA)；
- 位于卢萨卡的社会管理与监督部（CMMU-DWA)；
- 位于卢萨卡的赞比亚人居办公室；
- 位于卢萨卡的赞比亚野生动植物联合体；
- 位于津巴布韦哈拉雷的水资源发展局；
- 位于哈拉雷的津巴布韦环境科研所(ZERO)。

这些水管理当局、政府部门及非政府组织提供了大量已发表的成果。调查问卷分发到我们选出的专业人士手中，回答者只需回答事先准备好的选择性问题。这一方式为我们的项目调查提供了第一手资料。我们在这2个国家的公共图书馆进一步地搜集了资料，通过阅读和分析来弥补和公务人员、专业人士、研究者及非政府组织所获得的现场数据的不足。所有获得的数据都经过系统地分析并为本文的研究打下了基础。

5 管理措施

5.1 社区行动

分别来自赞比亚和津巴布韦的2个个案研究给了水资源实行社会管理举了个例子。作为社会自助方式，他们展示了当地人们怎样摆脱官方的官僚作风而自主负责提供水源的。

5.1.1 赞比亚堪亚玛供水工程

堪亚玛社区在卢萨卡市远水而居，在1988年建设供水项目之前，当地居民依靠手挖井来取水。后来他们感觉到需要管道来供水，于是向卢萨卡市议会提出这一想法，但议会没有资金去支持这一项目。结果，出于堪亚玛社区的迫切需要，非政府组织——赞比亚人居组织接手了这一任务，英国水援助项目为赞比亚人居组织提供了所需资金。该工程自1987年开始建设，1989年竣工。工程由堪亚玛社区的领导层、赞比亚人居组织成员和来自卢萨卡市区议会的人员共同进行规划。工程的实施完全由社区来负责，人居组织仅提供协助，如为社区提供工程监护和维护的原则等。其他的参与者如安装变压器设备的赞比亚供电公司和负责日常维护的卢萨卡供排水公司。工程的建成永久地解决了这一地区的供水问题。目前社区的人们正享用着正常的水供应。

5.1.2 津巴布韦凯沃泰首供水工程

凯沃泰首供水工程的建设要追溯到1984年。当时塞科社区决定,要建设一个供水项目作为庞大的蔬菜种植项目的一部分,目的是为居民日常生活,花园及果树的灌溉提供足够的水量(Mashongamhende, 1991)。这一由妇女社团协会发起的项目将为居民带来更多收入。1987年,协会得到了非洲国际环境联络中心的援助,它帮助妇女们挖井并安装手摇泵。在妇女社团协会成员的技术指导下,妇女们当年就完成了项目的实施。机井使项目的受益者能够整年种植多季蔬菜,增加了收入,提高了生活水平。

5.2 国家的行动

5.2.1 赞比亚政府努力提高水行业的绩效

在充分认识到长期提高水行业的执行能力和吸引国外投资的重要性后,赞比亚政府于1993年设立了跨部委的项目协调小组(PCU)。此项目协调小组由提供水及卫生服务的机构人员组成,参与整个水行业的政策制定,在供水及卫生行业的改组方面为政府提供建议。它的任务包括:

- 提出供水及卫生行业改革方针;
- 界定供水及卫生行业的部门及组织的职责;
- 确定和推荐水行业需要改革的地方及改组方案;
- 为供水及卫生设施规划、建设及维护提出创造性的架构;
- 激励和优化援助者的支持;
- 为加强供水及卫生行业各机构的职责提出改进措施。

通过具体执行机构水行业发展部的工作,项目协调小组已经提出了水行业改组的政策性方案,并提交议会批准。水行业将来的改革方案为:

- 项目协调小组转变为国家水事及卫生委员会;
- 成立委员会所属的地方公司,与地方政府和安居部配合,帮助解决城镇附近地区供水事务。

赞比亚的政策改革提案代表着水行业改革的序幕,它也预示着改善供水和卫生服务及解决水行业其他问题的前景。但政府实施的这一长远改革缺乏公众的参与,忽视了在这一重要水行业发展规划过程中底层群众对技术项目的关心。

5.2.2 津巴布韦为加强水管理的机构设置

津巴布韦有2个机构负责供水,分别是水开发局(DWD)和区域发展基金局(DDF),均属地方政府、农村和城镇发展部。DWD负责中小规模的水坝和深井的建设。浅井的建造归健康和儿童事业部管理。DWD和DDF共同承担选址及在选定的区域内钻探的任务,但DDF负责维护。据Grizic(1980)的调查,津巴布韦每年可用的地表水量为80~109亿m^3。如果这一水量被充分利用的话,足以满足比 1990 年多 2 ~3 倍人口的用水,甚至允许每人的消费量翻倍使用。因此,拟定的可用水总资源量至少不会约束以后 30 年的发展。30 年后,改良的抽水技术,城市水的再净化和更经济的灌溉方式将会得到更广泛的应用。

5.3 地区行动

南部非洲几个区域性的水资源项目已经过论证。它们是:

- 赞比西河管理局的建立;
- 赞比西河开发计划;
- 区域水文调查项目;
- HYCOS-SADC 工程;
- 区域水电水文研究项目(SADC 工程);
- 为 SADC 工程进行的水资源规划;
- SARP 工程区域水行业评估;
- 在南非地区的援助项目;
- 对水行业适当的能力援助。

5.3.1 赞比西河管理局的建立

赞比西河管理局(ZRA)是赞比亚与津巴布韦两国的合作机构,40 年前最初是作为供电机构而成立的。目前它的职能是,有效地管理与开发公共河流赞比西河的水资源,包括具有发电及其他作用的卡瑞巴大坝枢纽,以便于更好地服务于当地。

1986 年,赞比西河法正式获得通过。新设立的管理局被赋予为沿岸国家及邻国服务的权力。于是,管理局开始专注于在赞比西河上建坝,来发电、供水及灌溉。目前,在赞比西河上已经有了多个水坝,包括卡瑞巴大坝(具有世界最大的人造水库)和具有争议的巴土卡大坝。赞比西河上的维多利亚瀑布是世界上最大幅面的水体,它高 90 m、宽 1.7 km。维多利亚瀑布加上邻近的国家公园已由赞比亚和津巴布韦政府联合提名申请世界遗产。

通常,在非洲主要河流上建坝,很少有国际及区域间的合作,因而也很少顾及对上下游的影响(Stiles,1996)。但这一历史局面正在努力得以扭转,取而代之采取多国参与规划体制以提高效率和最大程度地减小流域水资源的利用造成的负面影响。与政府间的机构相同,管理局也面临着压力。一些沿岸国家单方面地加大引水量破坏了国际合作的规则。例如,津巴布韦计划从赞比西河引更多的水来满足该国西部干旱地区的用水,这可能会遭到这一地区其他国家的强烈反对。另外,有消息称,南非正努力寻找多个可供水源,并计划用管道从赞比西河输水。而南非并非赞比西河沿岸国家。此类棘手的事务需要管理局来处理。

在同一流域框架内共用水资源的管理自然包括政治外交。经验表明,非常常见的是政治利益总是优先于经济利益。目前,赞比西河管理局为赞比亚和津巴布韦两国设立,并不包括流域的其他沿岸国家:安哥拉、马拉维、博茨瓦纳、莫桑比克等。因此,管理局制定的政策如何让非成员国家所接受呢?为了使赞比西管理局更具有区域代表性,重要的是,流域沿岸的其他国家也应该接纳管理组织。这样,就建立了广泛的基础来避免在河流利用上不必要的紧张与冲突。

5.3.2 赞比西河开发计划(ZACPLAN)

1992 年,通过条约建立起来的南非发展共同体(SADC)开始发挥作用。之前,南非各国面临的一个重要政治挑战,就是如何综合管理国际河流以避免利益冲突。综合管理,就是按要求提供合适数量和质量的水来满足各用水户的需求,并保证经济和环保的可持续性。这一模式,被认为是在保证社会经济发展的条件下,对水资源的最优化利用。正是在这样的背景下,在南非发展共同体(SADC)的框架下出台了多个区域水资源开发规划,其中之一,就是赞比西河开发计划(ZACPLAN)。

赞比西河开发计划的总体目标是确保赞比西河这一共用水资源最大可能地长期造福于沿岸各国。这一计划更多地是在讨论目前,而不是基于所有沿岸国家都建立起管理机构的事实下,如何保证相互的利益问题。1987 年南非发展共同体批准了赞比西河开发计划,其共有 19 个项目组成。第一类项目是优先项目,需要马上实施的,1989 年 8 个一类项目已做了详细的预算。这些项目的具体作用和目标是:

- 掌握已建和要建工程的总体情况,评估主要工程的环境影响并开展流域范围内的信息交流。
- 制定对赞比西河管理的必要的区域性法规,弱化个别沿岸国家强制性的法律效力;实行全流域统一的水量和水质监测系统。
- 制定赞比西河流域水资源综合管理规划,建立相应的水质和水量数据库,重新统计所有受益者和影响水资源开发项目的部门。
- 开发和采用水资源管理模型,模拟流域内各开发方案,制定水资源综合管理规划。

南非发展共同体,环境与土地管理部在代表各成员国委员会的协助下负责该项目的实施和协调。后来环境与土地管理部称为环境与土地管理部水资源委员会,负责为区域水资源事务提供咨询。不过 1996 年南非发展共同体正式设立了水事务部,并赋予其对莱索托王国的协调任务。

水事务部的使命就是研究水资源的持续利用、综合规划、开发和管理,来促进南非发展共同体所有成员国,均衡、平等和双赢,这一区域综合经济总体目标的实现。经过重组,项目、工程、设备和人员都被调配到新建的部门去了。

赞比西河管理计划是一个具有可操作性的计划,它能够革新这一地区共用水资源的管理方式。于是,为了进一步加强,已有的管理措施和更好地集中区域资源,南非发展共同体编制了公共河流水系的管理协议,提出了平等共用水资源的框架。这一协议的第3款建议,设立公共河流委员会并强化其职能,使其直接负责区域综合水资源的可持续开发与管理。此协议已被11个成员国所认可,包括博茨瓦纳、莱索托、毛里求斯、马拉维、南非和斯威士兰等国。此协议的签署与批准是南非发展共同体在对区域水资源共同管理与开发来促进经济一体化认识上的重要里程碑。

需要指出的是,为了这些努力的成功实现,计划的内容必须保证各方政治利益。另外,有关机构应该注意,将赞比西河开发计划的有关项目融入到现存的管理框架中,以避免重复工作,集中有限的资源来促进流域综合管理。考虑到国家之间大量的改编和协调工作,希望南非发展共同体水事务部的要求能得到顺利执行。

6 影响水资源开发的因素

影响南非区域水资源开发的制约因素如下:

- 干旱;
- 土壤侵蚀和泥沙问题;
- 工业污染;
- 商业性农业生产;
- 水电开发;
- 采矿活动。

7 未来的方向及建议

加强赞比西河流域管理的方案措施有:

- 流域保护;
- 争端的解决;
- 按需管理;
- 其他的供水水源开发;
- 污染控制;
- 人力资源开发;
- 水文资料库的开发;
- 组织机构建设;

• 立法建设。

8 结论

由资料分析可知,非洲面临着严重的供水问题。除了自然和人为的限制外,没有采取广泛参与的管理措施是其主要问题。当前和预计的水需求增长使所有的涉及者都要采取行动。

近来在当地、国家及区域的水行业发展显示了管理当局态度的转变。几项计划将要提出,其他的已经在编制,有的已经完成。南非发展共同体水事务部所属的赞比西河开发项目说明了在区域间开展新措施的努力。南非发展共同体水事务部最终目的就是为计划的开展提供各种资源,制定水资源综合开发的完整框架。特别强调的是在实施中,当地居民及非政府组织的参与。通过所有参与者的努力和合作,我们可以预见,非洲将能够为生活水平的改善和社会经济的增强发展提供充足的水资源。

参考文献

[1] Chitondo, E. M. (1991). Human Settlements of Zambia and integrated water projects. Community Participation and Water Supply, AWN, Nairobi, 83 - 85.

[2] Chiwala, B. (1994). Reorganization and institutional development in the water and sanitation sector. Paper presented at DWA/IRC Workshop, July, 1994.

[3] Endersen, S. et al. (1987). Multinational water schemes, Proceedings International Water Symposium on Drought and Famine, July, Olympic, London.

[4] Grizic, P. M. (1980). Water the vital resource, Zimbabwe Science News, Vol. 14 (12), 297 - 298.

[5] Mashongamhende, R. Y. (1994). The Association of Women Clubs and water supply in Zimbabwe. Community Participation and Water Supply, AWN, Nairobi, 92 - 95.

[6] Onyekakeyah, L. O. (1996). Strain. water demand and supply directions in the most stressed water systems of Southern Africa except South Africa and Namibia, Water Management in Africa and the Middle East Challenges and Opportunities, IDRC, Ottawa, 203 - 224.

[7] Stiles, G. (1996). Demand-side management, conservation and efficiency in the use of Africa water resources. Water management in Africa and the Middle East Challenges and Opportunities, IDRC, Ottawa, 3 - 38.

尼罗河流域规划:一种区域性方法

Seifeldin H. Abdalla

(苏丹灌溉与水利部)

摘要:本文是在参照苏丹和埃及之间的尼罗河永久联合技术委员会所建立的模型以及11个撒哈拉非洲流域二级组织经验的基础上,对于规划尼罗河流域过程中存在问题的多种解决方案进行了检验。考虑到尼罗河区位特点,本文也兼顾到区域规划的复杂性。此外,研究强调了区域规划方法,并提出了合适的实现工具。

关键词:尼罗河　流域规划　区域性

在21世纪,区域性流域合作也许被公认为主要是解决水资源问题,更好地规划和管理流域是水岸地国家所面临的主要挑战之一。在未来的几十年中,如果水资源区域间协作问题有望被解决,需要领袖、政治家和技术专家们付诸建设性的关注和行动。

有效的河流规划和管理必须是综合性的,而且远比修建大坝和控制性建筑物复杂,它不仅依赖于政治、社会、环境和技术等功能的统一体,诸如水动力、灌溉、洪水控制、航海、娱乐、地方和工业供水以及水质等内容,同时也依赖于制度上的控制,例如管理、资金、水的价格、成本回收、水的利用和分配,以及社会影响。

由于国家和条件的不同,区域性流域规划的方案也是截然不同的。在国家、区域和国际方面,区域性河流规划对于研究水资源管理的整体策略是非常重要的,因此本文就此展开研究。

在参照苏丹和埃及之间的尼罗河永久联合技术委员会所建立的模型以及11个撒哈拉非洲流域二级组织经验的基础上,本文将致力于采用不同的方法和策略来研究尼罗河流域的区域性规划过程。

1　简介

在殖民地时代的末期,非洲国家开始越来越多地考虑大量的诸如工程、科学、经济领域以及制度上的问题,这些问题与被一个国家或更多个国家所占有的河流的任何规划都是相关且必要的。从法律和制度角度以及分析方面产生了大量的模型和方法,但不幸的是,很少有从工程、科学和经济方面来研究区域性河流的规划和使用。在过去的几十年里,经验告诉我们,精确的阐述非航行用的区域河流或水资源的使用规划原则是非常重要的,同时也对实用的和区域性的合作框架能够公认。通过对水的合理利用以及采用合适的法律、行政原则来引导这些共同拥有一条区域河流的国家的行为,合作框架应该考虑相关的权利、需求、计划以及其他水滨国家人民的使用需求。

随着尼罗河流域法律制度框架的发展,不同的国际流域和主权所有国家间的相互影响所产生的专门的流域经验已经被考虑进来。同时,框架也应当考虑发展中水滨国家的发展方略,使其最优使用最新理念。

在法律制度、工程、经济和其他方面有一个很明显的相互作用,但是为了得到区域性合作的一种持久形式,政治方面是分析的主要因素。

在 20 世纪 80 年代,由于降水量很少,土地的沙漠化以及人口的急剧增长,引起了气候的变化,从而导致严重的干旱。为尼罗河流域敲响了警钟并危害了流域国家新鲜水源的供给,同时也加强了区域的规划与合作的需求。近几年,在尼罗河流域国家关于水的问题有一个持续不断的争论,不仅是因为 80 年代干旱的困扰(这限制了尼罗河流域的粮食产量),也是因为依赖灌溉而不是靠雨水供给来提高粮食产量而制定的宏伟的发展计划。实际上,因灌溉而需要更多水的问题在每个地方都会出现,缓和贫困、保存食物、和平与发展,以及区域规划和合作的行动都需要灌溉水。

尼罗河流域被认为是自成一体化的生态系统。在这个生态系统中,水、空气、土地利用和人类的相互作用不仅影响着水滨国家和生活在其中的人民,也影响着流域中其他地方的国家和人民。因此,从这个区域角度来看,一个水滨国家对生态系统的任何危害都会影响到其他水滨国家的健康。考虑到这些,在一个平衡的框架内,为了对尼罗河流域进行最优化开采,流域规划必须考虑到方法和原则是可以不断改进的。另外,限制或阻止对下游水滨国家产生负面影响的防御措施必须与对上游水资源的使用相配合。

2 当前在尼罗河流域规划中存在的问题和挑战

在最早的时期,尼罗河流域国家就知道水资源对维持生命、供给食物、运输和再生产是非常重要的。但是当前,增长的人口对水的使用以及持续不断的干旱把水资源问题又提了出来。因此,为了获得一定的区域目的或目标,作为一个相对较新的名称而出现的定期水资源区域规划就应运而生。在这个哲学体系下,所有被分享的水资源都应遵循由这些水滨国家所制定的原则。水资源越缺乏(在干旱或其他时期),水滨国家计划、合作和管理资源的角色就越重要。随着各国政府根据他们各自对于水资源发展的宏伟规划采取的行为,应该开始考虑对水的合理利用,避免浪费、损害或滥用。为了达到这些目标,国家的计划应考虑方式、目标、时间表以及对更深层需要的推测、选择、威胁,并从这些方面来制定行动程序。

近几年中,水资源最终被认为是有限的资源,它维持着所有水滨国家的生命,同时也抵抗着所有对它的质量、使用期限以及分布的威胁,尼罗河流域在关于水资源的使用和发展方面引起了公众的广泛注意。因此,一些关于区域规划或区域水管理的概念就产生了。水资源区域规划以地理状况为基础,同时也要兼顾社会的需求和对区域特点的思考、合理化、规划的重要性。

随着危机意识的增强,一些关于水作为一种区域共享资源应该如何使用,以及怎样最好地从负面影响和使用产生的结果中保护水资源的一些合理问题被提了出来。区域使用和这种稀缺资源的冲击,以及对这些使用知识、商议、合作所产生的反面效果的合理系统管理问题都需要区域思考和规划。

"流域规划"这个词应该被看做是一个动态的而不是静态的概念。许多的工厂都进入到区域规划的过程,时标、最近和将来的经济环境,对人口的考虑,政治体制和态度,制度体系以及在数量、分布和时标方面水滨国家的各种资源的本质。

水资源的区域规划现在被认为是一种社会需求,它要考虑资源的缺乏和为不同的目的而被广泛使用的重要性。当然它也有本质上的困难,因为有不止一个的规划者参与其中。区域规划包含两个或更多个政治过程,两个或更多个文化和经济体系,这些体系都应该是相互调和的,以及两个或更多个国家从两个不同的有利因素考虑必须有一个相同的观点等。

在流域中进行区域规划时,所有这些不同点都必须要协调和一体化。另外,单独的国家水资源主控计划也应该与流域范围的合作规划融为一体,需要与区域工程和国家程序相认知和相协调。最重要的是,还需要向区域规划提供一个河流流域最优使用的模型,同时还要照顾到主权问题,以及用产权和公平的分布来代替主权。

Helsinki 规则和国际法对于设计公平的框架和引导水滨国家之间的合作有很大的帮助。然而,一起规划以及在公正、平等无伤害和最优使用的基础上共享一个河流体系的公认最小原则还没有明确定义。在多数情况下,一个中间组织或协会推动着区域间合作,而尽力去帮助两个或更多个水滨国家在一些可协商的问题上达成一致。然而,关于区域河流规划的正式基线规则,提出一个清晰一致的意见的过程仍然处于萌芽状态。

实际上,没有一个模型(除了被国际法律协会采用的纽约原则(1958)和

Helsinki 规则)可以让这些水滨国家构建一个一致的框架。这是因为区域河流的本性,他们的复杂性和独特性,并且依赖于主导条件、需求和优先条件。而且,对一个水滨国家有利的条件可能对其他水滨国家构成威胁甚至产生伤害。这就要求共享一个河流的人们坐在一起,商讨合作规划的方法,并就各自的义务达成一致。这可以从水滨国家置信建筑中反映出来,同时也为可能的规划和行动方法铺路。这就帮助避免了触及合作的水滨国家的利益也避免了任何的争议,产生了合理的解决方法,并为争议的解决打下了基础,以防止一个国家的发展计划对于合作的上游或下游产生重大的伤害。因此,区域规划是不可替换的,它对共享河流的共同使用提供了最好的解决方法,而且它对于更新我们达成的义务、合作、加速区域规划的过渡是很重要的。

3 PJTC 模型

在世界上有各种各样的河流规划类型,从有权利去规划和执行到主要设计用来进行数据采集和验证范围内,有指令和制度形式。在这一部分,埃及和苏丹之间的尼罗河联合技术协会关于数据采集和规划执行指令方面的可操作经验将会被验证。

尼罗河是世界上第二长的河,它流经 10 个国家:Burundi(布隆迪)、Rwanda(卢旺达)、Tanzania(坦桑尼亚)、Kenya(肯尼亚)、Uganda(乌干达)、D. R. Congo(刚果)、Ethiopia(埃塞俄比亚)、Eritrea(厄立特立亚)、Sudan(苏丹)和 Egypt(埃及),是它的居民的直接谋生源,也是灌溉和水力发电活动的主要资源。对尼罗河和它支流的保护、控制、规范,尤其是灌溉、排泄、沼泽改造、水力水电生产、航行和水供给方面经济上的发展对于整个流域范围有主要的作用。

埃及和苏丹已经意识到为了所有水滨国家的利益,通过共同的研究、交换相关的信息、对共享河流的使用和适当的保护进行计划、控制和规范,以确保对水资源公平的和最优的使用,共享同一条河流的国家必须要进行密切的合作。一个完整的水文站网络已经被安装,用来测量所有季节中大部分的支流,并观察河流形态上的变化。

由于尼罗河对它所有的控制和最大限度的使用需要深层的计划,埃及和苏丹已经达成了许多协议,最后的也是最重要的就是 1959 年 11 月 8 日在开罗签订的对尼罗河水资源完整使用的协议。协议中的主要几点总结如下:

(1)每个国家都允许去分享水资源,同时也要考虑每个国家对水的允许使用权要优先于签署的协议,流入大海河水的控制以及每个国家将来的发展。

(2)由于大量的尼罗河水都遗失在沼泽中,两个国家都认为在沼泽地区里规划和构建保护工程是相当必要的,同时要平分净产量和平摊费用。

(3)为了确保技术上的合作,加强调查和必要的研究,以及在上游地区的水文测量,两个国家同意建立尼罗河水持久联合技术委员会。

(4)为了确保两个水滨国家将来的合作,两个国家对将来其他水滨国家对于水资源的使用做出了明确的约定,作为对尼罗河水公平使用的公认。

PJTC 的作用是规划、监督和实施被认可的尼罗河工程,并设计一个公平的方案以防止一系列的低流量年。

委员会采集或收集的数据主要用来辅助规划和合作。然而,区分委员会的特征就是数据是共同还是单独采集的,以及联合的员工是否参与到数据评估过程当中(PJTC 成员和专家)。数据是由联合梯队采集的或是由单独的梯队采集的,并没有根本的不同。然而,在处理那些可能被证实或者可能没有被证实的数据时就有很多的困难,因此并不能被委员会或技术协会有效地使用。

委员会有来自于数据采集和评估职责的咨询行动。这些建议被限定在技术问题上——工程或科学或转移到包括选择性地使用,优先权和其他水滨问题之间选择的政策建议。对于委员会来说,从纯粹的技术角色转移到包括政策建议的角色是相当重要的标志。

在两个国家之间,委员会也有权利去建议(或管理)包括边界水在内的级别和流程规则(比如大坝运转和流程),这影响或与社会和经济活动相关。在文学界的其他委员会中,这个调整的权利是非常少见的。在国际标准中,亚马孙河权威组织和其他拉丁美洲研究机构建议代理机构应被赋予更多的权利去规划、管理和投资,控制整个或部分流域地区的水资源和相关的陆地使用。一个合理的问题就是随着时间的推移,是否权利的代表团应该被许多国家所接受?

PJTC 委员会对于争议的解决是有办法的,因为当 PJTC 成员之间产生争议的时候,它的规则考虑到了负责水资源的部门代表了他们政府。然而,从近 40 年的经验来看,委员会有了避免争议的机构。委员会的长期存在通常允许把政策争议或不和转变成一个技术上的——避免冲突公开化的正统方法,这里就有一个很难理解的核心问题。它的建议或决定通常代表了机构体系内的一种可操作并被广泛认可的意见。因此,对于使用规划、要求或影响其中之一的结构上的冲突也许会被争论或达成一致,如果没有这个委员会,传统的政策可能会很难发现解决的方法。

成功的规划过程必须包含一个有效的避免争议或冲突的机构。在 PJTC 中,两边总是使用规划作为争议避免的机会。实际上,假如已经工作 40 年的 PJTC 从事了多种不同程度的短期、中期或长期的规划,如果两个国家之间关于共享水资源的使用问题将来可能会产生潜在的争议,那么它就有足够的信心去避免或预料到。规划的机会作为数据收集或争议描述的结果就有一个优势,它将会使 PJTC 的成员意识到可能燃起或引发冲突的问题。通过在委员会中提升信心,这两个国家(埃及和苏丹)将会促使它提醒政府当纯粹的国家主张、活动和计划出现后可能产生的冲突。在一个国家境内,Helsinki 和其他规则对一部分河流的最大使用权的声明应该被记住。这个警示作用不仅帮助避免冲突,也间接地通过把一个单独的水滨国家对水资源使用的规划转变成区域概念,鼓励规划的过程。这个概念考虑了其他合作水滨国家的权利和利益。

在埃及和苏丹之间的 PJTC 根据 1959 年协议的共同目标,有权利去建造重要的工程(例如 Jongolei 运河)。而且,把规划、监控、争议避免、投资、规则、建造融合成一个代理机构所存在的技术上的困难是可怕的。在为多国家河流流域或部分流域的整个联合管理的规划 - 实施中,国际代理机构中几乎没有模型能够表达出这些国家的想法。

从 PJTC 的经验中我们可以得到这样的结论,那就是对子流域规划和子流域管理的试验所采用的简单的数据是由 PJTC 的工作人员监控得到的,这些工作人员来自于两个水滨国家。这些试验是一个多国家权利机构,它可以管理所有流域或自流域包括相关规划和来自这种条件的操作问题。要把河流合作的相当简单和双重形式转变为更精细的方案,在这个方案中规划和实施被认为是为那个目的而产生的联合工具的代表,就需要高程度的政治和谐、共同的文化、经济和信心。尽管,尼罗河的主动程序和行动是成功的,但是在尼罗河流域国家中,仍然有许多国家不愿意去这样做,甚至具有相类似文化背景的国家也不情愿,因此对合作和联合规划的信心也是应该被苏丹 - 埃及的经验所鼓励的。

4 来自于子撒哈拉非洲(SSA)河流域组织的规划经验

1987 年 3 月,一个世界银行代表团参观了十一国组织,包括西部、中部、南非地区与世界河流发展相关联的 7 个河流组织和 3 个区域组织。而且,代表团同南非共和国的水事务部门进行了会谈。子撒哈拉非洲组织构成了世界上所有国界河流流域面积的 1/3,被大陆的 SSA41 个国家中的 35 个所共享。

下面是以上所提到组织的形式和目标:

(1)那些聚焦于水资源发展的组织;

(2)那些覆盖水和其他范围的活动,例如农业、能源、运输、渔业和林业的组织;

(3)呈拱形的组织,它们的管理包括水资源发展和其他遍及成员国的活动。

SSA 组织致力于能够展示更多进步而不是主要从事规划。这并不是把规划从 SSA 组织的管理中排除出来。但是经验显示规划比建筑更难获得,因为规划的进步在每一步上都包括一个很大范围的政治决策,因此易于引起争议和延误。

至于建筑,一旦产生了最初的决策,工程的监督和实施就相应地进行了。

大部分被参观的 SSA 河流流域组织的规划能力都很弱,因为规划包括训练和经验,这些都不是很容易就能获得的。这一点不仅存在于流域水平,也存在于工程水平。在这些组织中,成功的规划通常都是由国际咨询公司制作的,这些公司最终能够成功地把技术转变成这些组织的生产力。

SSA 的规划几乎不能生存,而且通常是任何工程纲要的先决条件,由于制度上的许可问题,它通常不能达到一个可操作的阶段。区域合作清楚地显示,急需在区域河流域组织中培养规划能力,在接下来的几年里,将会有很大的局限性。

河流流域的主要计划是在把流域作为一个整体来考虑的情况下,应该按照区域来准备,并且通过把国家规划一体化并把它们同整体流域协调起来来获得。正是这种合到一起的过程为区域合作产生了规则和氛围。

现在,而不是将来,需要投入更多的精力到区域规划中。这尤其应用到了尼罗河中,到目前为止,仅建立了一部分规划。在区域规划中首先应该按照区域来考虑问题。下一步就是考虑整体流域的广阔潜能的同时准备国家规划。这将会为将来的流域范围规划铺路。

5　成功区域规划的工具

为了获得一体化的区域水资源规划,恰当的规划工具应该如下选择:

(1)加强国家规划能力:多国家工程规划能力应该被加强,从而能有助于改良尼罗河流域的一体化水资源规划。为了加强识别和工程准备的技巧,并为一些问题如工程的优先次序、可行性分析、成本分析和资金保管寻找答案,工程规划应该备受关注。

(2)强调一体化河流(子流域)方法:一体化的河流流域方法是一个国事机构,它解决冲突并促进协作发展。在每一个尼罗河流域国家中,都有机会去发展包括国家代理在内的合作机构,国家代理机构在规划和水资源管理方面扮演着重要的角色。这些机构有潜力把河流流域管理的技术、经济、社会、法律和环境因素融为一体。

(3)建立一个决策支持系统(DSS):DSS 和仿真模型对建立一体化流域和子流域规划非常重要。它需要去评价基于共享信息和数据的规划与合作的边界机会。它也会建立技术基础以提高水资源的持续性,并为水资源区域规划和管理提供便利。DSS 模型应该是全面的,能足以支持国家、子流域和区域需求。

DSS 中一个重要、完整的模型是尼罗河流域模型(NBM)。NBM 应该能够分析将来不同水资源的规划选择,并能预报不同测量的含义。在 NBM 模型中,第一步应该集中在流域水文和河流系统行为,以及区域基础上,并根据可利用的数据具有足够的精确度和可靠性(Sutcliffe 和 Parks, 1999)。成功使用 NBM 模型的一个基础条件就是它能够描述尼罗河流域系统反映水文、干涉变化的能力,并能以需要的精确度评估可能产生的边界影响。这将会支持更多的流域规划选项和环境评价。NBM 模型应该是动态的,它能够容纳长期的扩展并能模拟不同的过程,例如社会—经济和环境问题。而且,随着地理信息系统和遥感技术近来取得的一些进步,模型的输出是即时和空间的,从而代表了可操作测量的变化。模型的校准和验证对于确保同观测中的模型相匹配是非常重要的。

尼罗河流域 DSS 的发展应该引导所有的水滨国家在技术和决策水平上有紧密合作。这将会确保模型是可接受的、相关的、明晰的,也是可持续使用的。

(4)加强数据/信息系统:在流域和子流域,对尼罗河水资源一体化的规划与联合投资依赖于可靠的数据和信息,同时也要有大量的模型和决策支持工具来分析信息。在许多流域国家,监测网络、数据库,以及处理和分析与水资源信息相关的便利条件并没有被很好的发展,也不能有效地工作。数据通常分散在许多个政府部门,很难去评定。在国家内或贯穿流域的数据采集、处理和记录保持程序的不同,意味着数据是不一致的,在提供大量的评价资料方面存在很多问题。由于合作的加强和信心的不断增长,精确的信息对于规划是非常重要的。

(5)公众参与意识:把水资源看做一种珍贵的资源以及对自然资源进行规划和管理的重要性需要增强公众的意识。国家和流域范围的交流程序需要在尼罗河流域产生有益的规划和合作机遇的公众意识。

(6)包含的所有资金持有者:在国家水资源政策和策略以及水资源工程规划发展方面,资金持有者对于确保拥有权、透明度,以及对人们需求的回应是非常重要的。当社会各界都知道并能有助于工程规划,以及帮助把社会、国家和区域的利益放在一起时,资金持有者的利益就来了(Sharma et al. ,1996)。

随着恰当的区域规划工具的使用,成功地从规划阶段(在这个阶段中目标和优先权被建立)转换到实施阶段(这个阶段中,在区域国家、和本地基础上目标逐渐被实现),这个挑战仍然存在着重要的问题(World Bank-TEA, 2001)。

6 结论和建议

PJTC 的经验是独特的,但是在技术上和政治上可信的机构的鼓舞性例子展示了具有不同力量、相互合作的水滨国家中均等和综合的显示与象征。河流流域委员会,无论是否给予权利去规划,至少应该允许去执行解决争议程序,这些程序要么是研究上的推荐,要么是仲裁类型,或三种均是。

根据 SSA 模型,用于联合使用一条共享河流的组织应该被用作规划机构,如果可以证明他们有能力担负起所有相关国家的共同愿望和需要。

SSA 经验显示几乎没有国家有足够的国家水资源规划、策略和政策。开发一个国家水资源规划对于区域长期发展规划是一个有效的出发点，如果 NBM 国家为了维持水资源管理来满足他们的优先权挑战，那么开发水资源规划是至关重要的。因此，从数据采集到指示性的流域规划和发展，规划共享河流的可持续技术援助在尼罗河流域国家中是被需要的。

PJTC 和 SAA 经验表明，对于共同的水资源，区域规划是一个靠不住的选择，除非互惠的利益是非常巨大的。经验也提出了河流流域组织规划的资金问题，因此这里推荐委员会采用自筹资金的方法以避免政府不愿意资助这样重要的机构。

区域规划是很复杂的，具有不同的形式。因此，没有一个规划体系能够按要求来提高尼罗河流域的规划和合作并考虑所有水滨人的利益。水滨国家不得不发展他们自己的模型。

尼罗河流域国家的利益可以通过它们信任的委员会来实现，委员会可以帮助收集和分享数据以及评价共同的可供选择的工程和用途，从而为尼罗河流域系统的发展正视和构建有意义的联合规划。

NBM 国家需要采用系统的规划方法，这种方法把社会、经济、生态和公平一体化。同时还需要水资源的使用者全盘考虑，设计出适合当地的、地区的、国家的规划、策略和政策，并同区域长期可持续规划目标相一致，这会满足尼罗河流域所有的发展需要。

人类、技术、金融、组织和体制能力的提高是获得成功区域规划的助于策略。

在尼罗河流域国家产生了大量不同学科的人才（例如工程师、科学家、律师、经济学家、管理者等），他们学会了规划的艺术并具有相互合作的能力。他们得建立一种思考和责任意识，在这种意识中区域利益永远是第一位的。

水资源的挑战、问题和机遇对于提高水资源规划和管理是基本的起点，它需要在公共可执行水平、国家政治水平和子区域、区域及流域水平上加强。建筑应该把注意力放在对管理和资源开发综合的和联合规划方法的需求上。水文化应该去强调规划和保护。政策的制造者必须理解集水处，控制系统水力问题和人类土地使用问题的相互联系。

为了更有效、持久地规划水资源，一个必要的条件就是去遵循一个系统方法，它要求广泛的合作，这种合作已经把资金持有者包括公共和私人部门、农民、当地公社，NGO 和特殊利益群体的参与范围延伸到决策制定和水资源规划的各个方面。这种综合方法将会允许每一个水滨国家在多地区框架范围内评价它的水规划。

关于水资源数量、质量、可接近性、分散性和使用性的数据及信息系统（物理的、技术的、社会经济的等)在获得成功的规划上通常是不充分的。因此,通过较好的技术、训练有素的人类资源、增强的能力和资本去提高系统是非常必要的。

20 世纪 70、80 年代长期干旱的重复出现使得干旱验证了一个特别的关注,因此关于信息、预报和干旱管理的区域规划、策略与合作就需要被开发,从而减轻由于干旱所带来的社会和经济后果,并从区域性的途径中获益。

南高加索地区跨界河流库那-阿拉斯流域主要问题探讨

Gevorg Nazaryan

（美国国际开发署，亚美尼亚 PA 政府服务公司）

摘要：由于紧张的政治形势，如 Nagorno-Karabagh，Abchasia 和南奥塞梯冲突等，南高加索地区在世界上众所周知。紧张的政治形势加之国家之间没有建立外交关系，导致在跨界河流协作管理上存在许多障碍。这种状况导致流域内水质恶化，流域生态系统衰减、增加了洪水风险，加速了大堤侵蚀速度。与此同时，南高加索地区国家在水资源共享方面，试图发展一个合法的流域水资源管理框架也没有成功。的确，关于区域内河流怎样进行管理，这些国家很少进行讨论。尽管乔治亚共和国和阿塞拜疆已经签署了许多协议和备忘录，实现了流域信息共享，但由于设备和资金的缺乏，致使对流域水资源量进行有效监测难以实施，仅仅实现了部分数据共享。

然而，在南高加索地区国家，水是一个很关键的资源，对农业生产、外贸出口和能源生产等方面有重要的影响。这说明探讨该区域的跨界河流协调管理和发展机制，以及研究有关的解决措施是很有必要的。这篇论文讨论了南高加索地区国家在库那-阿拉斯这个跨界河流域水资源管理方面的有关问题。

关键词：跨界管理　生态系统衰减　洪水

1　介绍

除了南极洲外，全球共有 261 条国际性河流，占地球面积的 45.3%。在全球，估计有 40% 的人口生活在国际性流域内，他们的生活依赖于对这些河流水资源进行有效而安全的管理。全球有 145 个国家的领土部分位于国际流域内，其中有 21 个国家领土全部位于国际流域内，有 33 个国家有超过 95% 的领土位于国际流域内。这些国家并不仅仅局限于领土面积比较小的国家，诸如列支敦士登、安道尔，而且包括匈牙利、孟加拉国和赞比亚等国土面积比较大的国家。而且，在领土面积较大的国家，省与省或州与州之间的有效水管理与国际河流有类似同一个数量级的管理模式。

在水管理上，有效平衡的制度安排是一个区域性公共行为，且具有特殊性。跨界流域水管理类似于俱乐部类型的管理行为，因为它提供重要的公开商品。

诸如国家水安全,减缓地区冲突,保护重要的国际流域生态系统安全等。

Kura-Aras 河流域是一个有显著代表性的国际河流系统,它的生态系统正严重恶化,生态安全持续受到威胁。

这个流域包括亚美尼亚、阿塞拜疆、乔治亚共和国、伊朗和土耳其。流域总面积大约 188 400 km^2,它占南高加索地区的大部分区域。除了乔治亚共和国东北部大高加索分水岭山脉地区和连科兰低地外,这个流域横跨东乔治亚共和国大部分,涉及阿塞拜疆 60% 的区域;同时包括亚美尼亚全部领土和伊朗西北部分区域以及土耳其东北部部分领土。表 1 显示了这 5 个国家在这个流域的分布情况。

表 1　Kura-Aras 河流域毗邻国家在流域分布情况

国名	总面积（1 000 km^2）	在流域内面积（1 000 km^2）	占整个国家面积的比例(%)	占整个流域面积的比例(%)
亚美尼亚	29.8	29.8	100.0	15.8
阿塞拜疆	86.6	55.1	63.6	29.2
乔治亚共和国	69.7	36.4	52.2	19.3
土耳其	771	28.9	3.7	15.3
伊朗	1 648	38.2	2.3	20.3
合计	2 605.1	188.4	7.2	100.0

Kura 河和 Aras 河径流量分别占流域径流总量的 66% 和 34%。流域内分布超过 10 000 条支流,其中包括许多小且浅的支流。

流域水情特征为:由于积雪融化,春季径流量大,而在秋、冬季节,径流量比较小。河流进入平原区域,蜿蜒曲折。Kura 河有一个明显特征是:在径流量大的季节和冬季,河水比较浑浊,这主要是由于大堤被侵蚀,加之森林砍伐和洪水的影响。

2　法律和制度方面的改进

对 Kura-Aras 河流域内有关国家而言,合适的管理制度是确保成功管理流域水资源的一个关键因素。大部分流域国家,其管理制度都受苏联的影响。然而,过去的几年间,一些流域国家已经制定了一些实质性管理制度来提高流域水制度管理水平,主要是通过改变立法框架来促进水管理制度的改进。

表 2 总结了亚美尼亚、阿塞拜疆、乔治亚共和国、伊朗等这些国家水管理机构的一些主要功能。这个表对这些机构在流域水资料管理、流域保护、税收制度、水系统管理和流域基础设施等方面的职责进行了描述。为了执行这些职责,对目前存在的管理工具和强制机制也一起进行了解释。

表 2　Kura-Aras 流域国家水管理机构主要职责

	国家	水资源管理和保护	税收制度	水系统管理
负责机构	亚美尼亚	水资源管理局	公共事务管理委员会	国土管理部水系统州委员会;能源部
	阿塞拜疆	阿塞拜疆水改进和水节约发展股份公司; 生态和自然资源部	经济发展部	阿塞拜疆水改进和水节约发展股份公司; 能源和燃料部
	乔治亚共和国	环境保护和自然资源部	经济发展部; 地方管理机构	能源部; 农业部; 经济发展部; 地方管理机构
	伊朗	能源部; 区域水管理部	能源部	能源部
主要职责	亚美尼亚	水资源监测和分配; 水管理策略和保护	在家庭饮水和灌溉水方面,对非竞争性水供应和废弃水治理,实施消费者权益保护和关税制度	在国有产权下,对水系统进行管理;协助发展水使用者协会和水使用者同盟化疆,水系统转化监管组织; 在国有产权下,能源输出中的水系统管理
	阿塞拜疆	水资源分配、管理、监测和保护	在家庭饮水和灌溉水方面,对非竞争性水供应和废弃水治理,实施消费者权益保护和关税制度	水灌溉系统管理; 协助发展水使用者协会; 水系统重大问题管理
	乔治亚共和国	水资源协作和管理; 对沿海区、湿地、自然河、溪流和公共运河进行监测	在家庭饮水和灌溉水方面,对非竞争性水供应和废弃水治理,实施消费者权益保护和关税制度	在每一个省的法定城市范围内,发展和开发城市水分配、收集和输送系统以及城市废水处理系统
	伊朗	通过许可方式制定的水使用规定; 监测水资源污染和水质; 确保水污染和水使用立法得到遵守	在家庭饮水和灌溉水方面,对非竞争性水供应和废弃水治理,实施消费者权益保护和关税制度	除了灌溉渠道由水使用者协会管理以及小水电站由私有公司管理外,其他有关水系统属于国家,在中央或地方政府基础上进行管理
强制执行工具机制	亚美尼亚	水使用许可	水系统使用许可	管理协议
	阿塞拜疆	水使用许可	水系统使用许可	管理协议
	乔治亚共和国	执照	执照	区域水管理职责
	伊朗	水使用许可,包括水抽取、水流量和水质标准许可	水系统使用许可	管理协议

在 Kura-Aras 河流域内有关国家，所有的水资源皆被认为是国家财富的一部分，由国家有关机构对它们进行安全保护和使用。流域内国家的立法规定了对水资源和水系统管理、使用和保护的基本原则。特别是在以下几个方面制定了详细的规定，包括有关水资源如何满足目前和后代基本需要；保护和增加水储量；为公共利益鼓励有效利用水资源；为表层和地表水建立协作和一体化管理系统；减少和阻止水污染；偿还由于污染水处理所耗费的费用以及其他有关方面。

苏联解体后，亚美尼亚、阿塞拜疆和乔治亚共和国在环境立法方面有明显的改变。目前这些国家立法框架相对比较新，处于一个革新和动态变化的过程，目的是努力实现一个相对综合的立法框架。然而，随着时间的推移，这些法律将面临许多挑战，一个主要的方面是关于各种法律文件的一致性和连贯性。这已经导致在制度安排上出现了一些混淆。表 3 显示了在 Kura-Aras 河流域内有关国家的各种政府管理机构在水资源管理职责方面的相互重叠以及差距。

表 3　在 Kura-Aras 河流域内有关国家和政府管理机构在水资源管理职责方面的相互重叠和交叉

职责和任务	亚美尼亚	阿塞拜疆	乔治亚共和国	伊朗
法律和制度解释	MNP，其他有关部门	MENR，其他有关部门	MEPNR，其他有关部门	DOE，MOE，其他有关部门
水资源管理和政策	MNP	MENR	MEPNR	MOE，
地表水水质和水量监测	ASH，WRMA，EIMC	HMEM	MEPNR	NMO，MOE
地下水水质和水量监测	None	NGES	无	NMO，MOE
水资源分类	WRMA	MENR		MOE
水质标准	无	无	MH，MEPNR	DOE，MOE
对以分类的水资源实施污染水标准	无	MENR	MENPR	DOE
监测水使用和污染水	WRMA，BMO，SEI	无	MEPNR	DOE，MOE
监测饮用水资源和水质以及娱乐水水质	SHAEI	MH	MLHSS	DOE
监测气候状况	ASH	HMEM	MEPNR	NMO
维护水资源数据库	ASH，EIMC，WRMA，RGF，SEI，SHAEI	LMIMCS，LNGES，CMPNE，MH	MEPNR，MLHSS	MOE
发展国家水规划	WRMA，SCWS	无	MENPR，正在进行	DOE
发展流域管理规划	WRMA	无	None	MOE
发行水使用许可	WRMA	AAWEMA	MEPNR	MOE
发展有关管理顺利执行的规则和程序	MNP	DEEP	MEPNR	IRI，国会
为有关规定和许可实施顺从保证	SEI，WRMA，BMO	DEEP	MEPNR，MLHSS	MOE
监督水取消付款和水费	无	无	TI	MOE

续表 3

职责和任务	亚美尼亚	阿塞拜疆	乔治亚共和国	伊朗
申请罚款	SEI	DEEP	MEPNR	DOE
保护饮用水水资源	SHAEI	MH	MLHSS	DOE, MOE
为水管理资金发展政策和机制	MFE	MF	MED, MF	MOE
阐明农业政策和部门规划	MA	AAWEMA	MAS	MOAJ
灌溉和排水系统管理	SCWS	AAWEMA	MA	MOAJ
水系统使用许可和税收	PSRC	AAWEMA, MFE	MEPNR, CRS	MOAJ, MOE
市政水使用政策阐述	Local Self-Gov., MTA	AAWEMA	MED	MOE
市政水系统管理	SCWS 和市政当局	Azersu, LEB	LM	MOE
市政水系统开发	YWSC, AWSC, 社会, 私有公司	Azersu, LEB	LM	MOE
水系统使用许可和税收批准规定	PSRC	MED	MED, CRC	MOAJ, MOE
培训和能力建设	无	无	无	DOE, MOE, MOAJ

注:以下是有关机构的全名:

AAWEMA—农业部水节约和改进司;ASH—亚美尼亚国家水导组织;AWSC—亚美尼亚水供应公司;Azersu—"Azersu"股份有限公司;BMO—流域管理机构;CRC—中央调整委员会;DOE—环境部门;EIMC—环境影响监测中心;HMEM—水文气象和环境监测部门;LEB—地方执行实体;LM—市政府;LMIMCS—里海一体化监测管理实验室;LMPLSW—土地表层水污染监测实验室;LNGES—国家地理勘测服务实验室;LSG—地方自治政府;MAF—农业和食品部;MED—经济发展部;MENR—生态和自然资源部;MEPNR—环境保护和自然资源部;MF—财政部;MFE—石油和能源部;MH—卫生部;MLHSS—劳动、卫生和社会保障部;MNP—自然保护部;MOAJ—农业部;MOE—能源部;MTA—国土管理部;NMO—国家气象组织;PSRC—公开设施调整委员会;RGF—共和国地质基金委;SCWS—水系统国家委员会;SEI—国家环境巡视员;SHAEI—国家卫生与流行病巡视员;TI—税收巡视员;WRMA—水资源管理部门;WUA—水使用者协会;YWSC—耶烈万水供应公司。

从这个表我们可以发现,在 Kura-Aras 河流域内,水管理职责是很零碎的。尽管这不是一个共同现象,但在每一个国家的国家层面上水管理机构在职责上还有太多互相重叠部分,这为跨界流域管理提供了障碍。

好几个国际资助工程已经在水资源监测上显示出重叠和交叉的问题。例如,在亚美尼亚和乔治亚共和国,目前没有组织或机构负责地下水水量和水质的监测,致使对地表水水质和水量的监测无法实现,不同机构收集不同类型的信息,但是有关机构之间的合作比较少,跨国数据交换机制目前基本上不存在。尽管有关水使用许可和规定的程序已经存在,但负责执行的机构目前还没有充足的资源和能力去适当地执行它们。

对于这些国家而言,分散水资源管理权是一个很好的办法,但实际上却没有实施。仅仅伊朗和亚美尼亚在这方面建立了流域管理机构,但这些机构还没有足够的能力去执行流域范围内的水资源合理管理。

关于设置水质标准的职责，也存在一些问题。诸如污染流量；关于发展有关规定和水使用条件的加强程序；水管理财政可持续成本恢复和激励机制的发展和实施等。

关于水资源管理，资金是一个很重要的保证。资金的分配在灌溉和市政方面明显不平衡，同时在实施水资源管理和监测方面，资金也比较缺乏。

目前，我们应该注意到亚美尼亚、阿塞拜疆和乔治亚共和国等国正实施将本国制度的设置和立法框架与欧盟的一致，包括环境保护方面，特别是在水资源管理领域。因此，依照欧盟水框架指南有关要求，在水资源管理实体制度结构安排上正在进行革新，目的是实施欧盟水保护政策。流域管理原则的介绍是欧盟水框架指南的一个基本要求。

3 跨界河流主要问题一览

跨界河流主要问题描述如下。

3.1 流域内水资源评价以及水供应和水需求构成

目前，南高加索地区的水资源管理制度正处于发展和形成阶段。然而，从流域管理而言，为了完全掌握流域水资源质量、数量以及分布情况，实施流域水资源评价是很有必要的，它能为已经存在的水供应状况提供分析依据。

依照水需求服从水供给原则，水需求体系能在水资源管理实体的有关规定基础上形成。但是直到现在，有关流域水资源评价、水供应和水需求形势分析尚没有实施。

3.2 饮用水供应

在这个地区，饮用水水源有不同的形式。例如，在亚美尼亚 Kura-Aras 流域居住区域，饮用水供应主要来自地下泉水，它有很好的水质。仅仅 Vanadzor 镇部分区域使用地表水作为饮用水。而在阿塞拜疆，饮用水供应的主要来源为地表水。

合适的集中供水系统存在流域内几乎所有的城市，这些系统还向附近的一些村民和住户供水。目前，居住区域供水还存在很大的困难，主要由于水供应系统、通信和有关设施还比较差。水意外事故和水泄漏水平都处于一个增加阶段。由于电力短缺和较高的税收，不能开发抽水泵站，水源区域的卫生标准不能很好地保持。南高加索地区有关国家，居民和市政在使用水的过程中，由于泄漏、损耗和水事故等方式所造成水的损失，是一个比较棘手的问题。非理性用水在整个流域内普遍存在。与此同时，目前区域内大部分居民还没有意识到水的使用效率与他们直接相关。

3.3 废弃水收集和处理

在 Kura 河流域,水污染源主要来自工业、采矿、农业、农村家庭用水以及城市用水。许多城市和企业,都缺少废水处理设施,仅仅在伊朗 Aras 流域的一些地方有废水处理设施。大部分废水处理设施建于 20 ~ 30 年前,已经不能再使用。来自居民区的废水通过下水道系统,没有经过任何处理就直接排入河流内。由于下水道系统和废水收集系统比较简陋,废水处理系统崩溃数目不断增加。许多地方,废水直接排入河流内,污染环境,还有引起流行性疾病的危险。居民的呼吁和抱怨集中于预算中没有用于污水基础设施改进的足够资金。

工业发展和企业污水处理设施建设方面也不协调,唯一的例外是那些利用本地的废水来处理设施的企业。然而,应该注意到目前大部分企业还没有执行,另外,特别的危险来自于矿山开采、残渣泄湖以及废弃物倾倒等。

3.4 洪水和泥石流

在 Kura-Aras 河流域,洪水和大堤侵蚀问题是一个影响全流域的问题。人类对河流自然流路的干涉,包括由于城市的发展和农业的开发,对流域内地表的改变和河流改造,加之自然洪泛区的减少,增加了下游国家洪水和泥石流发生的风险。流域内防御洪水基础设施的老化加剧了这一状况。气候改变将进一步增加发生洪水的风险。

在 Kura-Aras 河流域,洪水和泥石流事件对流域内国家经济和社会发展有着巨大的负面作用。尽管过去增加了洪水控制资金,危害人民生活的洪水和泥石流仍时有发生。由于在流域内建立了许多大坝和水库,大洪水风险已在一定程度上降低。然而,由于缺乏洪水防护措施,水库已成为难以控制洪水的主要因素。在流域内,没有足够的资金建造并维护洪水控制和保护系统。同时,由于缺乏合适的流量预报和监测系统,很难有效实施早期预警。

缺乏综合的洪水管理系统是另外一个问题,特别要考虑有关财政和环境成本的问题,仅仅通过工程手段来控制洪水的方法需要在将来的治理中改变。

3.5 生态系统衰减

在整个流域内,发生了生态系统衰减现象,诸如生物多样性缺失有增加的趋势,森林采伐,土地退化等。前面已经提到,水供应系统条件的简陋、系统崩溃数目的增加、清洁保护区域的污染、不恰当的氯处理以及水供应人口的增加,导致饮用水水质卫生标准降低。污水处理厂的缺乏和条件较差的污水收集网络导致污水直接流入河流内,这不仅导致环境污染和河流生态系统可持续性受到破坏,而且也导致流行疾病的盛行。

过去几十年,由于栖息地受到破坏,进而开始衰退,流域内物种数目明显减少,鸟类、哺乳动物和植物物种数目出现了明显的下降。

在 Kura-Aras 河流域，过去 20 年，森林面积减少的速度加快。20 世纪 90 年代初期以前，森林区域保持一个稳定的范围。但是，从那以后，由于非法砍伐伐木业的扩展，这种稳定的状况被破坏。

沙漠化和土地退化在 Kura-Aras 河流域也是一个严重的问题。土地退化的主要形式是盐碱化和土壤侵蚀，盐碱化主要在沙漠和半沙漠区域，土壤侵蚀主要是肥沃土地被冲刷。土地退化的主要原因是森林过度砍伐和放牧。商业木材需求增加是导致生态系统退化的主要原因之一。这包括伐木搬运业的发展和木材出口的增加，最终导致落叶林面积的减少。

过去 10 年在南高加索地区的能源危机也加速了流域内森林的砍伐。这些国家的能源赤字，伴随着国家的贫穷，导致了采伐业的扩张，因为人民不得不利用木材取暖和烹调食物。

造成这种状况的原因是多方面的，包括在生物多样性的重要性和生态法方面，法律法规的不健全，复杂的机构制度，法律执行能力低下和公众环境保护意识薄弱，加之在保护生态系统完整性和多样性方面由于资金限制而造成不利的状况。与此同时，缺乏综合的水资源管理系统也加剧了这一状况的发展。

3.6 来自农业方面的影响

在南高加索地区有关国家，农业是主要的水使用者。过去 20 年肥料和杀虫剂的使用在流域内已经明显减少。更进一层，诸如 DDT 和 HCH 等永久性残留的杀虫剂在流域内已被禁止使用。然而，最近的研究发现，已被禁止的杀虫剂在流域内还有使用。

难以控制的肥料使用，造成地表水和地下水的面源性污染，以牛、猪饲养场排放的动物富营养化泥浆对水造成点源性污染；早春融化的雪水，以及秋季降雨冲出土壤中的亚硝酸盐和磷酸盐，它们对流域水质也造成了很大的影响。

3.7 流量变化

流域内流量的变化主要受人类活动的干扰，包括直接提取地表水和地下水。由于围堰蓄水，城市化进程和砍伐森林造成蒸发量的增加。这也对跨界河流造成了影响。通过计算，Kura 河 40% 的天然径流量和 Aras 河 27% 的天然径流量在流到里海前已经损失掉。

到目前为止，严重的水资源短缺还没有在流域内发生，因水资源的严重短缺而威胁人类生存的情况也没有发生。然而，随着流域内国家人口的增长和经济的快速发展将会给地表水和地下水资源带来巨大的压力。

气候在中期和长期的改变可能对人类造成灾难性的影响。据研究，50% 的流量将由于平均气温的升高和降水的减少而减少。

流量的变化和减小已经影响到鱼的种类，诸如影响到 Kura-Ara 河流域的鲟鱼。在陆地生态系统中,它已经影响到了 tugai 森林。新的水库的建设也可能更进一步导致流量的变化。

4 结语

苏联解体后,亚美尼亚、阿塞拜疆和乔治亚共和国在环境立法方面有明显的改变。目前这些国家的立法框架相对比较新,处于一个革新和动态变化的过程,目的是努力得到一个相对综合的立法框架。然而,随着时间的推移,这些法律将面临许多挑战,一个主要的方面是关于各种法律文件的一致性和连贯性。这已经导致在制度安排上出现了一些混淆。

在 Kura-Aras 河流域内,水管理职责是很零碎的。各国在国家层面上的水管理机构的职责有太多互相重叠交叉部分。

自苏联解体后,亚美尼亚、阿塞拜疆和乔治亚共和国这些国家,环境部在职责方面经常性而且是突发性的发生变化,已经动摇了环境保护的制度基础。

通过对各种资助工程分析发现,流域缺乏一个综合的环境保护规划,导致管理职责在各个部门的重叠时常发生。除此之外,在不同经济部门之间,有关规划、协作和环境活动支持方面缺乏制度性的管理结构。

在 Kura-Aras 河流域内国家,水使用许可系统是一个有效促进水资源分配和相应费用收取的一个工具。在亚美尼亚、阿塞拜疆和乔治亚共和国,存在许多有关水许可程序的规定。尽管已经存在一个综合的立法和制度框架,许多问题还是存在,它导致水使用许可和联合收费系统难以全面、有效实施。

Kura-Aras 河流域内国家,已经认识到跨界流域管理的重要性,彼此正尽全力与邻国跨界协作。然而,紧张的政治局势阻碍了流域内国家在跨界流域协作管理方面的发展。

孤山川流域水土保持效益评价研究综述

王国庆[1,2] 张建云[1] 贺瑞敏[1] 荆新爱[3] 余 辉[4]

（1. 水文水资源及水利工程重点实验室，南京水利科学研究院；
2. 黄河水利委员会；3. 黄河水利科学研究院；4. 郑州市气象局）

摘要：基于现有研究成果，对黄土高原典型支流孤山川流域的水土保持蓄水拦沙效益评价方法及水沙变化原因等进行了系统总结分析。结果表明：不同统计模型得出的水土保持效益存在一定差异，而建模所用资料的代表性不足和统计模型本身外延精度不高等缺陷是引起该差异的主要原因。因此，加强具有物理基础的概念性流域水文模型在水沙变化分析中的应用研究是非常必要的。

关键词：孤山川流域 水土保持措施 水沙变化 评价模型

1 概述

黄土高原是我国重要的能源、化工和农业基地，在西部大开发进程中具有重要的战略地位；受干旱气候影响，黄土高原水土流失严重，生态环境恶劣，而水土保持是改善区域生态、防止水土流失的基本途径。20 世纪 70 年代以来，黄土高原大规模的流域水土保持较大程度上改变了区域下垫面状况，对流域水沙情势产生一定的影响。客观评价流域水土保持的蓄水拦沙作用、分析水沙变化原因是流域生态环境建设规划的基础。

为客观揭示黄河中游水沙变化规律，自 20 世纪 80 年代以来，在国家自然科学基金项目“黄河流域环境演变与水沙运行规律研究”、黄河水土保持科研基金项目“黄河中游多沙粗沙区水土保持减水减沙效益及水沙变化趋势研究”、黄河水沙变化研究基金项目“孤山川水沙变化原因分析及发展趋势预测”、“不同降雨条件下河口镇至龙门区间水利水保工程减水减沙作用分析”、“河龙区间水土保持减水减沙作用分析”、国家“八五”重点攻关项目专题“黄河中游多沙粗沙区水沙变化原因及发展趋势”等项目中相继开展了该方面相关研究。本文以黄土高原典型支流孤山川流域为研究对象，就水沙变化评价方法和水沙变化原因方面的成果做了系统分析，以期为黄土高原水土流失综合治理提供技术支持。

2 孤山川流域概况

孤山川是黄河中游右岸的一级支流,发源于内蒙古自治区准格尔旗乌日图高勒乡,在陕西省府谷县附近汇入黄河,干流全长 79.4 km,以高石崖水文站为流量控制站,流域面积 1 263 km^2,流域内大于 100 km^2 的支流有新城川、阳湾镇和木瓜川。流域内地貌类型比较单一,90% 以上地区为黄土所覆盖,由于土层深厚、质地疏松、植被稀少,土壤侵蚀严重,沟谷发育,是典型的黄土丘陵沟壑区。

流域地处干旱、半干旱大陆性季风气候区,多年平均降水量约 410 mm,降水年际变化大,年内分配不均,最大年降水量约为最小年降水量的 3.5 倍,近 80% 的降水以暴雨形式出现,主要集中在汛期 6 ~ 9 月份。高强度暴雨是流域内径流、泥沙产生的主要原因,高石崖站多年平均径流、泥沙量分别为 8 050 万 m^3 和 2 364 万 t,其中汛期水沙量约占年水沙量的 74.3% 和 99.1% 。

为防止水土流失、改善生态环境,流域内开展了大规模的水土保持工作,截止到 1999 年,流域内修建梯田 4 445 hm^2,造林 16 751 hm^2,种草 2 207 hm^2,淤成坝地 1 072 hm^2;水土保持对流域水文情势产生了很大的影响。

3 孤山川流域水沙评价模型研究

目前,流域水沙变化评价方法大致可划分为以下三种类型:水文模拟法、水土保持计算法和相似比拟法。计算机技术的快速发展使越来越多的学者更青睐于水文模拟法,数十年来,已经提出了不少的水土保持效益评价模型用于流域水沙变化原因分析。采用水文模拟途径分析流域水沙变化,首先要利用天然实测资料建立流域水文模型,然后以该模型延展人类活动影响期间的天然水沙过程,最后通过计算的天然水沙量与实测资料对比,进而评价水土保持等人类活动对流域水沙的影响;所以采用水文模拟途径的关键是建立合格的流域水文模型。

孤山川流域在 1970 年以前采取的水土保持措施较少,因此,在以往的研究中常把 1970 年以前视为“天然状态”,利用该时期的水文气象资料建立水沙评价数学模型。在近些年的一些科研工作中,根据孤山川流域资料,建立的水沙变化评价模型有以下几个:

(1)由黄河水土保持科研基金项目资助,于一鸣等基于年降水量与年径流量、年输沙量的相关分析,建立了孤山川流域年径流、泥沙的估算公式:

$$R_a = 1\,335 \cdot e^{0.004\,5P_a} \tag{1}$$

$$Ws_a = 52.61 \cdot e^{0.008\,462P_a} \tag{2}$$

式中:R_a 和 Ws_a 分别为年径流、泥沙量;P_a 为流域面平均年降水量。

(2)在国家自然科学基金重大项目“黄河流域环境演变与水沙运行规律”的

研究中，熊贵枢等建立的水沙计算公式如下：

$$W_W = \alpha_1 \cdot P_1 + \alpha_2 \cdot P_2 + \cdots + \alpha_m \cdot P_m \tag{3}$$

$$W_S = \beta_1 \cdot P_1 + \beta_2 \cdot P_2 + \cdots + \beta_m \cdot P_m \tag{4}$$

式中：$\alpha_1, \alpha_2, \cdots, \alpha_m$ 为分级降水径流系数；$\beta_1, \beta_2, \cdots, \beta_m$ 为分级降水产沙系数；$P_1, P_2, \cdots, P_m$ 为分级日降水量；W_W、W_S 分别为径流量、泥沙量。

验算结果表明，计算值与实测值非常接近。

(3)焦恩泽认为汛期降水、暴雨是径流、泥沙产生的主要因素，采用大于0.5 mm/h 的流域面平均降水作为有效降水指标，在计算相应降水强度的基础上，建立了径流、泥沙计算公式：

$$W_a = 112 \cdot P_f^{0.63} \cdot I_e^{0.656} \tag{5}$$

$$W_{S_f} = 12.0 \cdot P_e^{0.7} \cdot I_e^{1.5} \tag{6}$$

式中：W_a 为年径流量；W_{S_f}为汛期沙量；P_f 和 P_e 分别为汛期降水量和有效降水量；I_e 为降水强度。

验证表明，公式的相关系数均超过0.85。

(4)徐建华等分析了孤山川流域年特征降水指标与流域年产流量、产沙量之间的关系，建立的公式如下：

$$W_a = 20.718 \times [0.397 P_{30}^{1.49} + 0.315(P_f - P_{30})^{1.52} + 0.288 P_a]^{0.822} \tag{7}$$

$$W_{S_a} = 0.0692 \times [0.48 P_1 + 0.24(P_{30} - P_1) + 0.23(P_f - P_{30}) + 0.04(P_a - P_f)]^{2.23} \tag{8}$$

式中：P_1、P_{30}分别为最大1日降水量和最大30日降水量；P_f、P_a 分别为汛期和年降水量。

公式相关系数分别为0.95和0.93。

(5)为克服资料序列短的弊病，李雪梅等将水土保持措施对水沙的影响视为降水的损失，提出了降水附加损失系数来定量描述水土保持措施的作用，进而提出了考虑水土保持措施的混合模型：

$$\xi = \frac{\sum W_{m_i} \cdot f_i + \sum V_{m_i}}{F_{l_s} \cdot \bar{P}} \tag{9}$$

$$W = -18.2 + 1.3903(1 - \xi_1)P_1 I_1 + 0.0051(1 - \xi_2)P_2 I_2 + 0.499(1 - \xi_i)P_3 I_3 + 0.5824(1 - \xi_4)P_4 I_4 \tag{10}$$

$$W_S = -103.9 + 0.4319(1 - \xi_1)P_1 I_1 + 0.0603(1 - \xi_2)P_2 I_2 + 0.3247(1 - \xi_i)P_3 I_3 + 0.0333(1 - \xi_4)P_4 I_4 \tag{11}$$

式中：f_i 为某项治坡措施面积；W_{m_i}为某项治坡措施单位面积最大拦蓄径流量；

V_{m_i}为某项治沟措施当年剩余库容；F_{l_s}为水土流失面积；$\overline{P}$为某站多年平均年降水量；P_i 为某站汛期5～10月份降水量；I_i 为某站5～10月份的日均降水量。

相关系数分别为0.87和0.79。

(6)冉大川等将流量过程分割，分别建立了洪量与基流的估算公式，认为泥沙主要由洪水所挟带，在此基础上，建立了降雨与洪沙的相关关系式：

$$W_H = 9.5 \times 10^{-4} P_{7D}^{2.894} \quad W_B = 1.001(P_a + 0.8P_{a-1} + 0.5P_{a-2})^{1.191} \tag{12}$$

$$W_{H_S} = 3.89 \times 10^{-4} P_{7D}^{2.875} \tag{13}$$

式中：W_H 与 W_{H_S}分别为汛期暴雨产水产沙量；P_{7D}为连续7天最大降水量之和；P_a、P_{a-1}、P_{a-2}分别为本年、去年和前年的年降水量。

洪量、基流、洪沙与相应变量之间的相关系数分别为0.97、0.8和0.92。

(7)为加强产流产沙模型的物理基础，王国庆等根据黄土高原产流机制，将径流划分为地面径流和地下径流两部分，第一部分采用改进的Green-Ampt下渗曲线计算，第二部分称为基流，根据地下水线性水库理论描述。同时认为降水和地面径流是产沙的动力，基于水流挟沙能力的计算，建立了产沙公式，对孤山川流域逐日天然径流、泥沙的模拟效率系数分别为83.3%和87.1%。

上述模型中，除最后一个可以看做为简化的概念性模型以外，其余的6个模型尽管形式不同，但都属于传统的数理统计模型。从各个模型参数率定及检验结果来看，它们均对天然水沙过程具有相当好的模拟效果，相关系数远大于临界水平。仅从这点来看，建立的模型应该都是适合于水沙变化分析的。

4 孤山川流域水土保持的减水减沙效益

采用上述模型，计算了水土保持作用时期高石崖站的天然水沙过程，基于计算结果与实测水沙的对比，分析了流域水土保持措施对水沙的影响，结果见表1。

在所列举的7个模型中，前六个模型均是以年径流、泥沙为研究对象，最后一个模型的研究对象则是场次暴雨洪水泥沙，因此，本文只对前6个模型的计算结果分析讨论。由表1可以看出，尽管上述不同模型对天然水沙均具有同样好的模拟效果，但根据不同模型计算的水土保持措施对水沙的影响量差异较大，甚至出现了水土保持措施减水减沙效益相反的情形。如于一鸣等的计算结果认为1970～1979年期间水土保持措施增加了径流，其增加量为－526万m³，而其他计算结果则认为水土保持在该时期依然拦蓄了径流，尽管其拦蓄量在1 307万m³～2 051万m³之间变化，但相差依然接近1倍；1980～1989年期间水土保持措施对泥沙的计算影响量在196万t～933万t之间变化，差异超过3倍。

表 1　不同模型计算的孤山川流域水土保持减水减沙效益结果对比

作者	项目	径流(万 m³)				泥沙(万 t)			
		-1969	1970s	1980s	1990s	-1969	1970s	1980s	1990s
于一鸣等	实测值	11 043	9 804	5 518		2 434	2 969	1 278	
	计算值		9 270	7 947			2 429	1 953	
	减少量		-526	2 429			-540	675	
	百分比(%)		-5.8	30.6			-22.2	34.6	
熊贵枢等	实测值	5 376	6 644	3 544		2 480	2 969	1 250	
	计算值		7 951	3 927			2 909	1 458	
	减少量	1 307	383			-60	208		
	百分比(%)		24.3	17.12			-2.4	8.4	
焦恩泽	实测值	11 040	9 793	5 518		2 658	2 978	1 278	
	计算值		11 844	9 411			4 018.2	2 210.8	
	减少量		2 051	3 893			1 040	933	
	百分比(%)		17.3	41.4			26.4	43.2	
徐建华等	减少量		1 700	2 600			-68	341	
李雪梅等	减少量		1 652	1 561	1 160		559	513	358
冉大川等	实测值	10 880	9 794	5 515	6 260	2 645	2 964	1 269	1 418
	计算值		11 450	7 175	7 951		2 867	1 465	1 748
	减少量		1 656	1 660	1 691		-97	196	330
	百分比(%)		16.9	30.1	27.0		-3.3	15.4	23.3
王国庆等	实测值		1 405	6 800	1 478		785	285	509
	计算值		1 537	8 654	1 950		907	417	832
	减少量		132	1 854	472		122	132	323
	百分比(%)		8.6	21.4	24.2		13.5	31.7	38.8

为分析这种悬殊差异的原因，首先分析所用资料的代表性，在孤山川流域有4个雨量站，但只有高石崖和新民镇2个雨量站具有较长系列的降水资料，新庙和孤山雨量站设立于1966年，仅有4年的降水资料来参与建立模型，因此，由于资料短缺而使率定的模型参数缺乏足够的代表性。另一方面，数理统计模型本身虽然具有很高的内插精度，但其外延精度不高。所以，水文气象资料的短缺和数理统计模型本身的局限性应该是引起计算结果悬殊的主要原因。

资料短缺是流域先天的欠缺，难以完全克服；但与数理统计模型相比较，具有物理基础的概念性水文模型还有其自身的优越性，即通过对水文现象内部规律模拟和模型参数外延的地域分布规律，可以解决经验统计模型原则上无法解决的高水外延和无资料地区的水文计算问题，也可在一定程度上改善资料序列短所带来的代表性不足的弊病。目前，全球范围内已经提出了数以百计的概念性流域水文模型；有些模型已经在黄河流域的某些典型支流得到了初步应用；有些模型虽然已经在国内外多个其他流域进行了验证，并取得了较好的效果，但限于黄土高原地理、水文情势的复杂性，或许还很难直接应用于黄土高原的水土流失模拟计算。因此,加强具有物理基础的概念性水文模型在黄河流域的开发引进及其应用检验是很必要的。

5 结语

黄土高原是我国水土保持生态建设的重点地区,研究水沙变化是评价水土保持效益的基础,加强具有物理基础的概念性流域水文模型的应用研究是正确评价水土保持效益的关键。这项工作对于水土保持生态建设规划等方面具有重要意义,同时可在一定程度上促进流域水文学的发展。

参考文献

[1] 黄河流域水土保持科研基金第四攻关课题组. 黄河中游多沙粗沙区水土保持减水减沙效益及水沙变化趋势研究报告,1993. P44-47.

[2] 唐克丽,熊贵枢,梁季阳,等. 黄河流域的侵蚀与径流泥沙变化. 北京:中国科学技术出版社. 1993. P220-225.

[3] 焦恩泽. 孤山川流域水沙变化研究//黄河水沙变化研究. 1 卷(上册). 郑州:黄河水利出版社,2002. P527-537.

[4] 徐建华,牛玉国. 水利水保工程对黄河中游多沙粗沙区径流泥沙影响研究. 郑州:黄河水利出版社,2000. P158-214.

[5] 李雪梅,徐建华,王国庆,等. 不同降雨条件下河口镇至龙门区间水利水保工程减水减沙作用分析//黄河水沙变化研究. 2 卷. 郑州:黄河水利出版社,2002,P261-304.

[6] 冉大川,柳林旺,赵力仪,等,黄河中游河口镇至龙门区间水土保持与水沙变化. 郑州:黄河水利出版社,2000. P132-177.

气候变化和人类活动对黄河中游伊洛河流域径流量的影响

王国庆[1,2] 张建云[1] 贺瑞敏[1] 黄瑞英[4]

（1. 水文水资源及水利工程重点实验室；2. 南京水利科学研究院；
3. 黄河水利委员会；4. 沂沭泗水利管理局）

摘要：我国许多河流的径流量呈下降的趋势。在这些趋势变化中，如何区分人类活动及气候变化的影响是当前流域水文和气候变化研究的热点和难点。本文首先介绍了澳大利亚水量平衡模型（AWBM 模型）的结构及计算原理，并利用伊洛河流域天然时期的降水径流资料对模型进行了率定；基于天然月流量过程模拟，分析了气候变化和人类活动对该流域径流量的影响。结果表明：AWBM 模型对伊洛河逐月径流过程具有良好的模拟效果，就平均而言，人类活动和降水变化对径流的影响分别占径流减少总量的 42% 和 58%。

关键词：伊洛河　澳大利亚水量平衡模型　气候变化　人类活动　径流变化

黄河流域生态环境恶劣。科学试验证明，水土保持是防止水土流失、改善区域生态环境的有效途径。近几十年，在黄河中游开展了大规模的水土保持工作和水利工程建设，这在一定程度上改变了区域下垫面条件，使流域的产流条件发生了改变；研究表明，黄河中游径流对气候变化的响应也非常敏感，气候变化或波动可以对流域的径流情势产生一定影响。

自 20 世纪 90 年代以来，受人类活动和气候变化影响，黄河中游主要支流的径流量较 50、60 年代显著减少，有些支流甚至出现了断流，成为季节性河流，对流域水资源利用和生态环境建设等方面产生了直接影响。客观评价环境变化对水资源的影响是流域生态环境建设规划的基础。水量平衡模型是目前水文及环境分析中最常用的工具和手段之一，采用澳大利亚水量平衡模型，基于对黄河中游伊洛河流域天然径流过程的模拟，分析了环境变化对该流域径流量的影响。

1　伊洛河流域自然概况

伊洛河是黄河中游河段最大的支流，发源于陕西省洛南县，发育穿行在熊耳山的南北两麓，自西南向东北方向汇入黄河；干流全长 974 km，黑石关站为伊洛河最下游控制站，流域面积 18 563 km^2。伊洛河主要有伊河和洛河两大支流组成,左右岸水系对称,呈树枝状;龙门镇为伊河控制站,流域面积 5 318 km^2,河道长度 264.8 km;洛河以白马寺为控制站,集水面积 11 891 km^2,河道长度 446.9 km。伊洛河上游为土石山区,植被较好,下游地区为黄土覆盖,植被相对稀疏,水土流失较为严重。

伊洛河流域处于大陆性季风气候区,多年平均降水量 660 mm,其中汛期 6~9月份降水量在 410 mm 左右,约占年降水量的 60%。在区域分布上,上游降水充沛,下游降水相对较少,如上游官坡站多年平均年降水量为 849.2 mm,下游盐镇站平均年降水量为 594.4mm,两者相差近 255 mm。

自 20 世纪 70 年代以来,流域内先后修建了陆浑、故县等大中型水库。为发展灌溉农业,同时又修建了大量提水灌溉设施,伊洛河流域内的水利化程度得到显著提高。为防止水土流失、改善生态环境,流域内开展了大规模的水土保持工作,截止到 1999 年,流域内修建梯田 1 445 hm^2,造林 6 751 hm^2,淤成坝地 672 hm^2。水利工程和水土保持等人类活动对流域水文情势产生了很大的影响。

2 澳大利亚水量平衡模型简介

澳大利亚水量平衡模型(Australia water balance model,简称 AWBM)是一个基于水量平衡原理的降雨径流模型,由 Walter Boughton 博士提出,最初主要用于无测站地区的径流模拟,后来逐步应用到流域水资源管理和环境变化影响评价等多个领域。模型的输入包括三部分:逐时段降水量、流域蒸散发能力和实测径流量。流域蒸散发能力通常由实测的潜在水面蒸发代替。模型结构框图及计算流程如图 1 所示。

模型中设置 3 种不同的地表水储蓄,其储蓄容量分别为 C_1、C_2 和 C_3,三种地表水储蓄的面积与流域面积的百分比分别为 A_1、A_2 和 A_3,并满足限制条件 $A_1+A_2+A_3=1$。一般设置 $A_1=0.134$,$A_2=A_3=0.433$。不同地表水储蓄之间相互独立,根据水量平衡原理计算每个时段的储蓄量。其水量平衡方程为:

$$Store(n,m)=Store(n-1,m)+Rain(n)-Evap(n) \tag{1}$$

式中:$Store(n,m)$ 和 $Store(n-1,m)$ 分别为第 m 个地表水储蓄在 n 个和第 $n-1$ 个时段内的蓄水量;$Rain(n)$ 和 $Evap(n)$ 分别为第 n 个时段内的降水量和潜在蒸发能力;n 为计算时段序号;m 为地表水储蓄序号,$n=1\sim3$。

在模型计算过程中,如果地表水储蓄量为负值,则设置为 0;若地表储蓄量超过其储蓄容量,超过的部分($EXCES$)将根据基流指数(BFI)转变为地表径流和补充基流储蓄。

$$EXCES(n,m)=Store(n,m)-C(m)\geqslant 0 \tag{2}$$

$$S(n)=S(n-1)+\sum_{m=1}^{3}[(1-\mathrm{BFI})\times EXCES(n,m)] \tag{3}$$

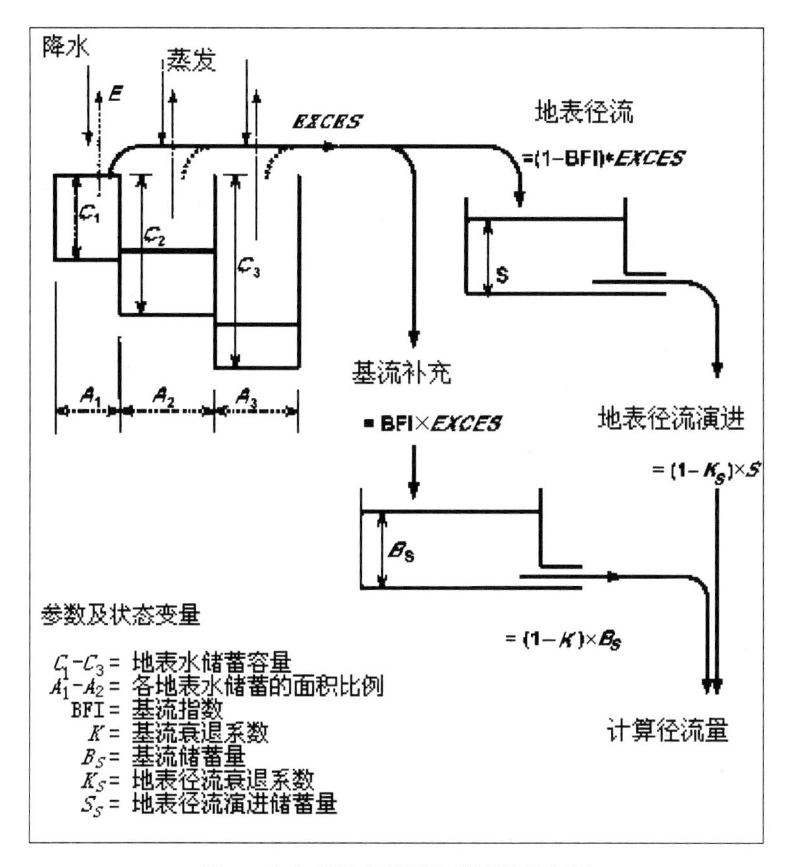

图 1　澳大利亚水量平衡模型结构框图

$$B_s(n) = B_s(n-1) + \sum_{m=1}^{3}[\mathrm{BFI} \times EXCES(n,m)] \tag{4}$$

式中：$S(n)$和$S(n-1)$分别为第n和$n-1$个时段内的地表径流演进储蓄量；$B_s(n)$和$B_s(n-1)$分别为第n和$n-1$个时段内的基流储蓄量。

地表径流和基流的演进采用两个衰退常数根据一阶线性水库出流理论计算，最后线性叠加演进的地表径流和基流，得到时段计算径流量。

$$Q_S(n) = (1-K_s) \times S(n) \tag{5}$$

$$Q_b(n) = (1-K) \times B_s(n) \tag{6}$$

$$Q_C(n) = Q_S(n) + Q_b(n) \tag{7}$$

式中：K和K_s分别为基流和地表径流衰退系数；$Q_S(n)$和$Q_b(n)$分别为地表径流和基流；$Q_C(n)$为时段内计算径流量。

由上述可以看出，模型共有5个中间变量，分别为：3个地表水储蓄，1个地表径流演进储蓄和1个基流储蓄。模型有6个参数，分别为：3个地表水储蓄容

量 C_1、C_2 和 C_3，基流指数 BFI，地表径流和基流衰退系数 K_s 和 K。

3 伊洛河流域天然径流过程模拟

由于伊洛河流域在 1970 年之前兴建水利工程和采取水土保持措施较少，因此，将该时期视为流域的天然时期，利用 1970 年之前的资料建立并检验模型，选用 Nash-Sutcliffe 模型效率系数 R^2 和模拟总量相对误差 R_e 为目标函数进行参数率定。图 2 给出了黑石关站实测与模拟径流量过程。

由图 2 可以看出，实测与模拟径流过程较为吻合，统计结果表明，计算年径流量与实测值非常接近，最大相对误差不超过 17%，率定期（1956～1966 年）和检验期（1967～1969 年）的 Nash-Sutcliffe 模型效率系数分别为 81.4% 和 76.8%，平均相对误差也均小于 2%；由此说明，应用该模型计算人类活动影响期间的天然径流量具有较高的可信度。

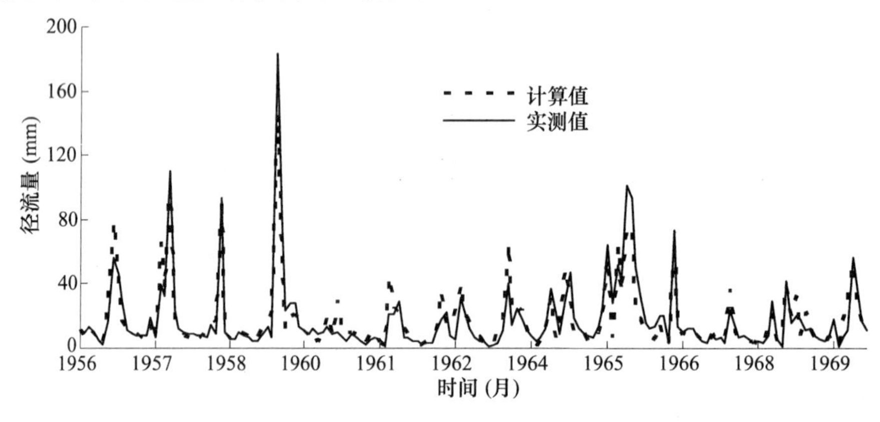

图 2　伊洛河流域月径流量实测值与模拟值的比较

4 环境变化对伊洛河流域径流量的影响

流域水文变化是环境变化的结果，环境变化主要指气候变化（波动）和人类活动对流域下垫面等自然状况的改变两个方面。以人类活动影响显著之前（1955～1969 年）的径流状况作为背景，则后期径流较背景值的变化量包括两部分，其中一部分是由于气候变化引起的，而另外一部分则是由于人类活动影响所造成。

根据伊洛河流域天然时期的模型参数和 1970 年以后的气象资料，计算该流域人类活动影响期间的天然径流量。根据背景值、各年代实测值及计算的天然径流量来分析环境变化对流域径流的影响；具体计算方法为：各年代实测径流量与相应时期天然径流量的差值基本上可以视为由人类活动影响所造成的变化量，而模拟的天然径流与背景值的差值则可以看做由气候变化所产生的影响量。具体计算结果见表1。

表1 气候变化和人类活动对伊洛河流域径流量的影响

起止年份	实测值	计算值	总减少量	气候因素		人类因素	
	(mm)	(mm)	(mm)	(mm)	(%)	(mm)	(%)
背景值	207.6	209.5					
1970～1979	108.6	151.9	99.0	55.7	56.3	43.3	43.7
1980～1989	154.5	180.2	53.1	27.4	51.6	25.7	48.4
1990～1995	72.0	120.4	135.6	87.2	64.3	48.4	35.7
1970～1995	117.8	155.5	89.8	52.1	58.0	37.7	42.0

由表1可以看出：(1)自20世纪70年代以来，受环境变化影响，伊洛河流域实测径流量较背景值有明显的减少，其中1990年以来减少量最大，约为135.6 mm。(2)20世纪80年代，由于人类活动和气候变化引起的径流减少量均相对较低，分别为25.7 mm和27.4 mm。(3)不同年代人类活动和气候变化对径流的相对影响程度不同，但各年代由于气候变化引起的径流减少量均占径流减少总量的50%以上，因此，气候变化是伊洛河流域径流量减少的主要因素，就平均情况而言，人类活动对径流的影响量只占径流减少总量的42%。

5 结语

基于对黄河中游伊洛河天然径流过程的模拟，采用水文模拟途径分析了环境变化对该流域径流量的影响。结果表明，澳大利亚水量平衡模型对伊洛河流域径流具有良好的模拟效果，降水减少是该流域径流锐减的主要原因，人类活动对径流的影响占径流减少总量的42%。

伊洛河是黄河中游河段的最大支流，也是黄河下游重要的水源和暴雨洪水来源区，该流域径流洪水的变化直接关系到当地水资源的开发利用和下游的防洪安全。因此，在进行该流域水资源变化规律研究的同时，应进一步加强环境变化对伊洛河暴雨洪水的影响研究，为黄河下游防洪提供科学依据。

参考文献

[1] 陈江南，王云璋，徐建华. 黄土高原水土保持对水资源和泥沙影响评价方法研究[M]. 郑州：黄河水利出版社，2005.

[2] 水利部水文信息中心. 国家"九五"重中之重科技攻关专题(1996－908－03－02)"气候异常对中国水资源及水分循环影响评估模型研究"[R]，2000，11.

[3] Boughton W. C. , A simple model for estimating the water yield of ungauged catchments [R]. Inst. Engs. Australia, Civil Engg. Trans. , v. CE26, 1984. no. 2, 83 - 88.

[4] Boughton W C. b: An Australian water balance model for semiarid watersheds[J]. Jour. Soil and Water Cons. , 1995. v. 50, 1984: no. 5 Sep-Oct, 454 - 457.

[5] Nash J. E. and Sutcliffe J. River flow forecasting through conceptual models, Part 1, A discussion of principles. , Journal of Hydrology, 1970, 10, 282 - 290.

黄河上游兰州站近520年天然径流量变化规律及预测分析

王金花[1] 张荣刚[2] 康玲玲[1] 王云璋[1]

(1. 黄河水利科学研究院; 2. 黄河水利委员会水文局)

摘要:本文根据重建的黄河上游地区兰州站近520年的汛期天然径流量资料,分析了其变化的阶段性及周期性,结果表明,兰州站近520年汛期天然径流量大致经历了8个枯水段和7个丰水段,径流量变化的准4年和30年周期是比较显著与稳定的。预测分析表明,未来30年汛期天然径流量的平均值可能为262亿m^3左右,接近多年均值略偏少;并且其变化趋势大体可分为平、丰、枯、丰4个时段。

关键词:变化规律 预测分析 天然径流量 黄河上游 兰州

1 兰州站汛期天然径流量的历史变化

研究表明,长序列水文气象要素的变化,大多具有较明显的阶段性和周期性特点。黄河上游兰州站汛期天然径流量乃至黄河流域天然径流量,以及流域或者各区域的历史旱涝变化也都具有这些特点,只是不同区域和不同时间尺度要素的主要特征存在有一定的差异。

1.1 汛期天然径流量的分级

为了统计分析兰州站汛期天然径流量历史时期的演变规律和丰枯变化特点,首先要将我们根据上游地区树木年轮、旱涝等级等资料所重建的520年序列进行分级。

为此,参考文献[4]中的等级划分指标,并结合上游地区的旱涝状况,将兰州站自1485年以来的520年汛期天然径流量划分为丰、偏丰、平水、偏枯、枯5个等级。所确定丰、平、枯年份等级的指标评定标准为:

1级(丰水年): $$R_i > (\overline{R} + 1.17\sigma) \tag{1}$$

2级(偏丰年): $$(\overline{R} + 0.45\sigma) < R_i \leqslant (\overline{R} + 1.17\sigma) \tag{2}$$

3级(平水年): $$(\overline{R} - 0.45\sigma) < R_i \leqslant (\overline{R} + 0.45\sigma) \tag{3}$$

基金项目:国家自然科学基金委员会、水利部黄河水利委员会黄河联合研究基金项目(项目批准号:50279010)。

4 级(偏枯年)：　$(\overline{R}-1.17\sigma)<R_i\leqslant(\overline{R}-0.45\sigma)$　(4)

5 级(枯水年)：　$R_i\leqslant(\overline{R}-1.17\sigma)$　(5)

式中：$\overline{R}$为兰州站多年平均的汛期天然径流量(即 264.6 亿 m^3)；R_i 为逐年汛期天然径流量；σ 为标准差。

根据上述分级标准，逐年对照兰州站的汛期天然径流量，就不难获得 1485 年以来 520 年的等级序列，结果如表 1 所列。

表 1　兰州站自 1485 年以来汛期天然径流量分级成果

年份	0	1	2	3	4	5	6	7	8	9
148						4	2	2	3	3
149	4	5	4	3	5	4	3	3	3	4
150	3	2	3	3	3	3	3	3	5	4
151	4	4	3	4	4	4	5	4	3	2
152	3	2	3	3	3	3	4	5	5	3
153	3	3	3	4	3	2	3	3	4	3
154	5	5	3	1	1	3	4	4	2	5
155	4	1	5	2	1	1	2	5	1	2
156	2	1	3	4	2	2	3	1	5	4
157	3	3	3	4	4	3	4	3	3	3
158	1	2	4	4	2	3	4	3	3	2
159	2	3	4	5	2	3	4	5	2	2
160	3	3	3	2	2	5	4	3	4	4
161	4	2	3	1	4	3	5	1	2	3
162	2	4	3	2	2	3	3	2	2	4
163	3	4	3	2	3	4	5	3	3	3
164	3	2	2	2	2	3	4	3	5	4
165	2	3	2	2	2	3	5	3	2	1
166	3	4	3	3	4	3	3	5	4	3
167	3	3	1	2	1	2	3	2	2	2
168	3	2	2	3	5	3	5	5	5	4
169	5	3	5	4	5	3	5	4	2	2
170	3	4	4	3	3	1	3	2	1	3
171	2	2	3	3	1	2	2	3	3	2
172	3	2	2	2	2	2	3	1	3	3
173	2	3	3	2	2	2	5	4	1	4
174	3	4	3	3	3	4	4	3	3	5
175	1	2	2	2	3	2	4	3	5	5
176	2	3	3	3	3	3	2	4	2	3

续表 1

年份	0	1	2	3	4	5	6	7	8	9
177	3	5	5	5	3	4	1	3	5	2
178	3	2	3	4	3	2	3	2	1	3
179	2	1	2	5	3	3	4	3	2	3
180	3	2	3	2	1	2	1	2	2	2
181	2	2	2	3	3	2	1	3	3	2
182	2	3	3	3	4	5	4	4	4	3
183	2	3	4	4	5	2	2	3	5	3
184	3	1	1	2	1	3	1	1	1	3
185	3	1	2	4	3	3	2	4	4	1
186	3	5	4	3	3	3	4	4	3	2
187	2	4	5	1	2	1	4	4	4	5
188	4	3	3	2	3	1	2	2	3	1
189	3	4	5	4	1	5	4	3	2	1
190	4	3	3	4	3	2	2	1	3	5
191	3	2	3	3	1	2	3	2	3	3
192	4	3	2	3	2	4	4	4	5	4
193	4	1	3	2	4	1	3	2	2	4
194	1	5	5	1	4	3	1	3	4	1
195	4	2	4	4	4	1	5	5	3	3
196	4	2	4	2	1	4	3	1	2	5
197	5	4	4	4	4	1	1	5	3	3
198	4	1	3	1	2	2	3	4	4	1
199	4	5	3	3	5	5	5	5	5	3
200	5	5	5	5	5					

经对表 1 所列逐年汛期天然径流量丰、枯等级的统计，就可以得到兰州站近 520 年来各级水量发生的气候概率(见表 2)。

表 2　兰州站近 520 年汛期天然径流量丰、枯等级划分的临界值及其特征统计

丰枯等级	丰枯类型	临界值	年数	发生概率(%)	平均径流量(亿 m^3)
1	丰水年	$R_i > 318.59$	56	10.8	341.2
2	偏丰年	$285.38 < R_i \leqslant 318.59$	118	22.7	285.7
3	平水年	$243.86 < R_i \leqslant 285.38$	176	33.8	266.8
4	偏枯年	$210.65 < R_i \leqslant 243.86$	105	20.2	228.2
5	枯水年	$R_i < 210.65$	65	12.5	187.2

从表 2 可以看出，黄河上游兰州站近 520 年来，出现丰水年共 56 年，占总年数的 10.8%，其汛期平均天然径流量为 341.2 亿 m^3，较多年均值(264.6 亿 m^3)还偏多 28.9%；出现枯水的年份较丰水年份稍多，为 65 年，占总年数的 12.5%，

其平均天然径流量仅为丰水年的55%左右,而且较多年均值还偏少29.3%;偏丰年和偏枯年分别占总年数的22.7%和20.2%。出现平水年的次数最多,共有176年,其发生概率达33.8%。

1.2 汛期水量丰、枯变化的阶段性

图1给出了黄河上游兰州站汛期天然径流量及其11年滑动平均值的演变曲线。结合资料分析不难看出,兰州站汛期天然径流量的历史变化具有较明显的阶段性,自1485年以来的520年大体经历了8个枯水段和7个丰水段(见表3)。

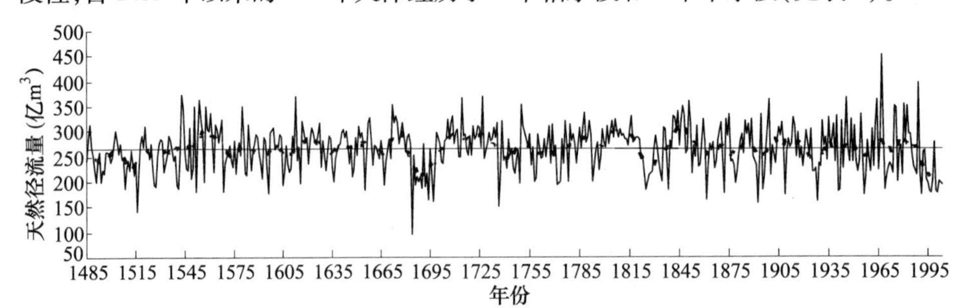

图1 兰州站汛期天然径流量(细线)及其11年滑动平均曲线(粗线)

表3 兰州站近520年重建汛期天然径流量丰枯时段特征统计 (单位:亿 m^3)

枯水时段								
起年	止年	年数	平均径流量	各级发生概率(%)				
				1	2	3	4	5
1485	1545	61	250.9	3.3	9.8	47.5	26.2	13.1
1546	1567	22	282.4	27.3	31.8	9.1	18.2	13.6
1568	1612	45	256.3	2.2	22.2	37.8	28.9	8.9
1613	1680	68	273.6	7.4	30.9	39.7	14.7	7.4
1681	1701	21	228.9	0	19.1	23.8	19.1	38.1
1702	1735	34	290.6	11.8	44.1	41.2	2.9	0
1736	1777	42	256.5	7.1	16.7	40.5	19.1	16.7
1778	1820	43	284.9	11.6	44.2	34.9	4.7	4.7
1821	1837	17	244.9	0	17.7	35.3	35.3	11.8
1838	1856	19	292.4	36.8	15.8	36.8	5.3	5.3
1857	1898	42	260.1	14.3	16.7	26.2	31.0	11.9
1899	1920	22	273.0	13.6	22.7	45.5	13.6	4.5
1921	1932	12	250.9	8.3	16.7	25	41.7	8.3
1933	1988	56	269.5	21.4	16.1	17.9	32.1	12.5
1989	2004	16	218.0	6.3	0	18.8	6.3	68.8
平均		32	250.0	5.5	15.2	35.5	25.8	18
平均		37.7	278.8	15.9	29.9	32.2	14.8	7.2

由表 3 可以看出:

(1)就兰州站汛期天然径流量所经历的 7 个丰水段而言,其平均持续时间为37.7 年,最长 68 年,最短仅 19 年;该段平均的汛期天然径流量为278.8 亿 m^3,较常年平均值(264.6 亿 m^3)偏多 5.4%;其中偏丰(包括丰水)年的出现概率是偏枯(包括枯水)年的 2 倍多。

(2)对于近520 年所经历的8 个枯水段来说,其平均持续时间为32 年,相对少于丰水段,其最长为61 年,最短的仅 12 年;该枯水段平均的汛期天然径流量为250 亿 m^3,较常年偏少 5.5%;其中该段内枯水(包括偏枯)年的出现概率是丰水(包括偏丰)年的 2.12 倍;特别是枯水年的出现概率高达18%,而其中丰水年出现的概率只有 5.5%,不足前者的 1/3。

上述结果表明,黄河上游兰州站汛期天然径流量变化的阶段性特征十分明显。同时还可以看到,目前尚处于1989 年开始的枯水段里,至2004 年已持续16 年,大约相当于枯水段平均持续时间的 1/2。

因此,目前所处于的枯水段,很有可能还要持续若干年后,才会转入丰水段。

1.3 天然径流量变化的周期性

水文气象要素年际变化的周期性是已被许多研究和实际资料所证实了的一种主要规律。文献[5]中的功率谱分析和方差分析则是目前研究要素时间变化主要周期的较好方法。

1.3.1 功率谱分析

功率谱分析是以傅里叶变换为基础的频域分析方法,其意义为将时间序列的总能量分解到不同频率上的分量,根据不同频率波的方差诊断出序列的主要周期,从而确定出周期的主要频率,即序列所隐含的显著周期。

本次根据文献[5]中有关提取序列显著周期的方法,对黄河上游兰州站汛期天然径流量序列进行了计算分析。根据功率谱密度与自相关函数互为傅里叶变换的重要性质,通过自相关函数间接作出连续功率谱估计。其计算过程简介如下:

第一步,计算自相关系数。

对于时间序列 x_i,最大滞后时间长度为 m 的自相关系数 $r(j)$ 为:

$$r_{(j)} = \frac{1}{n-j}\sum_{i=1}^{n-j}\left(\frac{x_i-\bar{x}}{s}\right)\left(\frac{x_{i+j}-\bar{x}}{s}\right) \quad (j=0,1,2,\cdots,m) \tag{6}$$

式中:$\bar{x}$ 为序列的均值;s 为序列的标准差。

第二步,计算粗谱估计值。

由以下方程得到不同波数 k 的粗谱估计值

$$s_0 = \frac{1}{2m}\left(r_{(0)} + r_{(m)}\right) + \frac{1}{m}\sum_{j=1}^{m-1} r_{(j)} \tag{7}$$

$$s_k = \frac{1}{m}\left(r_{(0)} + 2\sum_{j=1}^{m-1} \cos\frac{k\pi j}{m} + r_{(m)}\cos k\pi \right) \tag{8}$$

$$s_m = \frac{1}{2m}\left[r_{(0)} + (-1)^m r_{(m)} \right] + \frac{1}{m}\sum_{j=1}^{m-1} (-1)^j r_{(j)} \tag{9}$$

第三步,平滑粗谱估计值。

由上述方法得到的谱估计与真实谱存在一定误差,因而需对粗谱估计作平滑处理,以便得到连续的谱值。常用 Hanning 平滑系数

$$s_0 = 0.5s_0 + 0.5s_1 \tag{10}$$

$$s_k = 0.25s_{k-1} + 0.5s_k + 0.25s_{k+1} \tag{11}$$

$$s_m = 0.5s_{m-1} + 0.5s_m \tag{12}$$

进行平滑。

第四步,确定周期。

周期值(T)与波数(k)之间有如下的关系:

$$T = 2m/k \tag{13}$$

第五步,显著性检验。

为了确定谱估计值在哪一波段最突出并了解该谱值的统计意义,需要求出一个标准过程谱以便比较。根据序列的滞后自相关系数 $r(1)$ 的情况,采用红噪音或白噪音标准谱。计算表明在本序列中需用红噪音标准谱进行显著性检验。

经计算,最后得到了 1485 年以来兰州站汛期天然径流量的功率谱值如图 2 所示。

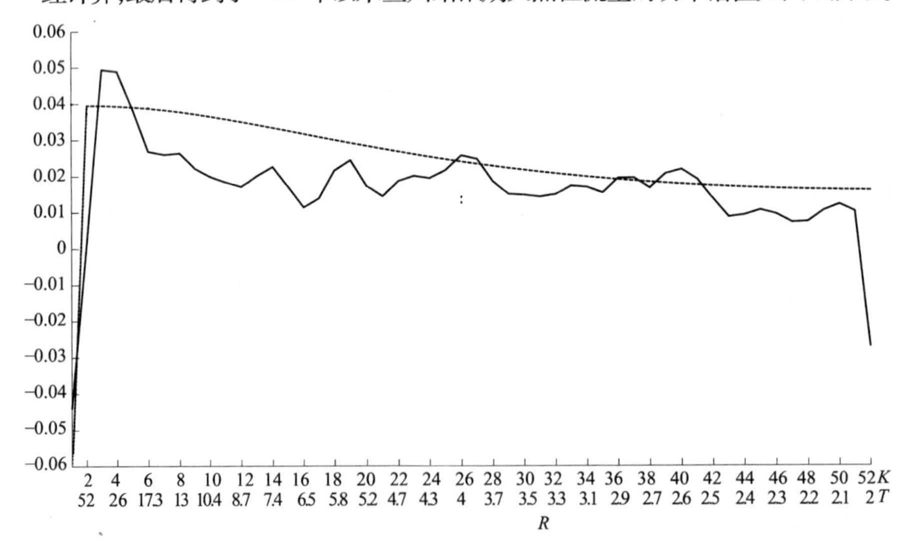

图 2 兰州汛期天然径流量序列功率谱(实线)及 $\alpha = 0.05$ 的红噪音标准谱(虚线)

(纵坐标为谱值,横坐标 k 为波数,T 为周期)

图 2 中同时给出了兰州站汛期天然径流量序列的功率谱值与信度，取 $\alpha=0.05$的红噪音临界值。功率谱估计曲线的峰点超过标准谱则说明峰点所对应的周期是显著的，这一周期是序列存在的第一显著周期。图上超过标准谱的次峰点，再次峰点……，分别为其第二、第三……显著周期。显而易见，在周期长度为 26～34.7 年处功率谱估计值为一明显超过 $\alpha=0.05$ 红噪音标准谱的峰值，说明准 30 年左右的周期为其第一显著性周期。其次还存在准 4 年(4，3.9 年)和准 3 年(2.9，2.8，2.6 年)的变化周期。

1.3.2 *方差分析*

本次还采用方差分析的方法，对兰州站近 520 年汛期天然径流量序列进行了周期分析，计算结果列于表 4。

表 4 兰州站汛期天然径流量方差分析成果

序号	周期(年)	F 值	F 比值
1	4	4.401	2.096
2	23	2.166	1.547
3	26	2.061	1.472
4	33	1.794	1.380
5	8	2.267	1.334
6	85	1.481	1.234
7	116	1.476	1.23
8	60	1.446	1.205
9	16	1.773	1.182
10	232	1.4	1.167
11	94	1.4	1.166
12	80	1.399	1.166

由表 4 可知，兰州站近 520 年汛期天然径流量的变化，同样存在有较明显的周期性。其中置信度超过 $\alpha=0.05$(即 F 比值 >1.20)的主要显著周期为 4 年、23 年、26 年、33 年、8 年、85 年和 7 年。在上述显著周期中还明显地包含有由功率谱方法计算所提起的主要周期，两种方法计算结果在总体上具有一致性，这就充分说明了上述周期的显著性和稳定性。

2 汛期天然径流量变化趋势分析

通过对国内外大量文献资料的阅读不难发现，目前对于径流量变化趋势的预测，还没有很成熟的方法。

由上述表 4 可以看出，近 520 年兰州站汛期天然径流量的演变，存在有较显著的周期性。于是我们就可以采用周期叠加外延的方法，对未来黄河上游兰州站汛期天然径流量的变化趋势进行分析。

经过统计对比分析,发现其中取 4 年、85 年、94 年、33 年、23 年和 26 年的 6 个显著周期进行叠加,其叠加值与实际径流量的拟合效果较好,1485 ~ 1991 年的 507 年相关系数达 0.76,并且其中 77% 年份天然径流量的距平符号相吻合。

同时,在计算前还预留了 1992 年以来的 13 年资料,作为外延试预报,以便对其外延预测的效果进行检验(见表 5)。

表 5 周期叠加外延试预报效果统计 (径流量:亿 m^3)

年份		1992	1993	1994	1995	1996	1997	1998	1999	2000	2001	2002	2003	2004
径流量	预测	293.2	277.4	196.1	240.7	206.2	225.5	256.6	279.3	242.7	209.9	234.8	226.9	238.8
	实况	260.2	261.3	201.7	197.0	181.5	176.2	203.7	279.6	179.1	176.3	198.6	196.9	192.5
	差(%)	12.7	6.2	-2.8	22.2	13.6	28.0	26.0	-0.1	35.5	19.0	18.2	15.2	35.5
丰枯等级	预测	2	3	5	4	5	4	3	3	4	5	4	4	4
	实况	3	3	5	5	5	5	5	3	5	5	5	5	5
	评判	半对	对	对	半对	对	半对	错	对	半对	对	半对	半对	半对

由表 5 可以看出,若以定量预测来要求,则其准确率并不高,如确定相对误差小于 30% 为正确,共有 11 年,即相对准确率为 84.5%;相对误差小于 25% 的年份为 9 年,其相对准确率为 69.2%,而相对误差小于 15% 的年份仅 5 年,其准确率只有 38.5%。

如果对于超长期预测来说,只希望其所提供的预测能做到趋势正确,那本次试预报效果还是比较好的。如以丰(包括偏丰)、平、枯(包括偏枯)三种状态作为评分标准,则本次试预报中只有 1998 年一年报错,其准确率达到 92.3%。

因此,采用周期叠加外延方法,对未来 30 年兰州站汛期天然径流量变化趋势进行分析,其结果还是具有一定的参考价值。

图 3 给出了兰州站汛期天然径流量自 1900 年以来的拟合、试预报和未来变化趋势;表 6 列出了自 2005 年开始的未来 30 年兰州站汛期天然径流量变化趋势。

由图 3 和表 6 可以看出,未来兰州站汛期天然径流量的变化,仍然表现出明显的阶段性。结合上述阶段性分析以及目前尚处于还将持续处于枯水段的实际,大体可以认为:

(1)黄河上游兰州站未来 30 年汛期天然径流量的平均值可能为 262 亿 m^3 左右,接近多年均值略偏少;并且其变化趋势大体可分为平、丰、枯、丰 4 个时段。

(2)2004 ~2012 年的 8 年,以平水年和偏枯年居多,但也不排除个别年出现丰水的可能。

(3)2013 ~2018 年的 6 年,其平均天然径流量达 300 亿 m^3 左右,较多年均值偏多 1 ~2 成;期间以偏丰年为主,兼有丰水年和平水年,很有可能不出现枯水年和偏枯年。

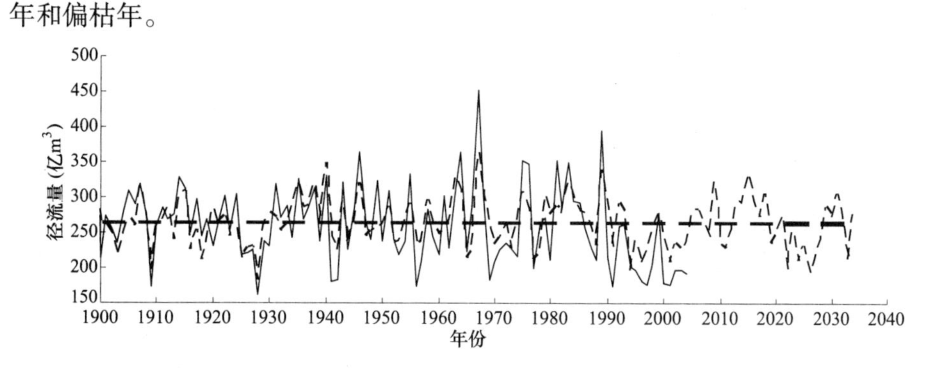

图3　兰州站1900年以来汛期天然径流量拟合及未来30年外延曲线

表6　兰州站汛期天然径流量未来30年趋势

起始年	终止年	年数	趋势	平均径流量(亿 m^3)	丰枯等级				
					1	2	3	4	5
2005	2012	8	平水段	265.1	1	0	5	2	0
2013	2018	6	丰水段	300.3	1	4	1	0	0
2019	2028	10	枯水段	231.3	0	0	3	5	2
2029	2034	6	丰水段	272.4	0	2	3	1	0

(4)2019～2028年的10年,其平均天然径流量仅230亿 m^3 左右,较多年均值偏少1～2成;期间以偏枯年为主,兼有平水年和枯水年,并且很有可能没有丰水年和偏丰年出现。

(5)2029～2034年的6年,其平均天然径流量为272亿 m^3 左右,较多年均值略偏多,期间以平水年和偏丰年为主,兼有偏枯年,有可能无丰水年和枯水年出现。

3　小结

(1)本文利用兰州站重建的520年径流量资料,采用统计学方法,对黄河上游兰州站汛期天然径流量的历史演变规律和未来30年变化趋势进行了分析,所得结果可为流域治理规划、水资源合理开发与利用,以及区域防洪抗旱战略部署提供依据。

(2)由于资料和项目组成员技术水平、专业知识的限制,分析成果是初步的,尤其是对于未来30年天然径流量变化趋势的分析,这仅仅是初步认识,而流域水量丰枯与否的变化乃是多因素综合影响的结果。因此,一方面需根据本次分析成果,结合年度的径流量趋势预测,加强对于黄河水资源的管理与调度;另一方面,有关部门还应积极组织各方面的技术力量,进一步加强对黄河上游径流量变化规律及其预测方法的研究。

参 考 文 献

[1] 王云璋,吴祥定. 黄河中游水沙系列的延长及其变化阶段性、周期性探讨[C]//黄委会水科院科学研究论文集(第四集). 北京:中国环境科学出版社,1992.

[2] 王云璋. 黄河兰州至三门峡区间径流量系列延长及其变化[J]. 水文科技信息,1993(3).

[3] 王云璋. 黄河中上游来水量序列延长及其变化[J]. 山东气象,1996(4).

[4] 中央气象局气象科学研究院. 中国近五百年旱涝等级分布图[M]. 北京:地图出版社,1981.

[5] 魏凤英. 现代气候统计诊断与预测技术[M]. 北京:气象出版社,1999.

黄河下游与淮北平原蒸发试验对比分析

张乐天 郝振纯

（河海大学水资源环境学院）

摘要：本文通过对黄河下游以及淮北平原两种不同下垫面类型的试验研究，了解其各自不同的蒸发模式，进行耗水量的计算和趋势变化分析。黄河下游的下垫面状况复杂，既有水面，又分布有大量的裸土滩地和作物。淮北平原由黄河、淮河历次泛滥堆积作用形成，两者不仅土壤质地不同，地下水补给方式亦不相同，潜水对蒸散发的影响从而也不相同。研究方法采用理论计算和物理模型试验相结合的形式：采用FAO推荐的彭曼蒙特斯公式计算蒸发能力，代表水面蒸发，彭曼公式需要的气象数据较多，本研究进行了简化，并验证其合理性；通过应用阿维杨诺夫经验公式，计算两地不同的潜水蒸发并探求土壤蒸发随潜水埋深的变化规律以及趋势。

关键词：黄河下游　淮北平原　蒸发试验　蒸发能力　潜水蒸发

1　问题提出

当前，全球性的水资源问题已经对人类的生存和发展带来了严重的影响和限制，解决当前水资源短缺及供求矛盾，需要对现有水资源进行合理、优化的配置。随着经济的飞速发展，人类活动对气候影响的日益加深，使得气候环境较之以前发生了很大的变化，气候的变化导致人类赖以生存的环境改变，从而我们进行水资源配置的方法也要随之进行调整。蒸散发作为水循环中最重要的环节之一，其受到气候环境变化的影响也是非常大的，探寻其中的规律，对于在全球气候变化条件下进行水资源评价以及优化配置具有重要的意义。

然而，在不同的下垫面条件下，不同气候影响对于蒸发的效果是不尽相同的，从而对不同类型区域的土壤蒸发的研究是非常必要的。本文通过对黄河下游和淮北平原的蒸发试验研究，分析潜水蒸发规律。

2　蒸发试验设施

试验采取土柱蒸发的形式，选择在黄河花园口水文站和安徽蚌埠五道沟水文试验站进行。因黄河下游与淮北平原的下垫面以及气候条件具有较为明显的差异，且两个试验地点所在位置又可以很好地代表其所在区域的气候特点，所以研究结果更具有可比性和推广价值。

2.1　**黄河花园口水文站蒸发试验设施**

试验土柱建在地面上，以混凝土厚壁隔热，周围无遮阳物，太阳可直射，试验场地周围植被高度都在 20 cm 以内，对土柱的热环境影响可以忽略。

试验中制作土柱 5 个，采用混凝土制土槽，土槽的内部尺寸为 1 m×1 m×1. 25 m。各土柱的潜水埋深分别设为 40 cm、60 cm、80 cm 和 100 cm，试验过程中维持潜水水面不变。考虑土柱安装后可能引起不均匀沉降，故浇筑了 30 cm 厚的钢筋混凝土底座；考虑隔热问题，土槽外壁采用厚度为 30 cm 的混凝土并粉刷白色涂料以减少吸收太阳辐射；在土柱上边缘制作防雨斜边，防止超出土壤表面积范围的雨水溅入土柱；土柱内壁及底部采用 2 mm 厚度的沥青涂料进行防水处理。每个土柱外壁设有 1 根带有刻度的水位观测管(透明有机玻璃管)从底部与土柱连通，反映土柱的潜水位变化情况。土柱内设 1 根中央补水管(直径 10 cm 的 PVC 管)用于补给潜水，5 根埋深递减的土壤含水量观测管(直径 5 cm 的 PVC 管)用于观测不同深度土壤的含水量；土柱最底部设有排水管，用于排放多余的水（土柱安装情况见图 1）。

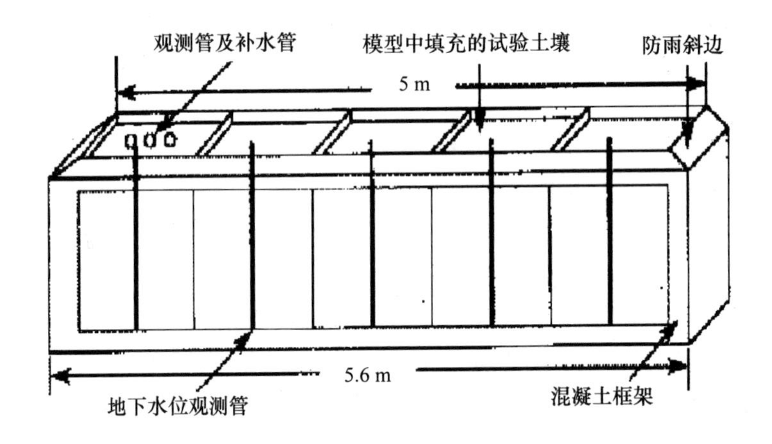

图 1　试验土柱设备

试验中观测项目有土柱内不同深度的土壤含水量、潜水蒸发量、气温、湿度、降水量、E601 蒸发皿观测的水面蒸发。

2.2　**五道沟水文试验站试验设施**

试验站地处蚌埠市北 20 km 处，其潜水动态观测场由地中蒸渗仪和地下观测室组成(见图 2)，其中地中蒸渗仪 62 套，地下观测室内径 11 m、深 6.5 m。蒸发试验由观测场内地中蒸渗仪完成，它是测定潜水蒸发、降水入渗、凝结水量的装置。该仪器的组成部分主要可分为承受补给和蒸发的圆筒部分,人工控制地下水位以及进行观测的给水装置部分。以上两部分有连通管联结起来。试验测筒中装置着当地的原状土样,其下垫有砾石和砂层(滤层),经过给水装置在测筒中造成人工控制的固定地下水位,当测筒中的水位因蒸发作用而降低时,给水装置中的自动给水瓶的进气管斜口露出水面,容器就开始向潜水位控制筒补水,待地下水位回升到固定位置后,即停止补水。所补的水量为地下水的蒸发量,然后,根据此蒸发量可换算成单位面积及单位时间时潜水蒸发强度。

在本研究中,我们采用潜水埋深40 cm、60 cm、80 cm、100 cm的土柱进行试验。此外,五道沟水文站具有完备的水文气象测量设备,并且具有多年长系列的资料。

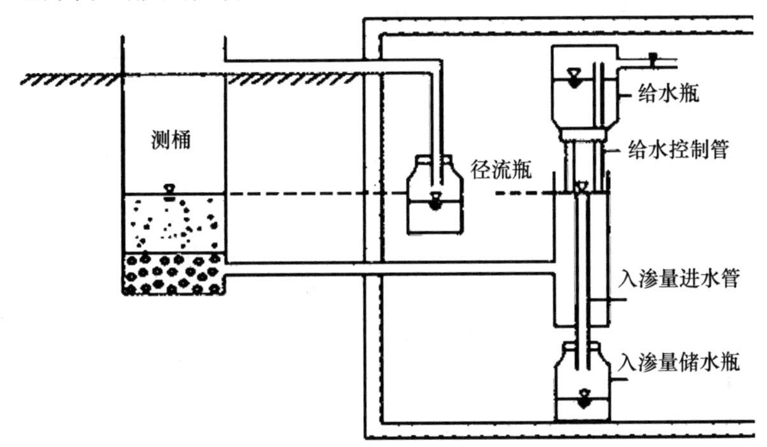

图2　地中蒸渗仪构造

3　气候要素比较

黄河下游段横穿河南、山东两省,两岸属“黄淮海平原”,该地区属于半干旱半湿润气候,降水量较少,年降水量在500 mm左右,受季风气候的影响,夏季炎热,旱涝交加,冬季严寒多风,干湿季节分明,干季(枯季)降水量稀少,枯水期持续时间长。

淮北平原位于我国南北气候过渡带,属暖温带半湿润气候区,季风盛行,冬季风从大陆吹向海洋,气候寒冷干燥;夏季风从海洋吹向大陆,气候温暖湿润。全年平均气温在14~15 ℃之间,由南向北递减,年际变化不大。本区多年平均降水量869.6 mm。降水年际变化不大,丰枯水年降水量比差达3~4倍。

在试验过程中,选择花园口水文站和五道沟水文站同期的气候要素进行比较。图3~图6是2005年9月份的气温、湿度、降水以及水面的蒸发能力比较。该月花园口和五道沟降水量分别为98 mm和115.9 mm,平均气温为23.04 ℃和23.3 ℃,平均相对湿度为73.2%和86.8%,蒸发能力为86.5 mm和84.5 mm。

可以看出，在气温方面两地相差不大，但是湿度方面地处淮河流域的五道沟明显大于地处黄河流域的花园口，夏季乃至全年降水五道沟都要比花园口相对较多，从而在蒸发能力方面，花园口要略微高于五道沟。通过实测资料可以看出，尽管两个区域相距不是很远，近些年的长系列资料反映出两地区气候变化的趋势一样，但位于淮北平原的五道沟水文站较之花园口水文站明显更为湿润。

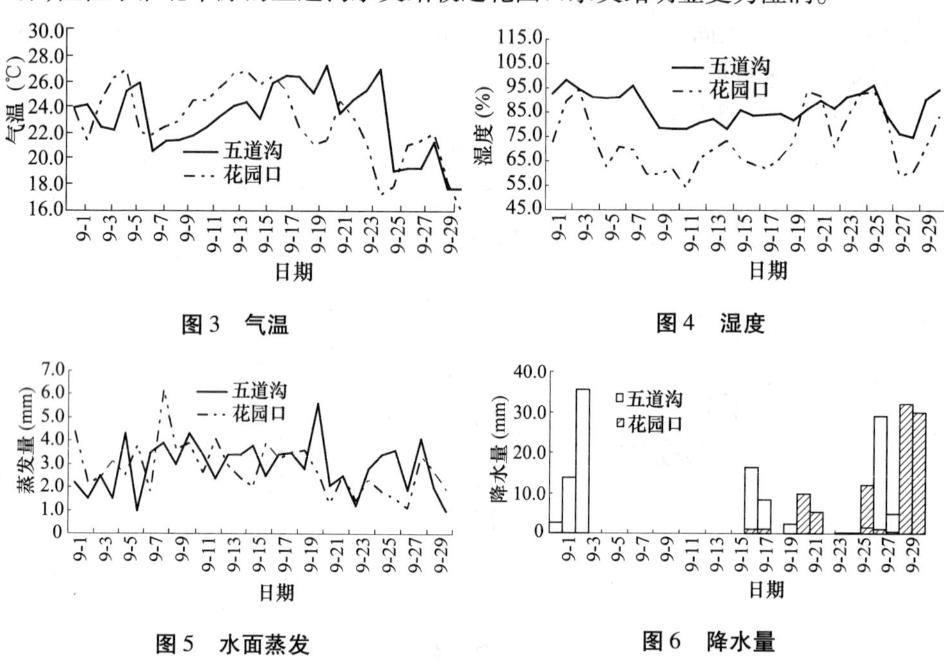

图3　气温

图4　湿度

图5　水面蒸发

图6　降水量

4　蒸发能力计算方法以及参数比较

为了对实测蒸发资料进行理论验证，根据同期观测的气象资料系列对逐日蒸发能力进行计算，以便与实测资料进行对比，验证实测水面蒸发数据对蒸发能力的代表性。理论计算采用国际粮农组织推荐的彭曼－蒙特斯公式：

$$ET_0 = \frac{0.408(R_n - G) + \gamma \frac{900}{T_{mean} + 272} u_2 (e_s - e_a)}{\Delta + \gamma(1 + 0.34 u_2)} \quad (1)$$

式中：ET_0 为参照物作物蒸发蒸腾量，mm/d；R_n 为净辐射，MJ/(m^2·d)；G 为土壤热通量，MJ/(m^2·d)；T_{mean}为高度 2 m 处的日平均温度，℃；u_2 为高度 2 m 处的风速，m/s；e_s 为平均饱和水气压，kPa；e_a 为实际水气压，kPa；Δ 为气压曲线斜率，kPa/℃；γ 为气象学常数，kPa/℃。

利用彭曼－蒙特斯公式计算需要最低、最高以及平均气温，日照，风速，最低、最高以及平均湿度等资料。在实际的计算中，获取所有的资料往往是不现实的,在保证主要影响因素温度和湿度资料的情况下,其他一些缺少的资料可以通过推求或简化计算来得到:①这里我们将对逐日计算影响很小的土壤热通量 G 予以忽略;②外空辐射可以通过试验所在地的经纬度进行计算,净辐射 R_s 可以通过公式 $R_s = K_{rs} \cdot \sqrt{T_{\max} - T_{\min}} \cdot R_a$ 进行推求,其中 K_{rs} 为系数,内陆地区通常取0.17;③风速采取当地的多年平均风速,花园口取3.7 m/s,五道沟取2.5 m/s。

通过建立蒸发能力与气温、湿度的直接关系,从而由两地的实测资料计算出逐日的蒸发能力。图7与图8是分别以2005年8月份五道沟以及花园口蒸发能力实测值与计算值为例,通过对比可以看出,计算值与实测值的变化趋势是基本吻合的,相关系数分别为0.783和0.763。在试验时段内计算的逐日平均蒸发能力都与实测数据相接近,说明彭曼-蒙特斯公式对于两地的蒸发能力计算都是适用的。对于计算中与实测资料相差较大的一些情况,经过分析认为是由于计算的主要因素是温度和湿度,但当一些特殊天气如大风和特别强烈的降雨等情况发生时,单纯的数学模拟方法就失去了原有的精度。

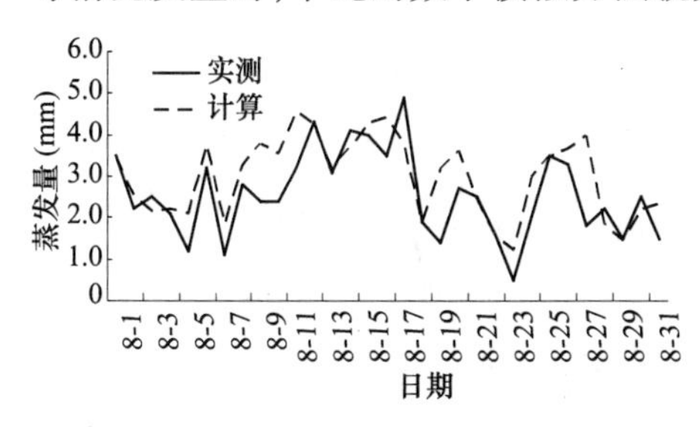

图7　五道沟计算蒸发能力与实测比较图

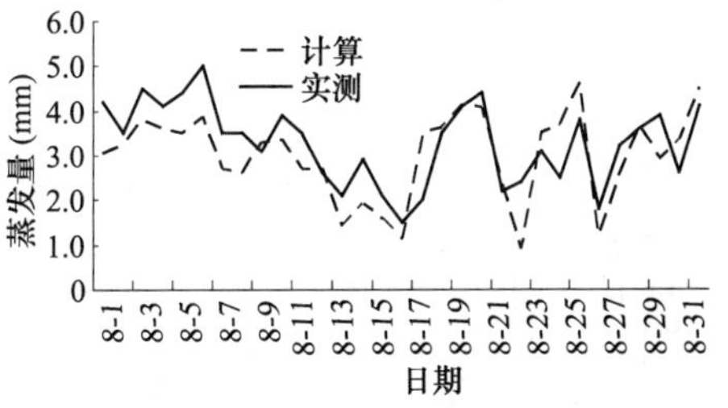

图8　花园口计算蒸发能力与实测比较图

5　潜水蒸发计算以及参数比较

潜水蒸发主要受蒸发能力以及潜水埋深两个方面的因素影响:当潜水埋深较小的时候,下层潜水位可以充分供应土壤,使潜水蒸发强度随着蒸发能力的增大而增大,直到达到土壤输水能力的上限,此时如果蒸发能力继续增大,则土壤输水能力将满足不了上层土壤蒸发所消耗的水分,那么上层土壤水也将被消耗掉,反而降低了水分传导率,减少了潜水蒸发的强度;随着潜水埋深的增大,水分向上提升的阻力逐渐增大,潜水蒸发强度不断减少,当潜水面的深度达到一定限度时,土体表面形成干土层,此时蒸发能力对潜水蒸发的影响很小。

在花园口和五道沟水文站的试验中,以上规律也得到了部分体现,在潜层的地下水埋深试验中,比如40 cm和60 cm潜水埋深与水面蒸发的变化趋势基本相同。相比之下,埋深60 cm的土柱中的变化较之埋深40 cm的土柱较为微弱。但是对于潜水埋深80 cm和100 cm的土柱,它们的表面都形成了干土层,通过实测资料观察,潜水蒸发量较小。

潜水蒸发采用阿维扬诺夫潜水蒸发公式:

$$E = ET_0\left(1 - \frac{H}{H_0}\right)^n \tag{2}$$

式中:E 为 Δt 时段内的日平均潜水蒸发量,m/d;ET_0 为 Δt 时段内日平均水面蒸发量 m/d;H 为 Δt 时段内地下水平均埋深,m;H_0 为潜水停止蒸发时的地下水埋深(极限埋深),m,通过之前一些研究的成果以及五道沟水文试验站资料分析结果,两地的极限埋深均取 4 m;n 为与土质和气候有关的指数,一般为 1 ~3,在计算的过程中,采用 SPSS 软件对 n 进行调试,结果发现在与实测资料拟合程度最好的情况下,花园口的 n 值为 2. 20,要略小于五道沟的 n 值为 2. 33。相对应计算出来的同样潜水埋深的情况下花园口的潜水蒸发要略大于五道沟的潜水蒸发,这与两地实测潜水蒸发的情况相符合。

通过下面列举出来不同潜水埋深的实测潜水蒸发与计算值的比较图可以看出,计算值与实测值的拟合较为理想,实测值与计算值的相关系数均高于0. 750。见图 9、图 10。

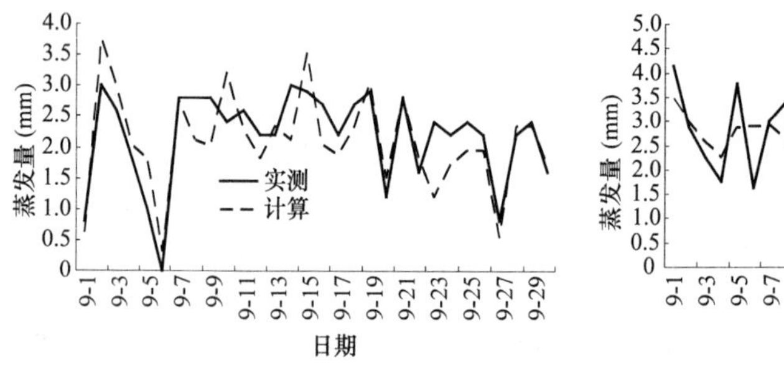

(a)五道沟潜水埋深 0.4 m 时潜水蒸发

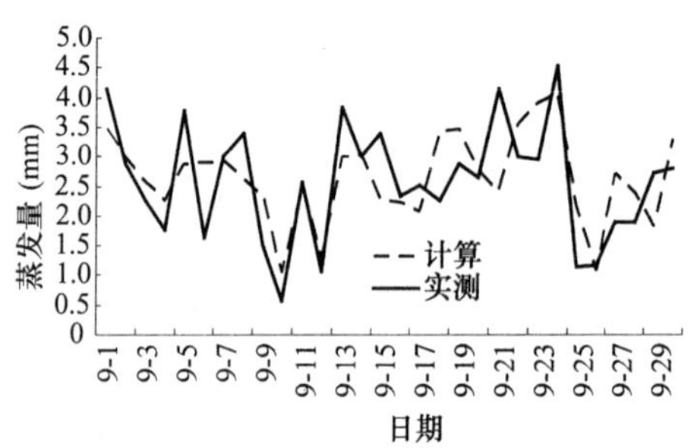

(b)花园口潜水埋深 0.4 m 时潜水蒸发

图 9　五道沟、花园口潜水埋深 0.4 m 时潜水蒸发

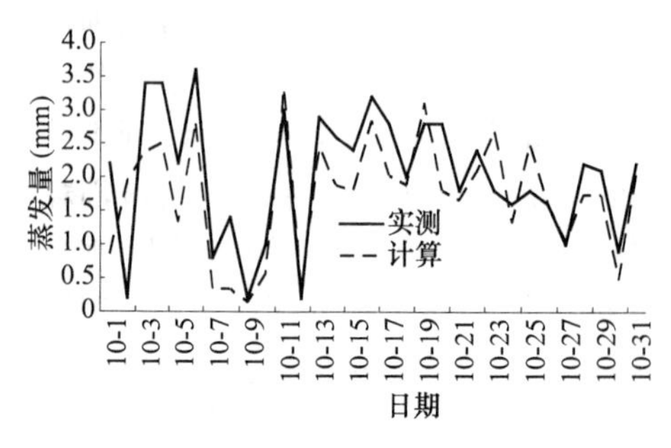

(a)五道沟潜水埋深 0.6 m 时潜水蒸发

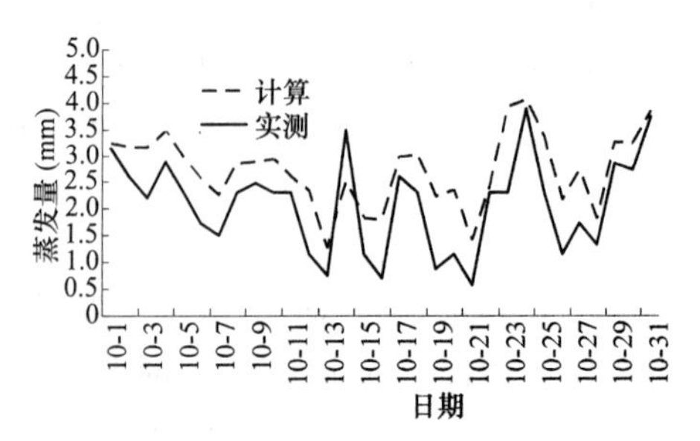

(b)花园口潜水埋深 0.6 m 时潜水蒸发

图 10　五道沟、花园口潜水埋深 0.6 m 时潜水蒸发

6 结语

通过对蚌埠五道沟水文站以及郑州花园口水文站两地不同气候条件下的土壤潜水蒸发试验,得到了两地同期潜水蒸发的观测资料,分析了实测蒸发和理论蒸发在机理上的一些差异,并采用经验公式计算与实测资料进行对比,对水面蒸发以及潜水蒸发的规律进行了验证,得到了较好的结果。①由于黄河下游地区的湿度明显小于淮北平原地区,并且综合考虑温度、降雨以及风速等因素,所以黄河下游地区的蒸发能力要明显地大于淮北平原地区;②潜水埋深越大,水分向上传输的阻力也不断增大,潜水蒸发的强度从而随之减小,通过比较两个区域的试验数据可以看出,尽管黄河下游地区的蒸发能力要明显大于淮北平原,但是如果在潜水位较深的情况下,两地区的潜水蒸发同样都是很微弱的;③土柱试验的本身是设定了相同潜水埋深,通过对结果的比较得出黄河下游地区的潜水蒸发要略高于淮北平原,但是考虑到黄河下游的实际潜水埋深要明显的大于试验设定以及淮北平原,所以我们可以推断在实际情况下黄河下游地区的潜水蒸发相比淮北平原是略小的。

同时本次试验分别得出了两种不同气候条件下潜水蒸发的计算参数,为两个区域以后的潜水蒸发提供了参考的依据。

参考文献

[1] Allen R G, Pereira L S, Raes D, Smith M. Crop Evapotranspiration – Guidelines for Computing Crop Water Requirements[Z]. FAO Irrigation and Drainage, 1988.

[2] 齐仁贵,苏跃振. 柯夫达潜水蒸发公式中参数的推求[J]. 灌溉排水,1998(2):47 –50.

[3] 刘新仁. 土壤水文[M]. 南京:河海大学出版社, 1998.

[4] 雷志栋,杨诗秀,谢森传. 土壤水动力学[M]. 北京:清华大学出版社, 1988.

[5] 刘钰, L. S. Pereira. 气象数据缺测条件下参照蒸发量的计算方法[J]. 水利学报, 2001(2).

中国水土流失区生态安全问题的初探

党维勤

（黄河水利委员会绥德水土保持科学试验站）

摘要：我国水土流失区主要生态灾害有洪涝灾害、耕地减少、土地退化、水资源短缺及污染、生物多样性减少等。其主要对策是充分发挥生态修复的作用，加快水土保持综合治理工作，依法防治水土流失，建立科学合理的水土流失生态补偿法律体系。建立了3个层次3个安全共计15个指标的水土流失区生态安全评价体系。在评价体系的基础上建立必要的水土流失区生态安全预警和防护体系。

关键词：水土流失　生态安全　生态建设　评价体系　预警预报

我国生态环境问题逐步上升发展成为生态安全问题，已成为国家安全的一个重要方面。维护国家安全，确保国家社会经济生活的正常、稳定进行，是每一个国家政府最基本的职能。每个国家首先关注的是国防军事安全，而随着社会经济的不断发展，影响国家安全的因素越来越多，政治安全、经济安全等也纳入了人们的视野，安全的重心也在发生转移。现在生态安全逐渐显现出来。

生态安全是国家安全和社会稳定的一个重要组成部分。所谓国家生态安全，是指一个国家生存和发展所需的生态环境处于不受或少受破坏与威胁的状态。其一是防止由于生态环境的退化对经济基础构成威胁，主要指环境质量状况和自然资源的减少和退化削弱了经济可持续发展的支撑能力；其二是防止环境问题引发人民群众的不满特别是导致环境难民的大量产生，从而影响社会稳定。因此，生态安全与国防军事安全、经济安全同等重要，都是国家安全的重要基石。国防军事安全、政治安全和经济安全是致力于创造生态安全的基本条件和重要保障；而生态安全则是国防军事、政治和经济安全的基础和载体。

我国生态环境基础原本就脆弱，庞大的人口对生态环境又造成了重大、持久的压力，加上以牺牲环境求发展的传统发展模式对生态环境造成很大冲击和破坏。因此，我国生态安全问题已在国土、水、生命健康和生物等四个方面突出表现出来。

同时，生态安全还有其自身的特点：一是整体性。生态环境是相连相通的，任何一个局部环境的破坏，都有可能引发全局性的灾难，甚至危及整个国家和民族的生存条件。二是不可逆性。生态环境的支撑能力有其一定限度，一旦超过其自身修复的“阈值”,往往造成不可逆转的后果,比如野生动物、植物一旦灭绝就永远消失了,人力无法使其恢复。三是长期性。许多生态环境问题一旦形成,要想解决它就要在时间和经济上付出很高代价。四是全球性。正如全球经济一体化之后,国与国之间的经济安全密切相关一样,生态安全也是跨越国界的。

目前我国水土流失区面临着诸多环境问题,构成了对生态安全的严重威胁,突出表现在以下方面:加剧了洪涝灾害,耕地面积减少,土地的退化,土地荒漠化加剧,水资源严重污染并短缺,湖泊湿地干涸,沙尘暴频发,河道断流和生物多样性减少,生物环境的破坏,导致了泥石流、滑坡等灾害的发生。显然,它们无不与水土流失加剧密切相关,这些水土流失引发的环境问题对我国的社会经济造成很大的威胁。用曲格平先生所说的:“水土流失已成为我国的头号环境问题。”

1 水土流失引发的生态灾害问题

1.1 水土流失造成的耕地的生态危害

水土流失导致了土壤退化的主要表现为降低土壤肥力,破坏土壤结构,加剧土地荒漠化等。我国因水土流失毁掉的耕地达 270 万 hm^2,造成退化、沙化、碱化草地约 100 万 km^2,占我国草原总面积的 50%,进入 20 世纪 90 年代,沙化土地每年扩展 2 460 km^2。全国现有耕地总面积为 1.26 亿 hm^2,其中坡耕地和沙化耕地 1 667 万 hm^2,亟待治理。1962 ~ 2002 年因水土流失累计损失耕地 267 万 hm^2,年均减少 6.7 万 hm^2,经济损失每年在 100 亿元人民币以上,水土流失使全国每年有 80 亿 ~ 120 亿 t 沃土付之东流,相当于毁坏 160 万 ~ 240 万 hm^2 肥沃的土地,流失的土壤相当于在流失的耕地上刮去 1 cm 厚的沃土。水土流失引起荒漠化,使可利用土地面积缩小,土质下降,加之强烈的大风,很多耕地缺少防护林保护,直接受风吹蚀,迎风一侧被吹蚀成坑、槽,表土丧失殆尽,土壤瘠薄。风蚀还吹跑种子,拔起幼苗,拦腰折断高秆作物,吹露根系,迫使农作物多次重播和改种。2005 年重庆市梁平县福禄镇遭受特大风灾,最大风力为 11 级,全镇 14 个村 94 个村民小组,有 6 个村 44 个组遭受特大风灾袭击,给全镇的农房及农作物造成了严重的损失。全镇玉米播种面积 593 hm^2,特大风灾造成受灾面积 410 hm^2,绝收面积 112 hm^2,给人民的生产造成严重的损失。坡地、荒山荒坡是水土流失的主要源地。长江流域多数山丘地区坡度陡、雨量大、土层薄,极易流失,江河上游的严重水土流失,带走大量的土壤,使山区农耕地耕作土层变薄,质地变粗,养分和黏粒物质减少,土壤结构破坏,土壤蓄水淤积,甚至完全丧失蓄水能力,致使暴雨时入渗减少,径流量增大。贵州省 1975 年和 2002 年 2 次调查,石山面积由 1975 年占全省总面积的 5% 上升到 2002 年的 12.8%,面积达 133 万 hm^2,每年还以 9.1 万 hm^2 的速度递增,尤其该省的人口由 1949 年的 1 000 万人增加到2002年的3 700万人,早已超过平川、坝地所能承载的人口数量,出现了山川俱毁的后果。因土地“石漠化”,全省需搬迁的移民达30万人。黄土高原沟壑区的甘肃董志塬自唐代以来的1 300多年间,被水土流失蚕食的塬面积6万 hm^2,年平均损失耕地46 hm^2,目前的沟壑面积占总面积的45%左右。

1.2 水土流失破坏水资源,加剧洪涝灾害

水土流失使土层变薄,土壤蓄水能力日趋减少。据计算,在同样降雨条件下,有强度侵蚀和剧烈侵蚀的土壤持水量,分别为轻度侵蚀的1/4和1/10,而径流量为轻度侵蚀的4倍和5.3倍。由于降水大量流失,土壤含水量和总储水能力均随之减少,使得土壤水分和作物需水量之间的矛盾加剧,造成农业干旱;而土壤入渗水量的减少,地表径流的增加,将直接影响地表和地下的水资源分配,破坏正常的水量平衡关系。

同时,水土流失区是泥沙的主要产地,严重的水土流失,导致江、河、湖、库的淤积。不仅黄河因大量泥沙淤积而成为“地上悬河”,就是有黄金水道之称的长江,也面临着同样的威胁。黄河流域黄土高原区年均输入黄河泥沙16亿t,约4亿t淤积在下游河床。长江流域年土壤流失总量24亿t,其中上游达15.6亿t,多年平均年输沙量为5.3亿t,2/3的粗沙、石砾淤积河道和水库,降低河道的行洪能力,减少水库蓄滞洪量,成为1998年长江发生全流域性大洪水灾害的主要原因之一。上、中游损失多少土壤水库容,下游则相应增加等量的洪水量,加剧洪涝灾情的发展。因此,水土流失最终导致环境承受和抗御自然灾害能力的下降,出现小流量、高水位、大险情的现象。在同样降雨条件下,发生洪涝灾害的可能性增大、频率增高。

新中国成立50年来农业受洪涝危害的直接经济损失要占自然灾害总损失的40%以上。年均灾害损失占年均GDP的0.12% ~0.24%,占财政收入的13.3%,高于发达国家几十倍。对自然界无止境的索取和掠夺导致洪水灾害频繁发生,经济损失越来越重。在我国各类自然灾害中,因水土流失而引起的洪灾为最主要的自然灾害之一。

1.3 水土流失对土壤肥力及粮食安全的危害

植物吸收水分和养分多少,与根系在土壤容积占据的大小成正比,植物为更多地吸收土壤中的营养物质,必须有发达的根系,而根系的发展受到土体构型的制约,土层薄则影响根系向土层的深层和广度伸展,故土体构型恶化的土壤,往往保水能力差,地表径流多,流失量大,易涝、易旱,影响养分供应。黄土高原是世界上水土流失最为严重的地区之一,该地区的水土流失按入河泥沙计算,侵蚀模数为3 700 $t/(km^2 \cdot a)$。特别是每年7 ~9月份的大暴雨,冲走了大量的表土层,土壤的肥力严重下降。每年因水土流失带走的氮、磷、钾约4 000万t,接近

于全国一年的化肥生产总量。

据研究，未受侵蚀破坏的土壤产投比为 4:1，失去 A 层和 B 层土壤产投比为 0.1:1，在同等条件下，后者取得的经济效益为前者的 1/40。水土流失导致耕地减少，土地贫瘠，粮食产量低。西部地区其生态环境脆弱，制约粮食生产增长的因素众多，但最为普遍的问题是水土流失。在黄土高原肥力低下的 1 900 万 hm^2 农耕地中，低产田占 45%（858 万 hm^2），中产田占 28.6% （545 万 hm^2），而高产田只占 26.4%（503 万 hm^2），中、低产田合计占农耕地总面积的 73.6%，按实际面积计，单产为 1 650 kg/hm^2，人均产粮 285 kg，比全国低 80 kg，每年调入粮食 15 亿 kg，是我国著名的缺粮区。

1.4 水土流失对人类生存环境带来的危害

在水土流失区，由于人类滥伐森林、陡坡开垦和过度放牧等，加剧了水土流失，致使许多地区出现大面积的荒山秃岭，形成了与生物气候带不相适宜的生态景观。在长江流域，水土流失面积达 62.2 万 km^2，占流域总面积的 34.6%。特别是在长江上、中游一些山丘地区，坡度陡、雨量大、土层薄（一般为 10 ~ 30 cm），而人口相对稠密，水土流失造成“红色沙漠”、“白沙岗”、“石漠化”等的现象相当普遍。它不仅对当地农业和农村经济发展带来严重危害，而且影响着中、下游地区的长治久安。黄河流域水力侵蚀和风力侵蚀面积达 46.5 万 km^2，占流域总面积的 58.5%。尤其是黄土高原地区，具有流失面积广、强度大、产沙集中、沟道侵蚀严重、类型多样等特点，是我国乃至世界上水土流失最严重、生态环境最脆弱的地区。另外，我国现有沙化土地 168.9 万 km^2，占国土总面积的 17.6%，而且人为因素造成的风蚀沙化面积每年扩展 3 436 km^2，相当于每年损失 1 个中等县的土地面积。目前，形成了一条西起塔里木盆地，东至松嫩平原西部，东西长约 4 500 km，南北宽约 600 km 的风沙带。据专家估计，每年土地沙化造成的直接经济损失达 540 亿元。一些地区还形成了生态难民，仅青海省迁移生态难民就达 20 多万人。统计表明，大面积的沙尘暴频率在不断加快：20 世纪 50 年代 5 次，60 年代 8 次，70 年代 13 次，80 年代 14 次，90 年代 23 次，仅 2000 年就发生 13 次。

1.5 水土流失加速了泥沙灾害和水面污染

土壤侵蚀直接造成“山低一尺，河高一丈”的结果，因为上游有多少体积的土壤被流失掉，下游必然会有同等体积的泥沙淤积下来。在土壤侵蚀区，上冲下淤是水土流失的一个基本规律。淤积江河水库、湖泊、河道及污染水面是当前世界性的普遍问题。

1.5.1 加剧了河道和水库淤积

新中国成立以来，全国水库、塘坝淤积库容达 200 亿 m^3，直接经济损失 100

亿元人民币。因减少灌溉面积和发电量而造成的经济损失更大,为损失库容造价的2~3倍,长江流域宜昌以上各类水利工程总库容为167亿m^3,平均每年淤积3万m^3,黄河的三门峡水库,因泥沙淤积严重而不得不改建,没有发挥原设计的作用。泥沙淤积以及人们不合理的围垦,使湖泊调蓄洪水能力大大下降。1949年长江中下游共有湖泊面积25 828 km^2,到了1997年,仅余14 074 km^2,减少近50%。长江原有的22个较大通江湖泊,因大量不合理的开发建设,已损失容积567亿m^3。泥沙淤积河道影响了河道的航行。1957年长江总航运里程7万km,到1980年只有3万km。目前长江泥沙碍航现象时有发生,1995年2月,满载游客的豪华旅游船"蓝鲸"号在长江搁浅,在湖北境内从石首到监利20 km的江面上,每年都有200余艘客货船抛锚待航。

1.5.2 水面污染

水土流失不仅造成淤积,而且挟带大量养分、重金属、化肥、农药的泥沙随水土流失进入江河湖库,为水体的富氧化提供物质,增大水体浊质,污染水体。水土流失已成为我国氮、磷、钾污染的主要途径,长江中上游宜昌站年输沙量5.3亿t,其中氮、磷、钾达500万t,水土流失严重的地方,土壤更为贫瘠,农民对化肥、农药的使用量更大,随水土流失进入水体的化学污染物质也更多。

1.6 威胁着国民经济的发展

20世纪末我国城市数达668个,随着我国城市化的飞速发展,城市化建设日新月异,而城市化建设带来的严重水土流失问题毋庸置疑地摆在了我们面前,已成为城市现代化建设的一个重要问题。建在长江峡谷的湖北三峡株归县城,因滑坡三迁城址。地处塔克拉玛干沙漠南部的皮山、民丰二县城,因风蚀危害2次搬迁,策勒县3次搬迁。深圳市自建市以来,由于城市建设过快,一些地方盲目开发,造成大面积地貌植被破坏,自然水系改变,出现严重的水土流失。2002年全市水土流失的面积达184.9 km^2,比原来扩大52倍,其中人为水土流失面积148.7 km^2,占水土流失面积80.4%。主要是房地产开发集中,劈山取土,采石修路,挖山填河,造成大量的松散堆积土坡而未采取任何措施。1993年因台风暴雨造成的山体滑坡,经济损失达5.5亿元人民币。水土流失不仅对城市造成威胁,还干扰能源基地的建设和经济的可持续发展。神府一东胜矿区为晋陕蒙能源基地核心区,已探明含煤面积3.12万km^2,探明储量2 700万t,煤炭储量占全国的1/3。由于该区地处水蚀与风蚀交错地带,自然条件恶劣,水土流失、土地沙化十分严重,往往一两次暴雨过程输沙量甚至接近全年输沙量。近几年来煤炭开发中由于人为作用,诱发和加剧了环境灾害的发生,1990年黑三角矿区开发使河道径流系数减小20%,泥沙粒径增大32%,输沙模数平均值增长30%,高含沙洪水出现次数明显增加。

2 解决水土流失区生态灾害主要对策

2.1 充分发挥生态修复的作用

实践证明,在水土流失区实行封育保护,加强管护,依靠大自然的力量,充分发挥生态自我修复能力,不仅能加快水土流失治理的速度,尽快改善生态环境,而且省钱、省工、效果好,正是顺应自然规律、符合我国国情、从根本上解决水土流失防治和植被恢复步伐缓慢这一重大问题的最为有效的途径。内蒙古自治区乌兰察布盟1994年开始实施大面积的生态修复工作,到2000年,已治理水土流失面积8 477 km^2,林草植被覆盖率由1994年的20%提高到40%,6年治理面积比前45年的总和还多1 354 km^2。据长治工程10年治理,依靠发挥生态自我修复能力进行封禁治理的面积为212万 hm^2,是整个综合治理面积的1/3,而投入的资金仅占总投资的7.68%。一个劳动力每年可造林1~2 hm^2,而采取封禁治理则可管护6~7 hm^2,封禁治理3~5年后,可初步控制水土流失,恢复地表植被。据调查,采取自然封育比人工造林种草大大节省投资。一般围栏封禁治理只需225~300元/hm^2,而人工种树种草需1 050~2 250元/hm^2。贵州省毕节地区的坡耕地,一般封禁成林时间2~3年,投入750~900元/hm^2,与人工造林成林时间一般3~5年、投入2 250~3 000元/hm^2相比,成林时间缩短了近2年,投资节约近2/3。内蒙古在草原打机井建设高产饲草基地,收到了“开发建设一小片,恢复保护一大片”的效果,其对草场的恢复保护比例,一般是1∶20~1∶40,个别的甚至达到1∶100。由此可见,生态修复的作用和效果是十分显著的。

2.2 加快水土保持综合治理

对于水土流失严重、生态环境相当脆弱、生产条件极为落后的地方,应该实施水土保持综合治理。水土流失区的综合治理应坚持以质量为中心,以机制创新为动力,水土流失治理与农业结构调整相结合,以建立高效水保生态农业为重点,工程、生物、耕作三大措施并举,进行了山顶、坡面、沟道立体开发,拦、蓄、排、灌、节合理配套,山、水、田、林、路综合治理,强化防治面源污染,因地制宜、宜林则林、宜草则草、集中连片、注重规模,狠抓水土保持生态建设,达到社会效益、生态效益和经济效益的统一,有效地保护水土资源、防治面源污染和改善当地的生态与环境。

水土保持综合治理措施从治理水土的功能上可以分为四类:以治水保水土为主体的坡沟工程;以保土改土为主体的坡面梯田化和水系工程;以增加水分入渗、保墒节水类工程;以林草为主的生态环境保护与建设的植被建设工程。水土保持综合治理应立足不同区域的特点,着力解决各地水土流失的瓶颈问题,对全国的各水土流失区分类指导,抓住主要矛盾和矛盾的主要方面,使水土流失区的生态灾害防治取得突破性进展。如在黄土高原多沙粗沙区应该以淤地坝、塘坝、排洪渠、渠道、蓄水池等多种治水保水土的工程为主,控制和拦蓄泥沙,同时为生态安全和生产、生活条件的改善提供水资源和基本农田的保证;对于风沙草原区以增加水分入渗、保墒节水类工程和林草植被建设工程等为主,促进退耕还草,使草原休养生息;在长江上中游地区,根据水多土少的特点,流域治理要围绕保土该土的坡面梯田化和水系化工程。各区域应该根据当地的实际情况,具体确定综合治理的重点措施工程。这些生态建设项目可以解决当地的生态安全问题,这些地区可以把生态建设作为重点,来保证整个地区的经济发展,实现经济发展的良性循环。

2.3 依法防治水土流失

造成水土流失加剧的原因,一是自然因素,二是人为因素。从20世纪50年代以来水土流失不断加剧的形势分析,人为因素是主要的,因此搞好水土保持,保护生态环境,必须在加大治理力度的同时,坚持保护为先,预防为主,防治结合,依法防治,彻底扭转一些地区边治理、边破坏的被动局面。《中华人民共和国水土保持法》的颁布实施,为全面预防和治理水土流失,合理利用和有效保护水土资源提供了有力的法律武器,标志着我国水土保持工作开始进入了依法防治的新阶段,是我国水土保持工作的一个重要里程碑。

为有效遏制人为水土流失,必须继续加大水土保持法的执法力度。要通过广泛深入的宣传,提高全民水土保持意识和法制观念,为全社会参与水土保持工作创造良好的舆论氛围;要加强监督执法的规范化建设,提高执法队伍素质和执法水平,及时有效地制止严重违反《中华人民共和国水土保持法》的行为,落实好开发建设项目的水土保持方案和"三同时"制度,最大限度地减少人为活动对水土资源造成的破坏;要把治理成果管护和预防保护区的管理纳入监督执法内容,落实管理责任。绝不允许从局部或部门利益出发,重经济开发,轻水土保持,以牺牲生态环境为代价,求得一时的经济发展。要从战略的高度,认识保护生态安全的重要性,开发中做到确保生态安全,实现开发与生态环境建设双赢的目标。

2.4 建立科学合理的水土流失生态补偿法律体系

生态补偿是为了恢复、维持和增强生态系统的生态功能,国家对导致生态功能减损的自然资源开发或利用者收费(税)以及国家或生态受益者对为改善、维持或增强生态服务功能为目的而作出特别牺牲者或增强生态服务功能为目的而作出特别牺牲者给予经济和非经济形式的补偿。建立科学合理的流域生态补偿法律体系对于水土流失区来说是非常必要的。如长江、黄河流域跨度范围大,上、中游水土流失严重。该地区的生态保护和防护林建设,上中游各省(区)需要投入大量的人力、物力，并为此损失一定的经济利益，而主要受益者却是广大的中、下游地区；因此，要建立生态补偿法律体系，帮助上、中游地区的水土流失治理。《中华人民共和国水土保持法》有关于生态补偿的内容，但这些规定很不规范和系统，而且过于原则、缺乏可操作性，对负外部性行为的生态补偿存在政策与法律的缺位，即使是对正外部性行为也并非真正意义上的补偿，而只是一种补助或补贴。因此，应该尽快实现补偿政策法律化，使生态补偿成为一项名副其实的法律制度，最终构建合理的生态补偿法律体系。在流域管理上，要做到资源共享、多功能利用，克服条块分割、各自为政的状况和地方（部门）保护倾向，形成上下联动，总体推进，维护生态安全的新局面。

3 水土保持生态建设对生态安全所起的关键性作用

水土保持生态建设是围绕水土流失特点开展的，经过治理后植被覆盖度和植被多样性增加了，泥沙减少了，水资源得到充分利用，基本农田面积增加了，大气环境改善了。

3.1 植被覆盖度、植物多样性增加

通过水土保持生态建设，水土流失区植被覆盖度明显提高，植物多样性增加了。八大片重点治理项目通过10年治理，植被覆盖度平均提高了41个百分点，累计达到51.4%。无定河流域原有57.3万km^2流动沙区，经以柠条灌木林为主营造防风固沙林，沙区植被覆盖度由1.8%增加到38.8%。陕西绥德县黄委试验场经过近5年的治理植被覆盖度达到80%以上，动物种群和数量的增加，兔子增多了，野鸡出现，石鸡增加了，最近有狼出没，各种鸟类的增加明显。

3.2 基本农田面积增加

水土流失区都缺乏基本农田，通过水土保持生态建设，实施坡改梯、淤地坝等工程增加了基本农田，不仅解决了流失区群众温饱问题，人均粮食有增加，且人均纯收入也有明显提高。如八大片地区新修基本农田20万hm^2，其中新发展水地、坝地和淤灌地3.3 hm^2，占16.7%，由于基本农田实施了增产的综合科学技术，有利于抵御旱、涝灾害，粮食单产提高了1~5倍。长治工程经过6年的治理工作，基本农田由1988年的人均0.02 hm^2，增加到1994年的0.067 hm^2，人均粮食产量由373 kg增加到441 kg。甘肃省50年来坚持不懈地开展梯田为主的基本农田建设，累计完成180万hm^2，占全省坡耕地面积的50%以上。

3.3 提高了水资源利用率

水土保持措施拦截了大部分原来流失的径流量，并将其中一部分转变为土壤水分或地下水，使原来裸露地面的无效蒸发变为植物的有效蒸腾，降低了蒸发速度，提高了雨水和径流的利用率，增加了土地的生产能力和总生物量。如全国

八大片重点工程通过10年的治理，每年可以增加拦蓄降水10亿 m^3，基本农田因这些水资源的补充和保障，可增产近5亿kg粮食。除农田用水外，其余水资源可解决40余万人的用水问题，解决了水土流失区干旱缺水问题。

3.4 河流泥沙明显减少

通过水土保持生态建设，河流的含沙量明显减少，减轻了下游的河道、水库、湖泊淤积，减轻了水土流失对下游生态危害。永定河上游治理工程经过15年的治理。年平均进入官厅水库的泥沙由1 270万t减至379万t，减少了70.2%。辽河流域中的柳河流域经过10年的治理，经石门子水文站测定，治理前上游地区年平均输入柳河泥沙771万t，治理后降为251万t。无定河流域经过10年的治理，年平均输入黄河泥沙由2.17亿t降低为0.97亿t。

3.5 大气环境改善

植被有改善大气和环境的作用，使局部地域的小气候向良性方向转化，减轻植物的干旱程度，减少冰雹、干热风、暴雨等生态灾害的发生频次。同时，不少的树种还对空气的污染物质具有一定的抗性，可以吸收部分污染物质，如侧柏对于 SO_2 有很强的抗性，垂柳对 Cl_2 有强的抗性等。因此，随着水土保持生态建设的开展，区域内的大气环境逐步得到改善。无定河流域的流动沙区，经过40多年的治理工作，沙尘暴由66天降低为24天，空气相对湿度增加5.16%。

3.6 土壤理化性状改善

水土保持治理工作有效地截断了坡长，再造了微地貌，使径流汇流时间延长，减缓了流速，降低了流水的侵蚀动力；同时土壤中具有高抗侵蚀稳定性的吸水团粒比例上升，土壤空隙度增加，在前期含水量相同的情况下，入渗率提高了。在黄河流域，非点源污染已成为水质恶化的主要原因之一，其中延河流域水体中的硝态氮已超过10 mg/kg，可溶性磷达到8～10 mg/kg。据推算，我国丘陵山区每年约流失数十亿t表土，按每年流失0.5～2.0 cm厚度计算，每1 km^2 流失8～15 t氮，15～40 t磷，200～300 t钾。据实测资料，河南省清水河小流域监测坡耕地改造成水平梯田7年后，土壤有机质增加了72.5%，水解氮增加了47%，速效磷增加了122%。

3.7 土地退化得到遏制

经过水土保持治理土地退化现象得到明显的改善，从根本上遏制了土壤沙漠化、石漠化的发展，使区域的半沙漠化和石漠化得到治理，为治理和开发我国的沙漠化和石漠化土地创造了有利条件。如无定河流域风沙区内原有57.3万 km^2 流动沙区，已有40万 km^2 的流沙地得到固定和半固定，风沙化得到了有力的遏制。

3.8 减轻洪涝灾害

通过水土保持层层设防,有效地提高了流域农业综合生产能力和自身的抗灾害能力。陕西紫阳县2000年“7·13”特大暴雨洪灾中,龙潭和铁佛两条小流域处在同一暴雨中心,自然条件类似。龙潭流域自1992年以来开展了小流域综合治理,灾害损失较小;而铁佛流域由于没有治理,灾害损失较重,其耕地冲毁面积、减产粮食和倒塌房屋数分别达到龙潭流域的6.2倍、2.6倍、6.5倍。同时,还有效地减少了对下游河道的淤积,减轻了下游地区的灾害。

3.9 滑坡、泥石流等生态灾害减少了

经过水土保持生态建设,采取生物措施与工程措施相结合,坡面工程和沟道工程相结合,对水土流失内的滑坡、泥石流、崩塌等生态灾害进行治理,可以极大地减小这些灾害对于当地的危害。如云南省东川区大桥河小流域经过5年的治理,共拦蓄泥沙240万 m^3,稳定松散固体物质1亿多 m^3,年输沙由原来的9.87万t下降为0.72万t。

4 水土流失区生态安全评价指标体系

水土流失区生态安全的定量评估是生态安全由理论走向实践的必然工作,通过对水土流失区生态安全的综合评估,来测度水土流失区迈向生态安全可持续发展过程的目标达到的程度,并根据这一判断和测度结果适时地对区域复合系统进行调控,从而进一步推进生态安全可持续发展的实践活动。对水土流失区生态安全进行综合评价应该涉及到水土流失区内的国土资源安全、生物安全、环境安全等三大安全,因此我们根据指标体系建立的科学性、综合性、完备性、简洁性及可操作性原则,我们设计出(见图1)的3个层次、3个安全、共计15个指标的水土流失区生态安全评价指标体系。其中评价指标包括国土资源安全指标、生物安全指标、环境安全指标。其中大多数指标是可测的,部分指标可能从相关部门目前难已获取,但却必不可少,且经过努力是可操作可测度的。其中,国土资源安全:基本农田、坡耕地、土壤退化(沙漠化、盐碱化、石漠化);生物安全:生物多样性指数、生物入侵对生态系统的危害、林草覆盖度、乡土树草种、野生动物的数量;环境安全:环境污染、地形地貌变化(海拔、坡度、坡向)、水土流失、地质灾害(含泥石流、滑坡、崩塌)、水资源利用率的减少、水源的污染、旱涝灾害等。

由于水土流失区生态安全指标主要是为水土流失区生态安全决策提供可靠的依据,不同地区、不同区域、不同小流域的评价指标具有各自不同的特点。因此,这里所列的指标作为一般加以考虑,具体指标内容往往要随不同小流域具体情况和特点来变化。

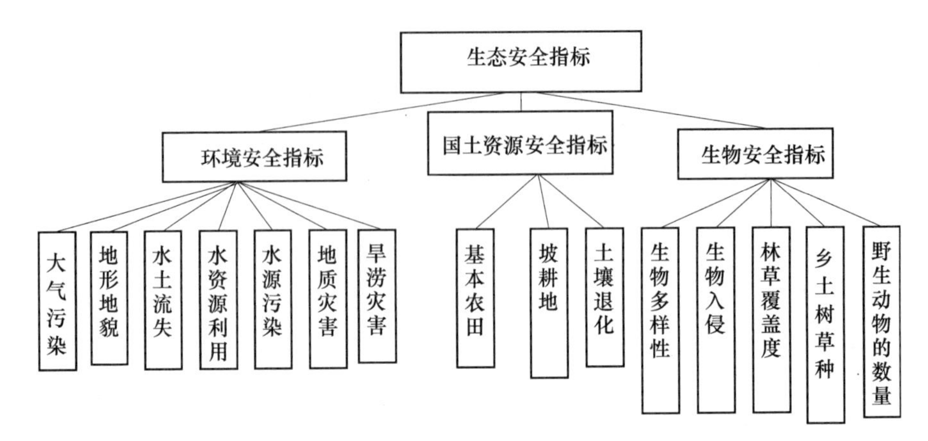

图1　水土流失区生态安全评价指标体系示意图

5　建立水土流失区生态安全预警和防护体系

为了确保水土流失区的生态安全,必须对水土流失区生态安全进行全方位的、动态的监测,建立水土流失区生态安全的预警系统,及时掌握水土流失区生态安全的现状和变化趋势,为国家有关部门提供相关的决策依据。要制定水土流失区生态安全的衡量标准,将生态系统维持在能够满足当前需要又不削弱子孙后代满足其需要的能力的状态。可以考虑以上评价体系中的国土资源、环境、生物等指标的理想状态作为标准,以现实受损状况与之加以比较,对各种评价指标因素给予不同的权数。综合成“水土流失区生态安全总指数”,对水土流失区生态安全状况进行总体评价。并定期发布我国的水土流失区生态安全总指数,以使全国人民更加直观、形象地了解我国的水土流失区生态状况,提高国民对生态环境的关注度。除了建立水土流失区生态安全的宏观预警系统以外,对不同地区还要根据其生态环境不同状况,有重点地建立和完善专项的生态安全预警和防护体系。

参考文献

[1]　赵廷宁,等. 北京林业大学研究生教学用书建设基金资助,生态环境建设与管理. 北京:中国环境科学出版社,2004.
[2]　史德明. 加强水土保持是保障国家生态安全的战略措施. 中国水土保持,2002(2).
[3]　史德明. 西部大开发中的生态安全问题. 福建水土保持,2002(2).
[4]　李爱年,等. 对我国生态补偿的立法构想. 生态环境,2006(1).
[5]　水利部,等. 中国水土保持探索与实践——小流域可持续发展研讨会论文集(上). 北京:中国水利出版社,2005.
[6]　唐克丽,等. 中国水土保持. 北京:科学出版社,2004.

黄河生态韭园沟示范区建设社会效益监测看新农村建设

王宏兴[1,2] 任怀泽[2] 高银富[2] 延瑞霞[3] 李小龙[2] 王彩琴[2]

(1. 黄河上中游管理局西安黄河监理公司;
2. 黄河水利委员会绥德水土保持科学试验站;
3. 绥德县绥德实验小学)

摘要:本文简要介绍了韭园沟示范区社会效益监测的设计布设,通过分析总结监测实践中的问题与经验,得出农民收入水平还比较低、不同的农村产业经营收入差异悬殊;由于生病、子女上学等造成的贫困现象较为普遍。指出自然灾害、低下的文化素质、不合理的产业结构、滞后的农村市场、较低的产业化程度和农业的投入不足是影响农民致富的主要制约因素;提出了加强水土流失区新农村建设的几点建议。

关键词:社会效益 监测 新农村建设 韭园沟示范区

1 引言

水土流失已成为全球的主要环境问题,亦是社会经济发展的主要障碍。我国政府十分重视水土流失环境问题的防治,制定了今后50年水土保持生态建设目标,并十分注重对实施后的社会、环境效益监测。

2 水土保持社会效益的内涵和规定性

水土保持生态建设是生态环境建设的一项主要内容,生态环境作为人类社会的生存条件决定了其广泛的社会属性。水土保持社会效益则是这种属性的社会反映。就目前以小流域为单元的治理模式而言,流域水土保持对流域不同社会群体和个体利益的影响,这些影响的总和即为社会效益。其贡献或影响具有间接性、渐变性、潜在性、滞后性、整体性和长远性。鉴于此,要定量表示这些群体与个体利益的关系是较为困难的。加之群体和个体利益在数量上的不可加性和不可转移性等特点,给社会效益的评价带来了更大的困难。也正是这些特点决定了水土保持四大效益中的社会效益长期处于定性描述状态。

3 韭园沟示范区社会效益监测的设计与布设

不同的评价方法选用不同的指标体系,确定的指标体系决定相应的监测方法,对于明确的监测指标则采取科学合理的监测方法。由于社会效益监测涉及繁杂的社会经济学理论,而且在韭园沟水土保持研究的历史中亘古未有,这就为缺乏理论指导和实践经验支撑的韭园沟示范区社会效益监测的设计布设带来极大的困惑和不确定因素。

3.1 布设设计原则

以往对社会效益往往只注重评价而忽略监测这一重要环节。效益的监测与评价密不可分,后者以前者为基础。评价结论的可靠性与正确性取决于评价所依据的信息的可靠程度。全面、系统而有目的性的监测,获得的资料信息更充分,评价结果更具有代表性、合理性和系统性。

水土保持社会效益监测应和经济效益监测结合起来,两者侧重点有所不同,社会效益监测内容则更广泛一些。我国水土保持项目的实施区域主要是广大的农村,也是水土保持监测的主体,而广大的农户是最直接的参与者,同时又是受益人——基本主体单元。因此,水土保持社会效益监测以农户监测为基础,辅以宏观社会经济调查。

3.2 典型农户的选择

水土保持监测分为农户监测和项目区社会经济状况监测。农户监测按目的、内容和方法可分为典型农户和样本农户监测。

3.2.1 典型农户监测

典型农户监测的目的是选取典型、解剖"麻雀",以便深入、细致地了解项目区点上的生产经营运作情况。在项目区按农户经济水平分好、中、差3个档次选取和布设。好、中、差的标准可按人均收入、人均产粮、恩格尔系数等3个指标选取。韭园沟典型农户选取标准见表1。

表1 典型农户选取标准

指标	典型农户经济状况		
	差(0分)	中(60~80分)	好(100分)
人均收入(元/(人·a))	<350	350~800	≥800
人均产粮(kg/(人·a))	<200	200~450	≥450
恩格尔系数	≥0.8	0.6~0.8	<0.5

注:恩格尔系数是根据恩格尔定律得出的比例数,是表示生活水平高低的一个指标。恩格尔系数=食物支出金额/总支出金额。

为了配合了解典型农户实施各项水土保持措施获得的增产效益，在典型农户经营的土地上布设典型地块监测。典型地块中对水、坝、梯、坡农田进行有无措施对比监测。人工林中对乔、灌、草、经济林及养殖户羊、猪、兔等进行专项或典型地块监测，全示范区年选择布设15处。

3.2.2 样本农户监测

在韭园沟示范区内按随机抽样方法，抽取韭园沟乡高舍沟村3户农户进行样本监测。其目的是了解治理区面上生产经营运行情况，以保证监测成果具有一定的代表性。

3.2.3 项目区宏观社会经济状况监测

根据本示范区的实际情况选乡为单位，监测的主要内容有：①土地、人口、劳力；②土地利用结构；③耕地面积变化情况；④农村产业结构情况；⑤农村社会进步情况。

3.3 监测方法

监测方法采取两种：典型农户定点监测和一次性调查。

3.3.1 典型农户定点监测

对被选取的典型农户随项目的开展进行长期、连续、定点监测。在监测布设完毕后对所选典型农户进行监测要求培训，并定期指导，按设计的固定表式连续进行记录，定期汇总记录成果。

3.3.2 一次性调查

将项目区样本农户调查与社会经济调查结合起来，在项目实施过程中每年进行一次，调查内容事先设计好并采取问卷笔录式逐户调查。

4 监测的初步结论

4.1 流域农民的收入水平收入结构及收入现状分析

4.1.1 收入水平

2002年，45户典型农户人均纯收入409.6元，农民的收入水平还相当低。

4.1.2 收入结构

45户调查农户家庭经营收入248 520元，来自第一产业的收入176 700元，占总经营收入的71%，其中农业收入138 400元，占总经营收入的55.7%，林业收入9 300元，占3.7%，牧业收入29 000元，占11.7%；来自第二产业的收入仅5 520元，占总收入的2.2%；来自第三产业的收入66 300元，占27.0%，其中劳务收入是第三产业收入的大项；另外，来自国家退耕还林还草的补助收入37 460元，是农民经营收入的15%。2002年农户收入构成见表2。

4.1.3 收入现状分析

一是农民收入增长缓慢。近几年来，由于连续严重的自然灾害直接影响农业收成，而流域农村主要靠农业收入的收入结构使得农民的收入不但没有增加反而出现了负增长。农村居民收入变化情况见表3。二是农户之间的收入悬殊大。2003年调查户中李家寨李明荣靠养殖业和种植业年人均收入2 200元，而靠种粮为主要收入的刘家坪刘绥林年均人收入仅100元，相差21倍。三是因灾、因子女上学、因病及因婚、嫁、丧等致贫举债的多，贫困面较大。表4列举了2002年调查户的人均收入分类情况，从表中可见，500元以下收入的农户占调查户的66.7%，举债户占21户，占调查户的46.7%。四是农民的收入主要来自第一产业，近几年来由于连年遭灾，农民外出务工已成为农民增收的主要渠道。调查中发现调查户中2002年劳务收入33 800元，占农民经营收入的13.6%，而严重灾害的2003年劳务收入132 605元，占当年经营收入的57.3%。

表2　韭园沟流域典型农户收入结构　（单位：元）

项目	第一产业			第二产业	第三产业		
	农业	林业	牧业		运输业	服务业	劳务
收入(元)	138 400	9 300	29 000	5 520	14 800	17 700	33 800
各业结构(%)	55.7	3.7	11.7	2.2	6.0	7.1	13.6
	71.1			2.2	26.7		

表3　韭园沟农村居民收入变化情况

年份	1978	2001	2002	2003
人均收入(元)	62	370	409.6	389.4
年增长率(%)		8.1	10.7	-4.9

注：1978年为调查数据，2001年为统计数据，2002、2003年为典型农户监测数据

表4　人均收入分户统计

户别	人均1 000元以下		人均500元以下		举债户	
	户数	占调查户(%)	户数	占调查户(%)	户数	占调查户(%)
2003年	36	80	30	66.7	21	46.7

4.2　影响农民收入增长的制约因素

4.2.1　自然灾害频繁

由于流域气候属干旱半干旱大陆性气候，年平均气温7.9～11.3℃，年均降水量400 mm左右，多数集中在7、8、9三个月，十年九旱是其基本的气候特征。

农业基础条件脆弱,生活生产环境恶劣,旱涝灾害交替发生,特别是旱灾严重影响着农民的生活,多数农民的吃粮是以丰补歉,靠天吃饭的局面没有从根本上得到改变。如流域2003年干旱极严重,监测农户的农业收入仅65 070元,较2002年农业收入的138 400元减少73 330元,减少了53.0%。地理条件差、生态环境恶劣、自然灾害频繁是制约农民增收的最大制约因素。

4.2.2 农民科技文化素质低

流域监测农户的文化结构组成见表5。可见文盲、半文盲占到6.73%,小学以下文化程度占37.02%,初中以下的占93.75%,这部分人观念落后,在产业结构调整中处于被动地位,又不愿意出外打工。

表5 韭园沟监测农户文化结构情况

总人口	文盲		小学以下		初中以下		高中以下		高中以上
	人	%	人	%	人	%	人	%	
208	14	6.73	77	37.02	195	93.75	208	100	0

4.2.3 农村产业结构不合理

调查户中,来自第一产业收入占产业收入的71.1%,远高于本地区平均的49%、陕西省平均的32.9%和全国的25.4%的水平。调查监测中发现,收入较低的农户,其收入主要来自于粮食生产,而收入较高的农户粮食生产所占收入比重极低。产业结构不合理已成为制约农民收入增长的主要因素之一。

4.2.4 农村市场发育滞后

由于市场发育不良,形成商品率极低,现金收入少。最典型的例证是调查农户中80%食用粮食是靠以自产粮食以粮换粮途径取得的,有粮无钱的现象相当普遍,这也是造成因灾、因子女上学、因病及因婚、嫁、丧等致贫举债的主要原因。

4.2.5 农业产业化经营程度低

产业化经营程度低下,农民收益流失十分严重。由于产、供、销严重脱节,附加值较高的农副产品因加工、流通等环节在外部进行,效益流向城市,农民增产不增收;无主导产业,形不成规模效益;无风险防御机制和合同约束机制,所以不能及时地为农民提供生产技术、市场信息等必要服务。从而致使农民收入呈现低而不稳的状况。

4.2.6 基础设施资金投入不足

资金缺乏,基础设施投入不足,抵御自然灾害能力差,农民收入水平低,相当一部分农户解决温饱问题后,仍停留在简单再生产的初级阶段,经济实力有限。在农村调整产业结构、上项目、上水平、搞试验、扩大规模经营、实施产品深加工都需要大量资金投入,而流域农业投资严重不足,大多数村、乡组织形式在实行家庭承包责任制后,形同虚设,服务功能差,农民从集体经营中得不到收入,还要向集体交钱、交物来解决村委运作等开支。同时,由于农业基础设施建设还相当薄弱,当前很难抵御各种自然灾害的影响和适应农村产业向高深层次的发展。

5 水土流失山区新农村建设的途径

增加农民收入是农业和农村经济工作的根本出发点,不仅关系农村的发展、稳定和农民生活水平的提高,而且关系国民经济发展的全局。

5.1 加大产业结构调整

不断适应市场需求,全面调整产业结构。适应市场的需求,依照比较优势的原则,重点从三个层次上调整农村产业结构。第一层次是农业和非农产业的比重调整。将稳定农产品综合生产能力,加快非农产业的发展,使农业份额逐步下降,非农产业份额逐步上升,农村经济的整体素质和实力逐步提高。第二层次是农、林、牧、渔的比重调整。流域的林业是防护型林业,渔业的比重太小,这个层次的重点是稳定种植业,加快发展畜牧业。从典型户的监测看,流域畜牧业比较优势要强于种植业,应加大力度发展舍饲养羊、养畜,结合退耕还草把羊、畜产业做大做强。第三层次是种植业内部的比重调整。将调减粮食生产,提高经济作物比重,发展优质蛋白饲料生产,逐步将传统的粮、经“二元结构”转变为粮、经、饲“三元结构”,粮食作物中,应增加绿色小杂粮种植面积;经济作物中,应增加薯类、蔬菜种植面积;饲料作物中应重点发展高蛋白饲草,以草促羊,以羊带草,协调发展。

5.2 着力推进农业产业化经营

积极培育主导产业,大力推行农业产业化经营。农业产业化经营与发展,龙头企业是重点,市场体系是关键,基地建设和农户是基础,科学技术是保证。必须抓住产前、产中、产后三个环节,建设好羊、薯、枣、豆、菜五大主导产业。健全市场信息、农村服务、专业协会、农业质量监测和标准化认证等五个体系,培育有流域特色的品牌产品,力争农业产业化建设有新突破,在推进主导产业的产业化经营上,要做强、做深、做大、做精、做细。逐步形成市场为龙头、龙头带基地、基地靠科技、科技连农户的产业化开发模式,使产业化开发得到长足发展。

5.3 加强农业基础设施建设

加强农业基础设施建设,保护农业生态环境。一要加强农田基本建设,加快实施“沃土工程”,大力培肥地力,加强中低产田改造,切实保护基本农田。大力发展旱作节水农业,积极推广旱作品种和节水技术。二要加强农产品生产基地建设,流域内示范基地建设应以村为依托,辐射到全流域。三要加强农业资源保护和生态环境建设,加强对耕地、草地及水资源的保护,加大农业环境和农产品污染的监测与防治力度,加快封山育林育草工程,坚决禁止滥伐滥牧的行为,做好退耕还林还草工作。

5.4 努力提高劳动者科技素质

加强农业技能培训和农民文化教育,努力提高劳动者素质。发展农村经济,增加农民收入,人才是关键因素。要有目的、有重点地培训一批青年骨干农民,使他们真正成为农村致富能手和科技带头人,并通过他们带动一村,搞活一片。整体推进流域农民素质的提高,要大力实施科教兴农,增强科技意识,增加科技含量,使科学技术真正成为流域发展经济的驱动力。

5.5 增加农业投入

加大农业投入,增强农业后劲。增加农业投入要采取多条腿走路的办法,建立多元化农业投入新机制。一要积极引导农民增加投入。二要抓住国家实施水土保持示范区的机遇,利用示范区建设的坝系水资源配套工程项目和实用技术推广项目从根本上改变农业落后面貌。三要各级财政把支持农业放在重要位置,确保对农业投入增长幅度,尤其加大对调整农业生产结构的投入力度。四要加大信贷支农力度,调整贷款方向,对农户种养业和小额信贷扶贫项目,适当放宽担保和抵押条件。

黄河水资源供需矛盾及解决措施的探讨

张 萍[1] 洪 林[1] 郝彩萍[2]

(1. 武汉大学水利水电学院; 2. 山东黄河河务局)

摘要:黄河是我国的母亲河,对我国的国民经济发展有着重要意义。但是随着社会的发展,黄河流域生态环境的恶化,使得黄河水资源的供需矛盾突出。本文系统分析了黄河流域降雨量少且分布不均、气候变化引起黄河来水减少、社会经济发展引起需水量急剧上升、水污染加剧水资源短缺,以及流域管理脆弱和水量分配不尽合理等方面原因,揭示了黄河水资源供需矛盾,并在流域可持续发展的基础上对一些解决供需矛盾的措施进行探讨。

关键词:黄河 水资源 供需矛盾 解决措施 可持续发展

1 概述

黄河是我国西北和华北地区的重要水源。据统计,黄河流域面积约 75 万 km^2,占全国国土面积的 8%,多年平均河川径流量为 580 亿 m^3,仅相当于全国河川径流量的 2%,但是承担着全国 12% 人口、15% 耕地的生活、生产供水。除了承担着流域内 50 多座大中城市的供水任务外,黄河还担负着向流域外如天津、青岛等工业大城市远距离调水任务,黄河供水范围早已超过黄河水资源的承载能力。黄河可开采的地下水资源 139 亿 m^3(扣除与河川径流重复量),人均水资源量 543 m^3,为世界人均水资源量的 1/15,远远低于人均 1 000 m^3 的国际水资源紧缺标准,是一个水资源相当匮乏的地区。近年来,黄河中下游水量持续偏枯,水污染日益加重,但是需水量却在不断地增加,黄河水资源不足的压力日趋严重,中下游水资源供需矛盾突出。水资源可持续利用是经济社会发展的重要战略问题。黄河是中华民族的母亲河,是华夏文明的摇篮,她的发展势必影响黄河流域乃至全国的工业经济发展和人民健康。本文想对造成黄河水资源供需矛盾突出的原因加以分析,并探讨一下有效的解决措施,最后提出一些建议。

2 分析黄河水资源供需矛盾突出的原因

2.1 黄河流域降雨量少且时空分布不均

受大陆季风气候影响,黄河流域降雨量小且时空分布不均。流域年平均降水量在 200 ~750 mm 之间变化,中国北部年平均降水量约 750 mm,到黄土高原(比如中国中部的西安、太原、银川和兰州)就降到 440 mm,到中国北东部就减少到 300 mm(见图 1),其中 70% 的降雨集中在 6 ~9 月。

与此同时,流域的年平均蒸发量远远大于降水量。在流域下游年平均蒸发量在 1 000 ~1 500 mm 之间变化,在流域中游年平均蒸发量在 1 500 ~2 000 mm 之间变化,而在流域上游年平均蒸发量在 2 000 ~2 500 mm 之间变化。年径流深在 50 ~150 mm 之间变化,年均温在 4 ~14 ℃之间变化,年无霜期在 50 ~180 d 之间变化,年日照时数在 2 400 ~3 200 h 之间变化。

在流域较湿润地区,冬小麦为主要作物,一般在每年 10 月初播种,在 6 月初收割。通常玉米与小麦轮作,每年小麦收割前后播种玉米,在播种小麦前收割玉米。由于降雨不足以支持 2 熟作物,在这些地区必须进行灌溉以补充降雨之不足。

流域黄土高原地区通常是种植冬小麦,在多雨的夏季有 3 个月的休闲期。在流域干旱地区,通常种植春小麦,与豆类或粟轮种,2 年一个轮回。在这些地区,灌溉是必不可少的,每年要消耗大量黄河水源。

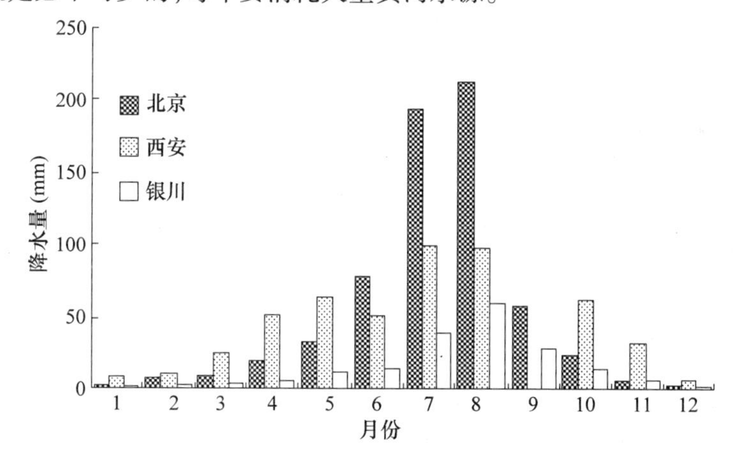

图 1　流域内西安、银川和北京市降水量时间分布

2.2　地球气候的变化造成黄河来水减少

在过去的 50 年里,地球气候变暖变干,年均温和季节平均温度都有了很大提高。特别是 1986 年后气温上升很快。在 20 世纪 90 年代,降水量大大减少,这进一步加剧了流域水危机。

不断升高的温度使得黄河流域的冰山正加速融化。青海高原巴颜喀拉山就是黄河的源头。相对于 1996 年,山上冰川的面积减少了 17%,其融化的速度是前 300 年的 10 倍。其中下降最快的就是耶和隆冰山,从 1966 年到 2000 年,减少了 77%。

冻结带对温度变化很敏感,冻土的厚度及其分布已经锐减。现在比较活跃的冻结带已经潜入很深,季节性冻结的持续时间减少。冻结带显著的自然属性和广泛的分布是黄河流域生态恶化并形成恶性循环的一个非常重要的因素。冻结带的减少对黄河流域上的水利工程、生态工程和建筑工程有非常显著的影响。

与此同时,考虑到水资源短缺的影响,由于温度的提高、蒸发量增加和降雨量的减少,使得黄河流域的湖泊正在缩减。同时黄河流域的湿地和沼泽地面积减少了 13.4%。伴随着湿度减少的温度改变现象和由冻结带减少引起的土壤矿物含量的改变影响着该区域的植被。因此,黄河的流量持续减少,也表明黄河流域不能保持跟以前相同的水量(见图2)。

沙漠化以空前的速度增加。随着温度的升高,植被的减少和沙漠化变得更加严重。在过去的 15 年里,这个区域的土壤类型和它的生态分布经历了激烈的变化。有相当一部分的土壤土质恶化,而且沙漠化已经达到每年 1.83% 的速度。

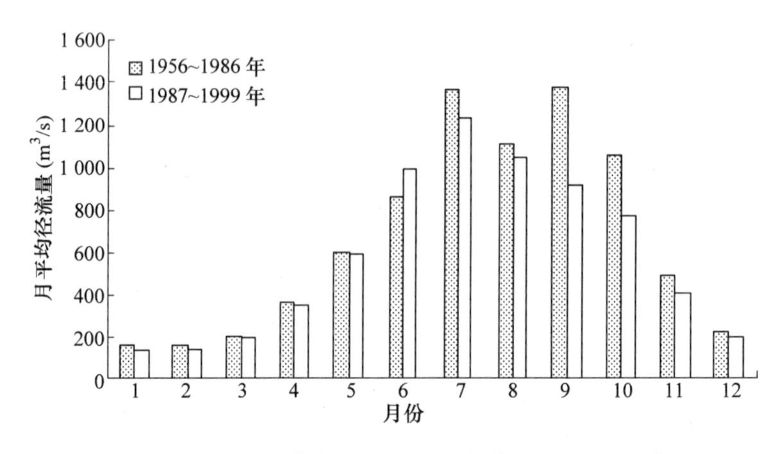

图 2　1987 ~ 1999 年与 1956 ~ 1986 年黄河月径流量比较

2.3　社会经济发展造成需水剧增

近 20 多年来,随着黄河流域人口的增加、经济社会的快速发展及西部大开发战略的实施,黄河水资源承载压力日益增大。从黄河流域自然和经济社会特点来看,今后 20 年内用水的需求还会有较大增长,这样工农业生产用水受缺水制约愈加严重。工农业用水量大,浪费也很严重。据统计,工业用水占工农业用水 8%,工业万元产值用水量是发达国家的 10 ~ 20 倍,水的重复利用率低。黄河流域上中游地区能源富集,工业化进程加快,预估今后 20 年工业仍将维持 1990 ~ 2000 年的增长速度,用水总量增加 15 亿 m^3 左右。农业用水占工农业用水量的 92%,部分灌区仍采用大水漫灌的方式,渠系老化,输水损失大。生活用水也存在着不同程度的浪费。黄河流域可能还将扩大灌溉面积,并且城乡生活用水量也将增加,预计2020年前黄河供水区的用水控制零增长已有相当的难度,2020年黄河将缺水60亿~70亿 m^3(丁铭,2006)。

一直以来,黄河都面临着"下游悬河"的严重问题。治沙是治理黄河的一个关键。输沙用水量的概念最早是在20世纪70年代制定黄河分水规划方案时提出的,也为我国所特有。据研究者的研究计算,认为:为不使黄河下游河道淤积进一步加剧,每年需要200亿~240亿 m^3 的输沙水量(主要是汛期洪水),平均每输1 t泥沙需水量为33~60 m^3 之间(穆兴民等,2006)。黄河流域内湖泊、湿地和城市景观等生态环境用水量增长幅度加快,预计今后20年至少增长10亿 m^3 左右。对照1986年以来实测水量,按照正常来水年份入海水量(210亿 m^3)所占比例测算,河道内生态缺水35亿 m^3。然而河流输沙及生态环境用水被工农业用水大量挤占,下游"二级悬河"形势加剧,生态系统恶化。为了实现人水和谐、维持黄河健康、改善生态环境,挤占的生态用水需要回用于生态。

总体看来,黄河水资源的承载压力在日渐增大,预计到2030年、2050年,枯水年份还要严重。

2.4 水污染加剧水资源短缺

在黄河水量面临枯竭威胁的同时,排污量急剧增加,黄河水污染日益加剧。尤其是20世纪90年代以来,随着社会经济的快速发展,乡镇企业的大量涌现,生产和生活用水量急剧增加,废水、污水的排放量也随之增加,然而污染水治理严重滞后,污水处理率偏低,部分企业未实现达标排放,加之农业耕作大量使用化肥农药,导致每年排入黄河的废污水量不断增加。据统计,1999~2000年期间,流域内废污水量从32.6亿t增至42.2亿t,约增长29.4%,其中工业废污水增加了31.8%,生活废污水增长了23.7%(姚治君等,2006)。而黄河流域生态环境退化,水量减少,废污水排放量大,超出水体自净化能力,致使黄河水资源的污染程度不断加剧,这也使得黄河的供水能力下降。

另外还存在着水土保持措施的实施问题。水土流失是黄河流域所面临的又一严重问题,而水土保持措施必然要拦蓄一定量的地表径流。在黄河流域上游对地表径流进行拦蓄,必然会影响到中下游的水资源供应量。但是水土保持措施和水资源的供需矛盾应该辨证地来看待。

水体污染、水土保持措施的实施等一些工程在很大程度上减少了黄河水资源的供应量。

2.5 黄河水资源的管理机制脆弱,配水模式失控

黄河水资源在面临需求增长、供应不足这样一种严峻的情形下,只有配以良好的管理机制和最优的配水模式,才能缓解当前的水资源供需矛盾。但是当前

实施的黄河水资源统一管理体制及其配水模式存在着一定的问题。

在市场经济条件下,运用行政手段实施统一管理,协调利益冲突的有效性越来越差。在统一水量调度的近6年中,黄河下游虽然没有断流,但是输沙入海水量很少,1999~2002年年均50亿 m^3,2003~2004年有较大的增长,但是仍未达到生态环境水权的分配的10%。

虽然现在黄河水资源实行的是统一管理机制,但是地区分割管理和部门分割管理仍然存在,取水许可制度难以有效实施,政府指令配水模式严重失控,缺乏强有力的约束机制和管理手段。另外,一直以来,黄河水资源分配模式多侧重于经济效益和生态效益,忽略了水资源分配研究的多角度性和扩展性。

由于黄河流域的管理存在缺陷,使得黄河水资源被无节制地开发利用,也加重了黄河流域水资源供需的矛盾。黄河水资源的大规模开发利用始于20世纪50年代,最突出的表现在农田灌溉面积成倍扩大。目前,黄河水资源量的90%用于农田灌溉,其灌溉水利用系数不足40%,盲目扩大的用水需求严重超过了黄河水资源的承载能力(唐伟群,2005)。

3 对策探讨

3.1 跨流域调水,根本解决水危机

目前正在进行南水北调工程的准备和建设,这一工程的建设对于实现长江、黄河的水资源配置,解决黄河中下游缺水和生态环境问题具有重要的战略意义。从长江跨流域调水是治理黄河的根本措施。三峡引水工程增加了黄河的水资源,满足了黄河中下游社会经济发展的用水需求,稳定可靠地向黄河下游及关中地区供水,并通过补水将黄河中下游的部分水量置换供上游使用,以支持西部大开发。在补水的基础之上,通过黄河几个水库合理调度,阶段性地向下游放水冲沙,增加河床冲沙能力,减少泥沙淤积,逐步塑造和谐的黄河水沙关系,实现根治黄河的长远目标。黄河水利委员会在2002~2006年汛期进行的5次调水调沙,总泄水量211.6亿 m^3,将2.854亿t泥沙冲入了渤海(郭树言等,2006)。调水调沙是治理黄河泥沙问题有效的措施。只有跨流域调水,才能补充黄河水量,为治理黄河创造条件。

3.2 加大水土保持力度,减少输沙用水

黄河治沙的措施除了以水行沙、调水调沙之外,还有水土保持拦沙。水土保持就必然要拦蓄一定量的地表径流,这也就出现了众人所关注的水土保持作用与黄河水资源短缺的博弈问题,如何实现最大限度的拦沙,最小量的蓄水?水土保持措施就地拦沙,能有效减少输沙用水量,提高可供水资源。如果完善黄河上中游的水土保持工程,使得进入黄河的泥沙减少90%以上,每年就可以节约输

沙用水约 220 亿 m^3(穆兴民等,2006)。

3.3 促进全社会节水,合理配置黄河水资源

在水资源的供给和需求中,要优化配置水资源,提高水资源利用的经济、社会效益和生态效益,并促进全社会节约用水,合理用水,保护水资源。

黄河水资源问题比较复杂,在水量分配上既要实现全流域用水效益最优,维护良好的生态环境,减少水资源浪费,既要达到水资源分配效率最优目标,还要达到缩小地区差距,保证农民利益的目标。随着经济社会的发展,供水矛盾愈加突出,合理配水问题已经成为黄河可持续发展利用过程中的核心问题。目前世界各国所采用的水资源分配方法大致有行政配置、用水户参与或协商配置和水资源配置三种类型(张洪波等,2006)。针对黄河水资源分配中存在的诸多问题,必须寻求合理的配置模式将有限的黄河水资源进行空间分配。

4 结语

黄河流域各种自然要素之间相互制约、相互影响,解决黄河水资源供需矛盾应考虑流域和区域、近期和远期、局部和整体的利益关系,处理好生产、生活和生态用水的关系,实施黄河流域水资源的统一规划、统一配置、统一调度和统一管理,解决黄河水资源的供需矛盾问题,实现黄河的可持续发展。

参考文献

[1] 陈希媛,刁立芳. 黄河水资源现状及保护对策研究[A]. 河南理工大学学报,2006(10).

[2] 常炳炎,薛松贵,张会言. 黄河流域水资源合理分配和优化调度[M]. 郑州:黄河水利出版社,1998.

[3] Deng Xiping, Shan Lun, Zhang Heping, Neil C. Turner. Improving agricultural water use efficiency in arid and semiarid areas of China [J]. Agricultural Water Management, 2006, 80:23 -40.

[4] Ding Yongjian, Liu Shiyin, Xie Changwei, et al. Yellow River at Risk - Environmental Impact Assessment on the Yellow River Source Region by Climate Change[M]. Greenpeace, 2005.

[5] 崔庆瑞. 对黄河水资源可持续利用的认识[J]. 山东国土资源,2006:(6 -7).

[6] 丁铭. 黄河水资源承载压力日益增大[N]. 经济参考报,2006(11).

[7] 穆兴民,王飞,李锐,等. 辨证看待水保与黄河水资源的开发的关系[N]. 中国水利报,2006(9).

[8] 姚治君,刘剑,苏人琼. 黄河水资源统一管理效果和综合管理对策[J]. 资源科学,2006(3).

[9] 唐伟群. 可持续发展下的黄河水资源管理[A]. 中国人口资源与环境,2005(2).

[10] 郭树言,李世忠,魏延. 三峡引水工程:增加黄河水资源,治理黄河、渭河的战略性工程. 中国经济时报,2006(12).

[11] 张洪波,黄强,畅建霞. 黄河水资源分配模型和方法探讨[J]. 人民黄河,2006(1).

1900~2100年间挪威气候变化

Eirik J. Førland

(挪威气象研究所)

摘要:自1875年以来,挪威不同地区年平均气温已增加0.5~1.5℃。在过去的130年间,挪威南部最近10年升温最为显著。在挪威北方的多数地区,最温暖的10年大约出现在1930年前后。预计在21世纪,挪威不同地区年平均气温将增加2.5~3.5℃。预计在挪威中部地区升温幅度最大。气候降尺度情景表明,在挪威北中部地区,冬季最大升温2.5~4.0℃。在过去的110年间,挪威所有地区的年降水量都有所增加。增加最多的(15%~20%)出现在西北部地区。方案表明,挪威不同区域年降水量将增加10%~15%。增加最多的地区(约20%)出现在西南海岸及远北地区。增量最大的季节出现在秋季;而在挪威东南部分地区夏季降雨量可能会减少15%。根据降尺度方案,未来极值日降雨量在挪威将变得比较常见。

关键词:温度　降水　气候变化

1　引言

挪威气候的时空变化较大。北部高纬度的大规模自然变异也影响到挪威日、季、年、10年等时间尺度的气候(见图1)。挪威的自然环境条件使得气候要素变化梯度较大,如从低地到山区、从沿海到内地气候梯度变化急剧。年降水量及极端日降雨量在局部和区域也都存在巨大的梯度。这反映在像5年重现期的日降雨量的设计值,从挪威南方及北方的内部地区大约30 mm到挪威西部及北部的部分地区超过140 mm。20世纪在挪威已有巨大的气候变异,最新的IPCC(2007)报告显示:21世纪在北方高纬度地区将会比地球上的其他地区变得更加温暖。

2　模拟区域气候变化

大气与海洋全球环流模型(AOGCMs)是最复杂的全球气候变暖模拟工具。目前AOGCMs模型对于模拟大比例尺的区域分辨率已足够了,但通常对于区域及局部比例尺气候的模拟却显得过于粗糙。为了制定对局部地区影响研究有用的空间分辨率方案,因此需要对AOGCMs模拟结果进行降尺度处理。区域建模(动力学降尺度)、统计方法(经验降尺度)或是这些技术的结合或许能够应用于这一目的(Hanssen－Bauer et al. ,2003)。在挪威动力学的及经验的技术已经被应用于 AOGCMs 结果的降尺度。

2.1 动力学降尺度

自 AOGCMs 有了大约 300 km 的典型空间分辨率以来,在过去的 10 年间,对区域及局部比例尺的 AOGCMs 动力学降尺度已经开发到区域性气候模型(RCMs)中。利用 RCMs 的假设是在有限区域内与高分辨率 GCM 模仿的计算费用比较,它们的特征是能够提供有意义的小比例尺。用于挪威“HIRHAM”的 RCM (Bjørge 等,2000)可以运行于坐标格网距离为 55 km,用 300 km 栅格每 12 小时可以得到全球数据。除了在 HIRHAM 模型解释更高空间分辨率,像在全球模型那样,同一物理参数用于 RCM。

成功运作 RCM 依赖于许多条件,如 AOGCM 和 RCM 之间嵌套策略、域大小、分辨率差异、物理参数、驱动数据的质量和自旋时间等。一般来说,在大尺度上不能期望 RCM 减少 AOGCM 结果的误差,但是能够开发小尺度特征。至于它的全球匹配物,必须真实地模拟目前的气候,作为首次尝试信任气候变化实验结果,其观测和分析数据能够用于校准。

对于挪威的 HIRHAM RCM 模拟通常是分两块运行的,一个是展示目前的气候(“操纵行程”),另一个是展示未来的气候(“方案运转”)。从全球模型中,侧向 RCM 边界条件是每隔 12 小时指定表面压力、温度、水平速度组分、比湿度和液态雾状水,以及海面温度和海冰情等。

2.2 经验降尺度

气候方案的经验降尺度由揭示大尺度气候要素(预言者)和局部气候(预测的随机变量)模式之间的经验联系及应用全球或区域性气候模型结果两部分组成。成功降尺度有赖于以下条件:气候模型逼真地反映大尺度预测域,其解释预测的随机变量的大部分变化。气候要素与局部气候之间的关联应是静态的,并且当应用于变化的气候时,传送气候变化信号的气候要素应包括进来。

在挪威大多数经验降尺度研究中,选定位置的月平均 2 m 温度(T)和降水(R)是局部气候,而 T 和海平面压力(SLP)被用于气候要素(预言指标)。Hanssen－Bauer 和 Førland (2000)认为:海平面气压不规则变化解释了 20 世纪挪威观测的温度和降水的大部分变异。然而对于温度的长期变化趋势模拟结果并不令人满意。正因为如此,为了包括气候变化信号,温度(T)也被作为气候要素包括进来。对于温度,T 被用于作为海平面气压(SLP)场的最终模型的唯一预测要素,其给出的附加信息十分有限。对于降水,两个预测要素在开始时被包括进来,T 可能被认为是对流层降水量的表征。夏季,作为预测要素 T 的内含物可能导致不切实际的结果。这可能部分地导致夏季气温和湿度之间更弱的相关关系，以及空气湿度和降水之间的更弱的相关关系。因此在最终模型中，夏季月份模型 T 没有被用于作为降水的预测因素。Hanssen 与 Bauer 等（2000，2001）分别详细描述了经验降尺度方法及在挪威的应用结果。

2.3 动力学降尺度与经验降尺度结果比较

在挪威，Hanssen 和 Bauer 等（2003）发现与动力学降尺度相比，经验降尺度趋向于给出更高的变暖率，尤其是冬季暴露于逆温层情况。尽管在5%统计水平下，这种差异并不是很显著，但是讨论经验降尺度变暖率的地理特征是合理的，其显示在冬季，地面逆温平均强度减少。动力学降尺度模型不能正确地解决地面逆温，因此并不能支持也不能反驳这个特征。结论认为，冬季逆温的频率和平均强度的减少与方案提出的低地风速的增加及冬季积雪的减少是一致的。经验降尺度的结果从定性上来说是正确的，虽然他们可能夸大了这个特征。

对于降水，统计结果发现夏季在挪威西南部动力学降尺度与经验降尺度方案存在显著的差异。由于经验降尺度模型只能模拟夏季月份由大气环流所引起的变化，所以来自于动力学降尺度的结果可能是最可靠的。虽然对于同一地区最大降水增加的动力学降尺度与经验降尺度方案之间存在一些差异，但是从统计上来看并不显著。

特别推荐将经验降尺度方法应用于像斯堪的纳维亚地区这种具有复杂地形的区域（Hanssen – Bauer 等，2005）。更进一步地，具有 50 年及以下的气候站合理稠密网络为开发经验降尺度模型提供了一个良好的基础。因此，斯堪的纳维亚地区具备了开发经验模型的前提和应用需要，另外，由全球气候模型提供了一些粗略的气候方案值。

3 最近 100 ~ 150 年挪威气候变异

3.1 温度

在最近 130 年挪威年平均气温已经增加 0.5 ~ 1.5℃（Hanssen – Bauer，2005）。除了在挪威北中部，其他任何地方在 1% 统计水平下，年平均气温增加是显著的（至少在 5% 显著水平下）。在挪威 6 个温度区内有 3 个冬季气温有显著增加。各地春季温度都显著增加。夏季在北方地区温度显著增加，而秋季除在挪威中部及北中部地区外，全国各地气温都显著增加。尽管存在线性趋势，在过去的 130 年间，存在着巨大的 10 年或几十年的温度变化。随着一个所谓的“20 世纪早暖期”之后，随之而来的是一个相当冷的时期，其大致开始于 1900 年，结束于 20 世纪 30 年代。其后是一个凉爽期，接着又是一个温暖期的，其从 20 世纪 60 年代开始处于支配地位。在挪威南方地区，最近 130 年中最温暖的 10 年期出现在该系列近末尾部分。挪威北方的大部分地区，最温暖的 10 年期出现在大约20世纪30年代。

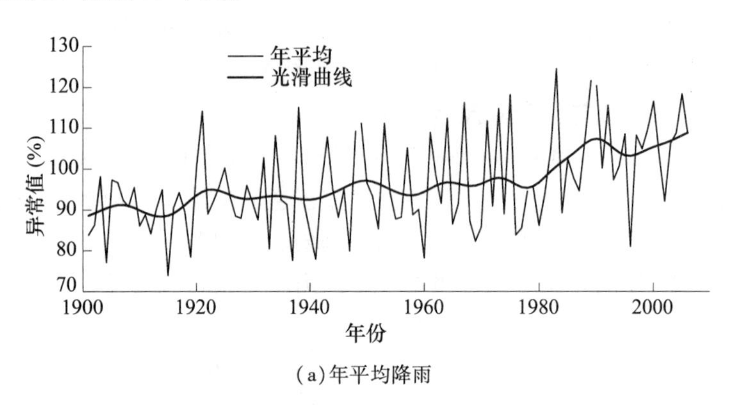

(a)年平均降雨

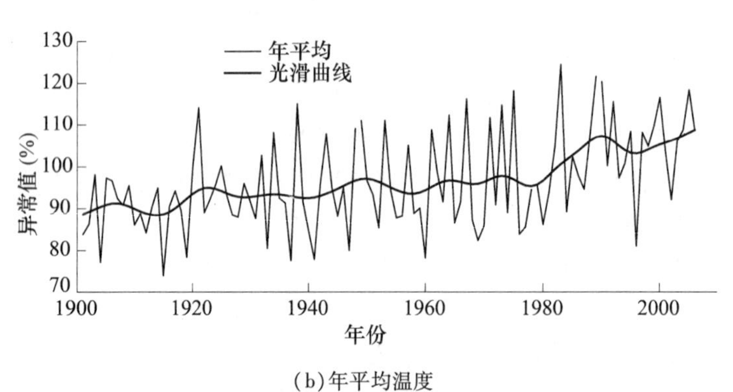

(b)年平均温度

图1　1900~2006年挪威陆地年温度及降水图

不规则是从1961~1990平均数开始偏离。光滑曲线显示10年期变量,而细线代表单一年值。

3.2　降水

最近110年间在5%的显著水平下,挪威年降水量(参见图1)在13个降水区中9个呈显著增长趋势(Hanssen－Bauer,2005)。没有显示负趋势的地区。最大增长(15%~20%)出现在挪威西北部地区。秋季降水在西北地区显著增长,在某种程度上内地区域也是如此。夏季降水在大多数北方地区显著增长。

为了研究降水变化对水经营及环境和生态条件的影响,极端降雨事件是特别关心的事情。基于大量站(>200)的基础上(Alfnes Førland,2006),研究对于从1961~1990标准周期到1975~2004期的极端日降水量否有结构参数变化(5年重现期,M5(24 h))。超过一半的站,这种变化小于+5%,然而最大梯度甚至出现在相临站之间。通过分析一组站的中间值,发现在挪威的西部大部分地区,一般增长都超过了5%。在挪威东南部("østlandet")其北方M5值有一个小的增长,而变化随机分布于这个地区的其他部分。该国的其他部分,没有明显的区域模式。

通过分析30年间M5的滑动平均值,具备系列值的33个站回溯至1900的长时间变量得到研究。在研究期内,最近30年内一些站M5值达到最大值,而其他站近似在最小值。可以看到,对于许多站在该时期将近结束的1940~1960年的局部最大值,以及在最近10~15年M5值增长的趋势。最大日降水趋势分析表明,自1900年以来2/3站有一个增长趋势。对大多数站这种变化是缓和的,在5%显著水平下,33个长时间系列中,只有4个趋势是显著的。极值降水的最大增长出现在挪威西南部。然而,无趋势或者负趋势站尽管不显著,但也出现在这个地区。

4 21世纪气候变化预测

4.1 挪威气候方案降尺度

对于在挪威温度及降水未来变化,经验降尺度与动力学降尺度结果在中心点是一致的。温度升高预测最大值在冬季,而最小值在夏季。暖率增长从南向北、从海岸向内地递增。降尺度技术显示在挪威南方冬季降水显著增长,而在西部及北部区域秋季降水呈显著增长趋势。虽然降尺度模型之间的一致性并不保证模拟的气候变化的真实性,但它增加了结果的可信度,如果大尺度方案是真实的。

为了减少挪威方案的不确定性,来自两个相当不同的降水预测的全球气候模型的动力学降尺度结果被结合起来运用(见 http://regclim. met. no)。该模型被用于英国的 Hadley 中心办公室 HadCM 3 模型 9(HAD)以及德国的 Max Planck 研究所的 ECHAM 4/OPYC (MPI)模型。为了不同的 IPCC SRES (IPCC2007)排放情景(例如 IS 92a,A2,B2 and A1 b)仿真被完成。本文中动力学温度及降水方案是基于带有排放情景 b2 的 HAD 和 MPI 结果结合,该结果来自 HIRHAM RCM 模拟。

4.2 温度情景

预测挪威在不同地区年温度将增长2.5~3.5℃(见表1)。最大温度增长预测在区域内部及挪威最北部。降尺度方案表明,冬季温度将高于目前水平2.5~4.0℃,其最大增长在挪威北中部地区(参见图2及表1)。夏季是预测温度升高最小季节,在挪威大多数地区是2.0~2.5℃。冬季挪威最低温度在0℃以上的天数从沿海到内地将增加10~25天。

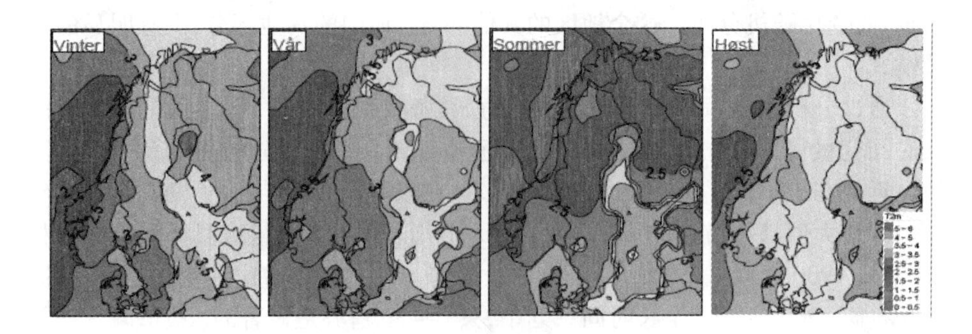

图 2 基于 B2 排放情景的两个全球性气候模型(MPI 和 HAD)的动力学降尺度方案基础上的季节温度变化结果（1961 ~ 1990 年和 2071 ~ 2100 年）

表 1 从 1961 ~ 1999 年到 2071 ~ 2100 年期平均气温变化。结果是基于两个全球气候模型(MPI and HAD, B2 排放情景)的动力学降尺度方案

地区	全年	春	夏	秋	冬
全国(挪威陆地主体)	2.8	2.9	2.4	3.3	2.8
最北方的县	3.2	3.3	2.2	3.5	3.6
北挪威南部	2.7	2.9	2.0	3.1	2.7
西挪威	2.6	2.7	2.3	3.2	2.4
南挪威	2.9	2.8	2.6	3.5	2.8

4.3 降水情景

图 3 及表 2 显示了从 1961 ~ 1990 年到 2071 ~ 2100 年期超过 110 年的变化。预测结果表明，在挪威不同区域年降水量将增加 10% ~ 15%。增长最大量(大约 20%)在西南海岸及远北地区。增长最大量的季节变化是在秋季；其西部、中部及北部的增量已超过 20%。在挪威东南部秋季及冬季降水预计增长 15% ~ 20%，而部分地区夏季降水可能减少 15%。

表 2 从 1961 ~ 1990 年到 2071 ~ 2100 年间平均降水变化量(%)。结果是基于两个全球气候模型(MPI and HAD, B2 排放情景)的动力学降尺度方案

地区	全年	春	夏	秋	冬
全国(挪威陆地主体)	13	13	3	20	13
最北方的县	14	11	12	23	7
北挪威南部	12	10	13	18	6
西挪威	13	14	2	20	14
南挪威	12	15	-5	19	18

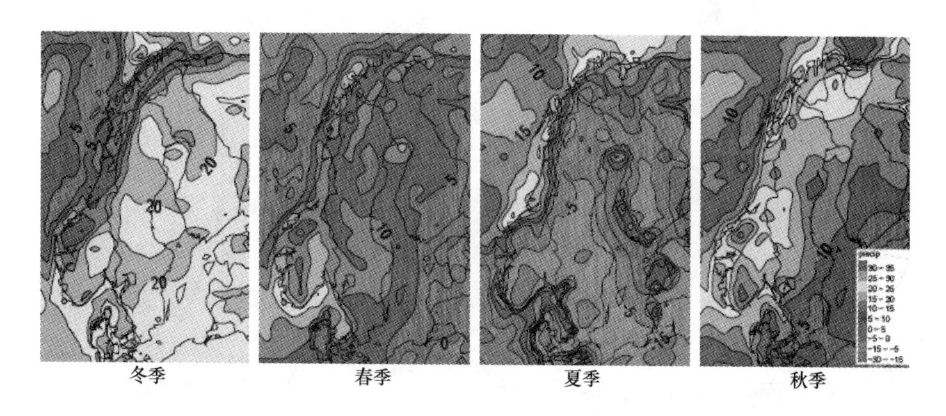

图3　基于B2排放情景的两个全球性气候模型(MPI和HAD)的动力学降尺度方案基础上的季降水量(%)(从1961~1990年和2071~2100年)

结合降尺度结果也用于研究极端降水(http://regclim.met.no)。结果表明,在挪威西部的部分地区每年日降水量超过20 mm的天数将会超过15天,其为增长超过20%的天数。在挪威的其他地方单个变化大于20 mm的天数将会大大降低。根据方案,目前挪威所有被认为是极值日降水量的在将来可能是常见值。在挪威北部的一些海岸地区,类似于目前年内最大日降水量在今后可能每年出现2~3次。

4.4　未来的气候预测的不确定性

真实的不确定性涉及全球方案的出台,也涉及区域和局部尺度降尺度方案。不确定性的最主要来源如下:

(1)气候系统变异导致不可预知的自然变异。

(2)未来气候变化力的不可靠性。①自然力:太阳辐射,火山;②人类活动力:粒子和气体释放。

(3)土地使用变化。

(4)不完善的气候模型。①不完善的实施和处理过程知识;②不完善的物理和数字化处理过程;③全球模型的弱分辨率;④降尺度技术的弱化。

为了研究挪威气候预测的不确定性,模拟(参见图2、图3)和经验降尺度技术都被用到。图4显示到2100年奥斯陆年温度预测。虽然在不同预测中有大面积扩展,所有预测显示年温增长。

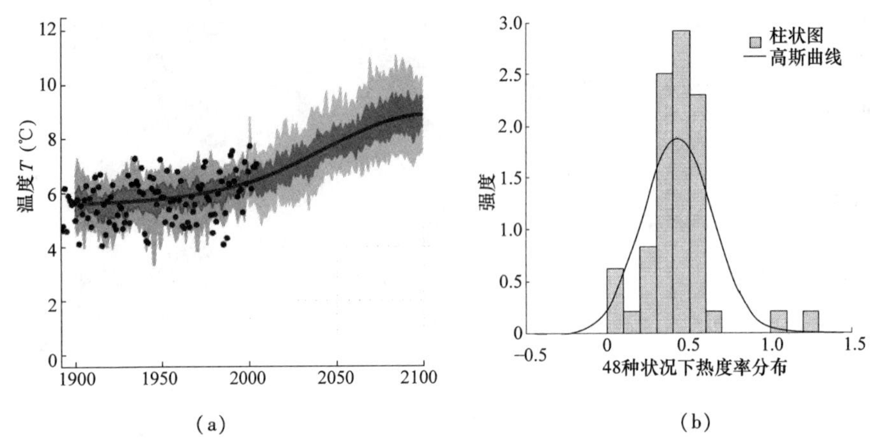

(a) (b)

图4 在奥斯陆基于全球性气候模型 AOGCMs 和经验降尺度年平均气温预测的不确定性(a)基于 11AOGCMs 和排放情景 A1B 的气候变化。(b)从 1961～1990 到 2071～2100 年间基于 AOGCMs 和排放情景的 48 种结合的温度预测的展开

致谢

该文是中国黄河水利委员会和挪威协作机构之间生态与环境可持续水管理双边协作下的在建项目，由挪威科研委员会财力支持。

参考文献

[1] Alfnes, E. and Førland, E. J. (2006). Trends in extreme precipitation and return values in Norway. met. no report 2/2006 Climate.

[2] Bjørge D, JE Haugen, TE Nordeng (2000). Future Climate in Norway. DNMI Research Report 103, Norwegian Meteorological Institute, Oslo.

[3] Hanssen - Bauer, I., (2005). Regional temperature and precipitation series for Norway: Analyses of time - series updated to 2004. met. no report 15/2005 Climate.

[4] Hanssen - Bauer I, EJ Førland (2000). Temperature and precipitation variations in Norway 1900 - 1994 and their links to atmospheric circulation. Int J Climatol 20, No 14: 1693 - 1708.

[5] Hanssen - Bauer I, OE Tveito, EJ Førland (2000). Temperature scenarios for Norway. Empirical downscaling from ECHAM4/OPYC3. DNMI Klima Report 24/00, Norwegian Meteorological Institute, Oslo.

[6] Hanssen - Bauer I, OE Tveito, EJ Førland (2001). Precipitation scenarios for Norway. Empirical downscaling from ECHAM4/OPYC3. DNMI Klima Report 10/01, Norwegian Meteorological Institute, Oslo.

[7] Hanssen - Bauer, I. , E. J. Førland, J. E. Haugen & O. E. Tveito (2003). Temperature and precipitation scenarios for Norway: Comparison of results from empirical and dynamical downscaling. Met. no report 06/03 Klima.

[8] Hanssen - Bauer, I. , C. Achberger, R. E. Benestad, D. Chen and E. J. Førland (2005). Statistical downscaling of climate scenarios oevr Scandinavia. Clim. REs. 29, 245 - 254.

[9] IPCC (2007). Climate Change 2007: The physical science basis. Working group I contribution to the Intergovernmental Panel on climate change fourth assessment report.

黄土高原上游地区水量平衡问题初探

Jinbai Huang[1] Osamu Hinokidani[1]
Yuki Kajikawa[1] Yasuda Hiroshi[2] 张兴昌[3]
(1.日本鸟取市鸟取大学工程系,680－8550;2.日本鸟取市鸟取大学旱地研究中心,680－0001;3.陕西省杨凌市中科院水土保持研究所)

摘要:目前,荒漠化已成为黄土高原地区的一个严峻问题。植被作为一个防止荒漠化的有效措施将在该地区实施。为搞好植被,水资源控制将是十分关键的。根据研究区域的实际观测和田间调查,本文探讨了黄土高原上游地区的水量平衡问题。初步阐明研究区域每年的水量平衡情况,并对可利用水量进行了估计。研究成果对同一地区相关的水资源研究有一定的借鉴意义。

关键词:黄土高原 小流域 水量平衡 水资源利用

1 研究背景和目的

作为半干旱地区,广阔的黄土高原未来很容易转变成沙漠,因此急需采取防护措施阻止黄土高原的荒漠化。植被是阻止土地沙漠化的有效措施,为此评估黄土高原可利用水资源量是必要的。然而,当地年平均降水量仅为400 mm且年降水量分配不均,60%以上的降水发生在雨季,如图1所示。因此,水资源量的评估十分困难。为了阐明黄土高原上游地区水资源的基本特性,本文采用小流域作为研究区域评估黄土高原上游地区2006年的水资源平衡情况和可利用水资源量。

2 研究区域概况

研究区域为六道沟流域,具有黄土高原上游区域典型的地形特征和水文特性。六道沟流域位于黄土高原的北部,经度110°21′～110°23′,纬度38°46′～38°51′,如图2所示。2006年,流域人口数是533人,灌溉农田20.6 hm^2。

水资源平衡研究的区域并不是整个六道沟流域,仅是六道沟流域上游的两个小流域,分别叫B1和B2小流域,如图2(b)所示。研究区域平面示意图如图3所示。

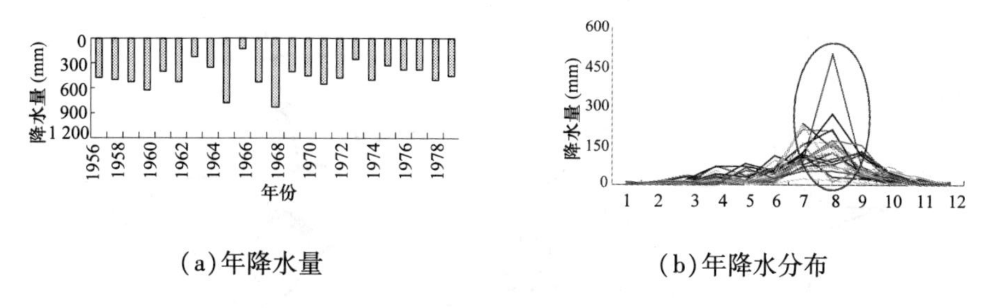

(a)年降水量　　　　(b)年降水分布

图1　研究流域的年降水量

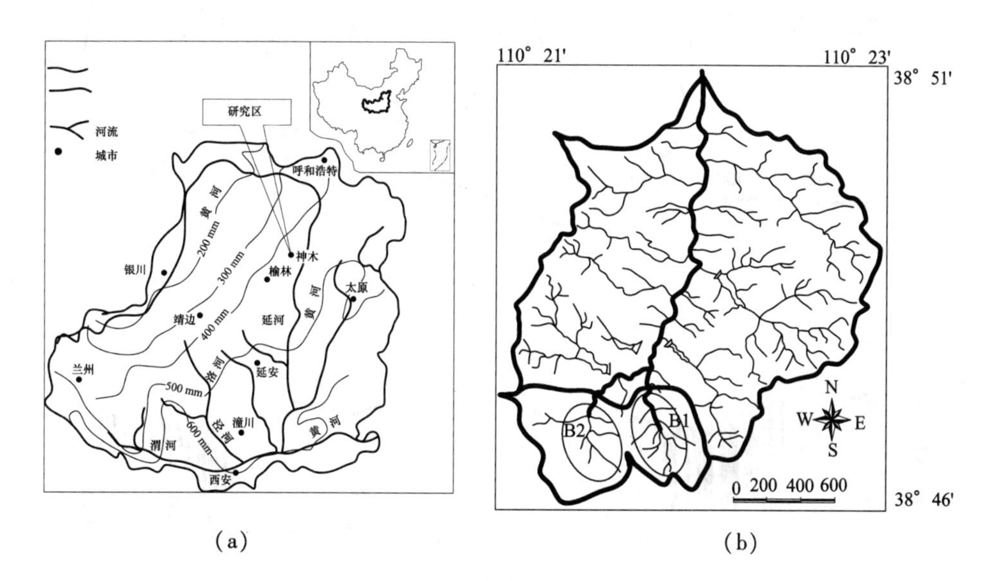

(a)　　　　(b)

图2　研究区域位置

3　基本的水资源变化过程

在冬季(12月至翌年3月),由于表层土壤被封冻,研究区域土壤表层0~100 cm深度范围内的水量是平衡的。特别地,研究区域在冬季不仅没有地表径流,且出现在研究区域下游的地下径流也被结冰封冻(见图3)。

从2004年开始,地下水深变化情况通过农户水井被观测。水井的位置如图3所示。观测方法是:将自动水深记录仪安放在水井中,间隔一定的时间记录一次观测数据。观测结果如图4所示。观测结果表明,研究区域的年度地下水位保持动态平衡,且研究区域水资源平衡变化的主要时段为每年的4月至11月末,水资源变化情况的基本过程如图5所示。

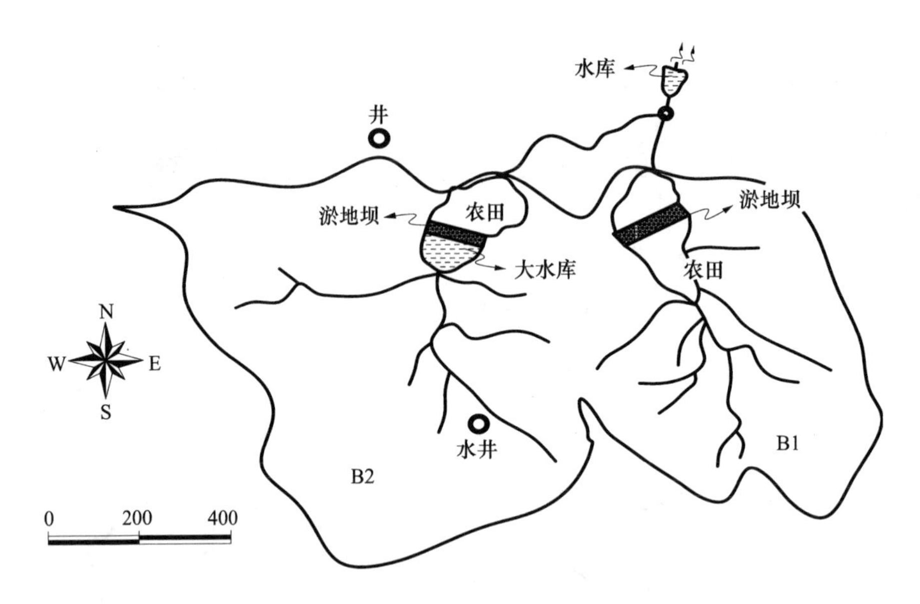

图3　研究区域平面示意图

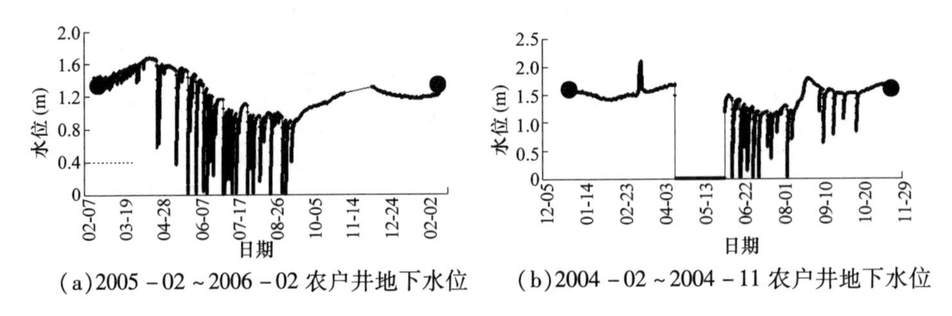

(a)2005－02～2006－02 农户井地下水位　(b)2004－02～2004－11 农户井地下水位

图4　研究小流域地下水深变化情况

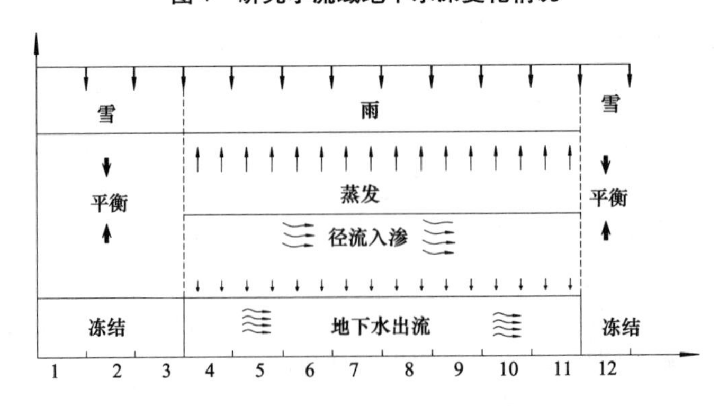

图5　研究区域年度水资源平衡变化情况示意图

4 水资源总量估算

对研究区域来说,年度水资源总量就是一年内的总降水量。B1 和 B2 流域的总面积是 1.017 km^2,年均降水量是 400 mm,因此研究区域的年度水资源总量是 40.7 万 m^3。

5 水资源损失量估算

5.1 地表水流出量估算

地表水流出量是应用基于运动波理论建立的径流分析模型和人工河网法进行估算的。2006 年,径流的计算时段为 3 月 21 日至 11 月。通过分析结果知,尽管 B1 流域的地表水流出量为 2.76 万 m^3,但是地表径流被位于流域下游的一个土质坝拦蓄(见图 3),且不能进一步从该水库流出。在同一径流计算时段内,B2 流域总的地表径流量是 3.29 万 m^3。通过同时分析水库水位的变化和地表径流出现的情况知,仅有小部分的地表径流(2 150 m^3)被储存在 B2 流域末端的一个大水库内(见图 6),雨季时大部分的地表径流通过水库两边的人工河道流出 B2 流域。释放大部分地表径流的主要原因是为了保护水库的土质坝体在雨季免受洪水的毁坏。因此,对研究区域来说,2006 年总的地表水流出量是 3.07 万 m^3。B2 流域的模型如图 7 所示,应用径流计算模型计算的地表径流结果见图 8。

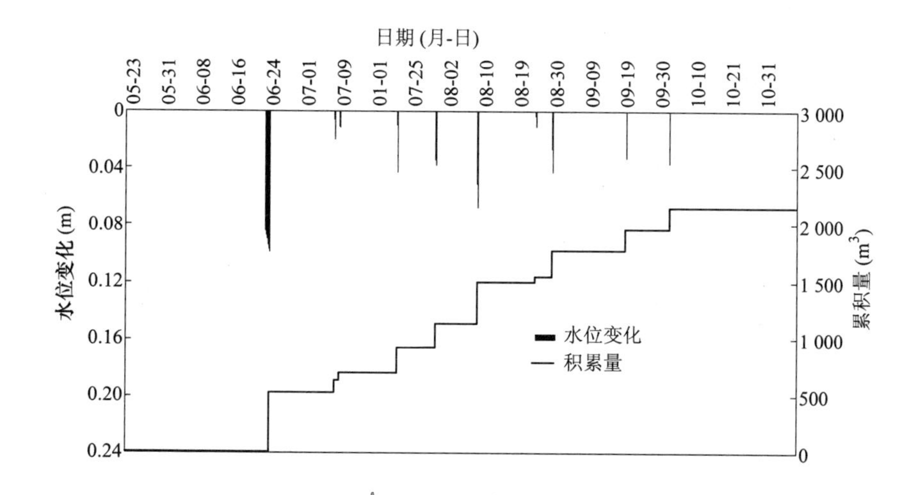

图 6 2006 年 5 月 23 日至 11 月 10 日水库地表水流入过程和累积量

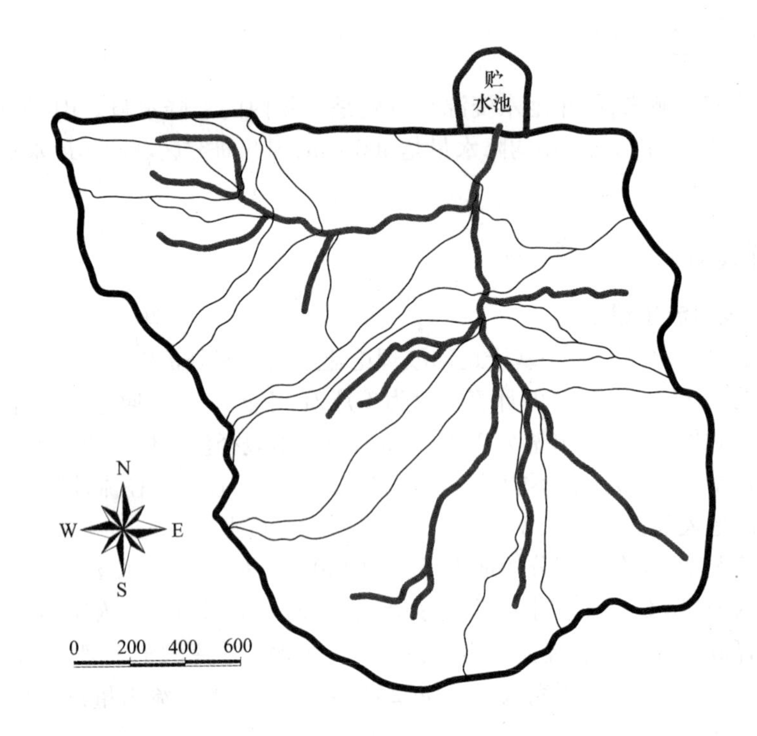

图 7　B2 流域的模型

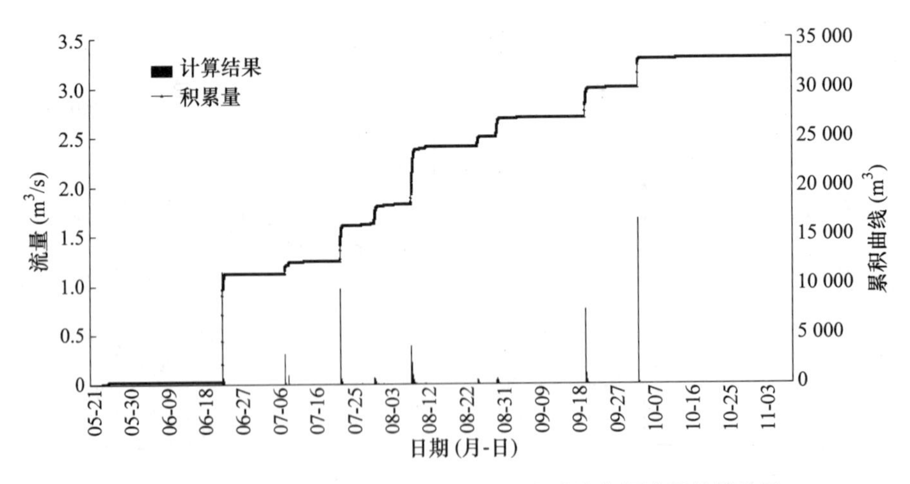

图 8　2006 年 5 月 21 至 11 月 10 日 B2 流域地表径流量计算结果

5.2　地下水流出量估算

研究区域地下水流出包括两个部分：一是通过研究流域下游边缘流出；二是通过当地居民生活用水消耗。

（1）研究区域下游边缘相对稳定的地下水流出（见图3）。从2004年，通过流量仪定点观测到几次地下水的流出，观测点如图3所示。观测结果表明，研究流域地下水的流出量为1.01 $\times10^{-3}$ m^3/s。因此，通过流域下游边缘的年度地下水流出量是2.09万m^3。

（2）研究区域居民生活用水支出。研究区域居民生活用水来自于B2流域上游的一个水井，如图3所示。通过2006年的实地调查知，流域人均居民的生活用水量为0.35～0.40 m^3/d，流域居民生活用水总量为200 m^3/d，年均居民生活用水总量是7.30万m^3。

综合（1）和（2）两部分的估算结果，2006年研究流域地下水流出量为9.39万m^3。

5.3 蒸腾蒸发量估算

通常来说，蒸腾蒸发作用指的是水汽进入空气的过程，包括降水截留、蒸腾和蒸发等三种方式。如前所述，研究区域的年度地下水保持平衡。相应地，蒸腾蒸发量可通过总降水量减去地表水和地下水流出量得出。因此，蒸腾蒸发量是28.2万m^3，占2006年总降水量的70%。

5.4 各种水资源损失量的百分比

根据各种作用水资源的损失量和水资源总量数据，得出各种作用水资源支出所占的百分比，见表1。

表1 水资源平衡情况 （单位：万m^3）

水资源收入量	蒸腾蒸发量	流出量		
		地表水流出量	地下水流出量	
			生活用水	地下流出
40.7	28.2	3.08	7.3	2.09
100%	69.3%	7.6%	23.1%	

6 年度用水量

研究区域用水包括两部分：一是居民生活用水；二是灌溉用水。灌溉用水取自于流域内的两个水库，水库位置见图3。由于两个水库的库容相差较多，位于B2流域末端的水库命名为大水库，另一个位于研究区域下游边缘处的水库命名为小水库。根据2006年实地调查的结果，大水库和小水库每年分别承担70%和30%的灌溉面积。通过水库水位变化数据的分析知，从2006年的3月23日到11月10日，取自大水库的灌溉用水为1.38万m^3。根据这个结果知，同一时段内取自小水库的灌溉用水为0.59万m^3。大水库的取水曲线见图9。基于以上的估算结果,总的灌溉用水量为1.97万m^3。

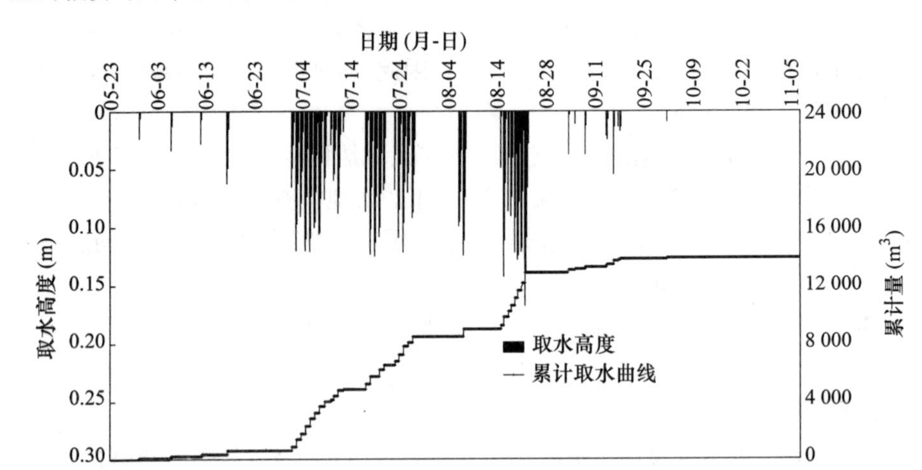

图9 2006年5月23日~11月11日大水库的实际取水量和累计取水曲线

将生活用水和灌溉用水相加,得出2006年度研究区域总用水量为9.27万m^3,换句话说,在2006年,用水量仅占水资源收入量的22.8%。

7 不同水资源耗用量之间关系

实际上,不同水资源耗用量之间存在多种的相互关系。

(1)总的水资源流出量包括通过研究区域下游流出的地表水和地下水,以及居民生活用水。因此,总的水资源流出量为12.47万m^3,占总的水资源收入量的30.7%。

(2)尽管一部分灌溉水来自于大水库,但是这部分水依然保留在研究区域内,因此这部分水被看做再循环水。另外一部分灌溉水来自于小水库,但却被应用于灌溉研究区域外的农田。因为这部分水几乎全部来自于研究区域地下水的流出,因此该部分灌溉水被认为是流出研究区域的地下水的一部分,不能在研究区域内再循环。

(3)用水包括灌溉用水和居民生活用水。由于这部分用水和其他水资源支出作用的关系难以清晰地阐明,因此这部分用水假定为水资源总量的一定比例。

8 水资源平衡情况的评估结果

总结前文各部分论述,研究区域2006年水资源平衡评估结果如图10所示。根据这个评估结果知,年均消耗用水仅占总的水资源收入量的22.8%;蒸腾蒸发作用耗水占总的水资源收入量的70%,且蒸腾蒸发作用在各类耗水作用中处于绝对重要的地位。

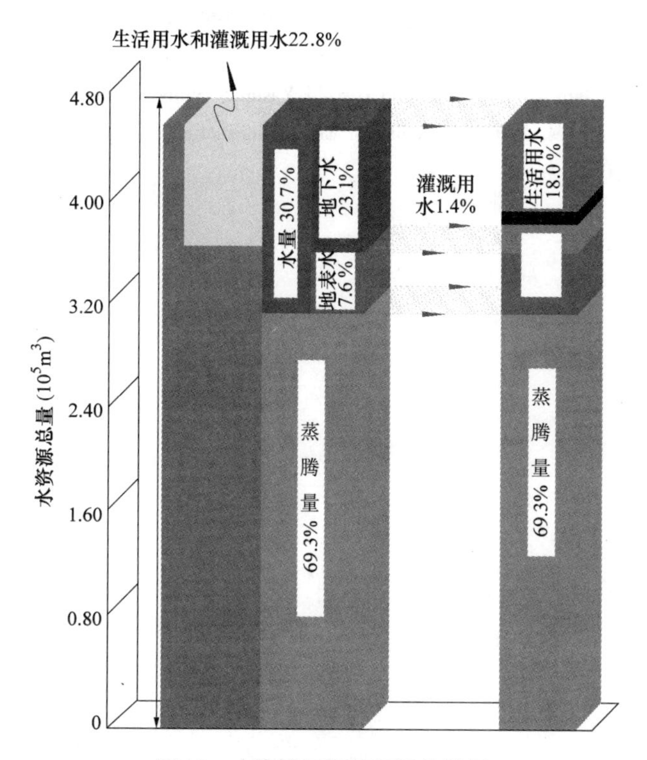

图 10　水资源平衡情况评估结果

因此对黄土高原上游地区来说,由于年均有效水资源相当不足,如何有效地利用有限的水资源成为该地区一个重要的研究课题。

参 考 文 献

[1] Jiyong Zheng. Study on the Infiltration and Redistribution of Soil Water and the Spatial Variation of Soil Hydraulic Properties in Water-wind Erosion Crisscross. Institute of Soil Science. June 2004. S152. 7,631. 43. pp. 1 – 10.

[2] Pute Wu, Youke Wang et al. Highly Effective Water Using Technique of Construction Vegetation with Forest and Grass in Loess Plateau. Northwest Agriculture and Forestry Technology University Publisher. China. 2002. pp. 1 – 10.

[3] Junliang Tian, Xianglin Peng, et al. Soil geochemistry of Loess Plateau. Scientific Publishing Company, September 1994. pp. 1 – 3.

[4] Water and Soil Conversation Institute. Summary of Shenmu Experimental Region. 2006. pp. 1 – 5.

[5] Jun Fan: Study on the Soil Water Dynamics and Modeling in Water-wind Erosion Crisscross Region on the Loess Plateau. Institute of Soil Science. Chinese Academy of Science. 2005. S152. 7, UCD631. 43. pp. 30 – 45.

[6] Osamu Hinokidani, Jinbai Huang and Hiroshi Yasuda: Study on the runoff characteristics of small basin in Loess Plateau. Memoirs of Eighth International Conference on Development of Drylands. 2006.

苏丹中东部季节性河流流量预测及对水资源管理的影响

Tarig El Gamri[1] Amir B. Saeed[2] Abdalla K. Abdalla[3]

(1. 国家研究中心荒漠化研究协会,喀土穆,苏丹;
2. 喀土穆大学农学院,北喀土穆,沙巴特,苏丹;
3. 苏丹气象局,喀土穆,苏丹)

摘要:季节性河流对一些干旱和半干旱国家非常重要,苏丹就是其中之一。由于降水变化很大,这种季节性河流年径流一般是30 亿 ~70 亿 m^3。本文研究了两种季节性河流流量预测方法。第一种方法借助于恩索(厄尔尼诺与南方涛动的结合)事件,恩索事件被分成了 6 个不同的阶段。每一个阶段,预测流量与事先估计的干旱地区降雨相比较,此方法在 Khor Abu Fargha 的准确率能够达到83%。预报的高准确度与该河流所处位置有关。该地区受"恩索"事件影响较大,并且有连续 34 年的流量数据。全球海平面温度用于雨量预测的研究始于 20 世纪 90 年代的经验统计模型的开发。利用这种方法预测 Abu Fargha 的流量,优于用其他的气象站或者用其他的方法得到的数据。这告诉我们一个这样的事实,季节性河流代表的是整个流域,而降雨数据代表的仅仅是雨量站读数。应用全球海平面温度的模型在 Abu Fargha 得到了很好的流量预测结果,它与利用位于季节性河流附近的 Kassala 气象站先前的研究结果一致。本文研究了如何利用季节性河流预测信息对含水层中的有效存储量进行预报,并得出了结论,结合不同信息,可以得到实际的地表水和地下水资源管理状况。此研究提出了用水保护技术、综合干旱土地管理方法。

关键词:季节性河流 预测 ENSO(恩索)事件 海面温度 管理

1 基本情况介绍

苏丹位于非洲东北部,面积约 250 万 km^2,人口约 350 万,北部和南部受到了土壤荒漠化的影响(El Mustsfa,2005),2/3 的国土处于干旱地区。其有限的自然资源,在一定程度上影响了苏丹社会政治稳定。值得一提的是在北非,干旱和半干旱地区占了整个面积的 96%(Saeed 和 El Gamri,2000)。季节性河流是苏丹重要的水资源,特别是在远离尼罗河流域的高含盐地区(Ahmed 等,2004)。季节性河流已普遍用于农业和生活用水。例如,受季节性河流影响的洪水面积和灌溉面积达300 000 m^2,大约相当于尼罗河灌溉面积的11%。例如,在苏丹北部的许多地方制定了管理方面上的法律来应对干旱缺水(Salih,1998)。在苏丹,非尼罗河河流(季节性河流)的总径流量达到30亿~70亿 m^3,仅次于天然降水量(MOIWR,1999)。对季节性河流潜能的评估及可持续发展规划已成为当务之急。

根据 Ahmed 等(2004),在苏丹主要的流域包括 Jebel Marra、Nuba 山脉、Red Sea 山脉、Angasana 山脉、Butana 山脉和埃塞俄比亚高原(Gash 和 Baraka)。每个流域都有很多长短不同的季节性河流,它们的径流量从100万 m^3 到大约1亿 m^3。大多数季节性河流发源于本国,互相交织。还有一部分河流越过边界 Azoom 和 Kaja 进入乍得。

由于受 Jebel Marra 流域地理位置的影响,在 Dar Fur,季节性河流年总径流量大约是10亿 m^3。根据 Seid Ahmed(2001)和 Ayoub(1998),Nuba 山脉和 Jebel Marra 流域水土流失严重。

2 方法

2.1 Khor Abu Fargha

此季节性河流发源于苏丹东部海拔为640 m的 Gedarif 州,三条支流在海拔为590 m的 Gedarif 镇汇合。最后与另一条河流 Rahad 在海拔为430 m处汇合,整个高差为210 m。依照 NCR(1982),像苏丹东部其他地方一样,Gedarif 州占整个国土面积的50%,季节性河流成了流域水资源的重要来源。此季节性河流的年均径流量大于400万 m^3,流域面积大约5 000 km^2。由于地质形态和土壤类型,在 Gedarif 地方的上游河段浅而且窄,洪水灾害严重。较有名的一次洪水发生于1982年8月12日,在4.5 h内,产生了大于一年的年均流量的洪水。研究表明,季节性河流对城市附近 Abu Naga 含水层的补给起了重要作用。此含水层是在1990年经过地质勘探确定的(Gedarif 西北12 km处)。此冲积层覆盖了国土面积的2%(SRFAC/SUST,2001)。

季节性河流流量数据从灌溉水资源部季节性河流和地下水管理处收集得到。这些数据范围包括1960~1993年间全部水文站数据。

2.2 “恩索”事件不同阶段对季节性河流流量的影响

为了研究“恩索”事件不同阶段对季节性河流 Khor Abu Fargha 流量的影响,根据 El Gamri(2005)的建议,我们将流量数据与“恩索”事件的发展阶段相对应分成6组,即 La Nina 开始段(Sna)、El Nino 开始段(Sno)、La Nina 消退段(Dna)、El Nino 消退段(Dno)、La Nina 发展段(Wena)和 El Nino 发展段(Weno)。年均径流和针对“恩索”不同阶段的径流要计算出来,“恩索”不同阶段的径流表示成年均径流的百分比。依照 El Gamri 等(2007),这种分类方法适用于苏丹大部分雨季和类似的情况。

2.3 全球海平面温度和 Khor Abu Fargha 流量关系(季节性河流预测模型经验统计模型开发)

由于大气和海洋的相互影响,在 20 世纪 90 年代,启动了海面温度雨量预测体系。依照 Mutemi(1999),假定降雨和海面温度之间有着重要的关联,并且假定这种关联在将来也同样存在。在此基础上,开发了经验统计雨量预测模型。依照 El Gamri(2005),这种模型的开发要用到以下的软件包:Climlab2000、Excel、SYSTAT 8.0。

根据 El Gamri(2005)模型流量预测程序开发与雨量预测相同。

2.4 模型验证

相依表和一些相关数据用于模型验证。相依表列出了两条或者更多条支流的观测频次(Atheru,1999)。Abdalla(2002)也用了此方法。相依表由每个模型的预测数据和观测资料以降序排列。数据分成 3 组,头 12 年高于平均值,11 年正常值,11 年低于正常值。

用于模型验证的相关数据如下:

(1)正确的百分率:

$$P.C. = (a + e + i)/T \times 100$$

这里,a、e 和 i 是每类预测的正确数据;T 是预测总次数。

(2)准确率和错误率:准确率是每类预测数据的正确数目除以各类预测的总数。错误率只对严重事件的错误预测敏感,而不是对错过的事件敏感。

$$错误率 = 1 - 事件的准确率$$

(3)探测概率(POD):是指能正确预测某一类的概率。

$$POD = a/J, e/K, i/L$$

3 结果和讨论

3.1 “恩索”事件对季节性河流的影响

从图 1 我们可以看出,在 Sna 阶段,Khor Abu Fargha 季节性河流高于平均值的径流量(大约有 13 次)与同一阶段的地区降雨一致(Gamri 等,2007),但是与该地区正常降雨值不一致。在 Dna 阶段,低于正常值的流量与该地区低于正常值的降雨一致。在 El Nino 消退段,Abu Fargha 流量和降雨都在低于正常值的范围内。在 Wena 阶段,季节性河流高于正常值的流量与该地区高于正常值的降雨数据一致。在 Weno 阶段,季节性河流低于正常值的流量与该地区低于正常情况的降雨一致。

因此,我们可以得出结论,这种方法能够准确预测 6 个阶段中的 5 个,准确率是83%。这要归功于下面的两个方面：

(1)季节性河流34年流量数据。

(2)季节性河流位于受"恩索"事件影响的地区。

然而,在20世纪90年代El Ninos期间,Gedarif表现了较平常值高的降雨(Abdalla和Fota,2001)。这也可以说明季节性河流在Sno期间的高于平常值的流量记录。值得一提的是,在同一阶段的El Nino期间Damazin也有高于正常值的降雨。因此,有必要对近期苏丹东部的降雨进行研究。然而,这与Cobon等(2003)的预测结果相同,这种预测是在La Nina而不是在El Nino情况下预测的。

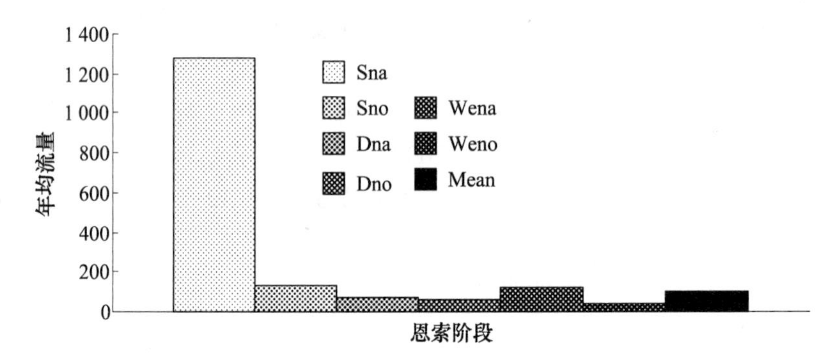

图1 "恩索"事件的不同阶段Abu Fargha径流量

3.2 季节性河流预报模型

图2和图3表明了利用全球海平面温度模型预测的5月和6月份的流量数据。同时,表1是对数据评估的汇总。

图2 Abu Fargha运用5月海平面温度预测值和实际值对比

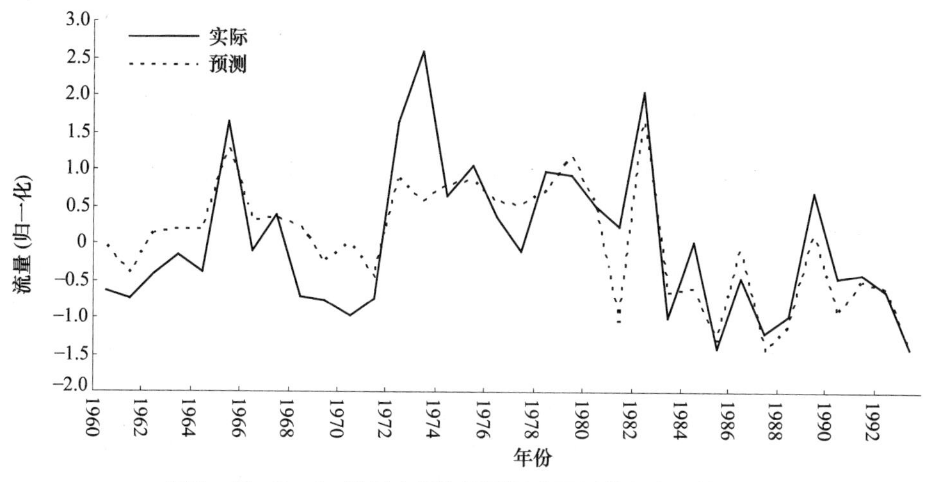

图 3　Abu Fargha 运用 6 月海平面温度预测值和实际值对比

下面是采用的一些经验公式：

$$P_m = 0.454 \times AT4 - 0.773 \times IN3 - 0.471 \times IN5 + 0.828 \times PA3 - 0.283 \times PA5$$

$$P_j = -0.413 \times IN4 + 0.208 \times IN7 - 1.031 \times PA2 + 0.926 \times PA3 - 0.506 \times PA4 - 0.243 \times PA5$$

式中：P_m 表示利用 5 月的全球海平面温度预测的季节性河流的流量；P_j 表示利用 6 月的全球海平面温度预测的季节性河流的流量；AT 代表大西洋；IN 代表印度洋；PA 代表太平洋；数字 2、3 等表示在不同海洋的位置。

预测 Abu Fargha 流量的模型比由 El Gamri(2005)开发的预测降雨的模型功能强大。例如，模型的准确率和探测概率分别为 70% 和 0.7，这些数据涵盖了整个站点和整个地区。另外，季节性河流流量模型获得的平均准确率和错误率分别为 0.96 和 0.06，这与 Kassala 站的最高预测值相一致。季节性河流流量预测的性能优于降雨模型预测，可能是由于季节性河流流量数据代表的是整个季节性河流流域面积，而降雨数据代表的仅仅是各个特殊的水位站读数。

模型利用 5 月海平面温度预测得到的数据要比利用 6 月海平面温度预测的值准确。然而，后者在预测准确率和错误率时，得到的数据准确率是 100%，另外，此模型还获得了探测概率为 0.92，超过了由 El Gamri(2005)获得的苏丹干旱地区和气象站的降雨数据。如果把两个模型相结合，对 Khor Abu Fargha 河流可以做出更为有效的管理规划。预报模型的相互运用与 Osman 和 Shamseldin(2002)提出的预报模型的联合可以提高预报的准确率一致。

全球海平面温度的准确性也得到了 Giannini 等的认可。他使用了国家航空和宇宙航行局的大气环流模型的第一个版本，称为 NSIPPI。我们将此模型应用于 1930～2000 年，得到的数据与观测到的数据相关性为 0.6。因此，海平面温度模型是一个计算地区降雨量的工具，而陆上大气的相互作用使得数据变大。

模型在 Kassala 气象站的运用精确度要比其他气象站获得的数据高，以及模型在预测 Khor Abu Fargha 流量中的应用，都表明模型运用在苏丹东部的季节性河流和气象站效果较好。另外的观测结果表明，对于 Kassla 和 Khor Abu Fargha，运用 5 月海平面温度开发的模型要比运用 6 月海平面温度开发的模型效果好。这些结果表明全球海平面温度对苏丹东部降雨有一段时间的滞后。然而，由 Cobon 等(2003)得到的结果表明，随着对南部非洲预测期的延长，恩索事件的影响能力下降。在目前的研究方面，5 月和 6 月预见期没有明显的区别。

表 1　评估 Khor Abu Fargha 流量预测模型的数据

月份	种类	PA	FAR	比例	POD		
					高于正常值	正常值	低于正常值
5 月	AN-N N-BN	0.75 1.0	0.25 0	74%	0.75	0.73	0.73
6 月	AN-N N-BN	1.0 1.0	0 0	65%	0.92	0.46	0.55

注：AN，高于正常值；N，正常值；BN，低于正常值。

3.3　Gedarif 地区的水资源管理

正如前所述，Gedarif 地区像苏丹东部一样占有国土面积的 50%，因此 Khor Abu Fargha 是该地区水资源的重要组成部分。

由于人口增加和生产生活情况以及难民营的影响，Gedarif 城镇目前可用水资源只能满足用水需求的 40%。Azaza 含水层由细沙组成。根据 Abdo(2004)，其地下水渗透性和水质都相当好。尽管含水层受到一层很薄的低渗透层影响，不过有迹象表明含水层得到了季节性河流的补给，这一点从季节性河流附近的井水水头变化可以得到印证。含水层厚度、含水系数及透水率分别为 135 m、0.002 5 和 50 m^3/d。

正如上面所提到的，khor Abu Fargha 的支流都在 Azaza 含水层范围内。根据 Abdo(2004)，补给率大约为这些支流流量的 5%。因此，含水层储存数量可以利用季节性河流预报信息，运用 Abdo(2004)建议的公式来运算。

$$\text{补给率} = Rc \times Q$$

式中：Rc 为补给系数；Q 为季节性河流流量，m^3/月。

通常采用的方式是，利用季节性河流水位变化估算补给量，不过因为缺少流量数据，这种方法已经不再采用。然而，根据 Abdo(2004)，依照季节性河流流量是比较安全的。当季节性河流流量为 0 时，补给量也是 0。另外，如果水位和补给率不准确，可能会得到非零的补给率。

人为地下水补给方法作为一种手段在提高地下水存储方面得到了广泛的应用(Viessman等,1989)。作者认为,人为地表水补给方法适用于像Azaza地区,该地区上层黏土被去除了。

考虑到容许下降厚度,预测的含水层厚度是含水层饱和层厚度的2/3(Abdo,2004),含水层的特性与不同用水户的用水需求可以用来设定实际的规划和管理规则。

最近,对Khor Abu Fargha河流,利用修筑土坝的方法以缓解Gedarif地区的用水矛盾。苏丹大部分地区都采用了这种方法。依照Schwab等(1993),建造需要考虑以下的因素:①上下游之间的水资源平衡;②当遇到较大洪水的毁坏后,考虑工程的经济性;③考虑到人们生命会受到洪水的威胁,设计暴雨径流量应该大于记录值;④环境的影响。

另一方面,Orev(1986)指出了在沙漠地带流域面积大于1 000 km^2的季节性河流上修建工程所面临的实际困难,包括水文数据不足;大量的水和泥沙;费用高。

超过设计容量的水可能会冲决土坝,例如,Omdurman地区西部的Rawakeeb坝(El Gamri,2004)。这个情况得到了El Khidir(1998)的证实,他将溃坝归结为没有考虑水闸和溢洪道的作用,水闸可以防止洪水泥沙沉积,溢洪道可以调节多余的水量到设计容量水平。

Fadul等(2003)指出,在Darfur水资源规划方面已经采用了遥感和地理信息系统。作者采用地球资源探测卫星图像调查了排水系统(面积较大的地区)、植被覆盖情况及地表情况。将地理信息系统应用于土壤、气象及其他方面。这个方法证明是可行的,费用也不高。而且,作者还提供了一些其他的参数,比如地区水文条件、土壤结构等一些适于农作物种植的条件。

Ahmed等(2004)认为,流量数据(最大、最小、平均值)是季节性河流开发的重要指标。通过这些数据,可以得出水工建筑物的储存能力及费用,另外,如果要成功开发季节性河流,地区的地形、土壤条件、地质、气候和工程的监督管理都是不可缺少的。

在苏丹,传统的水利农耕技术是大水过后在像Khor Abu Fargha这样流量大的季节性河流滩地上耕作。此外,在一些小流量的季节性河流中建造一些小的堤坝以提高土壤湿度。后面的方法可应用在季节性河流的支流上。

为了提高雨水灌溉地区农作物的产量,在Gedarif北部,采取了一些措施,例如,利用水利灌溉系统和使用一些改良的庄稼。依照Farah和Ali(2000),这些方法包括适宜的播种时间、适宜的种植密度和轮作。作者认为在下雨不规律的情况下,很难采用提出的播种时间。然而,采用水利辅助灌溉可以采用提出的最适宜的播种时间。值得一提的是,耽搁一天,产量就会损失 1% ~2%。Farah 和 Ali(2000)指出采用灌溉措施庄稼产量可提高 116%,如果施以磷、氮等肥料,庄稼产量会提高 166%。另外,在苏丹东部 Khor Abu Habil 辅助灌溉和添加有机肥可以提高农作物产量 130%。产量的提高可以防止耕地面积的增加,可以留出足够的土地用于畜牧业、林业和环境保护等,像影响苏丹东部的大面积土壤流失治理等(Seid Ahmed,2001)。另外,A/Latif(1995)称水利辅助灌溉可以提高牧场和树木 4 ~6 倍。除了上述的技术外,Adam(2000)提出防止土壤退化,采取使用机械、湿度保持等可持续发展的综合方法。

4 结论及建议

4.1 结论

(1)La Nina 阶段的影响是直接的,而 El Nino 的影响有一定的滞后。

(2)"恩索"分类方法对 Khor Abu Fargha 流量的预测达到 83%。

(3)Khor Abu Fargha 流量经验统计预测模型优于其他的雨量预报模型。

(4)利用预报信息可以得出可用的地下水储量和庄稼产量。

4.2 建议

(1)建立新的季节性河流流量水位站和气象站势在必行。

(2)着手研究干旱和半干旱地区的水文状况。

(3)强烈建议交互使用多种预测模型,以综合利用采用的模型的各种技巧。

(4)提高对降雨和季节性河流水量预测信息的潜在使用价值的意识,对于正确管理常规水资源是非常必要的。

(5)建议在水资源监测和管理方面运用现代的科学技术,比如遥感、地理信息系统等。

参考文献

[1] Abdalla A K, Fota M A. 2001. 苏丹降雨分布图. 苏丹气象局奈洛比旱情监测合作中心.

[2] Abdo G. 2004. 应用数学模型和优化方法对季节性河流含水层的综合管理. 综合水资源区域治理,联合国水资源讲座,联合国开发计划署,苏丹.

[3] Adam H S. 2000. 干旱土壤保护. 苏丹农业研究在荒漠化治理中所起作用研讨会论文集. 苏丹科学技术部.

[4] Ahmed M K, Ahmed S A, A/ Gadir E O. 2004. 季节性河流,协会,用水安全. 苏丹水利和未来发展会议论文集. 517 - 529. 苏丹水资源联合国讲座.

[5] A/Latif M. 1995. 苏丹水利科技. 科学技术研究在干旱和半干旱地区可持续发展中所

起作用的研讨会. 苏丹农业研究机构.

[6] Atheru Z K K. 1999. 预报验证和评估:预报验证的基本原理. 气候预报能力讲稿. 奈洛比与世界气象组织和联合国开发计划署协作干旱监测中心.

[7] Ayoub A T. 1998. 苏丹土地退化范围,严重程度以及原因. 干旱环境杂志,38(3):397 -409.

[8] T. El Gamri. 2004. 沙漠农业前景和限制因素:乌姆杜尔曼体会. 环境监测和评估杂志,2004. 99. 57 -73,Kluwer 学术出版社,荷兰.

[9] El Gamri,T. 2005. 降雨预报在水资源管理方面的影响. 苏丹 Khartoum 大学农艺系博士论文.

[10] El Gamri T,Saeed A B,Abdalla K A. 2007. 降雨预报和"恩索"事件的关系. 农业科学,15(1),23 -38,2007.

[11] El Khidir A M. 1998. 苏丹 DarFur 北部地区利用季节性河流水量的研究报告. 苏丹传媒技术发展公司.

[12] El Mustafa M A. 2005. 治理荒漠化国家行动计划. 联合国防治荒漠化公约实施研讨会,苏丹国民大会,农业森林干旱土地协调机构联合部.

[13] Fadul H M,Osman A O,Hamid A. 2004. 遥感和地理信息系统在 DarFur 北部季节性河流 Kutum 水利规划上的应用. 苏丹水利未来发展研讨会.

[14] Giannini A,Saravanan R,Chang P. 2003. 海洋对荒漠草原降雨在时间尺度上的影响. 科学,302,1027 -1030.

[15] 灌溉水资源部. 1999. 苏丹国家水利政策. 灌溉水资源部,联合国粮农组织,联合国开发计划署.

[16] Mutemi F M. 1999. Climlab2000 软件. 非洲 Greater Horn 地区气候预报研讨会讲稿. 奈洛比与世界气象组织和联合国开发计划署监测中心.

[17] 国家研究理事会(NCR). 1982. 苏丹水资源. 苏丹 Khartoum 国家研究理事会,科学技术研究委员会.

[18] Orev Y. 1986. 荒漠化治理改良技术实用手册. 农业生物气象协会. 联合国粮农组织,联合国环境规划署,联合国教科文组织,世界气象组织,日内瓦.

[19] Osman Y Z,Shamseldin A Y. 2002. 厄尔尼诺与南方涛动和海平面温度指数的预报降雨模型在苏丹中南部的应用. 气候学,22:1861 -1878.

[20] Salih A M A. 1998. 联合国国际水文计划和季节性河流的水文特征. 联合国驻开罗办公机构.

[21] Seid Ahmed H A. 2001. 苏丹 Atbara 河流侵蚀控制. 苏丹科技大学博士论文.

[22] Schwab G O,Fangmeir D D,Elliot W J et al. 1993. 水土保持工程.

[23] 科学研究外事中心/苏丹科技大学(SRFAC/SUST). 2001. 水资源综合管理. 科技论文连载(2). 苏丹 Khartoum 科学研究外事中心/苏丹科技大学(SRFAC/SUST).

[24] Viessman W,Lewis G L,Knapp J W. 1989. 水文概论. 三. Harper Collins 出版社,纽约,美国.

黄河干流河川径流量变化特性分析

李红良　刘东旭

（黄河水利委员会水文局）

摘要：本文利用清代峡口、万锦滩志桩记载的涨水尺寸资料，把上游青铜峡站、中游陕县站的年径流量资料系列延长至278年和236年。通过分析长系列资料，黄河干流天然量多年变化有着明显的丰、枯循环周期变化，其周期长度并不稳定；上游青铜峡站与中游陕县站天然量的多年变化基本对应，但也不完全对应；黄河干流天然量系列代表性分析，上游与中下游应分开进行，青铜峡站天然量系列长度不少于83年；陕县站天然量系列长度不少于70年，其均值变化才基本趋于稳定。陕县站连续11年枯水段在236年系列中出现频次为3次；据近几年资料分析，1990～2000年枯水段到2002年还没有结束。

关键词：黄河　天然径流量变化　代表性分析　变化特性

黄河是我国的第二大河，但年天然河川径流量（以下简称天然量）仅占全国天然量的2.1%，比较贫乏，而且黄河天然量时空分布很不均匀，尤其是年际变化相当悬殊。研究黄河天然量的多年变化特性，对黄河水资源量科学开发、优化配置、合理利用都具有重要意义。

黄河天然量多年变化的研究，20世纪50年代多采用概率理论，60年代开始研究其周期变化。在周期变化研究中，有研究丰、平、枯周期变化，也有研究连续枯水段的周期变化，都取得一定成果，对认识黄河天然量的多年变化，裨益非浅。

本次分析是在过去研究的基础上，利用清代黄河上游峡口、中游万锦滩志桩记载的涨水尺寸资料尽量延长水文资料系列，探讨黄河天然量多年丰枯变化特性及代表系列的选择。

1　资料插补延长

1.1　资料现状

长期连续的河川径流资料是研究河川径流量多年变化的基础。黄河流域观测资料最长且比较完整的是干流陕县站，从1919～2000年共82年资料。该站控制流域面积为全流域面积的91.7%，年径流量占全流域年径流量的86.7%；清乾隆三十年（1765年）就在陕县的万锦滩设置志桩测报水情，该站天然量的多年变化规律，基本上可以代表黄河流域天然量的多年变化，同时也有延长资料系列的条件。

上游青铜峡站从1939～2000年共62年观测，该站控制流域面积占上游流域面积的71.2%，基本上控制了上游的来水量，青铜峡至头道拐之间增加水量甚微。清康熙四十八年(1709年)在青铜峡峡口设立志桩，观测汛情。该站年径流量的多年变化规律可以代表黄河上游的多年变化，亦有延长资料系列的条件。

1.2 志桩资料的利用

青铜峡峡口和陕县万锦滩志桩报汛的特点是报涨不报落，据分析，志桩资料记载中对洪水报涨有两种形式：一为分段报涨，如1803年峡口志桩资料记载“六月十三、十四两日陡涨七尺三寸，又于十六日涨水二尺一寸，七月十八、十九两日黄水又涨五尺三寸，连前共涨水一丈四尺七寸”。即第一次报涨以志桩零点起报，后一次报涨以前一次报涨尺寸为起点，逐次分段报涨，累加各次报涨尺寸，即为全年最大涨水尺寸。另一为累积报涨，如1813年峡口志桩资料记载“自五月二十九日起至六月十一日陆续共涨水七尺一寸；与七月初三日接续共涨水八尺三寸；于九月初四日至十一日接续共涨水九尺一寸”。即每次报涨均以志桩零点起报，前一次涨水尺寸均包含在后一次报涨尺寸中，各次中最大尺寸即为年最大涨水尺寸。累计涨水尺寸越大，相应洪水的水量也越大，黄河汛期水量占全年水量的60%～70%，而汛期水量又主要来自几次洪水的水量，这一特点为志桩累计涨水尺寸与年径流量建立相关关系提供了条件。

黄河志桩资料记载的涨水尺寸为营造尺，与现代公制的换算关系为1营造尺=0.32 m。

1.3 青铜峡站资料插补延长

峡口志桩的位置，据宁夏回族自治区水文总站考证在青铜峡北口，即现在青铜峡水文站附近。志桩建于清康熙四十八年(1709年)，目前收集到有关志桩报汛资料为1723～1911年共128年资料，有具体涨水尺寸记载的有106年，还有22年无具体涨水尺寸记载，但有定性记述。根据青铜峡不受上游梯级水库影响时期1939～1967年汛期累计涨水尺寸与天然量建立关系(见图1)。

以峡口志桩资料，统计出每年汛期累计涨水尺寸，用图1插补出青铜峡1723～1911年中106年的天然量。其余22年缺乏具体涨水尺寸记载的年份，则利用《中国近500年旱涝分布图集》(以下简称《图集》)资料，以缺测年份《图集》所记载的情况与有志桩涨水尺寸记载年份相近的作为相似年，插补其缺测的22年资料。如：

1741年(清乾隆六年)，《图集》显示上游为偏旱年份。治河大臣奏称“六月十三、十四日黄河陡涨四尺一寸……”据此涨水尺寸在图1上查得的年径流量定性为偏枯年份，与《图集》显示的基本一致。

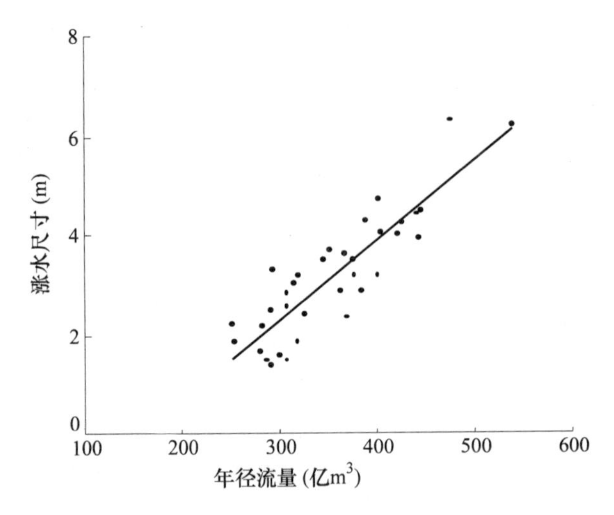

图 1　青铜峡汛期累计涨水尺寸与天然河川径流量关系图

1803 年(清嘉庆八年),《图集》显示黄河上游为偏涝年份。治河大臣奏称“甘省入秋以来雨水过多,兰州城外黄河涨水一丈八尺……宁夏府奏报七月二十三、十四等日,黄河猛涨,淹没民田……”据本年治河大臣奏报的涨水尺寸,在图 1 上查得的年径流量定性为偏丰年份,与《图集》显示的基本一致。

以上例子说明,可以利用《图集》并结合有关历史资料综合分析,先确定黄河年径流量的丰、平、枯性质,参照与有具体涨水尺寸年份描述相似的年径流量,插补出缺乏涨水尺寸年份的资料,青铜峡站的年径流量系列延长为 1723 ~ 2000 年,共 278 年。

1.4　陕县站资料插补延长

万锦滩志桩的位置在陕县附近,清乾隆三十年(1765 年)就建有志桩,测报水情,直到 1911 年共 147 年资料。

陕县站年径流量主要来自两个区域,一个是青铜峡以上,另一个是头道拐至陕县区间(以下简称头陕区间)。青铜峡以上的来水,经沿程河道调蓄演进至陕县,仅为陕县洪水的基流。陕县汛期水量的大小,主要是伏秋大汛期间来自头陕区间的洪水所引起。头陕区间的洪水有两个特点:一是伏汛期间,暴雨强度大、历时短,造成陕县站的洪峰陡涨陡落,峰高量小;二是秋汛期间,降雨强度小,历时长,造成陕县站的洪峰多为缓涨缓落,峰低量大。以伏汛、秋汛的涨水尺寸与其相应的头陕区间的来水量分别建立相关,关系较好(见图 2、图 3)。

伏、秋汛洪水涨水尺寸的统计,按每年立秋日(为方便起见,以 8 月 10 日为界)以前为伏汛,立秋日以后为秋汛。图 3 中个别点据有所偏离,主要是在 8 月 10 日刚过不久而来的陡涨陡落的洪水所造成。

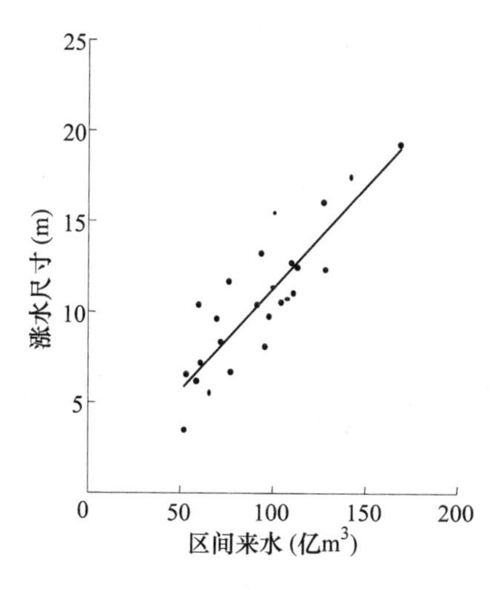

图 2　陕县站伏汛累计涨水尺寸与区间来水量关系

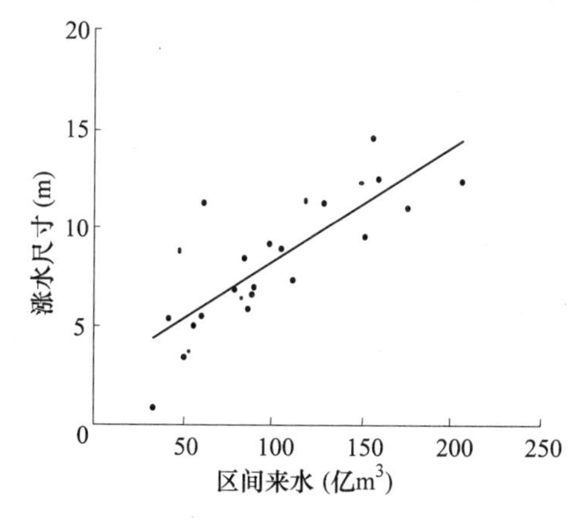

图 3　陕县站秋汛累计涨水尺寸与区间来水量关系

以万锦滩志桩历年立秋日以前与立秋日以后累计涨水尺寸，在图 2、图 3 中插补出头陕区间立秋前、后的来水量，二者相加，即为头陕区间的年来水量；青铜峡年径流量加头陕区间的年来水量等于陕县站年径流量，由此可以插补出陕县站 1765 ~ 1911 年共 147 年的年径流量。万锦滩缺乏具体涨水尺寸资料的年份，根据《图集》记载的旱涝情况，并结合有关历史资料综合分析，先确定陕县年径流量的丰、平、枯性质，参照与有具体涨水尺寸年份描述相似的年径流量，插补出缺乏涨水尺寸年份的资料，陕县站的年径流量系列延长为 1765 ~ 2000 年，共 236 年。

采用以上方法插补出的年径流量，虽说定量不十分准确，但定性是可靠的，对研究黄河天然量的多年变化是可以的采用的。

2　黄河天然量变化特性分析

差积曲线法是研究某一地点降水量、洪水、年径流量变化特性的常用方法。自左向右，当差积曲线的坡度向下时表示为枯水期；向上时表示为丰水期；水平时则表示为接近于平均值的平水期。若差积曲线呈现出长时期连续下降（或上升），就表示长时期的连续枯水年（或连续丰水年）。坡度愈大表示枯（或丰）水的程度愈剧烈。绘制青铜峡站 1723～2000 年共 278 年、陕县站 1765～2000 年共 236 年的年径流量模比系数（模比系数为某一年径流量 W_i 除以多年平均径流量）差积曲线（见图 4）。年径流量模比系数差积曲线的数学表达式如下：

$$f(t) = \sum_{i=1}^{t} (k - 1) \tag{1}$$

式中：t 为相应年份的序号；k 为模比系数，$k = W_i / W$。

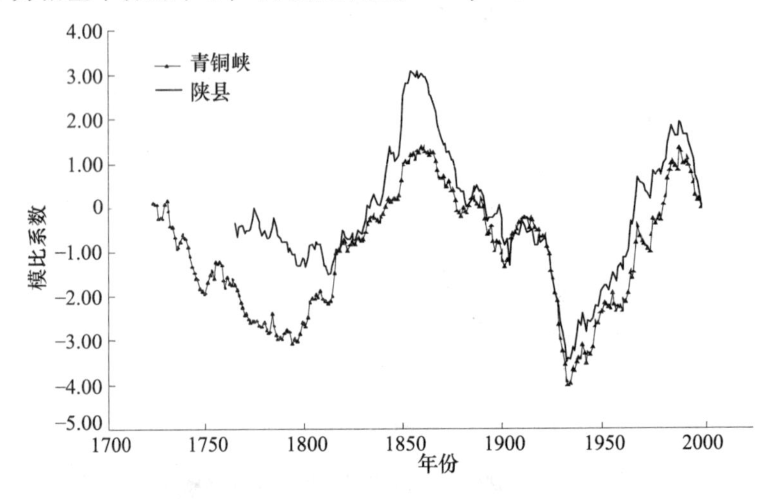

图 4　青铜峡、陕县站年径流量模比系数差积曲线

分析图 4 可以看出，陕县站年径流量的多年变化有以下特点：

（1）存在明显的丰、枯交替循环规律。丰、枯循环段的年数长短不一，长者达 89 年，短者仅 31 年。取其相邻丰、枯水时期年数相当的循环段，陕县站有两个循环段，一为 1813～1901 年共 89 年，其中 1813～1857 年为丰水期共 45 年，1858～1901 年为枯水期共 44 年；另一循环段为 1902～1932 年共 31 年，其中 1902～1915 年为丰水期共 14 年，1916～1932 为枯水期共 17 年。

（2）在丰水期或枯水期内，同样存在着丰、枯交替现象。丰水期以丰为主，连续丰水年多，连续枯水年少。如 1813～1857 年丰水期连续丰水年就有四段（1813～1816 年、1830～1832 年、1839～1842 年、1848～1852 年），其持续时间，长者达 5 年，一般为 3～4 年；连续枯水年仅两段（1820～1822 年、1836～1838

年），其持续时间仅 3 年。同样枯水期以枯为主，连续枯水年多，连续丰水年少。如 1858 ~ 1901 枯水期，连续枯水年有四段（1860 ~ 1870 年、1876 ~ 1882 年、1890 ~ 1892 年、1899 ~ 1901 年），持续时间，长者达 11 年，一般为 3 ~ 7 年；连续丰水年仅 1883 ~ 1885 年一个时段，持续时间只有 3 年。

（3）丰水期年平均径流量比长系列多年平均径流量偏丰 7.2% ~ 9.2%，枯水期年平均径流量比长系列多年平均径流量偏枯 9.8% ~ 20.5%；89 年循环的年平均径流量接近长系列多年平均径流量，如 1813 ~ 1901 年循环段的年平均径流量为 497.9 亿 m^3，与长系列多年平均年径流量 494.3 亿 m^3 相近；31 年循环的年平均径流量与长系列多年平均径流量相差较大，如 1902 ~ 1932 年循环段的年平均径流量为 452.2 亿 m^3，比长系列多年平均径流量偏少 8.5%。

（4）连续丰水年的平均年径流量为 565 亿 ~ 628 亿 m^3，比长系列多年平均径流量偏丰 70.7 亿 ~ 133.7 亿 m^3（14.3% ~ 27.0%）；连续枯水年的平均年径流量为 343 亿 ~ 421 亿 m^3，比长系列多年平均年径流量偏枯 73.3 亿 ~ 151.3 亿 m^3（14.8% ~ 30.6%）。

（5）陕县站连续 11 年枯水段在在 236 年系列中出现频次为 3 次（1860 ~ 1870 年、1922 ~ 1932 年及 1990 ~ 2000 年），间隔时间为 52 ~ 58 年。连续 11 年枯水段的平均年径流量为 352.5 亿 ~ 421.3 亿 m^3，较正常年径流量偏枯 16.0% ~ 30.6%。据近几年资料分析，1990 ~ 2000 年枯水段，到 2002 年还没有结束。

（6）从长系列大趋势分析，陕县站年径流量模比系数差积曲线的多年变化呈正弦波变化。236 年接近三个正弦波变化周期，一个周期的平均年径流量与长系列多年平均径流量相近。最丰年径流量为 842 亿 m^3（1850 年插补值），比长系列正常值偏丰 70.3%，实测最丰年径流量 810.8 亿 m^3（1964 年），比长系列正常值偏丰 64.0%；最枯年径流量 242 亿 m^3（1928 年），比长系列正常值偏枯 51.4%。实测最大值与最小值之比为 3.32。

分析图 4 可以看出，黄河上游青铜峡站的丰、枯循环变化基本上与陕县站相对应，但也不完全对应。从两站连续丰水年或连续枯水年比较看，绝大部分是相应的，但也有不相应的地方。在 1765 ~ 2000 年的 236 年中出现连续枯水年份的段数，陕县站有 11 段，青铜峡站有 12 段，其中完全相对应的有 6 段，部分对应的有 3 段，互不对应的有 2 ~ 3 段；出现连续丰水年份的段数陕县站有 9 段，青铜峡站有 7 段，其中完全相对应的有 4 段，部分对应的有 1 段，互不对应的有 2 ~ 4 段。所以，当上游青铜峡站出现连续丰水年或连续枯水年时，陕县站相应为连续丰水年或连续枯水年的可能性很大。

青铜峡站长系列多年平均年径流量为 322.5 亿 m^3，陕县站长系列多年平均年径流量为494.3亿m^3，陕县站的天然量有65.2%来自青铜峡以上。

3 黄河天然河川径流量资料系列长度的选择

天然河川径流量系列均值的计算，与系列长度、系列组成及其多年变化规律关系密切。图5、图6分别为青铜峡、陕县两站年天然量累计平均过程线图。正算为1723(1765)~2000年，倒算为2000~1723(1765)年。

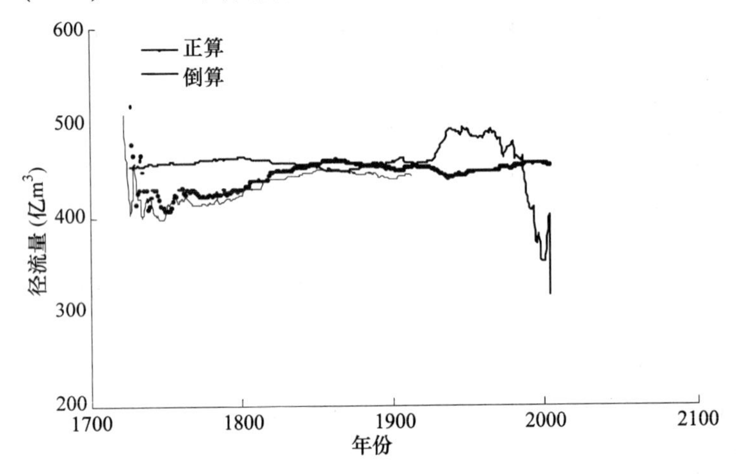

图5 青铜峡站年天然量累计平均过程线

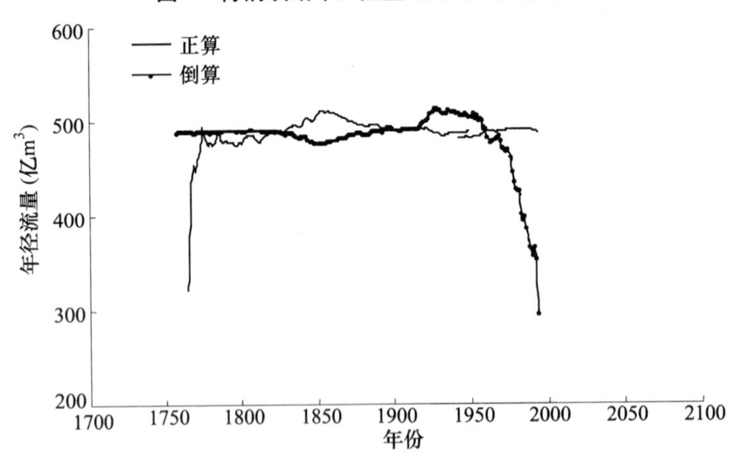

图6 陕县站年天然量累计平均过程线图

分析图5、图6变化特性可以看出，青铜峡站正算从1723~1806年，其均值变化才趋于稳定；倒算从2000~1918年，其均值变化才趋于稳定，系列长83年。陕县站正算从1765~1834年，其均值变化才基本趋于稳定；倒算从2000~1921年，其均值变化才趋于稳定，系列长70年。其系列中均包含一次较大的丰、枯循环段,在循环段内即有连续丰水年,也有连续枯水年,还有一部分平水年。青铜峡站83年和陕县站70年推求的均值,与长系列推求的均值比较,其误差为±2.0%。因此,黄河天然量系列代表性的选择,上游应与中下游分开选择,青铜峡站不少于83年,陕县站不少于70年。

4 结语

(1)黄河干流天然河川径流量的多年变化,有着明显的丰、枯循环,其周期并不固定。

(2)上游青铜峡站与中游陕县站年径流量多年变化基本对应,但也不完全对应,应用时应具体情况具体分析。

(3)年径流量系列代表性分析,上游与中下游应分开分析选择,青铜峡站的资料不少于83年,陕县站的资料不少于70年,其均值变化才基本趋于稳定。

(4)陕县站连续11年枯水段在236年系列中出现频次为3次,据近几年资料分析,1990~2000年枯水段,到2002年还没有结束。

谈黄河水资源的可持续利用

孙卫军　张志明　封　莉

(滨州黄河河务局)

摘要:20世纪90年代以来,黄河水资源短缺的矛盾开始凸现，1999年开始,黄河水量统一调度避免了黄河下游干流的断流,但仍无法满足生产生活和河道生态需求。随着黄河流域社会经济的持续发展,黄河水资源短缺的矛盾将会日益加剧。要解决这个矛盾,维持黄河水资源的可持续利用,需要在目前水量统一调度的基础上,研究水资源利用的全过程管理;建立统一的黄河水价,通过水价杠杆作用促进工农业生产和生活节约用水;保护黄河和内河水环境、鼓励通过充分开发利用沿黄地区非黄河水资源替代黄河水资源,从而最大限度发挥黄河水资源的效益,实现其长期可持续利用。

关键词:黄河　水资源　可持续　管理

1　黄河水资源紧缺问题的提出

黄河流经位于我国西北、华北的陕西、甘肃、宁夏、内蒙古、山西、河南、山东等主要干旱地区,随着黄河下游引黄事业的发展和干支流水库的建设,黄河水资源紧缺的矛盾资20世纪70年代起就开始初现，20世纪90年代的连续多年长时间断流使黄河水资源问题充分暴露出来,引起全社会的关注。据统计,黄河下游自1972年开始出现自然断流,至1999年实行全河水量统一调度的28年间,有22年出现断流,其中1997年利津站断流时间长达226天,占全年的62%。1999年3月黄河水利委员会实行全河统一调度以来的8年来,虽然黄河没有出现断流情况,但黄河水资源短缺的矛盾并没有得到解决,黄河下游每年都出现用水紧张的时段,黄河来水无法满足工农业生产、人民生活用水和河道生态用水的需求,特别是农业灌溉用水和河道生态用水无法得到保证。

2　黄河水资源紧缺的原因

黄河水资源紧缺的主要原因,就在于黄河自身水资源的不足和黄河流经地区用水需求的不断扩大。黄河虽然是我国第二大河,但其水资源缺总量仅占全国径流量的2%,水资源总量甚至远远小于长江的一些支流。而与此同时,黄河处于我国的干旱地区,年降水量少且集中于7月、8月、9月三个月,流域内水资源需求较大。在人民治黄以前和人民治黄初期，由于治黄的主要矛盾是消除黄河水害，加之缺乏有效的利用黄河水资源的技术手段，黄河水的利用率较低，黄河水资源短缺的矛盾未能暴露出来。随着治黄事业的发展，在基本消除了黄河水害，彻底改变了黄河“三年两决口”的局面后，黄河上中游大中型水库建设和下游引黄灌溉从无到有，从小到大。截至2004年，黄河流域内建有小(Ⅰ)型以上水库有882座，总库容658.4亿m^3，其中大中型水库186座，总库容633.4亿m^3，库容总量远远大于黄河干流来水总量。同时，引黄灌区发展到753万hm^2，黄河水不仅要解决沿黄地区生产、生活用水问题，还要为河北、天津、青岛等非沿黄地区供水，更加重了黄河水资源紧缺的矛盾。

黄河水资源紧缺的另一个原因在于黄河水资源的管理和利用存在严重的浪费和不合理现象，缺乏科学有效的调节用水的机制。1999年以前，黄河水资源除黄河下游特殊情况下为解决下游无法用上水的问题进行控制外，基本处于随意引用的状态，从而导致下游河道断流频繁。而在黄河水资源利用方面，存在不讲求效益优先原则，水资源利用率低，特别是在农业灌溉用水上大量存在大水漫灌，不讲求用水效率的浪费现象；同时还存在过于依赖黄河水，不重视当地各种水资源开发利用和根据需要利用不同水资源的问题。这些问题都造成黄河水资源紧缺矛盾的加重，无法使有限的水资源发挥最大的社会经济效益。

3 解决黄河水资源紧缺，实现黄河水资源可持续利用的措施

黄河水资源紧缺的本质是黄河来水无法完全满足河道生态用水、工农业生产和生活对水资源的需求。要实现黄河水资源的可持续利用，就必须在管理上和技术上采取措施，以最大限度地发挥黄河水资源的社会和经济效益为原则，改进管理体制和机制，发挥各种非黄河水资源的作用，并对黄河水资源实行全过程管理。

3.1 建立效益优先的全过程管理的黄河水资源管理体制

目前的黄河水资源统一管理主要是由黄河河务部门负责的渠首水量统一调度管理，这种措施对于保证黄河干流不断流，维持一定的河道生态用水具有非常明显的效果。但是仅仅进行渠首管理并不能保证黄河水资源的最大效益发挥，也无法对水资源的实际应用情况和效益情况进行准确、及时的监督和评价。因此，有必要建立一种全过程的黄河水资源管理体制，除了黄河部门进行渠首调度的统一管理外，还需要对引黄灌区进行统一调度管理，实行效益优先，水量合理分配。其中的效益优先并不仅仅是经济效益，也包括社会效益和环境效益。同时，在黄河水量调度中综合考虑发电效益和下游生态、生产、生活用水效益，实行对经济效益较差而社会、环境效益较高的用水进行公益补偿或政府扶持，保证优

先满足社会、经济效益较高的用水权。

目前,黄河水资源管理实行渠首由河务部门管理,由黄河水利委员会统一调度、领导;引黄灌区由灌溉局管理,归当地政府管理;利益不同,管理职责不同,但又有着黄河水这一共同媒体将二者紧密联系在一起。由于管理的不同,使两者难以有效地协调和配合,从而无法使有限的黄河水资源最大限度地发挥效益。如果能够建立一种统一管理的模式,实现黄河水资源的全过程管理,就完全有可能实现黄河水资源的效益最大化。而统一的核心就是需要实现渠首和灌区的管理权与使用权分离,引进企业化的水运营方式,从而达到黄河水的全过程管理目标的实现。黄河水行政管理黄河水量的总调度,水运营企业进行灌区水量的统一分配,政府部门进行政策协调和监督管理,从而保证黄河水的全过程统一调度、协调,实现黄河水资源的可持续利用。

为便于实施黄河水资源的全过程管理,就有必要改变现有的水价体系。目前,黄河下游渠首水价采取农业和工业、生活用水不同用途不同水价的政策,出于保护农民利益,采取农业用水低水价的原则。但由于现有水价农业水价和工业水价相差过大(相差7.7~8.5倍),渠首单位又难以准确、及时地掌握灌区取水用途,导致管理难度较大。另外,以渠首区分用途也不甚合理,导致各方矛盾较为突出,而且过低的农业水价也不利于节水。为此,建议在渠首采取统一水价的原则,由水运营企业根据取水用途进行不同水价管理,以调动水运营单位的能动性和积极性。

3.2 利用水价促进节水措施的实施

在市场经济环境下,利用经济杠杆是调节供需矛盾的最佳手段。从近几年的水量调度管理实践中可以看出,引黄渠首的工业水价提高后,许多企业就能够采取措施节约用水。如一些电厂在黄河水价较低时几乎完全依靠黄河水进行冷却,而且不注重重复运用。而在水价提高后,节水意识明显增强,尽可能地进行水的循环利用。可见,通过水价促进节约用水效果很明显且潜力巨大。目前黄河水资源利用中农业用水量占总用水量的90%以上,且存在用水效率低,不注重节约的问题,其原因也在于水价偏低。据了解,目前引黄灌区利用黄河水灌溉的水价远远低于井灌价格,而效果较之井灌更好。同时,灌区水资源浪费严重,节水设施少,水量非正常损耗较大。如果提高水价,就有可能促进灌区的节水管理,增强农业用水的节约意识,并保证更多的黄河水资源应用到更需要的地方。因此,继续加大水费价格改革步伐,提高水费和水资源费标准,对于促进节约用水,最大限度地发挥黄河水资源的作用,实现黄河水资源的可持续利用具有重要作用。

一般认为,提高水价会增加农业成本,增加农民负担,其实不尽然。农民支付的水价中渠首水价仅占很小的比例,其他的水价主要是灌区管理成本、水量损耗等造成的到用户水成本的增加。如果灌区实行节水改造,加强水成本管理,就能够降低用户水价。因此,农业水价的提高,可以促使灌区注重节水措施,并不会对农业成本和农民负担造成很大影响。另外,国家还可以通过水价现金补贴到农业手里,或提高粮食价格,使农民能够通过节约用水获得收益,从而促进农业节水。要减小因为水价上调造成农业成本增加,就需要国家政策的强制政策,对灌区节水措施实行强制性实施,加大灌区节水改造投入,促进水资源的节约,并通过减少水资源的浪费降低农民实际承受的水价。对引黄灌区实行成本核算的企业管理模式,促进灌区增强成本管理意识和节水意识,减少水资源浪费,降低渠首水价对灌区成本的影响。政府需要对农业用水的用户价格进行控制,通过成本核算确定用户合理水价,防止随意将灌区非正常成本分摊到用户水价上。

3.3 充分发挥其他非黄河水资源的作用,减少对黄河水资源的依赖程度

随着社会经济的发展,黄河水资源的供求矛盾必将更加突出,完全依赖黄河水资源将必然造成黄河水资源的严重匮乏,从而无法保证最主要的生产、生活和生态用水。因此,必须从现在起重视在沿黄地区开发利用非黄河水资源,特别是在工农业生产和生活用水中水质要求相对较低的用水领域,开发雨洪资源,利用水库蓄存雨季的降水,缓解利用黄河水的压力。对于有些利用水质较差的地下水可以满足要求的应尽可能利用浅层地下水。只有注意开发其他水资源替代黄河水,才有可能使有限的黄河水资源发挥最大的社会、生态效益和经济效益。与此同时,应加大沿黄地区各内河的污染防治力度,改变目前内河水质污染严重无法利用的现状,从而利用内河河道蓄水缓解黄河水资源紧缺的矛盾。要促进非黄河水的利用,既需要政策上的引导,主要还是需要依靠价格杠杆作用,通过继续适度提高水价,形成节约利用黄河水资源的氛围。

从长远看,黄河水资源将主要成为一种应急水资源,主要解决人民生活用水、生态环境用水和特殊情况下的工农业生产用水。只有最大限度地开发利用好本地水资源,才有可能保证黄河水资源在关键时刻发挥最大的社会经济效益。

3.4 加大黄河水资源保护,有效解决水质污染情况

要实现黄河水资源的可持续利用,另一个关键在于黄河水资源的保护。目前,黄河干、支流水污染严重,大部分河段水质超标。黄河水利委员会提供的一份材料显示:20 世纪 80 年代,黄河每年接纳沿岸工业污水和生活废水约 22 亿 t;90 年代增加到 42 亿 t。2004 年 5 月份,黄河干支流评价 51 个河段,水质劣于Ⅲ(2)类标准的河段占 72.5%,其中劣于Ⅴ类标准的河段占 45.1%。黄河干流评价 31 个河段,水质满足Ⅴ类标准的河段占 35.5%;支流 5 月份评价 20 个河段,其中满足Ⅲ类水质标准的河段占 15%;符合Ⅳ类、Ⅴ类标准的河段占 15%;

劣于Ⅴ类水质标准的河段占70%。如果不加大力度治理黄河水污染,不久的将来黄河水将无法利用,黄河将彻底成为一条“死河”。对黄河水污染治理必须像对黄河断流和淮河水污染问题一样引起全国人民的关注,加大舆论宣传和监督,加大对违法排污的惩治力度,加大对污水处理的措施,以法律、经济、行政等综合手段保证黄河的一河“净水”。

随着治黄60周年的到来,历史上“三年两决口、百年一改道”的黄河正在成为黄河流域和沿黄两岸人民真正的母亲河,用甘甜的黄河水哺养着黄河儿女,为黄河两岸的社会发展和经济腾飞发挥着巨大的作用。我们需要保护这条母亲河,实现黄河水资源的可持续利用,使母亲河继续为我们造福,永远保持健康。

参考文献

[1] 田景环,等.黄河流域大中型水库水面蒸发对水资源量的影响[R].华北水利水电学院,2004.

[2] 陈金良.近四成黄河水质严重超标[N].中国工业报社,2004-6-3.

水资源综合管理在贵阳市的实践初探

郑 勇

（贵阳市水利局）

摘要：本文介绍正在实施的亚洲开发银行贷款贵阳市水资源综合管理项目情况及体会。

关键词：水资源综合管理 贵阳市 实践

1 贵阳市水资源基本情况

1.1 贵阳市概况

贵阳市为贵州省省会，城市面积 8 034 km^2，地处东经 106°07′～107°17′、北纬 26°11′～27°22′，下辖 6 区 3 县 1 市。2006 年人口 354.5 万人，全市 GDP 为 602.86 亿元。贵阳市矿产资源丰富，以铝、磷、煤等为最多；生物资源丰富，中药材品质优良；旅游资源丰富，民族风情浓郁；气候凉爽宜人，森林覆盖率高，有“森林之城、避暑胜地”美誉。

1.2 贵阳市水资源状况

（1）贵阳市属亚热带季风湿润气候区，年平均气温 15 ℃左右，多年均降水量 1 095 mm。全市地处长江流域和珠江流域分水岭地带，位于云贵高原东斜坡第二阶梯面台地。全市共有流域面积大于 20 km^2 或河长大于 10 km 的河流 98 条，多年平均水资源总量 45.15 亿 m^3，人均水资源占有量为 1 274 m^3/人，已逼近 1 100 m^3/人缺水线，是我国南方岩溶地区典型的缺水城市。

（2）全市水资源的主要特点：①水资源总量不足，人均水资源占有量低；②时空分布严重不均，季节性缺水严重；③水污染尚未有效遏制，面源污染呈加重趋势；④受岩溶地貌影响，开发利用难度大，投资高；⑤周边水资源丰富，后备资源充足。

（3）全市水利资源开发利用和管理存在的主要问题：①城市供水水源不足，用水矛盾突出；②农村供水设施不足，用水水平低；③城乡防洪能力不足，一旦发生特大洪灾，损失惨重；④水资源保护力度不够，污水处理率低；⑤节水措施力度不够，综合利用率低；⑥生态环境用水不足，水环境尚有恶化可能；⑦水资源开发利用难度大，投资不足；⑧水资源配置不合理，急需优化用水结构；⑨水市场尚未建立,水价机制尚未形成;⑩水资源管理体制混乱,政出多门现象严重。

2 水资源综合管理初步实践

2.1 水资源综合管理概念

按照都柏林原则和全球水伙伴(GWP)的定义:“水资源综合管理是以公平的方式,在不损害重要生态系统可持续的条件下,促进水、土及相关资源的协调开发和管理,以使经济和社会财富最大化的过程。”水资源综合管理是社会各界和用水公众广泛参与水资源开发、利用、节约、保护等各项工作,充分体现公平的原则,统筹安排生活、生产和生态用水,全面协调供用水关系,采用法律、行政、经济、技术、工程等综合措施对水资源进行全面管理工作。水资源综合管理是目前全球水资源管理新的模式和趋势,特别要加强公众和市场对水资源的管理能力,实现水资源的社会共享。

2.2 概念的引进

20 世纪 80 年代末贵阳市经历前所未有的干旱,城市实行了紧急限水;90 年代中期又受百年罕见洪涝灾害,兴利除害、统筹兼顾的治水思路得以贯彻;随着经济发展、生活水平提高,全市上下对治理城区南明河的要求迫切,2001 ~ 2004 年开展对南明河综合治理工程,初步实现“水变清、岸变绿、景变美”的治理目标,综合治理概念的引进实现上下游、水体与岸边、工程与生态治理多方位系统的治理,成为有效示范;2004 年为解决全市经济快速发展,预期未来的缺水问题,着眼全市可持续发展战略,在考虑解决以解决资源性、工程性、水质性缺水为目标,采取工程性措施和非工程性政策、经济、管理等措施,基本解决贵阳市水资源紧缺问题,引进了水资源综合管理概念,确定以亚行贷款项目贵阳市水资源综合管理项目为载体,逐步实现水资源综合管理。

2.3 贵阳市水资源综合管理项目概况

建设内容包括城乡供水、水利灌溉、灌区改造、雨水集蓄利用“三小工程”、农村饮水、水土流失治理等方面。该项目以促进城乡发展、解决工农业用水和生态环境治理为核心,工程方案以蓄为主,合理配置全市有限的水资源,统筹城乡水利建设,实现水资源可持续利用。通过该项目的实施,满足全市相当长时期内的需水要求。具体的建设内容为:①城市供水,即新建乌当区鱼洞峡水库等 3 处供水工程;②县乡供水,即新建清镇市席关水库、修文县金龙水库、开阳县毛竹林水库、乌当区新桃水库等 43 座小型水库;③灌区改造,即对清镇市、修文县、息烽县、开阳县、乌当区等区(市、县)7 个重点灌区进行改造;④雨水集蓄利用,即新建雨水集蓄利用“三小工程”10.6 万处;⑤水土保持,即实施以小流域为单元的重点水源地的水土流失综合治理 800 km^2。

通过以上项目的实施,全市水库新增蓄水库容 0.86 亿 m^3,雨水集蓄工程新增库容 343 万 m^3,供水规模新增 1.22 亿 m^3,日新增供水 43.5 万 m^3,新增灌溉面积 16.04 万亩,改善灌溉面积 16.5 万亩,旱地浇灌 13.7 万亩,解决乡镇供水及农村人饮近 27 万人,800 km^2 重点水源地水土流失得到综合治理。通过项目实施,建立一套符合贵阳市实际的水资源综合管理体制。

该项目计划投资 24 亿元,其中申请亚行贷款 1.5 亿美元(折合人民币 12 亿元左右),国内配套人民币 12 亿元。项目于 2004 年底列入亚洲开发银行贷款备选项目,2006 年完成亚行技术援助,2007 年 5 月通过贷款评估,2007 年 6 月国家发改委正式批准了项目立项,预计 2007 年内亚行批准该项目的实施。

3 水资源综合管理实施的几点思考与体会

3.1 水资源综合管理势在必行

针对贵阳市水资源特点和存在主要问题,其产生的根源有自然的因素更有人为的因素,对水资源作为人类发展赖以生存的物质和国民经济社会发展重要战略物资的再认识是不断深化的,兼顾社会公众之需、统筹有限的水资源开发利用、优化配置合理利用、保护优先节约先行的水资源综合管理是解决水资源日益紧缺和严竣现实必由之路。运用系统的、流域的管理思路,统筹上下游、左右岸以及城乡、工农业、生活生态等用水,以需求管理、定额管理为先导的节水型社会建设,以保护资源的公共利益为基础,以公众参与的利益最大化原则,水资源才能满足社会经济的发展和人民生活的需要,才能实现可持续发展。

3.2 水资源综合管理引进已初显成效

贵阳市水资源开发利用存在的问题之一就是投入不足,不成系统;受地形地貌影响没有大型控制性工程建设条件。引进水资源综合管理后,考虑统筹城乡供水,按流域规划集成。例如在一条小流域,在源头重点考虑水土保持综合治理,为解决山高水低群众居住和耕地分散问题布设小山塘、小水池(窖),在适当位置兴建小型水库为城镇供水、灌溉等,通过灌区改造节约用水提高水的利用效益,节约的水用于城镇发展和工业用水,通过污水处理改造水环境,这样形成系统的治理模式也形成具有一定规模的项目内容,多条小流域的汇集形成了今天亚行项目的主要内容,该项目有 65 个子项目工程点达 10 万人之众,这个项目的构想就得益水资源综合管理概念引进,也得到众多国际专家和国内专家的首肯,当然也得到亚行的支持和帮助。在项目的可研和亚行的技术援助中,这一思想得到公众和有关部门的认同和参予,通过技术援助和亚行专家的帮助,项目执行单位在信息获取、分析工具、机构加强能力建设等得到加强和提高,综合管理意识得以深入等,都是实施亚行项目所取得的。

3.3 亚行项目实施任重道远

贵阳市实施亚行水资源综合管理项目,其目标一是解决全市水利基础设施不足问题,二是解决水资源管理体制已不适应城市发展之需问题。具体来说就是“三个一点”:一是引进一点资金;二是引进一点制度;三是培养一点人才。从3年的前期准备看,培养一批本土的人才已经初步显现出来,一批具有与国际接轨的项目执行、管理、技术人才正在成长;在引进制度上,亚行项目管理模式、管理理念、管理方式已逐步为我所用,渐为消化吸收,促进了项目实施单位在理念、方法、模式的转变。但由于目前项目仍在前期准备,预计年内谈判和实施,所执行中的困难和问题仍等待着我们,我们有信心和决心把项目实施好,通过水资源综合管理,实现贵阳市水资源的可持续发展。

中国水教育现状及未来发展

张海涛[1] 甘 泓[1] 刘 可[1] Nicolò Moschini[2] 牛存稳[1]

(1.中国水利水电科学研究院;2.SGI工程咨询公司,意大利帕多瓦)

摘要:本文首先通过分析水教育对节水型社会、水资源管理及中国现状教育体制的促进作用,阐明了进行水教育行动的意义所在。其次在分析国内外水教育活动开展现状及差距的基础上,提出了我国进行水教育的目标及其实施框架,并从借鉴国外经验、倡导中国特色水教育、合理发挥政府和非政府组织的作用、加强研究和实践指导,以及提升水教育的核心力量等方面提出未来我国进行水教育行动的发展战略。最后,倡导"知水、爱水、节水、护水"的价值观,唤醒节约和保护水资源的意识。

关键词:水教育 节水型社会 水资源管理 发展战略

水是人类生存和健康不可或缺的宝贵资源。水资源的节约和保护对于消除贫困、饥饿,乃至人类社会的可持续发展非常重要。2002年12月,联合国第57届大会决定将2005~2014年确定为联合国"教育促进可持续发展十年"。联合国大会在2003年12月宣布,2005~2015年为联合国"生命之水"十年行动。首要目标是通过十年的努力履行国际承诺,推动水及与水有关问题的解决。可见,水教育作为该组织可持续发展教育十年的一项重要内容,已开始实施。

我国目前人口众多、水资源形势严峻,人均水资源量只有世界平均水平的1/4,推行水教育的意义可见一斑。水教育的推行,须以联合国"教育促进可持续发展十年"为契机,不断寻找合理的运行机制,制定水教育发展战略,不仅对提高全民"知水、爱水、节水、护水"意识和能力具有重要作用,也对我国开展有效的水资源管理、建设节水型社会具有极大的推动作用。因此,水教育应从我国的长远目标和宏观战略的角度来考虑,结合我国实际提出具体实施计划和内容。

1 水教育的作用

水的教育和可持续发展教育是分不开的,因为水资源的可持续利用是人类社会可持续发展的必要条件。水教育水平有以下两个方面的重要影响:一是从管理的角度看,它关系到公众参与水资源管理水平,是建设节水型社会重要的基础和条件;二是水教育是一项实践教育,不断提倡素质教育是提高我国整体教育水平和国民素质的重要方面。

要进行全面的节水型社会建设，必须重视水资源需求管理理念、水资源统一管理体制、硬件设施水平、初始水权分配、公众参与制度等基础和条件平台的建设，同时运用行政、法律、管理、经济、宣传教育、科技等多种手段来实施。其中，公众参与制度与水教育密不可分，而且实现全方位的公众参与需要一个长期的过程，及早实施比较系统的水教育奠定坚实基础很有必要。如果不及早实施水教育，公众参与将会成为节水型社会建设的“最短板”，影响建设的进度和效果。

水教育不仅仅是简单地传播水知识、水文化，而是一项以实践活动为主、与实际紧密结合的学校教育方式和创造社会节水氛围的行动，它注重锻炼学生的动手能力、老师的实践水平，提高公众获取相关知识、有效参与的效果，对我国教育水平的提高和国民素质的培养大有裨益。

2 国内外水教育的现状

在国内，水教育的基本情况是知识零散、不系统，公众关注、行动少。所谓“知识零散、不系统”是指关于水的介绍、知识的分布比较零散，一些水的知识大部分被揉杂在环保教育、资源、能源等教育的书籍里，系统进行水教育的书籍需要从我国水资源特点和实际情况出发组织编写并推广；“公众关注、行动少”是指目前水资源形势严峻，针对公众对水的宣传较多、公众对水的问题也比较关注，但是进行水教育活动却很少，尤其针对水教育问题特定的课本、培训、课程、讲座、实验室、课外活动尚不完善。

在世界发达国家里，环境教育正在与本国的教育改革相结合，使环境教育内化为教育的重要组成部分。进入21世纪，一些国家如美国、日本、英国、新西兰等开始以可持续发展教育取代环境教育，并竭力拓展环境教育的社会维度，以使之适应社会发展的新要求，引导社会发展的新方向。其中，在国外有关水的教育已经比较系统、相对成熟，有完善的教学课程和实践方案，并在公众参与水资源管理、为水务管理者实施监督等方面起到一定的作用。与国外发达国家的水教育相比，中国的水教育则起步较晚，还处于萌芽阶段，仅以引进、借鉴、模仿为主要手段。

总体来说，发达国家的水教育水平较高，而发展中国家比较落后，甚至有些落后国家并无意识去开展此项计划。在我国，虽然已经开始一些活动，但针对我国水资源特点、水文化、水理念的水教育不能仅仅停留在“引进、借鉴、模仿”的层次，需要在借鉴国外经验的基础上，制定目标、计划，开展“中国特色”的水教育。不断加强节约用水的宣传教育，不断提高全社会的节水意识；不断普及节水常识，将节水教育纳入基础教育，形成全社会共同参与、群策群力、共同推进节水型社会建设的局面。

3　水教育的目标及实施框架

针对我国现阶段水教育的特点,实施有效的水教育系列行动,必须实现以下方面的转变:①由响亮的口号转变为切实的行动;②由专业的知识转变为易学的科普;③由简单的了解转变为系统的学习;④由零散的活动转变为广泛的参与。

基于以上几个方面的转变,水教育将实现以下目标:

(1)近期目标。编写适合学生、教师、公众的水知识读本,逐步推广,逐步形成比较系统、完备的水教育实施体系。

(2)远期目标。在获取广泛水知识的基础上,通过相应的政策和措施,以水教育为基础引导广泛的公众参与机制,支撑节水型社会的建设和水资源管理工作。

实施水教育计划,必须瞄准 2 个目标,坚持 4 个转变,逐步按照以下途径逐步实施水教育的各项行动:以了解国内外现状与需求、借鉴国际经验等背景调查为基础,将书籍编写、推广和应用作为整个水教育计划的主线,依靠强大的水教育合作网络,进行相应的培训、考察和国际或国内水教育研讨会等系列活动的影响力,逐渐在国内普及具有中国特色的水教育,逐步提高国内、外的社会影响力,公众节约和保护水资源的意识和基本的水管理参与能力。实施框架如图 1 所示。

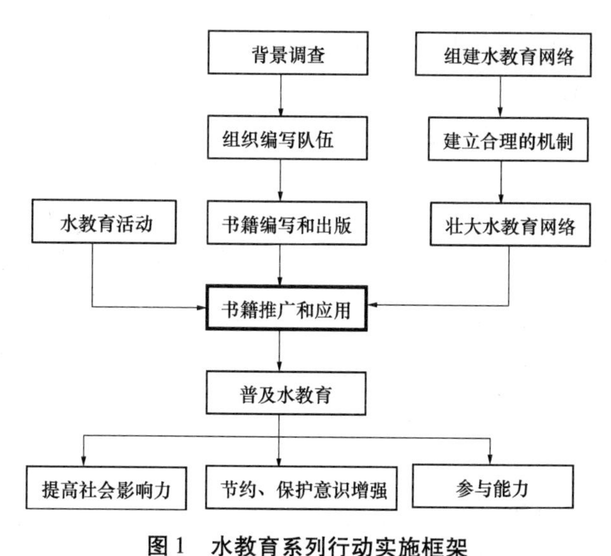

图 1　水教育系列行动实施框架

4　未来的发展战略

基于以上水教育的现状条件、水资源条件,以及制定目标、实施框架,今后的水教育发展必将做好以下几个方面的工作。

4.1 对国内外水教育情况作充分的调查研究

一方面要调查和分析国内外水教育的现状,包括水教育的主要对象、主要实施主体、政府倡导水教育的政策和措施、非政府组织的作用、水教育的主要内容、水教育的实施形式及取得的效果等内容,并进行国家之间对比分析,选择形式比较好的国家作为范例;另一方面在评价水教育现状的基础上对公众参与水资源管理和保护的水平进行分析,包括公众获得水知识的渠道,公众对水知识掌握的情况,公众参与水资源管理的形式、水平、不足之处,公众参与水资源管理和节水型社会建设的效果等。

4.2 以中国悠久的水历史、文化、水资源的特点为背景倡导中国特色的水教育

在我国进行水教育,必须抓住以下三点:突出中国的水历史和文化悠久而丰富的特点;中国的水资源特点与发达国家大不相同;社会历史发展阶段、经济水平不同。

首先,我国的历史比较悠久,而且重要历史的开端都以治水为先,大禹治水便是首例,社会历史的变革跟水的文化历史密切相关,这是我国所特有的。其次,我国的水资源特点与欧洲不同,欧洲的降雨比较均匀,而我国的降雨则时空不均,水资源特点的不同造成了对水的利用方式也不同,水教育的内容侧重点不同。最后,中国所处的社会经济发展阶段与发达国家还有明显差距,而且人口较多,资源平均水平低,差异显著。这些内容,应通过水教育读本的编写和推广,倡导中国特色的水教育。

4.3 加强理论研究,促进理论指导实践

要进行长期的水教育行动,形成一个有效的运行机制,进行理论研究必不可少,理论研究的方向包括:

(1)与我国水资源形势及教育体制相适应的水教育知识体系。在我国的教育体制下中小学生、老师应该获取哪些水知识;一般公众,尤其参与灌区管理的农民和参加价格听政会代表参与水资源管理应该获取哪些水知识及基本参与能力,以及他们获取的渠道和方式,如何为建立政府和用水户有效交流的平台等。

(2)水教育的实施结构与合作机制。研究在国家层面上为水教育开展应建立的水教育实施结构,政府之间、国内外之间的合作机制,具体包括水教育实施团体合理的机构组成,政府与非政府组织的作用,国内水教育机构与国际水教育组织的合作关系及各实施团体的合作机制等内容。

(3)水教育实施战略、评价体系、监督机制。研究如何建立一套能够公众参与水资源管理和建设节水型社会的水教育计划的评价体系来确保水教育计划的实施方向;研究如何建立实施团体内部的监督机制,保障合作机制的有效运行。

4.4 依靠政府有效的力量和非政府组织的广泛参与,引导促进水教育开展有效的机制

要引导全方位的水教育,一方面必须获得政府的支持,获得相应的政策和资金支持;另一方面,正确发挥非政府组织在专业知识方面的宣传力量,获得技术和平台支持。同时,不断进行密切交流、共享资源与经验,加强国际合作、强强联合,在合作研究中实现优势互补与取长补短,认真分析可汲取的经验,携手共进,引导促进水教育开展有效的机制,共同推进水资源的可持续利用和人类社会的可持续发展。

4.5 使水教育成为促进水资源可持续利用、社会可持续发展的重要推动力

水教育能够使人理解自己和他人之间涉水方式的不同,了解自己作为社会一员与水这种自然环境的重要因素的关系;了解自己对于水的利用的价值观和所处社会价值观的关系。使每一个人都能够接受良好的水教育,学习推进水资源可持续利用所要求的价值观念、行为和生活方式,水教育将成为推动可持续发展的重要推动力。

5 结语

学生、教师、社会公众都是水教育的对象,尤其青少年是未来社会的主人,是未来进行节水型社会建设的中坚力量,是进行水教育发展计划实施的重点对象。水教育应该从长远、宏观的角度考虑,行动计划必须从娃娃抓起。

同时,水教育的开展涉及范围较广,参与部门较多,国内政府与政府之间的对话、国内与国际的合作、专业者和非专业者的参与都是水教育开展的不同形式。因此,在实施过程中必须增加共识、求同存异,形成上下一致、多管齐下、形式多样的宣传局面。

水教育的推行,是形成"知水、爱水、节水、护水"价值观的过程,是倡导人水和谐理念的重要手段,是推进人类社会可持续发展的不竭动力。因此,长抓不懈、持之以恒地推进将是社会一笔巨大的财富。

参考文献

[1] 史根东.教育促进可持续发展[M].北京:教育科学出版社,2004.
[2] 崔金星.节水型社会建立的基础和条件[J].水利发展研究,2004(5).
[3] 刘超济,陈红,李强.基于偏好及木桶原理的员工激励[J].科学管理,2006(6).
[4] 王晓东.对节水型社会的认识[J].水利发展研究,2003(8).

自然条件变化与人类活动对洪水频率及用水保证率的重要影响

王育杰[1]　刘社强[2]　崔廷光[1]

(1.黄河水利委员会三门峡水利枢纽管理局;
2.黄河水利委员会三门峡库区水文水资源局)

摘要:通过对黄河流域干支流代表性水文站点径流特征分布变化的计算与成果分析,认为无论是黄河流域还是其他流域,在某一相关区域内拟建、在建和已建的水利工程所涉及的基本水文特征量(如洪峰流量、年径流量、汛期径流量等)往往是相互关联的,若自然条件发生了变化或受到人类活动的影响,这些特征量的参数(如均值、离差系数 C_v、偏态系数 C_s 或偏度等)就会随之发生变化,就会造成不同河段的洪水频率、用水保证率发生相应变化。因此,深入分析、研究和掌握其中的定量变化规律,是进行水利工程科学决策、设计、投资、有效管理和利用的基本前提,对防汛抗旱工作有十分重要和现实的意义。

关键词:洪水频率　用水保证率　分布　变化　人类活动　影响　黄河

1　引言

大量的水利工程建设、管理与运行实践表明,在某一河流相关区域内,由于自然条件的变化和人类活动的影响,不同河段的洪水频率和用水保证率已经、正在或即将发生变化。特别是在人类活动的影响下,由于相关区域干支流引水取水工程、水库大坝拦蓄工程和水土保持措施的长期存在,在这些工程设计使用年限甚至更长的时间内,洪水频率、用水保证率发生的变化具有趋势性、根本性和不可逆转性,因此深入分析、研究和掌握其中的定量变化规律,对已建、在建和拟建的防洪除害或抗旱兴利工程具有十分重要的现实意义。

2　洪水频率、用水保证率变化特点与意义

在防汛工作中,洪水频率是指河流洪水特征量(洪峰流量、洪水量等)大于某一值出现的次数与全部系列总数的比值 $P(\%)$,反映了相应洪水可能出现的平均概率或概率;在抗旱兴利活动中,用水保证率则是指用水部门相应于某较小级用水特征量(如小流量或小水量)所可能得到的用水时间保证率 $P(\%)$,实质

上反映了枯水可能出现的平均概率或概率。从理论上讲,洪水频率、用水保证率只具数理统计意义抽象概念;从实际情况看,随着时间和客观条件的变化,无论是实测样本资料还是由此估算出来的总体近似值,洪水频率、用水保证率各种特征参数均可发生一定程度的系统性或趋势性变化,这种变化是确确实实存在的,造成这种变化的原因与自然条件变化和人类活动的影响关系密切,包括流域降水、下垫面条件变化和人类改造自然活动所建造的取水、引水、拦蓄工程和水土保持措施等。也就是说,洪水频率、用水保证率具有显著的客观随变特点与关联特点。

根据这些特点,应当充分认识到,在防洪除害工程和抗旱兴利工程建设的前期或初期,若还是按照长系列水文资料求平均洪水频率和用水保证率,不考虑它们已经、正在或即将发生的定量变化,那么这些特征量及相关参数在水文方面往往只具历史意义;在工程规划设计方面只具主观意义。从实际情况看,在水利工程实际建成和投运后,真正可能面临的洪水频率、用水保证率对工程的价值与综合效益才具有更重要的客观意义和现实意义。也就是说,洪水频率、用水保证率不合理的设计值与实际情况往往会出现一定程度甚至很大程度的偏差,对工程的防洪除害、抗旱兴利经济效益和社会效益的影响不可忽视。

3 分析洪水频率、用水保证率变化的基本依据

科学家长期观测发现,在自然界大量存在着集动态规律性与统计规律性于一体的客观现象,反映着必然性(确定性)与偶然性(不确定性)的共同存在和作用。水文学中的洪水频率、用水保证率问题即属此类问题。

早在100多年以前,英国科学家皮尔逊就发现某些生物学、物理学和经济学的随机变量概率分布曲线呈现非正态性,他在致力探求后提出13种分布曲线类型。大量资料表明,水文随机变量的分布近似于皮尔逊Ⅲ型曲线。

皮尔逊Ⅲ型曲线是一条一端有限、另一端无限的不对称单峰曲线,其中有3个参数,这3个参数与统计对象的均值、离差系数C_v、偏态系数C_s(或偏度)之间存在着函数关系,所以只要能够确定皮尔逊Ⅲ型分布的均值、C_v和C_s,就可以确定随机变量的概率分布。也就是说,计算、分析和确定相关区域不同河段代表性水文站点径流特征量相关参数(如均值、离差系数C_v、偏态系数C_s或偏度等)的变化,是确定洪水频率、用水保证率分布变化的基本依据。

4 黄河流域洪水频率与用水保证率变化分析

4.1 时段选择

若分析黄河流域有关河段洪水频率与用水保证率的分布变化,从影响因素

考虑,应从流域气候、下垫面条件和干支流取水、引水、拦蓄工程及水土保持措施等方面入手。但是,从最近60年来黄河流域总体实际情况看,若以下垫面条件变化进行时段划分,则存在着复杂性和不确定性;若以干支流取水、引水、拦蓄工程和水土保持措施投运时间进行时段划分,则存在着非独立性和非广泛代表性;若要达到以多方面因素共同影响进行时段划分则难以统一。因此,在确定计算分析黄河流域不同河段洪水频率、用水保证率分布变化的时段选择时,本文考虑从流域气候变化这一单因素来确定。

众所周知,太阳表面黑子的活动具有一定的周期性(即太阳黑子周期),地球气候变化与太阳表面周期性活动变化关系密切。例如,2003年汛期太阳表面曾接连出现大面积黑子群,黄河流域则相应出现了近20年来罕见的“华西秋雨”,渭河、伊洛河等支流洪水连绵。我们已经知道,太阳黑子活动的基本周期近似为11年,按照国际规定1755年为第1周起始年,1999年黑子活动已进入第23周(Cycle 23)。为此,我们将分析黄河流域有关河段洪水频率与用水保证率分布变化的时段划分为:1933~1943年,1944~1954年,…,1988~1998年以及1999~2005年。我们认为,以太阳黑子活动的基本周期进行时段划分进行计算分析,并不会对黄河流域气候、下垫面条件和干支流取水、引水、拦蓄工程及水土保持措施等长期作用的计算结果构成影响。

4.2 计算与分析成果

为取得黄河流域重点河段洪水频率、用水保证率分布变化的良好代表性计算成果,笔者选取的主要水文控制站点有干流兰州站、头道拐站、潼关站、花园口站、利津站;支流渭河华县站、汾河河津站、北洛河洑头站、伊洛河黑石关站、沁河武陟站等。需要说明的是,黄河流域基本上是1933年后才逐渐有较详细的水文实测资料的。按照前述时段划分标准,我们对不同时段各站最大洪峰流量、年径流量、汛期径流量、最小流量等统计对象的均值、离差系数 C_v、偏态系数 C_s(或偏度)做了大量的统计计算,成果详见表1~表3。

表1 黄河干支流部分水文控制站点重要特征量均值变化情况统计

(单位:亿 m^3)

特征	年份	兰州	头道拐	潼关	花园口	利津	华县	河津	洑头	黑石关	武陟
最大洪峰流量	1933~1943	3 913		11 100			3 960	553	1 219		
	1944~1954	3 792	2 767	10 257	10 165	6 280	4 812	1 146	844	4 765	1 387
	1955~1965	3 616	2 771	7 072	8 928	6 531	4 239	993	845	3 098	1 112
	1966~1976	3 393	3 286	7 660	6 315	5 424	3 476	509	1 105	1 201	889
	1977~1987	3 525	3 140	6 956	7 526	4 757	3 098	339	756	1 484	677
	1988~1998	2 403	2 502	5 735	5 252	3 388	2 568	266	740	738	449
	1999~2005	2 006	2 151	3 117	2 834	2 169	2 146	99	326	747	344
	长系列	3 416	2 891	7 480	7 305	5 092	3 530	577	915	1 855	817

续表 1

特征	年份	兰州	头道拐	潼关	花园口	利津	华县	河津	洑头	黑石关	武陟
年径流量	1933～1943	341.1		468.1			92.72	15.26	8.414		
	1944～1954	341.9	238.0	432.9	519.9	498.3	91.03	16.40	8.210	38.10	14.70
	1955～1965	330.9	249.5	424.6	494.3	489.5	94.85	17.80	7.560	43.09	17.05
	1966～1976	340.7	254.0	396.5	435.7	388.7	75.75	13.03	7.101	24.39	8.374
	1977～1987	330.5	241.1	365.6	400.5	291.0	69.32	7.455	6.370	26.36	4.485
	1988～1998	261.6	167.8	270.8	285.7	161.3	50.17	6.174	5.074	17.02	4.550
	1999～2005	251.0	132.5	204.5	215.0	114.8	46.22	3.022	4.611	18.15	5.952
	长系列	323.2	227.2	374.1	413.8	343.9	77.93	12.49	7.064	28.20	8.965
汛期径流量	1933～1943	206.1		287.4			62.49	10.13	5.327		
	1944～1954	206.6	145.2	252.4	312.9	294.0	54.17	10.83	4.795	24.82	10.07
	1955～1965	218.4	155.1	260.2	291.4	296.0	55.28	10.52	4.494	25.71	10.84
	1966～1976	159.6	143.7	222.8	248.8	231.1	45.45	7.786	4.510	13.65	6.434
	1977～1987	176.5	133.3	209.3	236.3	191.4	45.71	4.678	3.968	16.72	3.496
	1988～1998	103.6	66.61	125.4	136.9	101.3	28.60	4.226	4.083	8.457	3.612
	1999～2005	102.3	47.62	90.57	86.07	64.17	30.83	1.722	3.140	10.58	4.336
	长系列	177.2	124.8	211.6	235.7	210.7	47.80	7.888	4.506	16.57	6.320
最小流量	1933～1943	338		268			44.0	2.60	3.82		
	1944～1954	322	175	345	405	280	40.1	6.40	4.00	10.8	0.63
	1955～1965	179	111	250	146	111	28.1	6.49	1.84	13.5	5.36
	1966～1976	261	84.6	188	93.0	38.0	7.54	2.03	2.21	5.39	0
	1977～1987	264	76.0	168	198	17.4	8.94	0	2.32	5.89	0
	1988～1998	277	71.4	123	116	0.887	3.19	0	0.91	6.62	0
	1999～2005	297	36.3	51.0	153	32.4	1.34	0	0	4.86	0.027
	长系列	272	90.4	201	168	65	19.0	2.52	2.48	8.06	1.26

表 2　黄河干支流部分水文控制站点重要特征量变差系数变化情况统计

特征	年份	兰州	头道拐	潼关	花园口	利津	华县	河津	洑头	黑石关	武陟
最大洪峰流量	1933～1943	0.264		0.174			0.247	0.346	1.068		
	1944～1954	0.248	0.111	0.282	0.300	0.113	0.300	0.964	0.945	0.516	0.852
	1955～1965	0.261	0.306	0.434	0.540	0.287	0.244	0.549	0.749	0.797	0.511
	1966～1976	0.290	0.237	0.211	0.267	0.306	0.427	0.524	0.791	0.505	0.656
	1977～1987	0.279	0.298	0.472	0.414	0.290	0.422	0.632	1.039	0.738	1.638
	1988～1998	0.223	0.179	0.268	0.280	0.328	0.386	0.967	0.743	0.762	0.970
	1999～2005	0.172	0.124	0.265	0.334	0.434	0.642	0.516	0.606	1.137	0.795
	长系列	0.303	0.283	0.403	0.479	0.372	0.399	0.974	0.951	1.050	1.006
年径流量	1933～1943	0.184		0.150			0.386	0.288	0.388		
	1944～1954	0.137	0.065	0.089	0.172	0.099	0.213	0.424	0.269	0.306	0.555
	1955～1965	0.201	0.274	0.267	0.333	0.430	0.361	0.440	0.556	0.512	0.576
	1966～1976	0.257	0.367	0.294	0.306	0.354	0.372	0.413	0.357	0.351	0.432
	1977～1987	0.175	0.256	0.251	0.275	0.391	0.485	0.498	0.400	0.575	0.790
	1988～1998	0.190	0.292	0.239	0.261	0.410	0.436	0.681	0.465	0.392	0.839
	1999～2005	0.095	0.121	0.161	0.185	0.643	0.495	0.569	0.466	0.649	0.918
	长系列	0.214	0.333	0.301	0.356	0.543	0.430	0.579	0.447	0.609	0.889

续表 2

特征	年份	兰州	头道拐	潼关	花园口	利津	华县	河津	洑头	黑石关	武陟
汛期径流量	1933～1943	0.223		0.172			0.538	0.394	0.559		
	1944～1954	0.234	0.076	0.144	0.255	0.163	0.282	0.615	0.398	0.442	0.762
	1955～1965	0.249	0.325	0.334	0.386	0.463	0.425	0.598	0.634	0.611	0.660
	1966～1976	0.328	0.530	0.430	0.430	0.452	0.486	0.547	0.473	0.541	0.501
	1977～1987	0.279	0.400	0.368	0.372	0.461	0.567	0.708	0.390	0.708	0.904
	1988～1998	0.158	0.490	0.351	0.374	0.429	0.573	0.992	0.483	0.605	1.040
	1999～2005	0.139	0.258	0.358	0.343	0.703	0.698	0.689	0.558	0.950	0.983
	长系列	0.344	0.506	0.427	0.466	0.572	0.534	0.720	0.516	0.763	0.919
最小流量	1933～1943	0.044		0.292			0.221	0.768	0.332		
	1944～1954	0.113	0.139	0.197	0.253	0.610	0.504	0.584	0.554	0.177	1.732
	1955～1965	0.345	0.333	0.263	0.873	0.763	0.415	1.002	0.103	0.806	2.009
	1966～1976	0.179	0.435	0.355	0.975	1.568	1.674	1.598	0.122	0.566	
	1977～1987	0.125	0.441	0.446	0.586	2.018	1.578		0.194	1.088	
	1988～1998	0.140	0.491	0.531	0.551	3.162	1.156		1.283	0.857	
	1999～2005	0.087	0.284	0.675	0.463	1.262	1.378			0.548	2.177
	长系列	0.239	0.488	0.491	0.827	1.710	1.035	1.761	0.650	0.929	4.442

表 3　黄河干支流部分水文控制站点重要特征量偏态系数变化情况统计

特征	年份	兰州	头道拐	潼关	花园口	利津	华县	河津	洑头	黑石关	武陟
最大洪峰流量	1933～1943	-0.019		-1.246			-0.304	0.644	1.570		
	1944～1954	1.013	0.199	-0.440	0.210	-0.213	2.084	2.052	1.416	0.533	0.519
	1955～1965	0.760	0.706	0.672	2.118	0.672	0.091	1.414	1.264	1.689	0.073
	1966～1976	0.680	1.872	-0.083	0.223	0.080	-0.330	0.270	1.791	1.603	0.746
	1977～1987	0.380	0.510	1.767	1.421	-0.515	-0.028	0.828	2.609	1.431	3.140
	1988～1998	0.189	0.554	0.379	0.305	0.410	0.055	1.575	1.599	1.081	1.113
	1999～2005	2.041	0.374	0.835	-0.860	-0.781	1.371	1.208	1.120	1.215	0.979
	长系列	0.549	1.119	0.690	1.798	0.272	0.125	2.861	2.014	2.368	2.042
年径流量	1933～1943	-0.341		1.568			0.847	0.394	0.512		
	1944～1954	0.915	-1.278	-0.162	1.269	0.742	-0.312	1.316	0.366	1.193	1.149
	1955～1965	0.322	0.471	1.238	0.537	0.494	1.793	0.449	1.986	1.408	0.243
	1966～1976	0.635	0.699	0.632	0.701	0.834	-0.040	-0.065	-0.307	1.210	-0.384
	1977～1987	0.024	-0.324	-0.008	0.360	0.230	0.973	0.972	0.761	0.910	1.053
	1988～1998	1.459	1.338	0.153	0.040	-0.491	0.008	1.565	1.479	-0.161	1.039
	1999～2005	0.591	0.425	0.401	0.089	0.344	1.470	1.219	2.446	1.408	1.804
	长系列	0.522	0.730	0.486	0.657	0.750	0.674	0.776	1.086	1.714	1.473
汛期径流量	1933～1943	-0.125		1.241			1.286	0.651	0.473		
	1944～1954	0.339	1.117	1.270	1.127	1.566	0.157	1.349	0.570	1.004	1.044
	1955～1965	0.627	0.257	0.641	0.748	0.680	1.280	0.164	1.664	1.138	0.214
	1966～1976	0.787	0.633	0.440	0.395	0.557	-0.205	0.162	0.262	1.613	-0.233
	1977～1987	-0.133	0.067	0.086	0.141	0.093	0.812	1.394	-0.094	1.069	1.677
	1988～1998	0.657	1.813	0.086	-0.021	-1.215	0.581	1.567	1.304	0.317	1.204
	1999～2005	1.490	0.511	1.249	0.242	0.251	1.470	1.667	2.445	1.843	2.013
	长系列	0.371	0.665	0.439	0.608	0.790	0.905	1.002	1.016	1.501	1.282

续表 3

特征	年份	兰州	头道拐	潼关	花园口	利津	华县	河津	洑头	黑石关	武陟
最小流量	1933 ~ 1943	0.027		1.109			-0.337	1.029	0.088		
	1944 ~ 1954	-0.757	-0.733	-0.293	1.785	0.494	1.435	1.535	0.000	-1.917	2.000
	1955 ~ 1965	-0.098	0.593	-0.864	1.215	0.270	0.231	1.650	-1.741	2.130	1.925
	1966 ~ 1976	1.038	1.487	-0.261	1.378	2.167	2.490	1.898	0.895	2.286	0
	1977 ~ 1987	-0.495	0.216	0.334	0.284	2.624	2.270	0	0.259	0.938	0
	1988 ~ 1998	-0.580	0.382	0.423	1.035	3.317	2.214	0	0.791	0.644	0
	1999 ~ 2005	0.687	-1.149	0.586	0.411	1.358	2.216	0	0	-0.212	2.581
	长系列	-0.921	0.751	0.342	1.080	2.564	0.969	2.777	0.871	2.513	5.064

从各站逐时段统计对象的均值情况看，最大洪峰流量、年径流量、汛期径流量均呈现总体显著减小趋势，以潼关站为例，1999 ~ 2005 年与 1933 ~ 1954 年相比较，最大洪峰流量均值由超过 10 000 m^3/s 减小至 3 117 m^3/s，削减量超过 70%；汛期径流量均值由 265.5 亿 m^3 减小至 90.57 亿 m^3，削减量高达 66%；年径流量均值由 446 亿 m^3 减小至 204.5 亿 m^3，削减量也高达 54%。详见图 1、图 2。

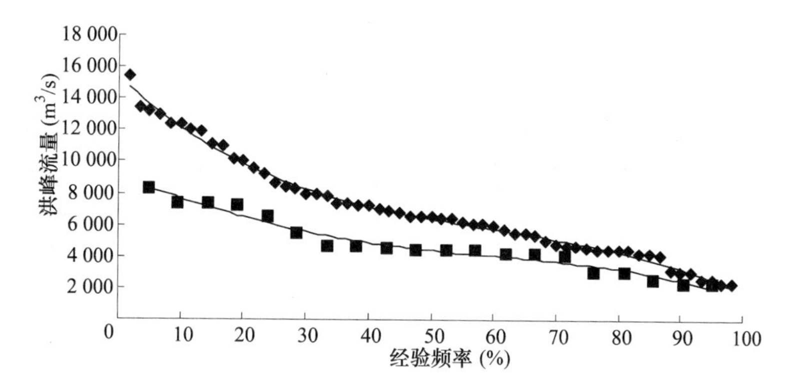

图 1　黄河潼关站年最大洪峰流量经验频率曲线实际变化

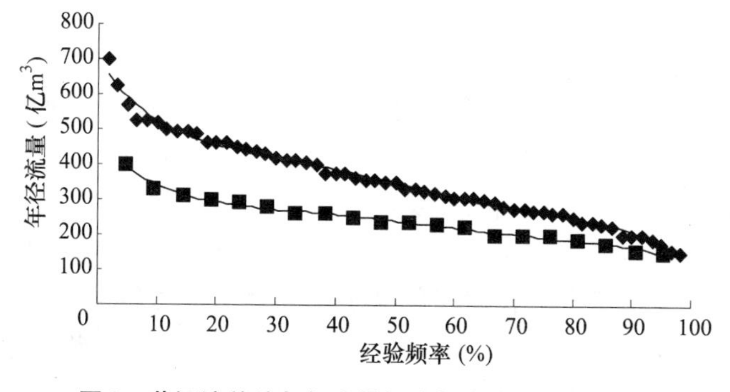

图 2　黄河潼关站年径流量经验频率曲线实际变化

从各站逐时段统计对象的变差情况看,大部分站点最大洪峰流量、年径流量、汛期径流量、最小流量变差系数未呈现显著性变化。这说明在各站最大洪峰流量、年径流量、汛期径流量和最小流量等均值减小过程中,未出现相对变幅较大的振荡或波动,这些特征量保持了良好的稳定减小特征。1955 ~ 1998 年潼关站、花园口站年径流量变差系数总体略呈减小趋势,说明两站年径流量不但显著减小,而且相对变差进一步减小,特征量更加均匀化。

从各站长系列资料统计对象的偏度变化情况看,除兰州站最小流量为负偏外,其余水文站点最大洪峰流量、年径流量、汛期径流量、最小流量偏度全为正,符合水文统计特征量呈正偏这一基本规律。其中同站最大洪峰流量偏度较年径流量、汛期径流量偏度大,同站最小流量偏度绝大部分也较年径流量、汛期径流量偏度大;黄河支流站(汾河河津站、北洛河洑头站、伊洛河黑石关站、沁河武陟站)较干流站(兰州站、头道拐站、潼关站、花园口站、利津站)偏度显著偏大,黄河第一大支流渭河华县站偏度介于黄河干流和其他支流偏度之间。

通过对上述计算成果的成因分析,我们认为对黄河干流兰州、头道拐、潼关、花园口、利津等站,上游龙羊峡水库(大型多年调节水库)的兴建和相关区域各处引水量、用水量的加大,是各站最大洪峰流量、汛期径流量、年径流量均出现显著减小趋势的根本原因;对黄河第一大支流渭河的华县站而言,虽然上中游无大型水库的兴建,但上中游各地取水、引水、拦沙和水土保持工程的建成与投运,也是渭河下游最大洪峰流量、汛期径流量、年径流量呈显著减小趋势的基本原因。这些特征量的分布变化,事实上已经导致黄河干支流上下游相关区域不同河段的洪水频率、用水保证率发生了变化,特别是在大型水利枢纽工程下游河段,同频率的洪水相应洪峰流量、洪水量变小,相同小流量的用水保证率提高,导致相应河段的防洪标准与抗旱供水指标发生了实质性变化,对已建、在建、拟建防洪兴利工程的规划设计、建设和管理运行不可能不造成一定程度的影响。

5 洪水频率与用水保证率变化带来的一系列问题

事实上,随着全球不同流域气候条件的变化、下垫面条件的变化以及相关区域取水、引水、拦蓄工程相继建成投运以及水土保持措施等,不同河段的洪水频率和用水保证率已经、正在或即将发生变化。无论黄河还是其他河流,也无论是干流还是支流,无论是上游还是中下游,由于水库大坝的长期存在,由于各地取水、引水工程及拦沙工程的长期存在,在这些工程与即将建设工程的设计使用年限(甚至更长的时间)内,相关地区不同河段的洪水频率、用水保证率其分布变化具有根本性、趋势性和不可逆转性,对已建、在建和拟建的防洪除害与抗旱兴利工程带来一系列的不利或有利的影响是必然的,其中涉及工程兴建的价值判断与决策过程;投资与设计规模;工程量与建设工期;正常运行情况下的投资收益比;自然环境生态效益等。例如某些水库建成后,虽然下游河段用水保证率得到了提高,但是大多数年份水库水位达不到正常蓄水位,发电量达不到设计值,这些事例在水利工程建设、管理与运行实践中并不罕见。对于这些问题,我们应该给予足够的重视。

因此,若不能前瞻性地充分认识到此问题的重要性,仅简单地利用历史水文资料或经过还原计算后的成果规划设计水利工程,而不用发展的观点、动态变化的观点去定量地分析不同河段洪水频率、用水保证率的实际分布变化,那么在建设防洪和抗旱兴利工程过程,就有可能夸大或缩小工程本身的价值并造成决策失误;就有可能使投资规模、设计规模和工程量加大或缩小;往往使工程难以达到设计的生态效益、经济效益与社会效益。

6 结语

无论是黄河流域还是其他流域,相关区域内拟建、在建和已建的水利工程所涉及的基本水文特征量(如洪峰流量、年径流量、汛期径流量等)往往是相互关联的,自然条件发生变化或受到人类活动的影响,这些特征量的参数(如均值、离差系数 C_v、偏态系数 C_s 或偏度等)就会随之发生变化。只有准确地掌握不同河段洪水频率和用水保证率已经、正在或即将发生的定量变化,才能对水利工程进行科学地决策、设计、投资和有效利用,才能充分利用防洪除害工程和抗旱兴利工程切实担负起相应的防汛抗旱工作任务。

河流水生态系统承载力可持续发展内涵的认识

胡亚伟　程献国　李强坤　孙　娟

（黄河水利科学研究院）

摘要：本文总结了当前河流水资源承载力认识方面存在的主要问题，认为可持续发展的内涵未能与水资源承载力有效结合。通过探讨水资源承载力的概念、特性及组成，重点分析了水生态系统承载的效用与价值，提出河流水资源承载主体是河流水生态系统。根据可持续性发展理论，以水生态系统的整体性为研究基础，详细探讨并重新认识了河流水生态系统承载力的内涵。

关键词：水生态系统　水资源承载力　内涵　可持续发展

20 世纪 80 年代以来，水资源承载力在我国，特别是黄河流域得到了大量的关注和研究，并逐渐以专门条文的形式出现于一些资源百科全书上。在近期黄河流域水资源承载力的研究中，其有关理论又得到了新的发展。然而，水资源承载力迄今仍是一个外延模糊、内涵混沌的概念，其内涵的界定尚存在一定的分歧和不足。本文以生态经济分析和可持续发展理论为基础，提出了对水资源承载力内涵的新认识。

1　水资源承载力

1.1　水资源承载力的概念和发展

"承载力"一词原为物理力学中的一个物理量，指物体在不产生任何破坏时的极限负荷。后被生态学借用，用以衡量特定区域在某一环境条件下可维持某一物种个体的最大数量。在对资源短缺和环境污染问题的研究中，"承载力"概念得到延伸发展并广泛用于说明环境或生态系统承受发展和特定活动能力的限度。"水资源承载力"是随水问题的日益突出由我国学者在 20 世纪 80 年代末提出来的。水资源承载力是一个国家或地区在持续发展过程中各种自然资源承载力的重要组成部分，且往往是水资源紧缺和贫水地区制约人类社会发展的瓶颈因素，它对一个国家或地区的综合发展和发展规模有着至关重要的影响。迄今为止,水资源承载力的定义仍然没有统一的认识。1997 年,冯尚友、刘国全等定义为:水资源的承载力多指在一定区域、一定物质生活水平下,水资源能够持续供给当代人和后代人需要的规模和能力;2000 年,何希吾定义为:一个流域、一个地区、一个国家在不同阶段的社会经济和技术条件下,在水资源合理开发利用的前提下,当地水资源能够维系和支撑的人口、经济和环境规模总量;惠泱河认为,水资源承载力可被理解为某一可预见的技术、经济、社会发展水平及水资源的动态变化为依据,以可持续发展为原则,以维护生态环境良性循环发展为条件,经过合理优化配置,对该地区社会经济发展能提供的最大支撑能力。总之,我们可以看出水资源承载力是指某一区域在一定的社会经济发展水平条件下,以可持续发展为前提,当地水资源系统可支撑的社会经济活动规模和具有一定生活水平的人口数量。

1.2 水资源承载力特性

在不同的生态环境中,水资源系统对社会、经济的发展支撑能力有一个阈值,这个阈值的大小取决于该地区生态环境系统与社会经济系统两个方面。在不同时间、不同区间、不同生态、不同社会经济状况下,阈值的取值是不同的。因此,水资源承载力具有以下特性:

(1)时变性。水资源承载力随着时间而变化,同时又不断地受到社会、经济系统愈来愈强的作用。这种特性,要求人们的经济行为既要适应时间的变化,同时又要发挥主观能动性,对水资源承载力进行调控。因此,水资源承载力具有特定的时间内涵。

(2)空间变异性。在不同区域,相同水资源量的承载力是有差异的。我们知道,生态环境是由各个自然要素组合成的统一体,水资源是其中的重要组成成分之一。而且在对生态环境响应过程中,水资源是一种灵敏度较高的因素,水资源可利用量的多少可直接反映该生态环境的稳定性。所以,当生态环境较弱时,水资源的承载力相对较小,反之则较高。

(3)可控性。区域水资源承载力的大小,一方面受制于生态环境中的物质与结构,另一方面受控于人类社会经济活动的发展。

1.3 水资源承载力的组成

评价地区水资源承载力的目的,在于提示有限水资源与人口、环境和经济发展的关系,从中找出制约地区发展的因素和条件,以利统筹对策,促进全社会的持续发展。然而,水资源对地区发展的支撑条件,并不仅仅体现在可供水量的多少,更需要从水资源对人类社会所产生的利害关系全面考虑,综合评价。一个地区的水资源承载力,基本上是由水资源量的承载力、水资源水质和水环境承载力和地区水害防御能力三个部分所组成。三者之间的关系既有相互影响的一面,也有相互独立的一面;虽然三者的各自作用和内容不尽相同,且具有各自特有的现时能力和阈值,但支持持续发展的目的是一致的。

(1)水资源量的承载力是指水资源可供地区人口、生态环境、工农业生产和社会其他用水的能力。它是维持地区社会生产与发展的"生命之源",是衡量地区水资源承载力的主要成分和主导方面,其现时能力与未来能力的阈值,可通过地区的供需平衡来确定。地区水资源现时承载力是指地区现时发展的情况下,水资源对现时人口、环境、经济和社会发展的供应能力,预示着水资源对地区发展的贡献、存在的问题和支持发展的潜力。现时承载力可用地区水资源开发利用率、人均占有水量和人均利用水量表示。水资源最大承载力或极限因地区水的丰缺程度而有不同含义:对水资源紧缺和贫乏地区,是指在合理分配人口、环境和生产用水的条件下,水资源可供水量(包括当地和域外可能调引的可用水源)的增长率为零时的总可供水量:对水资源丰富地区,是指在合理满足各种用水的条件下,人口发展和经济增长均达到零增长时的可供水量。

(2)水环境承载力是指一定水域、一定时期内,为了维持水域生态环境和人类健康环境,实施设定的水质和环境质量目标对人类活动的支持能力。一般水环境的承载力也有最大、最小之分。水环境最小的承载力是指在维持水体自净能力的条件下,保证水环境质量最低要求时对人类活动的限制。最大承载力是指在保持一定生态环境质量目标的条件下,采用无污染环境的各种措施,达到人类活动与水环境和谐状态时所具有的支持能力。水环境最大最小承载力之间存在一个非常重要的环境容量承载力。它的含义是指在一定的水质或环境目标下,某水域能够允许承纳某类污染物的最大数量,称为该污染物在这一水域的环境容量;这个环境容量对人类活动的支持能力,即为环境容量的承载力。它对开发利用水环境、防治水污染、管理水环境、保护水资源均起着重要的作用。

(3)区域水害的防御能力是指对水的危害一面进行防御,从而支持地区经济、社会发展的能力,就是根据地区自然、社会条件,依设立的防灾目标,采用工程措施和非工程措施相结合的防御体系,所能保护和支持地区社会发展的能力。因为水的不确定性和投入防御措施的经济性,人们只求与地区经济发展相适应的、能够使灾害损失降到最小的防御标准。

2 河流水生态系统承载力

2.1 河流水资源承载力的发展趋势

水资源承载力研究在我国目前还处于初期阶段,还没有形成水资源承载力研究的成熟的理论、内容和方法体系,近期主要研究从"水-生态-社会经济"复合系统下的二元模式水文循环和水量平衡等宏观领域到水环境容量、植被耗水机理等微观领域;从水文水资源科学到社会经济科学、规划科学等不同层次、不同学科的研究范围,并以多目标决策分析方法、系统动力学方法、遥感与地理信息系统方法等作为技术手段,属于典型的交叉学科研究领域。

水资源承载力现阶段研究应以生态经济学理论为基础,剖析了水资源的生态经济内涵,从生态经济学的角度提出了水质水量统一优化配置的概念;以生态经济学效益观、价值观、需求观和平衡原理为指导,提出了水质水量统一优化配置的整体性、可持续性、"三效益"协调统一和高效利用的原则,以及水质水量统一优化配置研究的思路和模型体系框架。相对于传统经济学为基础的水资源优化配置研究,在概念和理论上都有新进展。

2.2 河流水资源承载主体

当前的水资源承载力研究在研究视角、研究内容和量化方法上仍主要是资源承载力方法的继续,随着近年来生态经济学和可持续发展理论的发展,上述方面都显示出越来越大的局限性,主要表现在:内涵分析和量化计算始终侧重于水资源量,在承载对象上则偏重于生活性与生产性的人类经济用途及相应的经济收益,忽视了水资源在生态系统层次上的完整效用价值。可持续发展内涵与水资源承载力的结合尚存在一定的问题,用水资源在各个部门的总产值表示经济规模是不完善的,甚至是与发展的内涵相悖的,可持续性与水资源承载力的极限性之间的关系未得到阐明。而且,所谓的可持续发展原则也显得不够具体;水资源承载力概念在应用中有一定的歧义性。总之,水资源承载力在基础概念体系上的研究尚显不足,其研究视角和研究方法都有待拓宽:水资源承载力受自然因素影响外,还受许多社会因素影响和制约,如受社会经济状况、国家方针政策(包括水政策)、管理水平和社会协调发展机制等影响;要综合考虑水资源对地区人口、资源、环境和经济协调发展的支撑能力。所以,河流水资源承载主体应定位为河流水生态系统。

2.3 河流水生态系统及其承载力

一个完善的水生态系统可以提供 4 种类型的生态功能或生态系统服务:生命支持功能;为生产提供资源基础;作为废物汇输送、降解生活或生产中产生的废物;提供舒适性服务等。这些服务最终为人类形成各种各样的效用或价值。从生态系统的角度或生态经济学的观点看,水生态系统承载力的认识和研究必须建立在充分认识上述各个方面和保持水生态系统的稳定性、弹性、整体性及其与人类系统协调发展的基础之上。水生态系统承载力是指一定时期内水生态系统的自然维持、自我调节的能力,资源与水环境子系统的供给能力及其可维持的社会经济活动强度和具有一定生活水平的人口数量。水环境和水资源具有高度的统一性,其载体都是特定区域的水生态系统。人类可以通过水资源工程建设和管理对水生态系统进行有效的管理,以维持水生态系统和人类效用系统的健康运行。

3 河流水生态系统承载力可持续发展的内涵

3.1 生态内涵

河流水生态系统承载力的生态内涵具有两层涵义:第一,河流水生态系统所承载的综合效用具有生态上的极限,河流水资源的开发利用应以不超过这种极限为前提;第二,由于水资源承载力具有极限涵义,所以当达到水资源承载力时,也必然意味着这一生态极限得到充分的利用。而且,水资源承载力的生态极限应当建立在水生态系统的整体性上,它至少包括3个方面:水资源的开发利用量达到可更新水资源量;水环境质量符合设定的使用功能要求,污染物的浓度值和累积值都应处于极限值以下;满足水生态系统的安全性和生物多样性的需求以及区域宏观生态环境的用水需求。上述3个方面基本上构成了当前生态环境需(用)水量的研究内容。河流水生态系统承载力的生态极限是水资源存在承载极限的根本原因,也是水资源承载力的一个基本构成部分,水资源承载力的认识与分析都应以此为起点。应当指出,由于水生态系统具有一定的弹性,所以河流水生态系统承载力的生态极限具有一定的动态性。同时,河流水生态系统承载力的生态极限还与一定的生态建设和环境保护目标有关。

3.2 技术内涵

河流水生态系统承载力并非一个纯粹客观的概念,而且有与人类作用相关的主观性的一面。河流水生态系统承载力离不开特定的科学技术背景,这不仅在于河流水生态系统承载力的生态极限与特定的技术水平有关,而且在于通过优化水管理或者提高科学技术水平,可以提高河流水生态系统对社会经济的承载力。通过提高不同时期的总体技术或生产力水平,可以提高河流水生态系统的承载力,使河流水生态系统承载力在不同时期上具有跳跃性,又解释了河流水生态系统承载力在时间上的技术动态性。总之,河流水生态系统承载力具有特定的技术内涵,一方面,通过提高技术水平可以提高河流水生态系统的承载力;另一方面,具有极限涵义的河流水生态系统承载力概念对应着最佳的水管理状态,当然,这通常只有在理想状态下才能发生。

3.3 社会经济内涵

承载力概念最吸引人之处在于它似乎可以给出一个不依赖于社会经济而存在的客观极限, 河流水生态系统承载力同样如此。水生态系统的生态极限往往并不能脱离特定区域人口的价值观和具体的效用需求而确定,而且在相同的水资源利用和污水排放水平下,通过社会经济系统的优化(如产业结构调整),社会经济容量或规模会有所不同,这就使得水资源承载力不可避免地又具有社会经济方面的内涵。因此,河流水生态系统承载力不仅有一个自然生态方面的最大规模,而且有一个社会经济方面的最大规模,而这又进一步依赖于对规模的构成内容以及最大的判断准则的把握。规模可以认为是人口数与人均资源消费量的乘积,这种规模是人类行为对自然生态系统的总外部作用,它与总产值并没有太大的关系。根据可持续发展的原则,可持续发展的最终落脚点是人类社会,即改善人类的生活质量。因此,确定最大规模应当以发展为基本出发点,也就是说,河流水生态系统承载力不应对应着最坏的发展状态,而应对应着最好的发展状态。可持续性是可持续发展的一个核心概念。可持续性既不要求、也不意味着人口规模和经济规模的必然增长,它只要求二者组合的人均效用水平是否在一定时间(甚至是无限期)上是持续的。综上所述,河流水生态系统承载力具有社会经济方面的内涵,具有主观性的一面,社会经济系统的优化可以提高河流水生态系统的承载力。

3.4 时空内涵

河流水生态系统承载力还有一定的时空内涵:河流水生态系统承载力是一定区域尺度上的水生态系统自身的承载力可持续发展地域公平性的原则要求,满足本地区的发展需求应以不损害、不掠夺其他地区的发展需求为前提,同时还要求可持续性应以一定的地域尺度为基础;不同的时空尺度,同一河流水生态系统的承载力是不同的;河流水生态系统承载的综合效用及其他约束因素如自然资源、劳动力资源和技术资源等都具有区域性;河流水生态系统承载力在时间上是一个将来的概念;河流水生态系统承载力是一个长期性的概念,即它是自然水生态系统同人类长期相互作用关系的反映,具有一定的时间尺度,在量化计算时,某些变量应当取特定时段上的平均值。

参考文献

[1] 冯尚友. 水资源可持续利用导论[M]. 北京:科学出版社,2000.

[2] 何希吾. 水资源承载能力[EB/OL]. 水信息网:http://www. hwcc. com.

[3] 惠泱河. 水资源承载力评价指标体系研究[J]. 水土保持通报,2001,21(2):30 - 34.

[4] 黄强. 二元模式下水资源承载力系统动态仿真模型研究[J]. 地理研究,2001,20(2):191 - 198.

[5] 龙腾锐,姜文超,何强. 水资源承载力内涵的新认识[J]. 水利学报,2004(1):38 - 45.

黄河流域汛期降雨与厄尔尼诺的关系分析

杨特群[1] 陈冬伶[1] 饶素秋[1] 孙文娟[2]

(1.黄河水利委员会水文局;2.三门峡库区水文水资源局)

摘要:2006 年 8 月至 2007 年 2 月赤道中东太平洋出现了一次新的厄尔尼诺事件。厄尔尼诺现象的发生往往伴有大范围的天气气候异常,因此随着新的厄尔尼诺事件的出现,2007 年汛期黄河流域降雨异常的可能性增大。分析 1951 年以来历次厄尔尼诺现象出现后黄河流域各区间汛期降雨的主要特征,可以看出:厄尔尼诺次年黄河中游汛期降雨偏多的几率较大,出现过 1954 年、1958 年和 1977 年的典型伏汛大洪水及 2003 年渭河秋汛洪水等洪水过程。

关键词:厄尔尼诺 汛期 黄河流域 降雨 洪水

1 概述

厄尔尼诺是一种热带海洋、大气的异常现象,它的出现大多伴随着全球各类天气气候特点的异常。一般而言,厄尔尼诺现象发生后,我国主要降雨带位置偏南,江淮一带降雨较多,而华北雨季偏弱的可能性大;登陆我国的台风也比常年减少。与此同时,由于流域范围广阔,伴随着厄尔尼诺现象的出现,黄河流域降雨也有着较明显的地域特征。上一次厄尔尼诺事件出现在 2002 年 5 月至 2003 年 3 月,2003 年汛期(6~9 月,下同)黄河流域降雨总量较常年明显偏多,泾渭洛河区间和三花区间创有记录以来的最大值,特别是 8 月下旬至 9 月份黄河流域大部分地区降雨偏多 1 倍以上,出现了十分明显的“华西秋雨”。2006 年 8 月赤道中东太平洋进入厄尔尼诺状态,2007 年 2 月厄尔尼诺事件结束,由此可以认为 2007 年汛期黄河流域降雨分布出现异常的可能性增大。

2 厄尔尼诺与黄河流域降雨洪水的关系

统计分析 1951 年以来历次厄尔尼诺现象出现后次年(以下称为厄尔尼诺次年)汛期黄河流域降雨分布的主要特征,我们发现:厄尔尼诺次年黄河中游及兰托区间汛期降雨总量偏多 2 成以上的几率明显高于气候概率,特别是山陕区间偏多 2 成以上的年份占到 46.7%。而黄河下游降水量正常的年份很少,距平在

±10%以内的年份仅占13.3%,降雨异常的概率较大。表1给出了1951年以来历次厄尔尼诺现象出现后次年黄河流域各区间汛期降雨总量距平分布概率。

表1 厄尔尼诺次年黄河流域各区间汛期降雨总量距平分布概率

距平(%)	分布概率(%)					
	兰州以上	兰托区间	山陕区间	泾渭洛河	三花区间	黄河下游
≥50	0	6.7	6.7	6.7	13.3	6.7
20~49	13.3	33.3	40.0	33.3	13.3	26.7
10~19	13.3	6.7	20.0	0	20.0	20.0
+0~9	33.3	6.7	6.7	13.3	13.3	6.7
-0~-9	13.3	20.0	6.7	13.3	6.7	6.7
-10~-19	26.7	20.0	13.3	20.0	26.7	0
-20~-49	0	6.7	6.7	13.3	6.7	33.3
≤-50	0	0	0	0	0	0

2.1 厄尔尼诺与黄河上游汛期降雨的关系

黄河上游包括兰州以上和兰托区间两大区域。兰州以上地处青藏高原东北部,汛期降雨量变幅相对较小,厄尔尼诺现象出现的次年,汛期降雨总量偏多不到1成的年份占33.3%,偏多1~2成和偏多2成以上的年份各占13.3%,偏少不到1成的年份占13.3%,偏少1~2成的年份占26.7%,正距平年份占60%,负距平年份占40%。由此可以看出,在厄尔尼诺次年,兰州以上汛期降雨总量正常或略偏少的概率较大,未出现明显偏少的年份。而非厄尔尼诺次年,汛期降雨量为正距平的年份占48.8%,负距平年份占51.2%,偏多不到1成的年份和偏多1~2成的年份各占17.1%,偏多2成以上的年份占13.3%,偏少不到1成的年份和偏少1~2成的年份各占22%,偏少2成以上的年份占7.3%。

兰托区间的降雨特点与兰州以上明显不同,汛期降雨总量较小,但年际变化大。在厄尔尼诺现象出现的次年,汛期降雨总量为正距平的年份占53.3%,负距平年份占46.7%。其中,偏多2成以上的年份占40%,偏少2成以上的年份只有6.7%。由此表明,在厄尔尼诺现象出现的次年,兰托区间汛期降雨总量偏少的概率较小,明显偏多的概率较大。而非厄尔尼诺次年,汛期降雨总量为正距平的年份占36.6%,负距平年份占63.4%,而且有36.6%的年份偏少2成以上。

2.2 厄尔尼诺与黄河中游汛期降雨的关系

黄河中游由山陕区间、泾洛渭河区间和三花区间三个区域组成。山陕区间是黄河流域主要的产沙区域,山陕区间的降雨特点对黄河中游洪水特点影响很大。厄尔尼诺次年,山陕区间汛期降雨总量为正距平的年份占73.3%,负距平年份占26.7%。其中,偏多2成以上的年份占46.7%,降雨明显偏多的概率很大。而非厄尔尼诺次年,正距平的年份占46.3%,负距平年份占53.7%。其中,偏多2成以上的年份和偏少2成以上的年份各占22.0%。

厄尔尼诺次年,泾洛渭河区间汛期降雨总量为正距平的年份占53.3%,负距平年份占46.7%。其中,偏多2成以上的年份占40%,偏少2成以上的年份占13.3%。在非厄尔尼诺次年,降雨总量为正距平的年份占56.1%,负距平年份占43.9%。其中,偏多2成以上的年份和偏少2成以上的年份分别占14.6%和12.2%。

在三花区间,厄尔尼诺次年汛期降雨总量为正距平的年份占60%,负距平年份占40%。其中,偏多2成以上的年份占26.7%,偏少2成以上的年份仅占6.7%。非厄尔尼诺次年,正距平的年份占53.7%,负距平年份占46.3%。其中,偏多2成以上的年份和偏少2成以上的年份分别占25.3%和17.1%。

2.3 厄尔尼诺与黄河中游洪水的关系

统计显示,1951年以来,黄河花园口站共有6年出现了洪峰流量超过10 000 m^3/s的大洪水。其中1954年、1958年和1977年属于厄尔尼诺次年,1953年、1957年和1982年属于厄尔尼诺当年。这说明历次造成花园口站洪峰流量超过10 000 m^3/s的大洪水都与厄尔尼诺事件相关。同时我们还注意到,渭河华县站年最大洪峰流量超过5 000 m^3/s的年份也只有6年,分别是1954年、1958年、1964年、1966年、1973年和1981年,在这6年当中只有1981年不是厄尔尼诺次年,另外,2003年汛期泾渭洛河区间和三花区间降雨总量创有记录以来的最大值,特别是8月下旬至9月份降雨偏多1倍以上,"华西秋雨"特征十分明显,渭河先后产生6次洪水过程,华县站5次出现大于2 000 m^3/s的洪峰。

2.4 黄河下游汛期降雨总量正常的年份很少

厄尔尼诺次年,黄河下游汛期降雨总量为正距平的年份占60%,负距平年份占40%。其中,偏多2成以上的年份和偏少2成以上的年份各占33.3%,偏多1~2成的年份占20%,偏多10%以内和偏少10%的年份各占6.7%。在非厄尔尼诺次年,正距平的年份占53.7%,负距平年份占46.3%。其中,偏多2成以上的年份和偏少2成以上的年份分别占24.4%和19.5%。可以看出,在厄尔尼诺次年,黄河下游汛期降雨正常的年份很少,降雨异常的概率较大。例如:1964年汛期黄河下游降雨总量较常年偏多59%,而1966年汛期却偏少46%。

3 结语

通过上述统计分析,我们认为厄尔尼诺现象与黄河流域降雨洪水的关系具有以下主要特点:①在厄尔尼诺次年黄河流域各区间汛期降雨量偏多的几率较非厄尔尼诺次年要大,没有出现距平小于等于-50%的特少年份;②黄河中游以及兰托区间厄尔尼诺次年的汛期降雨总量偏多2成以上的几率明显高于气候概率,特别是山陕区间偏多2成以上的年份占到46.7%;③花园口洪峰流量超过10 000 m^3/s的大洪水都发生在厄尔尼诺现象出现的当年或次年;④厄尔尼诺次年黄河下游汛期降雨量正常的年份很少。

尽管影响长期天气过程的因素很多,各影响因素之间的相互作用十分复杂,不确定因素也很多,然而厄尔尼诺现象的发生往往伴有大范围的天气气候异常,因此随着新的厄尔尼诺事件的出现,2007年汛期黄河流域降雨异常的可能性增大,值得我们密切关注。

黄河中游长时段水量平衡分析

Yoshinobu SATO[1] Xieyao MA[2] Masayuki MATSUOKA[3]
Jianqing XU[2] Yoshihiro FUKUSHIMA[1]

(1.人文和自然研究院(RIHN),457-4 Kamigamo - motoyama, Kita-Ku,
京都 603 - 8047, 日本; 2.全球变化尖端科学研究中心(FRCGC),
3173-25 Showa-machi,金泽市, 横滨 236-0001, 日本; 3.高知大学森林
科学系农学院,200 Monobe - Otsu, Nankoku,高知 783 - 8502, 日本)

摘要:为了确定黄河流域长时段的水量平衡,开发了一个新的半分布式水文模型,并应用到了黄河中游。该模型主要基于土壤 - 植被 - 大气转换模式和径流形成模型(SVAT - HYCYMODEL),采用数据包括过去40年(1960~2000年)128个气象站数据和高分辨率的遥感数据,为考虑植被变化的影响,引入了植被覆盖率(VCR)指数。利用VCR,模型模拟了黄河中游实测流量。根据模型计算结果,黄河中游支流产流量急剧降低,进而在过去40年里产流比(产流量/降雨量)明显减小。因此,我们认为黄河中游可利用水资源的明显减少,不仅是因为降雨量的减少,还有黄土高原大规模土地利用变化引起的蒸发率(蒸发量/降雨量)增加的影响。

关键词:水量平衡 中游 土地利用变化 植被覆盖率(VCR) 黄土高原

1 简介

近年来,中国的大多数大河都在受到像干旱、洪水、水污染这些与水有关问题的严重影响(夏和陈,2001;刘和夏,2004)。特别是在中国的北部,由于干旱的气候条件和巨大的水需求,水资源短缺问题变得越来越严重(刘和夏,2004; Yang 等, 2004)。黄河是中国的第二大河,在农业、水资源管理和社会经济发展方面起着重要作用(蔡和 Rosegrant, 2004; 刘和夏, 2004)。但是,进入黄河下游的水量持续减少(夏和陈, 2001; Ren 等, 2002; Chen 等, 2003;刘和郑, 2004; Yang 等, 2004; 徐, 2005),下游河床由于泥沙淤积而高于周围地区,几乎所有的地表水都来自上中游,因此预测上中游的水量平衡是必要的,而水资源综

合管理可有效地减轻水资源短缺和充分利用有限的水资源。水文模型通常用来确定黄河流域长期的水量平衡,为水资源管理提供定量信息,但是在黄河流域直接应用现有的水文模型是非常困难的,因为黄河流域(水量平衡)包括各种人类活动引起的人为因素的影响(例如灌溉取水口、水库运用和人为引起的土地利用变化),为此我们使用长时段(1960~2000年)的气象数据系列和高分辨率的地表分类地图(Sato等,2007),开发了一个新的可适用于黄河流域的水文模型。在以前的研究中,我们证明了该模型可以预测上游每年的灌溉引水量及大型水库运用对河流径流的影响(Sato等,2006),在本次研究中,我们试图应用该模型分析黄河中游长时段的水量平衡,评价人类活动引起的土地利用变化所造成的影响。

2 方法

2.1 研究区域

黄河是中国第二大河,如图1所示,黄河发源于青藏高原,流经黄土高原的半干旱地区,穿越华北平原,最后注入渤海。黄河总长度5 463.6 km,流域面积752 443 km^2(不包括一个独立的约42 000 km^2 的内流区)。在本次研究中,我们关注的黄河中游位于头道拐水文站(40.16°N, 111.04°E)和三门峡水文站(34.49°N, 111.22°E)之间。流域面积306 780 km^2,占黄河总流域面积(752 443 km^2)的40.8%。这个河段的大部分地区位于黄土高原内。

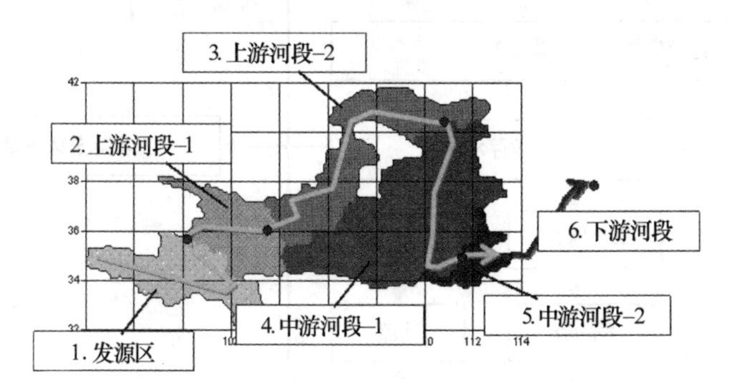

图1 黄河流域图

2.2 模型结构

图2所示为我们开发模型的基本结构,该模型是基于Ma and Fukushima(2002)开发的SVAT - HYCY模型,包括三个子模型:热量平衡模型、径流形成模型、河网模型。模型的输入参数是标准的气象数据和遥感数据,这两种数据都被内插进0.1°×0.1°的网格中。遥感数据包括海拔、土地利用类型、NDVI和LAI数据系列。土地利用类型根据Matsuoka 2000年开发的黄河区域高分辨率

的土地利用地图分为五类(第一类:裸露土地;第二类:草地和耕地;第三类:森林地区;第四类:灌溉区域;第五类:蓄水区)。模型也考虑了三个人为因素:水库运用、灌溉、土地利用变化(Sato 等, 2006)。首先,利用一个简单的水库运用

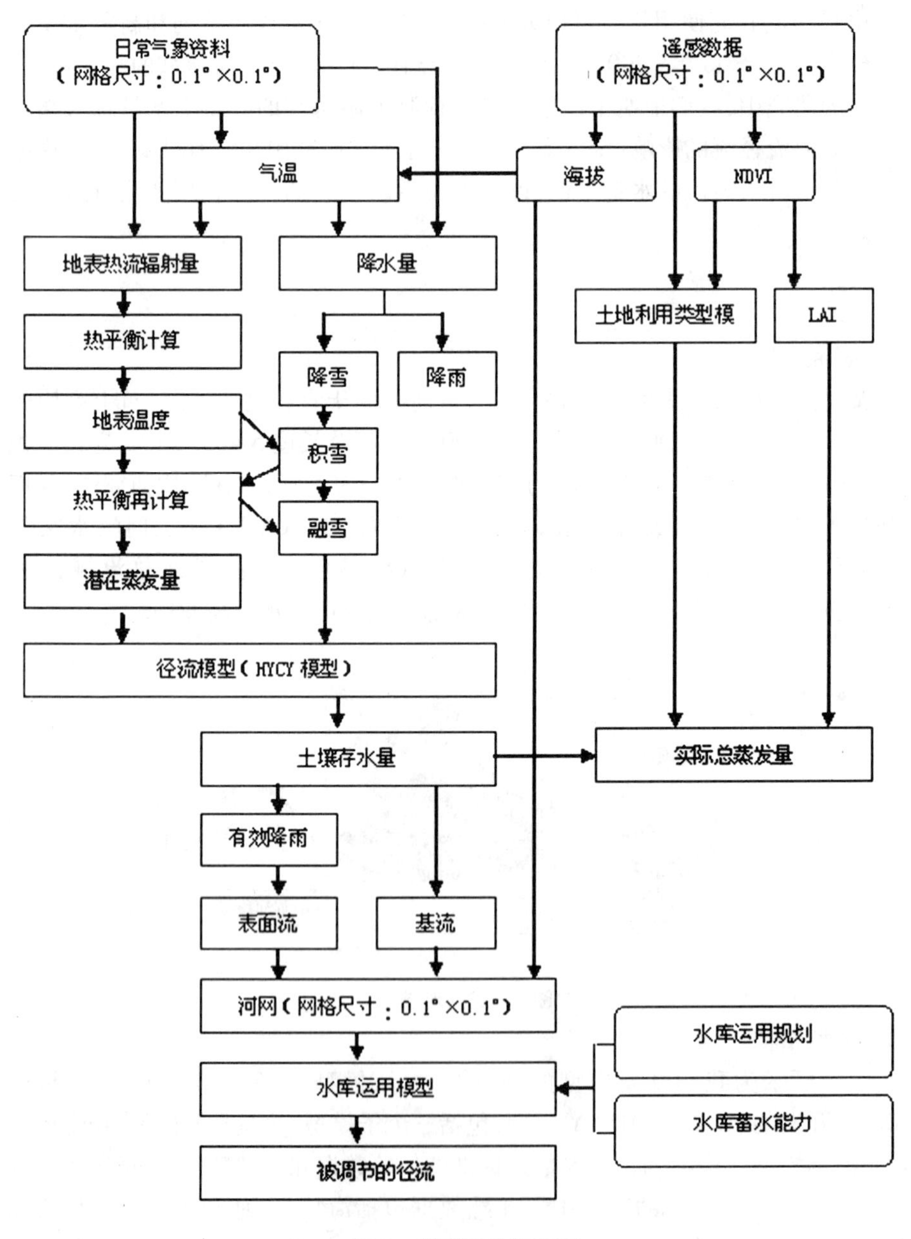

图 2　模型简单流程图

模型来估计水库出流,然后,灌溉期间从灌溉区域汇入的流量(Q_{irr})通过下式估算:Q_{irr} = 降雨量 (P) - 潜在蒸发量 (E_p),缺少的 Q_{irr} 流量从最近的河道中补充;非灌溉时段的流量计算与裸露土地一样。灌溉时段(DOY: 90 - 300)根据 LAI 的季节变化决定,有植被区域的 LAI 是从 NDVI 推导出的,NDVI 是用 Biftu 和 Gan 公式(2000)根据 2000 年每月的 NOAA - AVHRR 映象创造的。最后,为确定长时段土地使用变化的影响,根据 2000 年总植被面积引入了植被覆盖率(VCR)指数。为更精确地估计总蒸发量,我们使用了如下步骤:首先我们根据 Xu et al 的定义估计潜在的蒸发量(E_p),然后,每个植被表面在土壤不缺水情况下的总蒸发量(Evt)通过如下的 Kondo 公式(1998)计算:

$$Evt/Ep = 0.45 + 0.4\{1 - \exp(-1.5 \cdot LAI)\} \quad (1)$$

最后,实际总蒸发量 Ea 通过如下公式估算:

$$Ea = Evt \qquad (S_t \geqslant S_{max}) \quad (2)$$

$$Ea = (S_t/S_{max}) \cdot Evt \qquad (S_{min} < S_t < S_{max}) \quad (3)$$

$$Ea = 0 \qquad (S_t \leqslant S_{min}) \quad (4)$$

$$S_{max} = \{D_{50} + (D_{sig} \times 3)\} \times 0.5 \quad (5)$$

式中:S_t 为 HYCY 模型(Fukushima, 1988)中 $S_u + S_b$ 导出的总土壤含水量;D_{50} 为有效土壤深度(600 mm),D_{sig}是它的标准偏差(100 mm);S_{max}(450 mm) 和 S_{min}(100 mm) 为调整 Ea 的参数。这 4 个参数根据经验确定,其他参数设置成与初始的 SVAT - HYCY 模型相同(Ma 等, 2000; Sato 等, 2007)。

为模拟水流运动,一个网格单元中的河道被概化为一个单一河道,这个网格中的水流向它周围的 8 个网格点中比降最陡的方向流动。为简化河网水流的流动,水流流速根据经验设定为常数(0.6 m/s)。

3 算结果与讨论

3.1 模型模拟成果

在首次模拟(SIM-1)中,我们在所有的研究区域使用了一个固定的植被覆盖率(100%),但是,20 世纪 60 年代至 70 年代的模拟计算流量小于实际观测值。也就是说,我们的第一次模拟高估了总蒸发量。因此,为减少总蒸发量,我们在第二次模拟(SIM - 2)中将植被覆盖率修正到 50%。修正以后,模型可以较好地模拟出原型观测成果。在目前的研究中,我们使用如下的指数验证模型的模拟成果:

$$TWBE = (|\sum Q_{cal} - \sum Q_{obs}| / \sum Q_{obs}) \times 100\% \quad (6)$$

式中:$TWBE$ 为每年总的水量平衡误差(Fukushima, 1988);Q_{cal}和 Q_{obs}分别为计

算流量和观测流量。通过减小 *VCR* 值,20 世纪 60 年代和 70 年代的 *TWBE* 值分别从 15.4%(SIM-1)减小到了 3.4%(SIM-2),从 20.8%(SIM-1)减小到了 7.0%(SIM-2)。1964 年出现的意外误差可能是由于三门峡水库运用的人为影响,因而,我们发现在估算黄河流域中游河段长时段的水量平衡时,必须考虑土地利用变化和灌溉、水库运用。

3.2 黄河中游长时段水量平衡变化

图 3 所示为黄河中游长时段的水量平衡变化情况。这个河段的入流(INPUT)按 Q_{in}(上游来流,头道拐观测流量)+P(降雨量)计算,Q_{out}是该河段的出流量(三门峡站观测流量)。因此,假定土壤含水量没有明显变化,20 世纪 60 年代至 90 年代的蒸发损失(E)可以用 INPUT − Q_{out} 计算。一方面,入流减少了 370 亿 m^3,另一方面,出流量减少了 210 亿 m^3(小于 370 亿 m^3),因而,如果土壤含水量没有明显变化,总蒸发量(E)应该减少 160 亿 m^3。出流量在 60~70 年代以及 80~90 年代的快速减少(分别减少 90 亿 m^3、130 亿 m^3)可以用入流量的减少来解释(入流分别减少了 180 亿 m^3、210 亿 m^3)。出流量与入流量之比 Q_{out}/INPUT 从 23.1%(60 年代)减小到 15.2%(90 年代)。这意味着总蒸发量与入流量之比随着入流量的减少而增加。

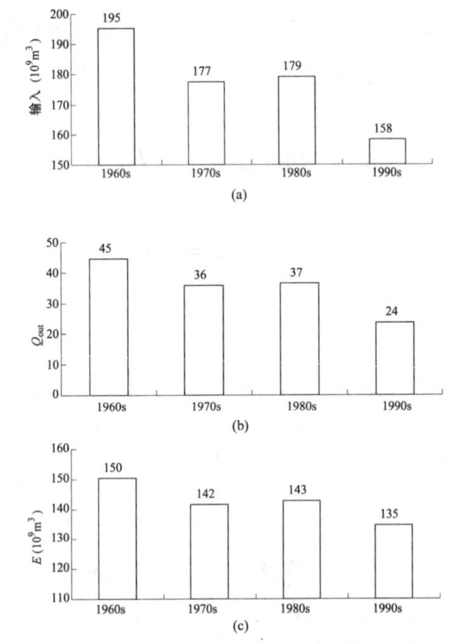

图 3　黄河中游长时期水量平衡变化

图 4 所示为模型计算的长时段河流流量变化(SIM-2)。通过与图 4(b)对比可以发现,模型可以较好地模拟出黄河中游长时段的观测流量。

图 5 所示为模型估算的长时段总蒸发量的变化(SIM-2)。从图中可以看出,在 60~80 年代,模型计算结果与根据水量平衡方程计算的实际总蒸发损失是一致的。但是,80 年代以后,模型计算结果与实际并不相符。我们假定这种差异是由于土壤含水量的变化引起的。图 3 中的总蒸发量是假定土壤含水量不变情况下,使用水量平衡方程计算的。另一方面,图 5 中模型计算的总蒸发量是与土壤含水量变化相对应的。图 6 所示为模型估算的长时段土壤含水量变化情况。从图中可以看出,土壤含水量在过去的 40 年中持续减小,90 年代图 3(c)和图 5 显示的总蒸发量的差异,可以解释为由于土壤含水量不足而调整的总蒸

发量。

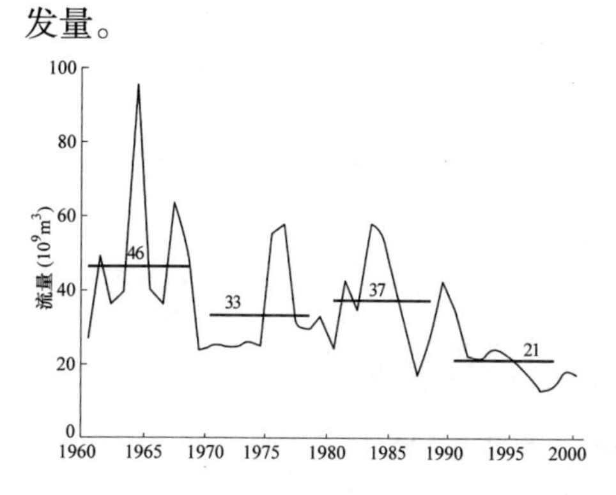

图 4 模型估算的流量变化
(SIM-2)

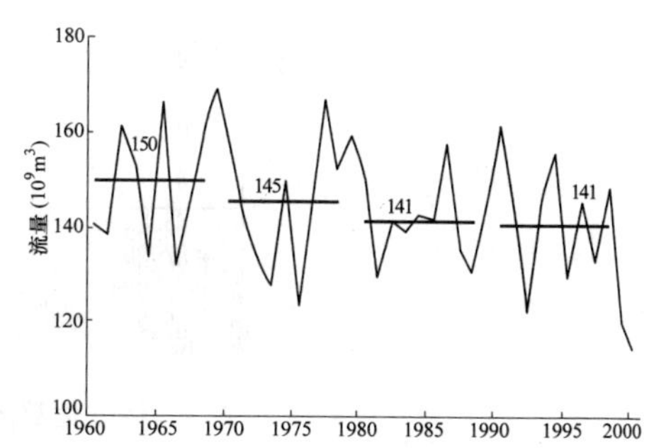

图 5 模型估算的蒸发量变化
(SIM-2)

图 7 为黄河中游长时段的降雨量变化。与图 5 对比可以发现,90 年代黄河中游几乎所有的降雨量(1 420 亿 m^3)都被蒸发量(1 410 亿 m^3)抵消。蒸发率(蒸发量/降雨量)从 60 年代的 88.8% 快速增加到 90 年代的 99.3%。计算结果显示,在过去 40 年里由于黄土高原水土保持导致的长时段大规模土地利用变化,将增加蒸发率。因而,模型计算的黄河中游支流产流量(Q_{trb})在过去 40 年里明显降低(图 8);产流比(Q_{trb}/P)也从 60 年代的 11.8% 很快降低到 90 年代的 3.5%。这表示不仅黄河下游干流河道在变干,中游支流河道也在变干。此外,计算结果也显示,黄河中游可利用水资源近些年几乎被耗尽,因此应该深切关注该地区并鼓励采取包括水资源综合管理在内的行动。

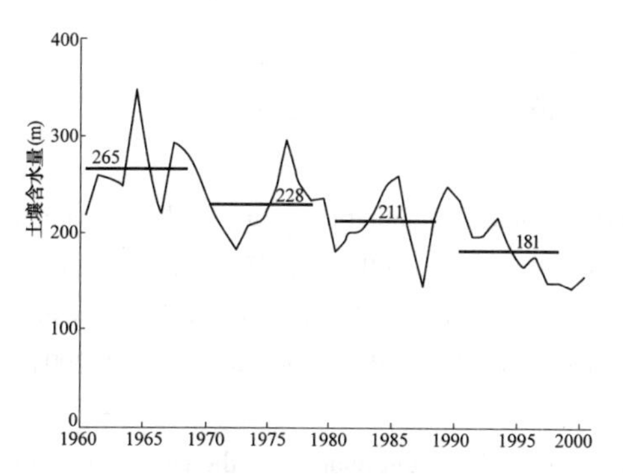

图 6 模型估算的土壤含水量变化
(SIM-2)

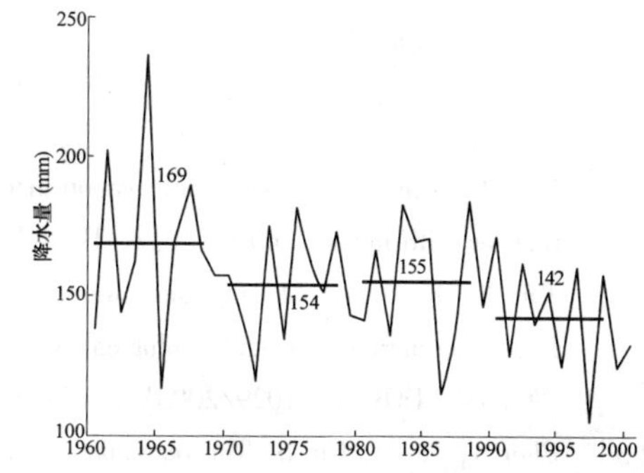

图 7 降雨量变化

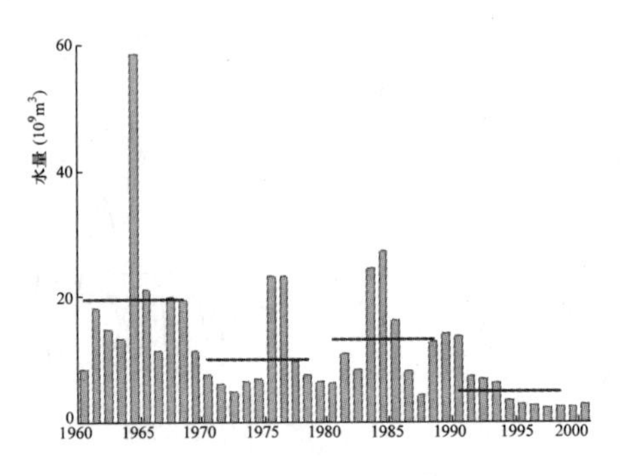

图 8　估型估算的黄河中游支流量

(SIM-2)

4　结论

通过本项研究我们可以发现,为了解黄河中游长时段水量平衡的变化情况,必须考虑长时段土地利用(植被)的变化。黄河中游可利用水资源近些年几乎被耗尽,黄土高原的水土保持不仅减少了土壤侵蚀,也减小了河流的产流量。

致谢:

本项研究得到了三个研究项目的支持:①人文和自然研究院(RIHN)的黄河项目;②由日本教育、文化、体育、科技部支持的一项调查黄河流域地表水变化(RR2002)的研究项目(以上两个项目的主持人为 RIHN 的 Yoshihiro Fukushima 博士);③中国国家重点项目:由中国科学院(CAS)刘昌明教授领导的 973 项目(G19990436)。

参 考 文 献

[1] Biftu G, Gan T. Assessment of evapotranspiration models applied to a watershed of Canadian prairies with mixed land-uses[J]. Hydrological Processes,2000,14:1305 – 1325.

[2] Cai X, Rosegrant M. Optional water development strategies for the Yellow River basin: Balancing agricultural and ecological water demands. Water Resources Research 40,2004, W08S04, DOI: 10.1029/2003WR002488.

[3] Chen J, He D, Cui S. The response of river water quality and quantity to the development of irrigated agriculture in the last 4 decades in the Yellow River Basin, China. 2003, Water Resources Research 39, 1047, DOI: 10.1029/2001WR001234.

[4] Fukushima Y. A model of river flow forecasting for a small forested mountain catchment. Hydrological Processes,1988,2: 167 – 185.

[5] Kondo J. Dependence of evapotranspiration on the precipitation amount and leaf area index

for various vegetated surfaces. Journal of the Japan Society of Hydrology and Water Resources,1998,11: 679 - 693 (in Japanese with English summary).

[6] Liu C, Xia J. Water problems and hydrological research in the Yellow River and the Huai and Hai river basins of China. Hydrological Processes,2004,18: 2197 - 2210. DOI: 10.1002/hyp.5524.

[7] Liu C, Zheng H. Changes in components of the hydrological cycle in the Yellow River basin during the second half of the 20th century. Hydrological Processes,2004,18: 2337 - 2345. DOI: 10.1002/hyp.5534.

[8] Ma X, Fukushima Y, Hiyama T, etc. A macro - scale hydrological analysis of the Lena River basin. Hydrological Processes,2000,14: 639 - 651.

[9] Ma X, Fukushima Y. Numerical model of river flow formation from small to large scale river basins. In Mathematical Models of Large Watershed Hydrology, Sigh VP, Frevert DK (eds). Water Resources Publications: Highlands Ranch, CO;2002,433 - 470.

[10] Matsuoka M, Hayasaka Y, Fukushima Y, etc. Land cover classification over the Yellow River domain using satellite data. YRiS News Letter,2005,4: 15 - 26.

[11] Ren L, Wang M, Li C, etc. Impacts of human activity on river runoff in the northern area of China. Journal of Hydrology,2002,261: 204 - 217.

[12] Sato Y, Fukushima Y, Ma X, Matsuoka M, Xu J, Zheng H. Analysis of long - term water balance of the Yellow River basin using the hydrological and water resources model - Impacts of the human activities -. YRiS Yellow River Studies News Letter,2006,6: 8 - 11.

[13] Sato Y, Ma X, Xu J, etc. Analysis of long - term water balance in the source area of the Yellow River basin. Hydrological Processes (in Press).2007.

[14] Xia J, Chen Y. Water problems and opportunities in the hydrological sciences in China. Hydrological Sciences Journal,2001,46: 907 - 921.

[15] Xu J X. Temporal variation of river flow renewability in the middle Yellow River and the influencing factors. Hydrological Processes,2005,19: 1871 - 1882. DOI: 10.1002/hyp.5652.

[16] Xu J Q, Haginoya S, Saito K, etc. Surface heat balance and pan evaporation trends in Eastern Asia in the period 1971 to 2000. Hydrological Processes 19: 2161 - 2186. DOI: 10.1002/hyp.5668.

[17] Yang D, Li C, Hu H, etc. 2004. Analysis of water resources variability in the Yellow River of China during the last half century using historical data. Water Resources Research 40, W06502, DOI: 10.1029/2003WR002763.

欧洲（ADRICOSM AND WAMARIBAS 工程）与中国（温榆河工程）流域一体化管理

Augusto Pretner[1] Alessandro Bettin[1]
Luz Sainz[1] Mao Bingyong[1] 甘 泓[2] 蒋云钟[2]
（1. SGI 工程咨询公司，意大利帕多瓦，DFS 工程公司，中国北京；
2. 中国水利水电研究院，北京）

摘要：文章阐述了流域一体化管理在欧洲意大利的 WAMARIBAS 和巴尔干半岛的 DRICOSM 上两个工程的实施，以及中国北京温榆河的修复工程。三个工程的共同目标是消除人类生活污水。工程采用最新技术监测和模拟这些水体的生活污水排入的水力、水质过程及卫生基础结构。结论是评价污染源和污染源对水体的影响以及运用最佳方法达到所要求水质标准的行动计划。作者从欧洲工程实施中所获得的经验为废水循环综合分析准备了最好的经验和生态技术装备，使得生态计划的开发成为可能。当前的温榆河工程趋向于开发一个可用于全中国类似情况以及世界其他类似需求的方法。

关键词：综合 河流 污染 污染水

1 简述

人类活动改变了生态系统的自然平衡并且最终导致了物种的灭绝和自然资源的退化减少。人口超过 100 万大城市的发展，其中一些在缺水地区，导致了严重的缺水和污染（除了农、牧、渔和工业发展导致的水土资源的紧张）。结果是，水源的质量下降和数量的减少、蓄水层持续下降，导致了河流和湖泊的干涸和污染，湿地变干，海水入侵内陆水体。从更深的地层抽水的需求和下降的水质、土质引起土地荒芜，这又极有可能导致沙漠化进而影响其生态环境。

加之气候变化和水资源分布不均等因素，急需出台为子孙后代保存水资源的可持续发展政策。对水的可用性的关注度，因气候变化，像极端的和频繁发生的旱涝灾害等破坏性的影响而增加。很明显，为了当前经济利益而破坏环境，我们已经付出了高昂的全球性的代价，将来还有可能更高的代价。尽管前景黯淡，但是我们还是有可能通过综合水资源管理,这是全世界认可的最好的水资源环境管理的实例,并已经成为欧盟关于保护水资源的立法基础——《水框架指南》。指南中认为,最好的综合水管理模式是流域——自然地理和水文单位——而不是行政的或政治边界。指南规定:流域管理规划应该建立并且要每6年进行更新,所有包括需要确保流域内地表和地下所有水体高质量状况的措施。

2 工程所采用的方法和技术

2.1 综合流域管理

流域水资源一体化管理(IWRM)是引导本论文阐述的三个工程实施的方法。

综合水资源管理方法是欧洲《水框架指南》实施的结果,要求所有成员国在它们的流域单位内评估所有水体的质量状况和设计,实施阶段性的流域计划以确保所有水体的高质量状况,在当今欧洲广泛推广。

《水框架指南》由适当技术、综合计划和利益相关人之间的合作支持,为可持续水资源管理设定了基础。它的主要原则是兼顾地表水和地下水,基于释放的限制值和接纳水体的质量标准,可供人借鉴并运用经济手段实现水利益价值恢复的一个“污染控制联合法”。

作者已经在工程实施中,就综合水资源管理,无论城市还是流域级,都获得了广泛的经验。特别是,他们在使用数字模型和优化水管理及废水利用方面一直很专业。

20世纪90年代后期,他们致力于废水综合利用——一个欧盟创新计划资助的项目,其目标是模拟废水循环的水动力学和单一组成水质综合数学模型,如城市水文地理,下水道、废水处理厂和接受水体。下面是解释由下雨开始直到变成废水——不管处理或没有处理——到接受水体的、多方面显示的、综合废水管理概念(见图1)。

基于这种认识,作者将其专业技术扩大到许多其他的项目上,其中一些是由欧盟环境生命规划资助的,其他的是由意大利环境部国际合作计划资助的。其中,ADRICOSM是一个地界标工程,由意大利环境部、陆海部和国际奥林匹克委员会及联合国教科文组织资助的,目的是提高亚德里亚海地区江河和沿海地区模型和监测技术。

过去那些年,他们公司其中一个目标是考虑废水下部构造的不同,使这种方法适应欧洲以外的国家。在意大利主要下水网和废水处理厂的设计与建设上的经验,已经证明是无价的。结合他们在废水总规划和使用高级监测与模型水力学及水质技术设计,他们已经开发了“环境计划工具箱”,优化减轻水体污染战略的一套方法和技术。

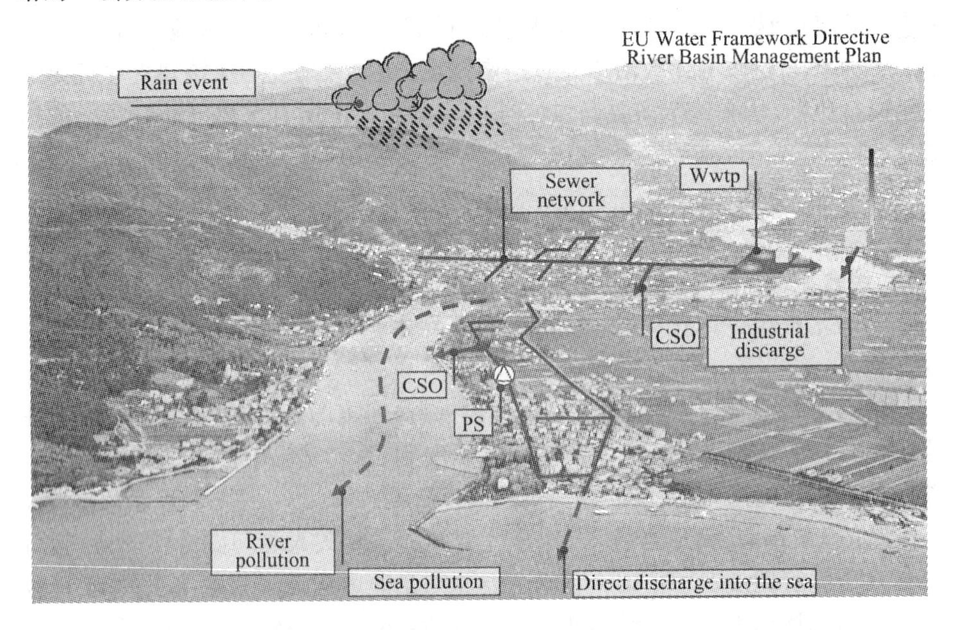

图 1　流域级的综合废水管理组成部分

2.2　环境计划工具箱

环境计划工具箱是最好经验和最好技术综合的结果。最好技术是指 DFS - SGI 已经在很多欧洲工程中运用,旨在治理接受水体(河、湖、沿海区)污染并使之适应其他国际环境的技术。环境计划工具箱现在正运用在要持续到 2008 年 4 月的北京温榆河重建工程中。

环境监测、模拟和行动计划工具箱背后的原则——环境计划工具箱——是给决策者提供管理和分析污染的相关数据的手段,以便于他们设计出划算的水质恢复规划。环境计划工具箱包括以下几条:

(1)流域地理信息系统资料库;

(2)监督控制和数据获得系统,用于测量水量的相关参数;

(3)基于现场和试验分析的水质检测系统;

(4)得到野外资料证明的河流水质水量数学模型;

(5)消除水污染物的行动计划。

这一章节的下一部分讲述环境计划工具箱的技术概述,特别是监督控制和数据获得系统、监测设备和数学模型。

2.2.1 监督控制和数据获得系统

监督控制和数据获得系统是一个过程控制系统，它让系统操作员能够监测和控制分别在不同遥远地点的过程。在综合流域管理项目范例中，监督控制和数据获得系统由安装的流量和水质监测设备网络结构组成。监测位置选择在能够提供在完整系统、构成下水道网、废水处理工程和接受水体的水力和水质过程的地方。这些位置包括下水道的水溢出泄水道流入接受水体的地方、废水处理厂的出水口、河流的关键界面等。监控器将这些数据传输到总站，数据得以分析，以便于做出防止污染的网络运行最优化方案（比如，关闭溢入河流的闸门，使用下水道网的存储空间阻止下泻污水流进河流等）。

监督控制和数据获得系统的四个主要组成部分是主控终端设备、远程终端设备、通信设备及监督控制和数据获得系统软件。主控终端设备，操作员手边的中心设备，能够使数据进行双向传输并可以遥控野外设备。远程终端设备，距离操作员遥远，用于收集野外数据（泵、阀、闸门、警报器等）并直接存储到主控终端设备。监督控制和数据获得系统软件包允许操作员浏览所有的系统警报、通知等功能，操作员也可以改变设置点、分解、存档或提出数据。

目前的监督控制和数据获得系统不仅可以控制程序而且用做测量、预警、编序、分析和作计划。目前的监督控制和数据获得系统必须达到自动控制的全新水平，而且能与以前陈旧设备的界面连接，还要灵活得足以改变应付明天的变化。设计得当的监督控制和数据获得系统能够通过免去服务人员到现场检查、收集数据或调整等，节省时间和金钱。另外，它可以包括实时监测、系统修复、发现并修理故障、延长设备寿命、自动报告生成和机电运行。

2.2.2 监测设备

综合流域管理项目基于对污染源的认识和它们对接受水体的影响。这涉及废水循环成分的物理和水质参数测量，如下水道、废水处理厂和接受水体。通常测量的一些参数包括降雨量、降雨级别和速率（如流速）、pH 值、悬浮固体、温度、溶解氧、氮、磷、重金属（如镉、铬、铜、铅、汞和锌）和化学参数。

与遥测网络一起构成监督控制和数据获得系统，这些项目通常定点导流和水质测量以便进一步了解综合系统和验证数学模型。综合流域管理项目使用的典型仪器包括用于下水道和河流的流量表、多参数水质探测仪、监测降雨量的移动测量表、水位表和便携式自动水质取样器。

2.2.3 数学模型

数学模型是允许操作员评估废水排入接受水体影响的分析工具。此前，数据收集主要包括地理、水流和水质勘测。收集的数据用来建立数据模型以便模仿下水道、废水处理厂和河流中的水流与水质。典型模拟资料包括系统的物理特性(地形学数据、河流横断面、粗糙系数、下水道和废水处理厂构成元素等),以及与水质相关的特征(污染浓度、差量系数等)。

模拟随每个项目的需要不同而不同,从单一的表现污染源河流模拟到下水道网、污水处理厂、河流和沿海地区的综合模拟。共同点是,无论简单的还是复杂的,模拟必须直接、清楚地展示废水设施和接受水体真正出现的过程。因此,模拟者必须仔细挑选模型,建立数据,而后验证模型参数。验证的模型一旦成为分析废水性能评估的工具,就可以确定污染的来源点,验证可选有效的解决方案。

图 2 显示阿尔巴尼亚首府——蒂朗(有 100 万居民)的 ADRICOSM 工程中的一些模拟数据,来自城市和工业集水区的污染严重影响了流经城市的 Ishem 河的环境质量。

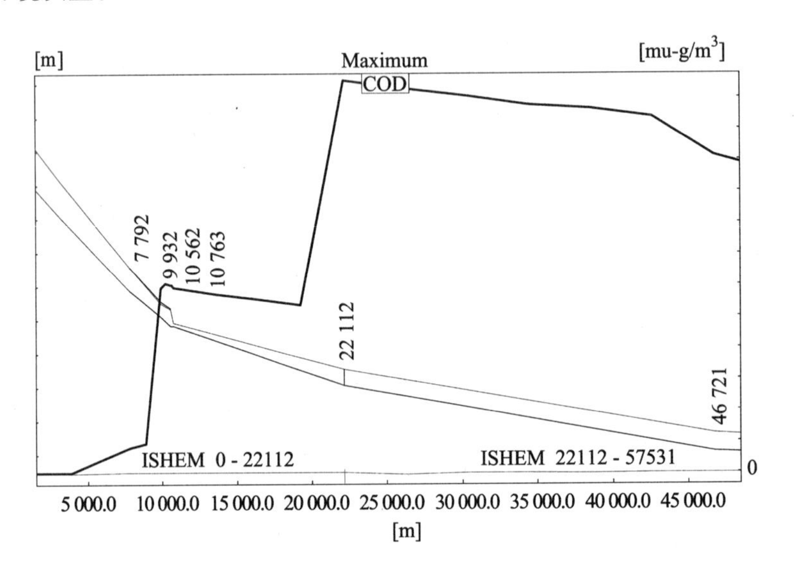

图 2　Ishem 河未处理废水排入影响突然增加处 COD 剖面图

3　欧洲的综合流域管理项目

这一节描述意大利 SGI 承担的欧洲综合流域管理项目中的两个。第一个是 WAMARIBAS,由欧盟的生命－环境计划从 2003 年到 2005 年资助的项目。

第二个 ADRICOSM 项目为保护亚得里亚海水质这个终极目标,已经在一些巴尔干半岛国家获得水管理权。使用高级别的数学模型验证现场数据,项目已经采用多数合适的措施研究从源头减少流域污染并对沿海地区带来积极的影响。以下内容给出两个项目更加详细的概要。

3.1　WAMARIBAS(流域级水管理)项目

WAMARIBAS 代表流域级水管理。意大利水框架指南通过在意大利三条河流域(见图3):撒丁岛的 Mannu 河、Marches 的 Foglia 河、西西里的 Salso - Imera 流域的实施推行了它许多原则,为本项目作了开路先锋。这些河流面临的问题,和许多其他国家和国际级的流域面临的问题类似,例如,废水排入污染、因农业、不能支持的河流开发和调水、旱、涝、海水入侵的扩散污染。

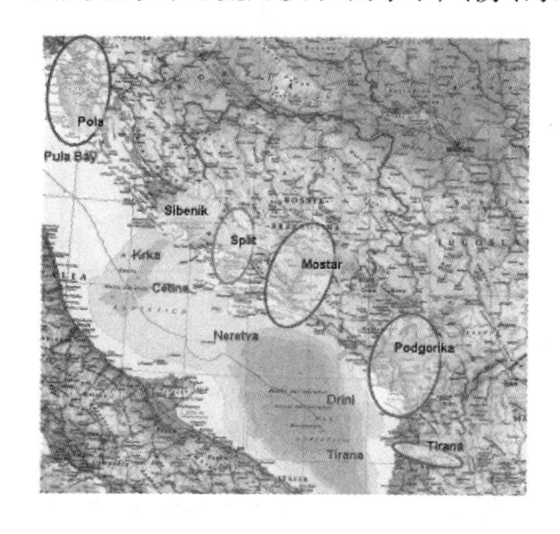

图3 流域级水管理项目研究地区位置

图4 ADRICOSM 项目研究地区位置

水框架指南,涉及的所有利益相关者,考虑到地表水和地下水交互作用,评估接受水体质量标准和为确保更理性用途水的经济价值规则的一种联合方法,在流域内综合管理所有水资源设定了框架 。流域级水管理项目,基于这些原则,通过在3个引领流域为水管理负责的9个组织的参与来进行。三流域水的管理包括水公司、市政当局、省级和地区团体、环保机构和工程顾问及研究员。各方为了识别提高引领区废水管理的最佳解决方案,致力于城市和流域级的接受水体污染研究。

本项目包括废水下部构造和河流的地形测量以便于发现下水道、废水处理厂和引领流域河流的特征。另外,水流和水质运动是从事下部构造和河流系统运行的调查。这些数据通过一套情报传递工具进行综合,即下水道、废水处理厂和河流的地理信息系统数据库与数学模型。这套情报传递工具允许相关的权力部门用来估计污染的来源与影响,并在试验流域内进行提高水质的模拟。数学模型工具在模拟未处理废水排入,特别是在降雨期间给接受水体带来的污染影响和帮助卫生系统下部构造最优化投资方面证明极为有用。例如,因为一次详细计算,阻止了首次洪流泄入接受水体暴雨水池,就节省了500万欧元。

3.2 ADRICOSM 项目

2001年,Adricosm 项目在亚得里亚海 - 爱奥尼亚动议内部,由意大利环境部支持,旨在推动7个滨海国家(阿尔巴尼亚、波斯尼亚 - 黑塞哥维那、克罗地亚、希腊、意大利、斯洛文尼亚和塞尔维亚 - Montenegro)之间科学协作的一次特殊行动(见图4、图5)。ADRICOSM 项目集中于亚得里亚海的保护,增强近海实时监测系统和近海大陆架海洋天气预报系统以得到海流、温度、盐度和其他物理参数。

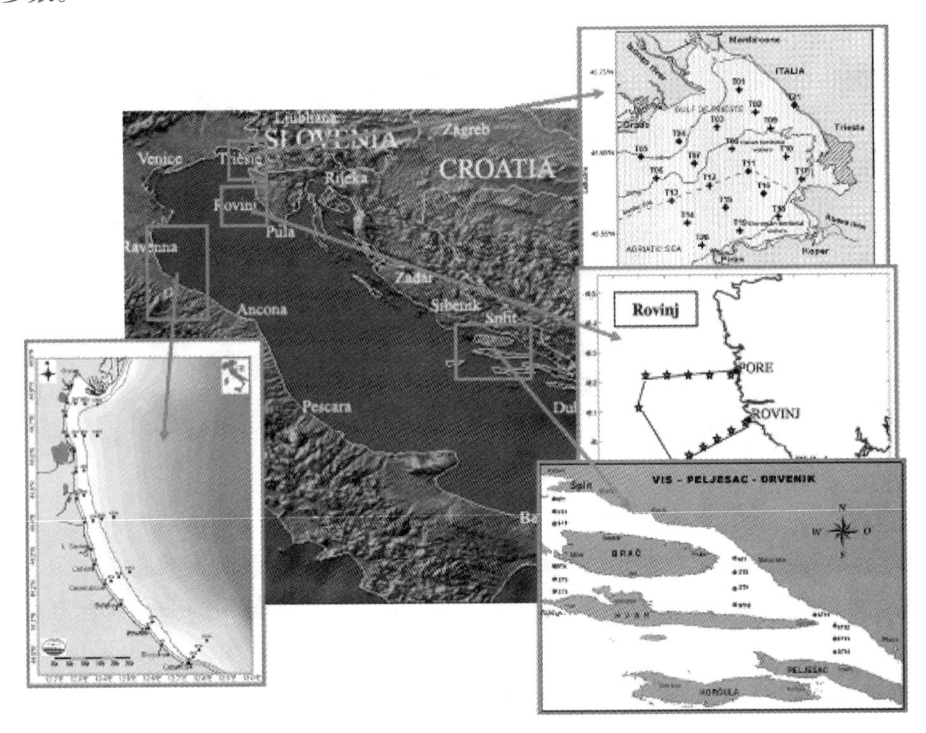

图5　ADRICOSM 项目研究点

通过数学模型和废水循环构成,如卫生设施和接受水体(河流和沿海地区)的监测,用于减轻以地面为基础的对河流和亚得里亚海沿岸地区污染的综合流域管理战略已经启动。ADRICOSM 项目从 Cetina 河流域一个小试验项目和分析 Split 城市污染开始。研究所展示的好处和它所激起的科学兴趣,导致了在克罗地亚其他流域(Bojana 河包括普拉湾和 Nerteva 河,这条河归克罗地亚和波斯尼亚-黑塞哥维那共有)、阿尔巴尼亚的一个流域(横穿首都 Tirana 的 Ishem 河)和 Montenegro 的一个流域(Bokakotorka 湾)的复制。此外 ADRICOSM 项目在2002年9月的约翰内斯堡可持续发展峰会上又签署了II型动议,这个由意大利环境和国土部签署的动议为河流流域和沿海地区可持续发展提供了一个范例。

在本项目所取得的成就中,最优化的废水下部构造可以用于防止下水道中未处理废水的外溢。图6和图7显示的是 Split 沿岸地区(克罗地亚),经历14天旱天流量后水流中的模拟 COD 浓度。颜色刻度显示 COD 浓度,受废水排放最大的(红)。另外,模拟结果显示 COD 浓度怎样因建造废水处理厂和废水储存库而戏剧性地减少的。

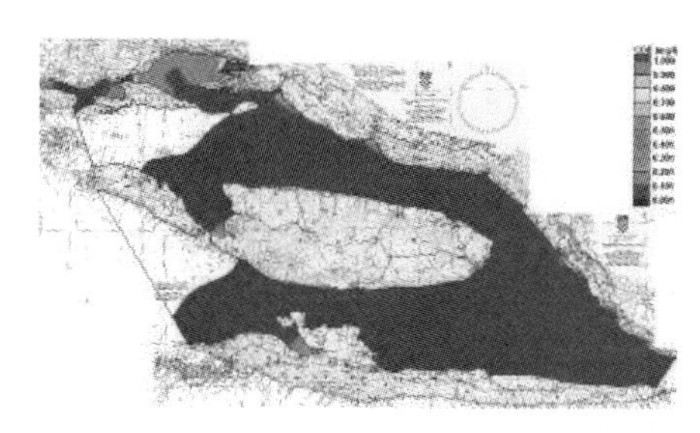

图 6　Split 沿海的 COD 浓度

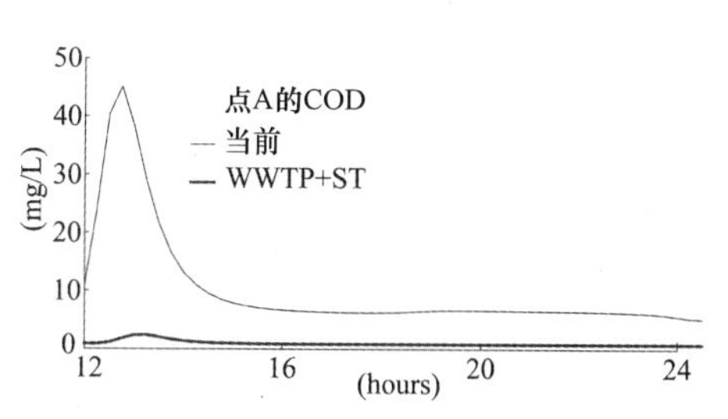

图 7　COD 浓度比较,当前情况下(上线),加以适当处理后(下线)

4　综合流域管理在中国的应用:温榆河项目

温榆河是北京的五大主要河系之一。它穿越昌平、延庆和海淀区,全长近 50 km。大约有 8 亿 t 废水排入,其中大部分没有经过处理。每年大约 3.31 亿 t 的废水排入,是北京总废水量的 1/3。定量分析估计负载的污染物约等于 500 万人口当量。

清河是温榆河最大的支流。排入清河的废水量几乎占排入温榆河废水总量的一半。清河主要的废水来自北三环、北四环、北五环、西北风景区、颐和园、中关村科技园、中国科学院、几个公立大学和学院。温榆河另外的污染源是机场工业区的 100 多家工业企业和来自 Houshayu Town、Gaoliying Town、Zhaoquanying Town、Tianzhu Town 的污水。

北京市环保局已经把控制温榆河污染放在了优先的地位,并且采取措施以确保温榆河上游和清河口以上达到Ⅳ类水质,清河口到温榆河终点达到Ⅴ类水质。北京市环保局在与 DFS - SGI 合作中,运用那套环境计划工具箱成熟的技术、行动监测、组织和分析污染源及影响信息,以达到有效缓解和修复行动计划的终极目的。在欧洲类似工程上获得的经验的基础上,SGI - DFS 已经建立起了环境计划工具箱,并通过在温榆河上应用,它将适应中国河系。这次的经验将有助于进一步将环境计划工具箱运用于其他面临类似污染问题的中国和其他国家的河流。

环境计划工具箱的内容包括流域 GIS 数据库基地、监督控制和数据获得系统、水质监测系统、由现场数据验证的河流水质和流量数学模型及减轻污染行动计划。

开始于 2007 年 4 月的这个项目计划延续到 12 月份,并分两个阶段实施:第一阶段,基于污染源特点和综合分析水系及流域水文、水利地质、水力特点,集中评估当前温榆河的水质状况。这个阶段的结果将被简化为监测水质和水量的水力、水质及基本的监督控制和数据获得系统的数学模型。基于第一阶段识别出来的关键问题,第二阶段将要进一步分析污染问题,以便进一步阐明包括考虑本地区的未来社会经济和环境需要,按照温榆河水质目标采取优先行动在内的河流流域管理计划。监督控制和数据获得系统将要被设计为支持整个流域的未来管理战略。

像此前描述的欧洲项目一样,水管理将是流域级的。荷载污染的宏观影响将在整个河流系统中得以评估。目前情况将绘成一个全图,并标注出受影响最大或者说最危险、要求更详细分析的地区。

本项目将要广泛运用革新技术像监督控制和数据获得系统、监测和模型系统,其水污染管理的成本效力已经过长期验证。这些工具将被用来适应地方特点和采纳各种组织的信息。综合流域管理项目最大的挑战,实际上是综合整个系统的所有信息,以便全面理解水体过程。

环境计划工具箱——“生态监测模型和行动计划工具箱”。由温榆河发展来的工具将要提供给北京市环保局,目的是让地方政府接受这些模型,使它们成为河流水质计划工具。从这个意义上来说,该项目将要完成其子项目并得出结论:增加水质保护意识,基于流域综合管理的高级别解决方法,以及环境计划工具箱的运用。

这个项目的另外一个重要的目的,是进行北京市环保局的能力建设,将要运用项目获得的模型和工具(监督控制和数据获得系统、地理信息系统、数据库等)进行培训。培训课程内容包括河流流域管理欧洲最优法和水质控制政策与法规。

5　结语

水是生命的基础。但是不可持续开发已经恶化了水质,使水量减少。许多年来,国际水团体支持流域级的综合水资源管理,采取全面的观点以提高所有水(包括地表水和地下水)的现状,鼓励运用水资源规划和管理的先进技术。

截止欧洲水框架指南的制定,作者在欧洲参与了许许多多提高接受水体的水质、优化资产管理、保护水环境项目的实施。使用高级别的方法和技术,收集城市废水结构和接受水体的水力水质过程的信息。结果,他们已经组合所有的工具和方法编制了环境计划工具箱——环境监测模型和行动计划工具箱。工具箱同意卫生设施管理人员和水保护机构收集与分析污染数据,以实现改善污水基础组织和减少污染行动计划的终极目标。

环境计划工具箱提供一个河流流域的地理信息数据库、一个监督控制和数据获得系统、一个测量水质的监测系统、河流(水质和水力)的数学模型和减少污染行动计划。

水污染的监督控制和数据获得系统,监测模型系统的成本效益已经得到验证。其发展使得通过综合途径优化水资源管理向前跨越了重要的一步。本文中描述了两个欧洲项目中取得的成就。项目所采用的方法分三个主要步骤进行阐述:识别危险地区(最严重的污染地区)、原因分析(污染源)和简述划算的解决方法(反污染行动计划)。环境计划工具的使用是这种方法有效实施的基础。

另外,本文讨论了环境计划工具箱如何运用于中国北京的温榆河水质恢复项目中。作者在环境计划工具箱的支持下,正在北京为北京环保局实施此项目,并要按照水质标准和未来水质计划,确定所要采取的直接行动。为此,北京市环保局的能力建设是这个重要计划的组成部分。作者希望环境计划工具箱在中国得到有效展示,并且能够有效地运用于解决中国和世界未来的类似问题。

参考文献

[1] Water Framework Directive, 2000/60/EC.

[2] Bettin, A., Pretner, A., Bertoni, A., Margeta, J., Gonella, M., Polo, P., The Irma concept applied to River Cetina and Split catchment, ACTA ADRIATICA, 2006.

[3] Bettin, A., Innovation Partners, Venice Pilot in the fusina catchment: Integrated management of the sewer system, wastewater treatment plant and Venice lagoon. 3 rd DHI Software conference, 7 - 9 June 1999 Helsingor, Danmark.

[4] Olesen, K. W., K. Havano. 1998. Restoration of the Skjern River. Towards a sustainable river management solution. Second International RIBAMOD Workshop, 26 - 27 Feb. 1998, Wallingford, U. K.

[5] Pretner, A., Serrani, C.. Progetto LIFE "WAMARIBAS" Water Management at RIver BAsin Scale", Maggio 2006, Il Sole 24 Ore, Ambiente & Sicurezza.

[6] United Nation Envrironment Programme, Mediterranean Action Plan, Priority Action Programme 2000. River Cetina Watershed and the Adjacent Coastal Area, Environmental and Socio - economic Profile.

[7] Water Research Center. 1987. A Guide to Short Term Flow Surveys of Sewer Systems. Nassco, Baltimore.

[8] Water Research Center. 2001. Sewerage Rehabilitation Manual. Nassco, Baltimore.

人造湿地在城市暴雨水质改善中的应用

Farhad YAZDANDOOST[1]
Mohammad ZOUNEMAT KERMANI[2]
(1. KNT 理工大学土木工程系水研究学院,
伊朗德黑兰市; 2. KNT 理工大学土木工程系)

摘要:浅层水湿地是自然生态系统一个主要和关键的组成部分。对于他们的优点和应用,人造浅层水湿地在城市暴雨水质改善上发挥着重要的作用就是一个很好的例子。暴雨产生的水通过输入人造湿地是一个很复杂的相互作用的治理过程,它包括化学、物理和生物过程。关于人造湿地的设计,水效率是一个重要的决定因子。关于湿地设计的适宜性,水效率变化范围是一个重要的评判标准。一个湿地的水效率能被看做它能治理多少水的能力。传统计算水效率值的方法是利用一个追踪器指示单位时间内出口浓度数量来获得。然而这种方法仅仅能应用在自然湿地上,因此,它是很有必要利用数学方法来模拟和评价各种潜在物理场景。

在这篇文章中,对于不同状况下(诸如人造障碍物与水流方向的位置等),水效率和湿地形状的关系进行了研究。同时,开发了一个基于浅层水平衡的二维平均水深模型。为了离散主要水平衡,在计算过程中,使用了方向交互式固有方案结合一个有限差方法。

关键词:人造湿地　城市暴雨水　二维模型　水效率　水保持时间

1　介绍

人工湿地主要用来治理各种液态废弃物, 诸如矿山液态废弃物、腐烂物体流出物等。首先我们需要考虑在合适的地方复原已经排干水的湿地或者建造新的湿地。湿地分很多类型,在这个研究中,目前主要考虑浅层水湿地。

浅层水湿地在改善城市暴雨水水质上有明显的作用。暴雨产生的水通过流过人造湿地的治理是一个很复杂的相互作用的过程,它包括化学、物理和生物过程。除了湿地的形状,许多因子影响湿地的水效率。在这些因子中,植被被认为是一个重要的影响因子,特别对浅层水湿地。

在设计人造湿地时,水保持时间概念也起到一个重要的作用。人造湿地的形状意味着二维水流特征,然而,假定水流通过湿地时是作为一个不连续的栓,可能这不能代表一个真正的水流过程。因此,整个水流应该被假定作为一个不同的水包裹体,每一个水包裹体在流经湿地时,将花费不同的时间,这依赖于它们流经的路径。因此,对于一个水包裹体而言,这不是一个单一的水保持时间。事实上,水力特征决定一个水保持时间分布。水流经湿地,特别是暴雨产生的水流经湿地的治理过程是很不稳定的。因此,一个更长的水保持时间意味着更有效的治理过程。

这个研究的目的是,在浅层水人造湿地系统中,研究和量化假定障碍物和水保持时间分布之间的关系,然后是与水效率之间的关系。一个二维水文模型被开发来研究湿地系统水效率与湿地形状关系。

2 浅层湿地的水力特征

2.1 水保持时间

在一个人造湿地系统中,水质改善的物理、化学和生物过程主要依赖通过湿地的水的流量,它能促进这个治理过程。因此,这个系统的水力特征对湿地改善水质的效率有明显的影响。许多湿地系统存在问题归结于他们弱的水力系统特征。

在理想状况下,栓塞流特征能被假定为一个湿地系统的水流特征。首先,它意味着进入湿地的所有水都在一个系统里,水在系统里存在的时间,就被认为是水保持时间。在理想的栓塞流状况下,水保持时间能用公式(1)表示:

$$T_n = \frac{VOL}{Q} \tag{1}$$

式中:T_n 为实际水保持时间;VOL 为湿地值;Q 为流量。

然而,在真正的湿地系统中,水流不能保持像一个单一的栓塞状态流过湿地系统。所以,以上描述的特征在水流经一个湿地系统过程中发挥重要的作用,影响每一个水包裹体在湿地系统中的水保持时间。此外,这些特征在湿地系统中的空间变化意味着水保持时间具有一个分布性变化过程,而不是一个单一的值。

2.2 水效率

一个湿地的水效率指水流经湿地治理的效率。Persson 等(1999)定义湿地水效率为保护追踪器在出口达到一个峰值与时间的比率。

$$\lambda = \frac{T_p}{T_n} \tag{2}$$

式中:T_p 为实际水保持时间。

Persson 等(1999)也认为湿地水效率是追踪器对湿地响应的一个很好的测量措施。而且,水效率 λ 提供了持续搅拌一个罐的估计值,目的是模拟水在一个湿地的运行过程。除了这些方法以外,另外一些在人造湿地中如何获得水效率的方法也被介绍(Yazdandoost 和 Zounemat Kermani,2005)。借助于这个方法,水效率能用以下公式计算:

$$\lambda = \frac{T_n}{T_{mw}} \tag{3}$$

式中:λ 为人造湿地的水效率;T_n 为实际水保持时间;T_{mw} 为平均总体水保持时间。

平均总体水保持时间指沿着湿地长所在方向每一个子部分的平均时间。为了获得每一个子部分的时间值,沿着湿地长所在的方向,利用直接平行线法把湿地分成几个部分。因此,湿地将被分成好几个区,每一区的面积是相等的。显而易见,所分区域越多,最终结果将越准确。

远行二维尺度模型以后,在 X 方向和 Y 方向的水流流速将能获得(分别为 u 和 v)。因此,在每一个线上的 X 方向和 Y 方向的平均水流流速能被计算得出(依赖于每一个栅格的间距)。这些参数能用 U_m 和 V_m 表示,值能用以下公式获得。

$$U_m = \frac{\sum_{i=1}^{n} u}{n} \tag{4}$$

$$V_m = \frac{\sum_{i=1}^{n} v}{n} \tag{5}$$

n 指每一个示意线上栅格的数目,m 指示意线的数目。

W_m 指光栅在每一个示意线上的平均流速,公式(6) 定义了 W_m。

$$W_m = \sqrt{(U_m^2 + V_m^2)} \tag{6}$$

因此,依照示意线的数目,一个相同的分区水保持时间,以下公式能计算它的值:

$$T_m = \frac{L_m}{W_m} \tag{7}$$

最终,通过以下公式,平均整体水保持时间能被计算:

$$T_{mw} = \frac{\sum_{m=1}^{I} T_m}{I} \tag{8}$$

I 指湿地中示意线的数目,因此通过公式(3),水保持时间能被计算出来。

3 二维尺度模型研究

如果想要准确了解水效率参数 λ 与湿地形状的关系,要求掌握水流在湿地系统中的详细特征状况。为实现这个目的,本文作者开发了一个牵引空间模型。

这个模型通过使用方向交互式固有方案综合在空间与时间范围内集合和动量守恒公式，解决了二维尺度平均浅层水深公式。在每一个方向和每一个栅格线上，公式矩阵都采用双重扫描运算法则。这个公式解决了在 X 方向和 Y 方向上二维尺度的扫描与变化。在 Y 轴方向的扫描，解决了 Y 方向的持续性和动力公式。具体过程如下，第一步，X 方向的扫描溶解被执行，目的是减少 Y 方向溶解，即所谓向下扫描。在第二步，则增加 Y 方向的溶解，即向上扫描。完成这些步骤后，则用同样的方式实施左扫描和右扫描。

这个模型使用一个直角坐标系统，它能计算不同湿地类型中稳定流的状况。一个有限差方法被应用来离散以上公式。

4 湿地系统中不同障碍物对水效率的影响

使用以上模型，在不同的状况下，作者对人造湿地的水效率系数进行了研究。

4.1 假定湿地中不同状况下孔深

为了研究水流通过一个矩形湿地过程中，不同深度的孔对水效率的影响，使用一个数学模型进行研究。

这里对 7 个不同外形的湿地进行了模拟，每一个湿地的表面积为 2 400 m^2，湿地水混合深为 100 cm。这些湿地将被认为是普通的湿地，在水深上不发生变化。模拟结果显示在表 1 中。一个稳定的水流输入每一个湿地，流量为 1 000 L/s，实际水保持时间都是 40 min。在所有这些案例研究中，输入流作为一个线性源被模拟，输入流和输出流在湿地宽度这个方向上是作为一个线性配置。在所有这些案例中，栅格尺寸在 X 方向和 Y 方向上都是 1 m。

表 1　湿地模型配置参数

湿地类型	长（m）	宽（m）	孔距进水口距离（m）	孔的长度（m）	孔的宽度（m）	孔所处的深度（m）
A1	86	28	—	—	—	—
B1	86	28	7	22	14	2
B2	86	28	7	22	14	3
B3	86	28	7	22	14	4
C1	86	28	14	22	14	2
C2	86	28	14	22	14	3
C3	86	28	14	22	14	4

水流通过湿地的方向显示在图 1 中。

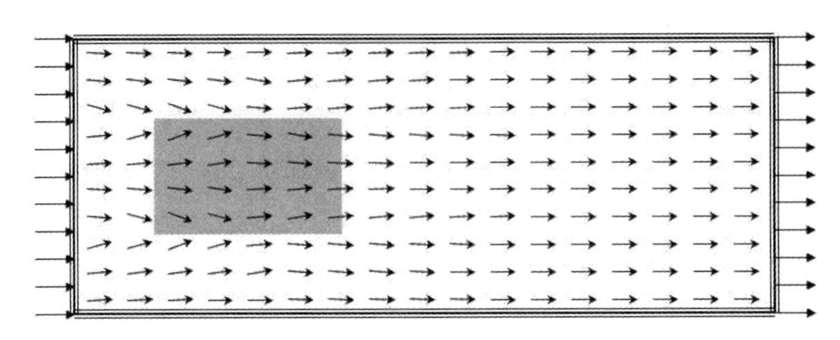

图 1　水流通过湿地的方向(B 和 C 系列)

模型对所有 7 个案例状况进行了模拟,模拟结果显示在表 2 中。

表 2　湿地模拟结果

湿地类型	实际水保持时间(min)	平均总体水保持时间(min)	水效率(%)
A1	40	40	100
B1	40	42.7	93.6
B2	40	43.7	91.5
B3	40	45.4	88.2
C1	40	41.7	95.8
C2	40	42.8	93.4
C3	40	45	88.9

结果表明湿地水效率受孔的深度和位置很强的影响。图 2 表明这个研究能预测相似条件下湿地的水效率。

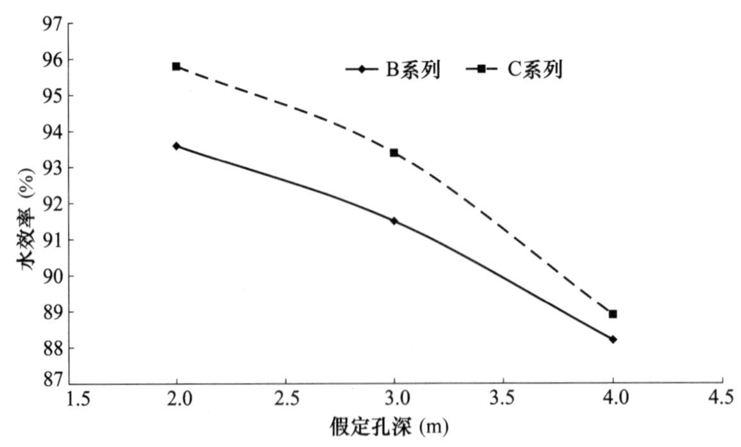

图 2　水效率与孔深的关系图

4.2 垂直流量方向阻水坝对水效率的影响

为这个研究,我们假定5个不同类型的湿地。在每一个湿地中,都建造一个14 m长的阻水坝。但是每一个湿地坝的位置都不相同。在每一个假定的湿地中,在湿地中部垂直面上,流入和流出水流被假定为一个水流下沉和水源源头。为了更好地比较不同湿地研究结果,A2类型湿地被假定为一个没有建造拦水坝的实际湿地。表3显示了不同类型湿地所有特征和研究结果。

表3 关于不同拦水坝状况下水效率值

湿地类型	拦水坝距进水口距离	实际水保持时间(min)	平均总体水保持时间(min)	水效率(%)
A2	—	40	80	50
D1	14	40	61.6	65
D2	28	40	66.5	60
D3	42	40	69	58
D4	56	40	69	58
D5	70	40	70.2	57

水流通过湿地的方向显示在图3中。

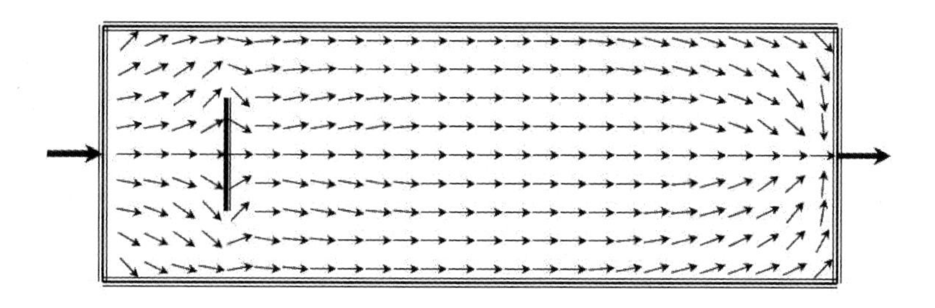

图3 水流通过湿地的方向(D系列)

在不同湿地类型中,不同阻水坝的组合所导致的水效率加强系数的变化结果显示在表4中。

表4 水效率系数与阻水坝距离比率关系

湿地类型	A2	D1	D2	D3	D4	D5
从水流入口到阻水坝的距离与湿地长度的比率	—	0.16	0.32	0.48	0.65	0.81
水效率加强系数	1	1,3	1,2	1,16	1,16	1,14

显而易见,从表 4 我们能发现,阻水坝的存在对湿地水效率系数提高产生了重要的影响。图 4 显示了不同类型湿地的水效率提高比例。

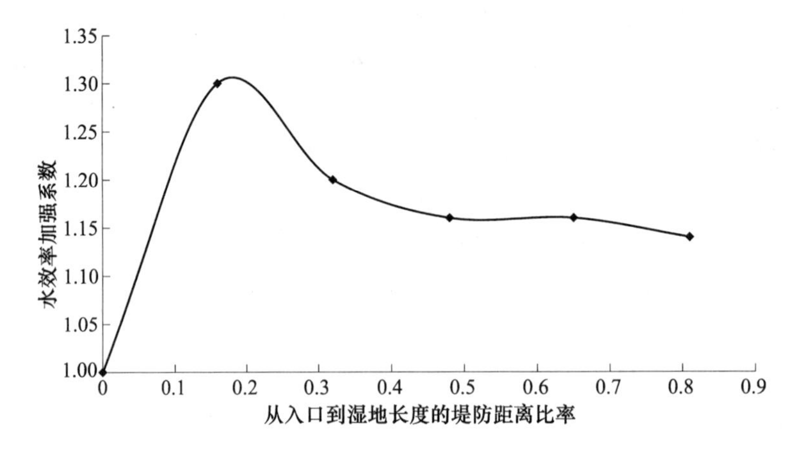

图 4　水效率加强系数值图

4.3　假定阻水坝以一个 Z 字形进行布设

已经被证明,阻水坝能提高和加强湿地水效率系数。在图 5 中,一个更进一步的阻水坝布设被研究,在一个人造湿地中,间隔 14 m 布设 3 个阻水坝,并且以一个 Z 字形进行布设。结果表明,对比没有阻水障碍物的湿地,这种湿地提高了 14% 的水效率(见表 5)。

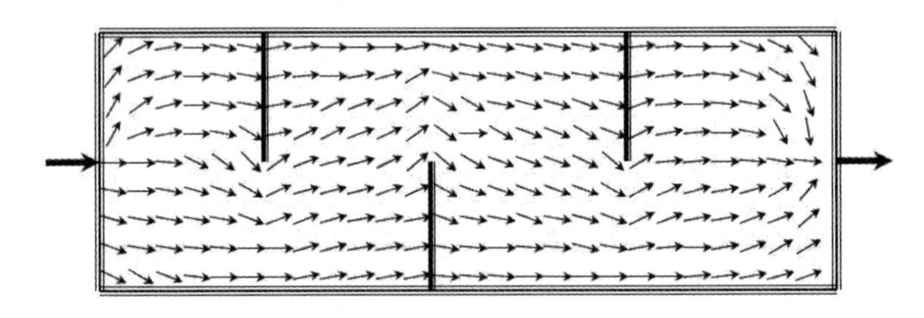

图 5　水流通过湿地的方向(E 类型)

表 5　在一个以 Z 字形进行布设的阻水坝湿地中的水效率

湿地类型	实际水保持时间 (min)	平均总体水保持时间(min)	水效率 (%)
A2	40	80	50
E	40	63	63.5

5 结语

浅层水湿地是城市暴雨水质改善基础设施的一个重要的组成部分。科学合理地设计人造湿地系统,要求很好理解和掌握水质改善的治理过程,也就是要详细搞清楚水流在流经湿地的特征。在这个研究中,一个数学模型被应用在一个人造湿地中,目的是量化水效率与阻水障碍物布设之间的关系。结果表明水效率受存在的阻水障碍物影响。比起底部光滑的湿地,一个底部比较粗糙的湿地有更差的水效率。研究结果也显示阻水坝能提高水效率系数,因此它对人造湿地的设计有更好的实践指导作用。

参 考 文 献

[1] G. A Jenkins. , "The Hydraulic Efficiency of Artificial Wetlands", School of Environmental Engineering, Griffith University Press.

[2] L. G Somes Nicholas, "Numerical Simulation of Wetland Hydrodynamics", Department of Civil Engineering.

[3] Monash University, Environment international, 1999, 25(6/7): 773 – 779.

[4] P. Wachiniew , P. Czuprynski , P. Maloszewski & T. Ozimek. , "Hydraulic Characteristics of a Constructed Wetlands", Faculty of physics and Nuclear Techniques, University of Mining and Metallurgy, Krakow, Poland, Geophysical Research Abstract, 2003, 5.

[5] Yazdandoost & Zounemat Kermani, "Evaluating the Hydraulic Efficiency in Artificial Wetlands" XXXI IAHR congress, Seoul, 2005

南亚贫困及洪水泛滥地区农业快速发展战略*

KAMTA PRASAD

（资源管理和经济发展研究院，印度德里）

摘要：南亚是世界上贫困人口集中区域。在南亚，贫困主要集中在恒河—雅鲁藏布江—梅克纳河流域易受频繁发生的洪水影响的区域，主要包括孟加拉国、尼泊尔和印度东部地区。农业是该受影响区域的主业，但是农业生产的效率很低。因此，该文章旨在探索有效利用冲积平原农业经济的潜能，降低洪泛区居民遭受洪水袭击的脆弱性，提供有利的时机保证食品和生活的安全，进而减轻贫穷，提高生活质量。文章重点提出两种战略，首先，发展不受洪水影响的或者是耐受洪水的作物，从而减小洪水带给农作物的损失，提出的办法有改变作物的耕种期、作物类型和相应的农业活动。提出了几个备选方案。其次，在没有洪水发生的月份通过利用提出的备选方案加强农业生产。这包括把发展依靠技术和其他基础及服务设施的灌溉业作为最重要的因素。一些问题诸如战略适用的范围以及如何付诸实施已经进行了论证。

关键词：洪水管理　农业生产　减轻贫穷　策略　南亚

1 引言

尽管近几年在南亚一些国家，特别是印度出现了高的出生率，大部分人口的贫穷依然是这些国家的一个主要问题。在南亚，贫困人口很不均衡地集中在恒河—雅鲁藏布江—梅克纳河流域易受频繁发生的洪水影响的区域，主要包括孟加拉国、尼泊尔和印度东部地区。频繁发生的洪水以及所用发展战略的失败是造成这些遭受洪水灾害区域贫穷的主要因素。

洪水给人类、牲畜、作物、房屋设施和公共财产所造成的物质与经济损失是巨大的。除此之外，洪水还会导致频繁的人员和牲畜的伤亡及流行病的发生。尽管政府部门和其他机构提供了食物、避难场所和其他一些帮助等减灾措施，但

* 本文资料部分来源于世界气象组织在日内瓦资助的一项研究“2003～2005 年南亚地区社区参与式洪水管理”，谨此向世界气象组织致谢。

是这些措施既不充足也不及时。而且,对洪水高发区域的社会经济发展还会存在长期的副作用,从而导致贫穷和食品安全问题的长期性。这主要是因为,这些区域的农民尽管把农业当成赖以生存的主业,但是担忧在农业上进行长期投资,因为一场洪水就会把他们用的肥料和其他化为乌有。在公路和铁路上的投资也同样会受到这样的影响。因此,这些地区一直保持经济倒退的局面,在受教育、饮用水安全、健康及卫生条件等社会发展指标方面落后于其他地区。饮用水主要从水槽、池塘、水井及浅层抽取获得,在洪水暴发期间这些水很容易被污染。通信设施得不到很好的发展,财政部门在这些地区没有大量的投资。因此,在这些负面因素影响下,印度、孟加拉国和尼泊尔等遭受洪水严重影响的区域就很容易造成贫困的局面。

毫无疑问,洪水也有有利的一面,像淤积细沙(溶解有农业生产、人类、动物废弃物),增加土壤肥力,增加土壤水分,补充地下水,池塘和水槽中被充满,这些水对养殖业和灌溉都有用途。但是,从公众对洪水控制的要求可以推断出洪水有利的一面很明显低于损失。因此,减轻洪水灾害、提高生产效率的措施是必要的,当然,在制定这些措施时,也需要考虑洪水有利的一面。

2 洪水管理的教训

目前,全世界已经获得了大量的应对洪水的经验。主要的洪水管理方法包括工程的和非工程的,这些方法已经在世界上的一些地方试行过,但获得的成功经验却是有限的。在南亚也是如此,在一些被保护,认为不可能遭受因决堤造成洪水的地方也经常出现洪水。因此,虽然防洪措施在加强,但是在南亚受洪水影响的面积基本上保持不变。所以,几十年前乐观地认为洪水可以永久根治的想法现在已经越来越不现实,那就是完全根治洪水是不可行的。在易遭受洪水的区域的人们的脑海中就留下了与洪水共生的印象。当然,他们必须学会好的求生技术,以便把洪水造成的伤害降到最低。换句话说,这就是意味着更大程度的依靠非工程措施,发挥这些措施的功效。

3 文章涉及的范围及研究区域

由于篇幅限制,本文仅分析一种非工程措施,即改变耕作战略和农业实践,从而减少受损农作物,增加作物产量。该文章旨在探索有效利用冲积平原农业经济的潜能,加强农业生产,进而减轻贫穷,提高生活质量。该文章的研究范围限于南亚经常受大洪水侵袭的地区,这些地区应该是南亚恒河—雅鲁藏布江—梅克纳河冲积平原,具有最高的洪水发生密度。这些区域易发洪水的面积占其地域面积比较高的比例。在孟加拉国和印度的比哈尔邦及阿萨姆邦一半以上的面积是易发洪水区域。

4 洪水高发区域农业发展基础

选择区域的显著特征是把农业作为支柱产业和最主要的生产活动。80%以上的人口为农民,在某些区域,这个比例超过了95%。此外,在这些区域,农民占总人口的比例远高于其各自国家的平均水平。农业是他们生活的主要来源,但是农业生产力水平却非常低,而人口密度却非常高,在南亚地区属于最高,在全世界也是最高之一。例如,在2001年,印度比哈尔邦一个洪水高发区的人口密度是1 310人/km^2,但是全国的平均水平是324人/km^2。因此,人均产值非常低,从而导致了大范围的贫穷。由于农业是优势产业,农作物产量损失就构成了洪水所造成的最重要的一部分损失,表1给出了印度的一些情况。受损农作物的面积占受灾总面积的60%左右,农作物损失的价值占总损失的77%(见表1)。

表1 1998~2001年间由洪水引起的农作物损失估算

项目	年份					平均
	1998	1999	2000	2001	2002	
总受损面积(m. hm^2)	9.1	4.0	5.2	3.0	2.9	4.8
农作物受损面积(m. hm^2)	5.9	1.8	2.9	1.9	1.3	2.5
农作物面积占总面积的比例	64.8	45.0	55.8	63.3	44.8	58.3
洪水造成的总损失(百万卢比)*	26 746	18 392	7 484	8 044	10 022	14 138
农作物损失(百万卢比)	23 725	16 632	4 467	4 467	5 471	10 952
农作物损失占洪水造成的总损失的比例	88.7	90.4	59.8	55.5	54.5	77.4

*因道路冲毁造成的损失不计在内。

资料来源:中央水利委员会。

注意:数字是临时的。

5 改变耕种和土地利用类型,减少农作物受损程度

如果在南亚因洪水所造成的损失中农作物损失占很大的比例,那么任何减少农作物损失的措施都是对当地居民有利的。因此,在减少农作物受损方面有以下建议:

如果当地农民种植甘蔗和黄麻等耐水作物,损失就会减少。混合耕种是另外的一种战略。如果两种或者三种具有不同需水量和不同收割时间的作物混种

在同一块地里，那么如果发生洪水，一种作物可生存下来，另一种就会死去，反之亦然。这种方法在印度比哈尔邦的洪水高发区的一些地方已被采用。这些地区的农民在洪水高发区的低聚水区混种大米或者大米和黄麻，这样可以在同一块地上得到双倍的利益。

如果农民种植在洪水季节到来之前能收割的速成作物 Ahu 和 Aus 稻子(在孟加拉国和印度的阿萨姆邦及东部的孟加拉国)、玉米、油菜、甜薯和香料等，农作物遭受的损失可能会减少。为了应对突然发生的洪水，另外可以采取的一种办法是提前收割未成熟作物，像玉米可以作为饲料。第三种办法是种植洪水过后可以立即进行移植的作物。鉴于此，农民可以把种子保存在容器内挂在房顶或者是存放在不发洪水的亲戚或朋友之处，以便在洪水退后使用。这些种子也可以放在海拔高一些不容易淹没的地方做育种准备，洪水退后，这些生长在高地上的秧苗可以迅速移植。在选择此类高地时需要仔细进行。利用这种种植避开洪水期生长或者耐洪水作物的方法可以使洪水造成的损失最小化。从这个意义上讲，一个地区为满足以上降低损失的目的，从而制定自己的农业活动时间表，是非常有用的。在准备制定这个时间表的时候需要与农业专家磋商。

损失的范围也可以通过种植树木、药材和园艺植物加以降低。例如，非食用香蕉树可以作为木筏的制作原料，在洪水期间可以作为交通工具。耐水的园艺植物可以有另外的用途，像桉树、阿拉伯胶树等在一些低洼地区，特别是铁轨、道路、运河和河流两侧，可以发挥生物排水器的功能，饲料生产也可以减少洪水造成的损失。

损失也可以通过土地轮耕降低。容易受洪水影响和积水的低地可以发展不易受洪水影响的水产业和养鱼业。提高水产养殖业的产量，当洪水侵袭时，可以在其他农业活动遭受损失时，增加收入。也有一种担忧，当洪水暴发时，鱼可能会被水冲走，从而给养殖者造成财产损失，但是，为防止这种情况发生，可以采用网式养殖的技术方法，通过网或者是提高池塘高度的方法实现。采用哪种方法决定于费用的高低。为了加强水生养殖和鱼类养殖，当地居民应该在一定的时间间隔内根据池塘的淤积程度进行清淤。需要注意的是织网同样能给村庄里从事该项活动的人带来收入。因此，织网应该在洪水季节来到来之前完成。

家禽养殖对洪水高发区域也是有利的，在洪水期间没有其他收入来源时，该项活动能够补贴家庭收入。家禽养殖好于其他的长处：在洪水期间可以随着人们迁移，因此就能够持续提供收入。

6 通过加强灌溉提高作物产量

过去的经验表明，先前倡导的耐洪水作物和避开洪水期生长的作物的产量一般情况下低于其他品种。这就是这些品种越来越不受欢迎的原因,而且随着高产量新品种作物的发现,这些品种就消失了,但是高产量新品种作物还是易受洪水的影响。因此,农民感兴趣的是采取种植耐洪水和避开洪水期生长的作物及在洪水不发生时种植高产量的作物相结合的办法。

这种方法的适用范围很明显地取决于不发生洪水的持续时间,持续时间越长,就越适用。在南亚的洪水大部分仅限于一年的 3 个月的时间,即 6 月、7 月和 8 月。剩余的 9 个月或者说 2/3 的时间没有洪水,这段时间可以很好地利用水和土地资源。不发生洪水的时间可以通过加强排水的方法得以延长,通过加强排水能力可以将积水更快地排掉。

然而,不发生洪水的月份刚好是旱季,特别是这段时间的后一部分土壤湿度不够。由于土壤湿度不足,在这段时间进行农业耕种是没有很大利益可图的,只有通过灌溉才能得以补偿。由印度规划委员会于 1985 年成立的研究小组已经关注到印度东部各州易发洪水区域灌溉不足问题。有效的灌溉不仅能让农民延长作物的耕种期,增加耕播面积,而且也能够提高每公顷土地上的作物产量,因为产量的变化与充足的水分成正比。在这种情况下,农民就不会仅仅去考虑不种或种植低产量作物损失的补偿问题,因为在这些区域灌溉种植作物的产量大约是不灌溉种植产量的 1.5 倍,见表 2。

表 2　印度易发洪水区域灌溉种植和干旱种植主要农作物产量

作物	产量(kg/hm^2)		
	不灌溉	灌溉	灌溉种植产量占不灌溉种植产量的百分比
阿萨姆邦			
秋稻	1 172	2 008	1.71
冬稻	1 413	1 419	1.00
黄麻	1 716	2 140	1.25
小麦	1 246	1 520	1.22
比哈尔邦			
秋稻	1 068	1 569	1.47
冬稻	1 229	1 688	1.37
小麦	1 621	1 997	1.23
孟加拉邦			
秋稻	1 622	2 319	1.43
冬稻	1 730	2 200	1.27
黄麻	1 815	2 272	1.25
小麦	1 263	2 250	1.78

资料来源:印度主要农作物及面积,印度农业部经济统计董事会,新德里。

7 洪水高发区发展灌溉存在的问题及改进建议

过去,灌溉主要依靠运河和地表水进行。由于灌溉管理部门认为向洪水高发区域提供依靠运河和地表水灌溉的设施是一种浪费。原因很清楚,洪水不但损坏运河的基础设施,从而导致运河经常性地决口,而且使运河严重的淤积,导致灌溉可用水量的减少。然而,这些不足在利用地下水进行灌溉时就不会出现。因此,利用地下水灌溉在过去30年的时间内在南亚地区已广泛使用。利用地下水灌溉在洪水高发区被认为是非常好的方法,因为这些区域有足够的浅层地下水。因此,目前在洪水高发区存在的灌溉问题也可能会转化为一种机会。

通过管井开采地下水需要电和柴油机,两者在这些地区不可能经常得到保证。因此,在这些地区,合理安排电和柴油机或者其他动力形式的充足供应,势必会加快农业生产的步伐。另外一个不足是农民的社会经济条件和现有的技术条件没有得到合理配置。大多数农民只有很小的土地拥有量,一个家庭平均小于1 hm^2。这样的话,让他们按市场标准大小建管井就不经济。为了解决这个问题,农民可以联合建井,这种方法可能不容易管理,也可以从其他地方买水。这样的方法在冲积平原不适用。也许是因为即便管井灌溉方法设施已经得到了很大范围的推广,但也不能使南亚洪水高发区域取得很大的收效。

幸运的是,一种廉价的抽取地下水的方法在近几年已经开发出来,这种方法适用于冲积平原地下水水面很浅区域的小农户。脚踏式提水技术在孟加拉国普及得很快。费用在2.0~2.5美元之间,即便是比较穷的农户也能承受得起。这种技术不需要油料费用,男人、妇女甚至正在长大的孩子都能很熟练地操作,能够灌溉半英亩的蔬菜或者是稻子。正如 Tushar Shah 说:“脚踏式提水技术是一个典型的通过使用地下水灌溉,明显改进特困地区群众生活的例子。”对于边远地区的农民,可以有12~15美元的结余,收益费用比为5,内部收益率100%。没有其他的技术可以和脚踏式提水灌溉相比,通过脚踏式提水技术或者其他相似技术进行灌溉可以在洪水高发区非洪水季节相当可观地提高农业收入。

同时,也应该开发其他灌溉形式,包括提水计划及建设大型管井。涉及的经费需要由政府资助,建成后,这些设施交由农民合作社或者是用水协会按照自己的模式进行运行与维护。

8 技术改良

改良的种子加上有效的灌溉可以得到很好的回报。在印度,特别适用于洪水高发区域的改良技术还没有到位。虽然玉米在全国的大部分地区都有种植,而且对洪水高发区域特别重要,但是研发出的改良玉米品种在这些区域也不适用。由于没有经验,这些品种浸泡在水中只能存活几天,而且插秧深度很浅,尽管如此,在改良耐洪水传统玉米品种方面也还没有作太多的努力。

水生植物像芡实(睡莲科一年生水生草本植物)和水栗子(印度水体中的栗子,果子可食用)特别适用于洪水高发区域,但是它的处境同样糟。最近一项研究表明,芡实是一种典型的生长在印度巴哈尔洪水高发区域的水生植物,它的种植不需要任何技术革新。芡实的种植是为了在市场上出售,而且在城市有很好的销路,是农民的重要经济来源。然而,芡实的种植采用的仍然是几千年前的技术。芡实生产是一个高劳动强度、耗时和耗力的工作。整个过程包括种植、采摘和处理等的完成全部依靠人工,没有任何机械设备的支持。人工费占产品费用的 82% 。印度农业研究理事会,印度作物研究的最高机构,没有对洪水高发区域作物调查研究中存在的问题进行过详细的记录,只是最近在比哈尔首府巴特纳建立了一个芡实研究中心。在洪水高发区,水栗子和其他典型的水生植物与芡实的种植有着同样的情况。因此,在南亚洪水高发区域强烈要求提高作物栽培的技术。

另外还存在一个问题,经常性的洪水侵袭已经让当地的居民产生了宿命情绪,从而怀疑任何新的观念和技术。因此,仍然需要持续不懈的努力,在洪水高发区域向农民传播技术知识,可以通过研讨会、培训计划、邀请农民代表参观先进地区的办法,让农民认识到实施耕种战略在减少农作物损失和在非洪水季节提高作物产量方面所带来的潜在变化。

9 基础设施及服务支持

灌溉和技术改良,再加上使用肥料、杀虫剂以及市场支持、良好运输条件等能提高产量。在外部条件和服务设施方面,洪水高发区域落后于其他地区。洪水对他们造成的经常性的伤害增加了外部条件供应和服务设施维护的费用。因此,在过去管理部门认为没有必要在这上面进行投资。外部条件供应和服务设施得不到有效发展的另外一个原因是没有足够的需求,因而就出现了恶性发展的循环。

除此之外,不管发展什么样的公共设施,一场大洪水的到来,它们就会受到严重的损坏。洪水损坏道路、铁路和桥梁及通信设施,在大堤比较脆弱的地方发生裂口或溢流,长时间隔断被淹村庄同其他地方的联系,限制被淹区人的活动及外部物质的运送,导致了正常生活的瘫痪。由于和其他地区的交通被阻断,被淹地区像水果和蔬菜等容易腐烂的日用品就不能进入市场,因此交通设施网络的发展必须摆在重要的位置上。

提高生产力水平同样需要足够的储存种子、肥料和农产品的设备。由于缺少合适的储存设备，当洪水到来的时候，储存在房子里的谷物就会变潮、腐烂。这样，在房子里及其周围就会散发出腐烂甚至恶臭的气味，从而导致环境恶化。这是洪水过后导致流行病暴发的一个原因。因此，就需要在洪水高发区域海拔相对高的地方建储存设施或者仓库，仓库应提供足够的空间储存制作工艺品和搭建房屋的原材料，这些原材料可以在洪水暴发期间补贴家庭收入。

10 贷款和保险

合理利率的银行贷款在农业和其他经济活动中扮演着至关重要的角色。但是目前洪水高发区域的银行贷款额度非常不尽人意，在印度东部一些易遭受洪水袭击的邦，金融机构特别是支行的数量、人均贷款额度远远低于印度的其他地区。因此，这些地区银行部门业绩低下的原因主要是工作效率低下。

由于政府时常变化的各种贷款计划，印度东部遭受洪水袭击的地区，获取应有的灌溉管井建设资助的权力也被剥夺了。表 3 给出了数据。因此，很有必要进一步明确针对洪水高发区域的财政资助计划，选择一个或者两个耕种季节做试点，根据从中得到的经验，可以提出今后进一步改进的意见。

表 3　印度东部地区和国内其他地方比较

区域	农村贫困人口数目	街区数	没有供电设施的街区数	管井筹款（百万卢比）
北部	27 154	645	189	13 939
中部	75 030	1 354	115	24 979
西部	38 094	1 695	81	19 345
南部	49 470	1 814	210	26 657
东部和东北部	88 429	1 543	4	6 810
合计	278 177	7 063	599	91 730

资料来源：Tushar Shah ：Ganga 流域中的管井和福利，Kamta Prasad，水资源和可持续发展，2003，p. 397。

这些地区的许多家庭，采取其他的一些非官方的方法贷款，向农村的有钱人和商人贷款，而贷款的利率总是比较高。如果洪水高发区域的农民想致富，就必须加强正规的官方贷款。贷款制度应保证向小户型和中等户型的农户提供小额贷款，用这部分贷款安装脚踏式提水机等小型灌溉设施，以便洪水过后，农业生产更加高效，取得更大的收益。针对洪水的保险是另外一个需要加强的领域。遭受洪水影响的群众，甚至是遭受非常大灾难的灾区群众找不到他们的经济条件能承受的保险方案。在洪水高发地区实施洪水保险计划有助于加速农业生产和畜牧养殖的步伐,社会活动家的帮助有助于生产活动中存在问题的解决,损失评估和要求的落实解决。

11 社团参与

现行的政府管理体制效率不高,不能帮助洪水高发地区的群众致富,因此需要出台新的体制框架。这主要是在不同层次上表现出来的诸如推诿、漠不关心、疏漏和责任心不强等官僚作风所引起的。比较好的办法是让社团参与到当地的洪水管理和农业规划中,社团参与是让有关的各个社团联合起来,作为一个结合体发挥作用,共同参与决策。生活在洪水高发区域村庄中的所有成年人组成社团的一部分。该方法的前提条件是人们的参与必须要有利于和他们的利益相关的项目的执行, 官方的组织可以继续发挥作用,但是应该提供加速项目进程的保证条件。

从现行的官僚体制向立足于自助的社团参与的方法转变,需要建立新的体制和改变包括政府在内的相关部门的职能。这也将需要对不同类型的任务进行确认,确认这些任务需要由社团完成,或者是其他人完成。这个办法能进一步让参与者充分认识到自己参与到项目之中,为了实现目标还可以得到培训。如果能预见明显的效益,社团将会踊跃参加一切活动。因此,提高参与意识,加强培训就显得非常必要。

社团参与的方法是一个新的概念,但是其可行性已被一项研究得到验证,该研究由日内瓦世界气象组织资助,内容是“利用社团参与的方法加强南亚地区洪水管理”。验证表明,南亚地区社团参与方法的观点是可行的,通过该方法的实施,可以对社团进行组织、培训和授权。

参 考 文 献

[1] Census of India. 2001. Registrar General of Census, Government of India, New Delhi.

[2] Tushar Shah, Wells and Welfare in the Ganga Basin : Public Policy and Private Initiative in Eastern Uttar Pradesh in Kamta Prasad (ed) Water Resources and Sustainable Development. Shipra Publications, Delhi, 2003, p. 394.

[3] A Brief Note on Status of Makhana (Euryale Ferox), sent to the author in May 2004 by Prof. S. S. N. Sinha, Secretary, Shekhar Seva Sansthan, Laheriasarai, Darbhanga (Bihar) and Director of a Research Project on Makhana.

[4] Report on Community Approach to Flood Management in South Asia submitted to WMO, Geneva by BUP, Dhaka, 2004.

关于裂隙土入渗的假设与解答方法的探讨

M. J. M. Römkens[1]　S. N. Prasad[2]

(1. 美国农业部国家泥沙研究实验室,美国密西西比州;
2. 密西西比大学土木工程系,美国密西西比州)

摘要:M. J. M. Römkens 等于 2006 年提出了一种预报降雨渗入膨胀/收缩/裂隙土的模型,并做出了多个简化假设。模型由裂隙壁上的达西矩阵流和 Hortonian 流两组过程组成。模型假设包括:① 水流仅以扩散流的形式从垂直的裂隙面水平地进入土壤;② 因土壤表面密封状况很好,通过土壤表面的垂直渗透忽略不计;③ 沿裂隙垂直面上的水流在其整个圆周上都是均匀的;④ 假定相邻垂直裂隙面之间的湿润前缘推进相互作用可以忽略。这些假设和其对渗透的影响在文中做了验证和评估,包括预报渗透的不同模块概念以及初始积水量估算等各种可选的方法也在文中得到了验证。

关键词:裂隙土　渗透　模型　预报　验证

在过去的 60 年里,降雨入渗已成为许多研究的专题。然而在该项研究的早期,研究兴趣激发于从水文角度关注满足植物生长的足够水量,在近代,这种兴趣还包括环境方面的关注,例如,减少从农田里流走的水量。利用参数的、半解析关系的或者数字化的方法,大部分地区的降雨下渗预报已成为进入稳定的和非均匀的土基的点渗透。在多数情形下,人们所关注的是非理想化的状况,如由于紧随固结后的耕耘所导致的土基变化,膨胀或收缩材料的存在,或者由于雨点的破坏性冲击而造成土壤表面基的改变等。其中,如果裂隙形态对降雨入渗的影响有很大差异,降雨渗入裂隙土会特具挑战性。最近,Römkens 和 Prasad(2006)描述了一种模型,其中针对裂隙土开发了一个降雨下渗预报方程,方程中包括降雨强度影响、土壤参数(吸水度),以及裂隙形态,如深度、宽度和间距。本报告的目的在于总结主要的发现,深入地讨论潜在的假设,并为今后的改进提供建议。

1　试验观测

所考虑的土壤剖面是一种富含蒙脱石型膨胀黏土的膨胀、收缩及裂隙土。

这种土壤在变干时产生裂隙，它们可能几厘米宽并深达 1 m。在暴雨期，雨水会进入土壤剖面。其方式可以是通过土壤表面直接落入裂隙，或者在表面密封的情况下，汇集在地表并通过重力流以自由水流的方式进入裂隙并最终被吸收到土基中。在变湿阶段土壤膨胀，表现为地表高程增加及裂隙关闭。渗透的定量预报变得极其复杂，取决于开裂的程度（干燥度）、膨胀动态（吸水特性）和雨情。

为了确定裂缝形态对渗透的影响，在实验室中对一种制备的 Sharkey 黏性土进行了一系列研究。试样经风干、碾碎并经 2 mm 粒径筛分后，装入 65.0 cm × 85.0 cm × 15.0 cm 的盒子中并置于秤台上来经受一系列雨强为 30 mm/h 及 20 mm/h、历时为 3 h 的暴雨。每一场暴雨过后，土壤被允许用一段延时来变干以致形成图 1 所示的裂隙形态。一共进行了 6 次试验，每次试验包括 3 ~ 7 个干湿循环。观测发现，每次连续的暴雨后，如果土壤能够干燥到日蒸发损失可以忽略的程度，裂隙深度便会增加。图 2 展示了渗透与时间的方程关系，该关系得自其中 1 次经历了连续 3 场暴雨的试验。而其他的试验反应都非常相近。这些结果表明在一个新制的、风干的黏性土壤上所得出的降雨渗透曲线关系与任何原始干燥土壤的降雨入渗反应类似，除了 10 ~ 20 min 的渗透率快速变化为急渗，从一定程度上反映出密封发展的影响制约了水流进入剖面。在第二和第三场暴雨的早期，所有进入土壤的雨水呈现出渗透关系的线性自然状态，并等于降雨强度。然后渗透率在几分钟的时间内迅速减小，直到又变为线性，但渗透率很低。实际上，第三场暴雨表现为一种负增率，它造成的土壤流失比降雨补偿的最小水分增加率要高。因此，对所有实用目的而言，因为土表处于密闭状态，第三场暴雨的这一环节期间的渗透率可以忽略不计。

图 1 Sharkey **黏性土经数次干湿循环后的自然裂缝形态图（最大土柱尺寸** 12 cm）

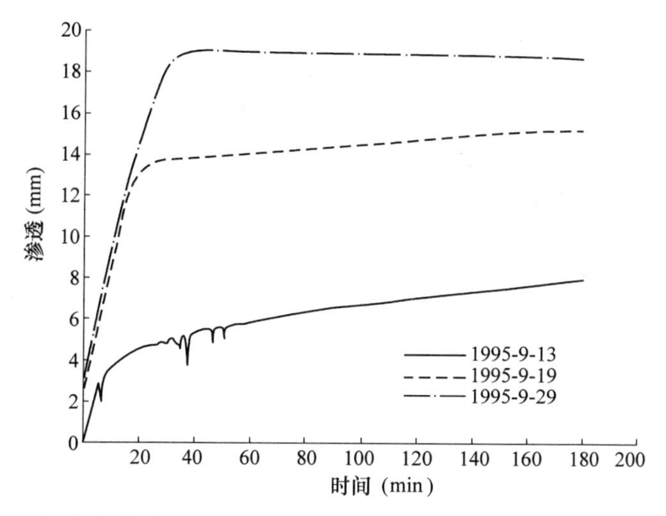

图 2　3 场各自历时 3 h、雨强 30 mm/h 连续暴雨的累计渗透—时间关系图

除了测量渗透和径流外,本试验还包括每一场降雨前后利用非接触红外线激光仪对地表剖面的测量。此外,继每场选定的暴雨后,用针式透度计测出渗透深度。

2　模型公式化

基于试验观测,一种用于渗入膨胀/收缩/裂隙土的渗透模型被公式化。这种模型假定:①由于地表密封,透过土壤表面的渗透被忽略不计;②土壤表面的多余雨水会沿着整个垂直裂缝圆周表面均匀地流入裂缝(Hortonian 流);③从垂直表面进入的水平渗透仅在侧向发生(达西矩阵流)。图 3 展示了在干湿状态以及在第一场暴雨前后(图 3(a))和第三场暴雨后(图 3(b))湿润前缘渗入土壤剖面时土壤表面的高程数据。裂缝形态是一种多边形的几何形状,中间是被棱镜方式排列的裂缝环绕的土柱。为了使计算简化的缘故,我们假定一种宽度为 1、深为 H 的四边形柱状结构。图 3 的数据显示了裂缝对湿润前缘位置的深刻影响,即湿润前缘在裂缝区域内渗透的最深位置或多或少地与裂缝垂直表面的等高线一致。此外,最大的侧向渗透始终被观测到出现在靠近土壤表面的位置而最小侧向渗透靠近裂缝的底部。继作用在裂隙土上的降雨之后出现的湿润前缘的形状说明,沿裂缝垂直表面上的均匀流的模型假定,至少对这种土壤和试验设置来说,是非常合理的。

土壤的湿润从土柱顶部往下分层发生,每层的吸收用 Richards 方程来描述。

$$\frac{\partial \theta}{\partial t} = \frac{\partial}{\partial x}\left(D(\theta)\ \frac{\partial \theta}{\partial x}\right) \tag{1}$$

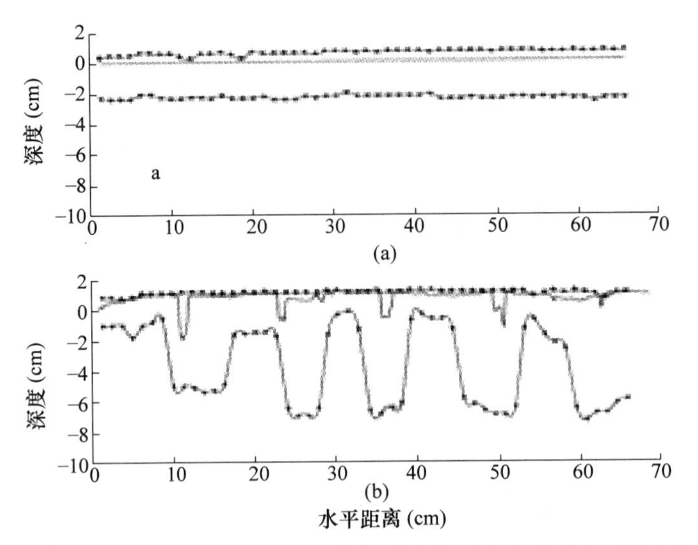

图 3　继作用在 Sharkey 黏性土壤上一系列模拟的暴雨后规格化的地表高程和渗透测量

(a) 第一场暴雨后；(b) 第三场暴雨后。— 代表暴雨之前的地表高程，—○— 代表暴雨骤过、渗透未始的地表高程，而带有 —△— 代表最终的渗透深度

约束条件：

$$\begin{cases} x = 0,\ t > 0,\ \theta = \theta_s,\ D\dfrac{\partial\theta}{\partial x} = finite, \\ x > 0,\ t = 0,\ \theta = 0 \end{cases} \tag{2}$$

式中：θ 为减少的水量，$\theta = (\theta' - \theta_R)/(\theta_S - \theta_R)$，$\theta_S$ 为饱和水量；θ_R 为残余水量；$D(\theta')$ 为土壤水分扩散方程；t 和 x 为时间和空间坐标，而 θ' 是真正的水量。

方程(1) 控制水流入具有固定坐标的刚性媒介。对非刚性媒介而言，方程需要修正以反映不断变化的点阵。

进入一个四边形模型每单位土柱宽度的水量由下式得出

$$q_o = \frac{il^2}{4l} = \frac{il}{4} \tag{3}$$

其中 i 是降雨强度而 l 是裂缝间距。其解用光谱级数来表示：

$$\theta(x,t) = A_o\left(1 - \frac{x}{\delta_1}\right)^{\alpha} + A_1\left(1 - \frac{x}{\delta_1}\right)^{\alpha+1} + A_2\left(1 - \frac{x}{\delta_1}\right)^{\alpha+2} + \cdots \tag{4}$$

其中，对应 $i = 0,1,2$ 的 A_i 为时间相关常数；δ 为湿润前缘宽度；α 为描述湿润前缘形状的的常数。对一个半无限长薄层的集中边界条件来说，其截尾解答用下列边界条件：

$$\frac{\partial\theta}{\partial x} = 0,\ \frac{\partial^2\theta}{\partial x^2} = 0,\ x = 0,\ t > 0 \tag{5}$$

Ahuja – Swartzendruber 扩散关系(方程(6)) 被用于本研究：

$$D(\theta) = \frac{a\theta^n}{(\theta_S - \theta)^{n/5}} = \theta^n \cdot F(\theta) \tag{6}$$

因其满足要求：

$$\theta = 0,\ D(0) = 0 \tag{7a}$$

$$\theta = \theta_S,\ D(\theta_S) = \infty \tag{7b}$$

n、α、和 a 为土壤特定常数。经分析考虑可看出：

$$\alpha = \frac{1}{n} \tag{8}$$

水平层中的累计渗透由下式得出：

$$I = \int_o^{\delta} \theta(x)\,\mathrm{d}x \tag{9}$$

求其上限积分可得出：

$$I = \frac{3\theta_S}{3 + \alpha}\delta_1 = \lambda\sqrt{t} \tag{10}$$

式中：λ 为吸水度。

3 初始积水和累计渗透

3.1 初始积水

从产流的观点出发，两种数量值得关注：初始积水时间和累计渗透。正如图 2 中数据所表明的，这些数量很大程度上取决于裂缝的形态，即裂缝宽度($2w$)、深度(H) 和间距(l)。图 4 展示了在一场暴雨期间不同时段具有湿润前缘

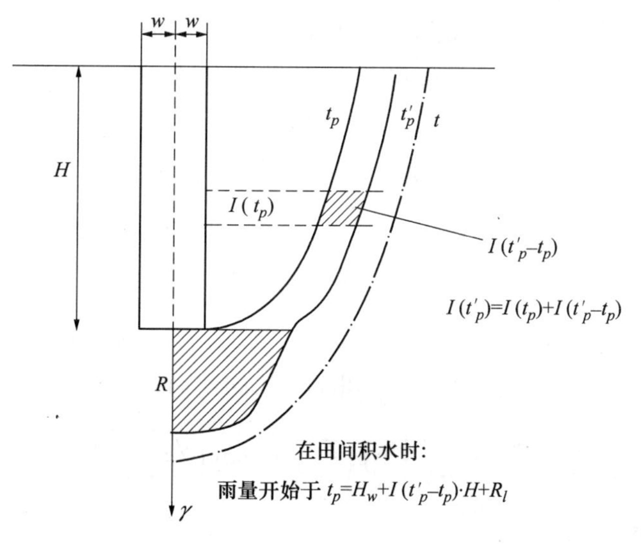

图 4　裂隙区土壤含水量剖面示意图

渗透的一条裂缝的周围区域的示意图。一种情况可能是在 $t = t_m$ 时,裂缝正在关闭,而水膜已事先沿着垂直的土柱表面行至半程。另一种情况是在 $t = t_p$ 时,水膜已达到裂缝底部($h = H$)。尽管部分关闭已发生,但裂缝仍然存在。如果假设裂缝在 $t = t_p$ 时关闭,那么 t_p 便成为田间积水时间 t'_p 和产流始发点。利用质量平衡方程

$$q_o t = \int_o^h (I + c)\mathrm{d}y \tag{11}$$

其中 c 为表面的水膜厚度,可以看出:

$$\sqrt{t'_p} = \frac{\pi\lambda H}{il} \tag{12}$$

对这种特殊的情形而言,田间积水时间与裂缝深度和间距准确相关。在多数暴雨中,裂缝关闭的发生要么在水膜到达裂缝底部之前(低雨强),或者是当水流到达裂缝底部时,裂缝仅部分关闭(高雨强)并开始灌水。那么在 t'_p 时,裂缝已灌满水,田间积水已开始且径流也开始发生。对后一种情况而言,下列近似关系可从图4中推导出来。

$$q_o(t'_p - t_p) = Hw + \frac{1}{4}\pi\delta^2(t'_p - t_p) + \int_o^H I(t'_p - t_p)\mathrm{d}y \tag{13}$$

其中,方程(13)右侧第一项表示部分填满裂缝中的水量,第二项表示在裂缝之下区域的水量,第三项表示在田间积水和水膜到达裂缝底部时刻的间隙侧向进入土柱的水量。由于进入黏性土壤的水流具有主导性、扩散性的自然特性,在次裂缝区的水流是全方位的,即水流渗透在各个方向都一致,而且湿润区的形状可以用半径为 $\delta(t'_p - t_p)$ 的半圆来描述。对于进入具有饱和边界条件的半无限土柱的水平渗透,其湿润前缘行进由下式得出:

$$\delta^2(t'_p - t_p) = A^2(t'_p - t_p) = A^2 T \tag{14}$$

其中,A 是土壤特性,而 T 是田间积水和基块积水之间的时间间隔。现在方程(13)可近似地写作:

$$w = \frac{q_o T}{H} - \frac{1}{4}\pi A^2 \frac{T}{H} - I(t'_p - t_p) \tag{15}$$

其中,$I(t'_p - t_p) = I(t'_p) - I(t_p)$。裂缝宽度($2w$)可以从土壤的干、湿容重差别中得出。给定 w、T 可以根据 t'_p 并利用出自 Prasad 等(1999)的 t_p 表达式估算出来。

$$\frac{h}{q_o} = \frac{4\sqrt{t}}{\pi\lambda} + \frac{4c}{\pi\lambda^2}\left[\exp\left(\frac{\pi\lambda^2 t}{4c^2}\right)\cdot \mathrm{erfc}\left(\frac{\sqrt{\pi}\lambda\sqrt{c}}{2c}\right) - 1\right] \tag{16}$$

3.2 累计渗透

田间积水时刻的累计渗透量通过以下表达式得出:

$$q_o(t'_p - t_p) = Hw + \frac{1}{4}\pi\delta^2(t'_p - t_p) + \int_o^H I(t'_p - t_p)\mathrm{d}y \tag{17}$$

其中,第一项表示由于直至 t_p 时刻的侧向吸收而在土基中产生的累计渗透量。t_p 为薄膜水流沿垂直表面到达裂缝底部的时刻。第二项表示由于 $t > t_p$ 而渗入土柱的水量。而第三项表示次裂缝区吸收的水量。对 $t > t_p$ 的情形,方程(17)可另写为:

$$R = q_o t_p + \gamma\lambda H\sqrt{t - t_p}\beta + \frac{\pi}{4}\gamma\frac{A(t - t_p)}{\sqrt{t_p}}\beta \tag{18}$$

其中,表示关于土基变化以及模型简化和近似化的调整因数;β 反映或相关于进入裂缝的水流减损。四边形裂缝模型单位土壤面积上的渗透率可表示为:

$$I_g = \frac{4R}{l} \tag{19}$$

4　假定

模型开发的过程中做出了很多假定,它们是:① 在研碎的、骨料粒径小于 2 mm、含大容量(60%)膨胀黏土的密实土壤中只存在扩散矩阵流。② 由于降雨产生的密闭效应,进入黏性土表面的渗透被忽略不计。③ 沿土柱垂直面上的水流在其整个圆周上都是均匀的。④ 渗透从垂直表面向内侧向发生。⑤ 相临垂直面之间的湿润前缘行进相互作用被假定忽略不计。⑥ 某一水平土层变湿时其容重变化被假定是均匀的。⑦ 一种四边形的裂缝形态被假定。

实际上,多边形的裂缝结构是常见的,但它们的尺寸和形状可能是不规则的,且排列次序也是不同的。这些假设中,以下假设是重要的:① 沿圆周进入裂缝中水流的均匀性。② 从相邻面进入土基的水流无相互影响。③ 因变湿在土柱中每一水平层内的密度变化是均匀的。

4.1　土柱表面水流的均匀性

水膜具有一定的厚度 c。而这一研究的试验显示了沿土柱垂直表面的均匀水流,该结果证明这种响应依赖于降雨强度。大降雨强度会导致多余的雨水利用优先通道进入在土柱圆周上所选点处的裂缝。裂缝会充水并从裂缝底部向上逐层发生水平渗透。在那样的情形下,边界条件不是一种依赖于浓度的条件,而是一种水动力的条件。在这种条件下,给定水流覆盖的垂直表面上的任意位置,其水压力会随着裂缝充水而增加。Richard 方程的解会因此被垂直表面上时间依赖的水压力所左右,而不是本研究中所用的可控饱和含水量,这会使问题变得相当复杂。一方面,水压力对膨胀性黏土的土基具有压缩效应,因此会减小渗透率;同时,裂缝充水过程中水压力的增加会使进入土基的渗透率趋于增加。

在宽度为 w 的矩形裂缝中,四边形裂缝形态的充水率可被近似化为:

$$t = \frac{4}{il}[(H-h)w] - \int_h^H I(y)\mathrm{d}y \tag{20}$$

其中,$I(y)$ 为在动水压力边界条件下,渗入 $y = h$ 处水平土层的土壤含水量。w 是 t 时刻的真实裂缝宽度。在这种情形下,裂缝底部开始关闭,导致进入具有已关闭裂缝的土层的侧向渗透减少。

4.2 进入土柱的二维渗流

本文中,进入土柱的水流被假定为一维的。实际上,分层渗透的过程是一个二维问题。水流间的相互作用出自两个相邻的垂直表面,对土柱的小断面区或者多边形内的少数尖角来说,这种相互作用可能会非常显著。一种研究这一问题的方法是利用极坐标将渗透过程描述为一个二维水流问题。在那种情形下,最好可将裂隙土表面描述为一个圆柱体的集水面或者是高 $4H$、断面直径为 $2R$ 的截顶锥。必须满足的两个要求是:① 干土圆柱体或锥体的水平表面积必须和实际的干燥多边形土柱的水平面积相等。② 做出的圆柱体模型每单位表面积上的裂缝容积和水平裂缝长度应与真实土壤棱镜结构上的相等或非常接近。对一个由具有 4、5 或者 6 个斜面的对称多面体棱镜结构组成的多边形裂隙模式来说,应选用一个圆柱体模型,该模型的水平断面积和干燥状态下多面体、以及以该多面体湿润状态下较大半径为半径的同心圆柱体的水平断面积相等。对 4、5 或者 6 面体来说,圆柱体的半径 Re 分别为自多面体表面中心至顶点或最高点距离(R_4,R_5 或 R_6)的 0.79、0.87 和 0.91 倍。这种圆柱体模型对圆周及多面体相对比率的影响由表 1 给出。

表 1　圆柱体圆周与具有相同断面表面积的多面体的比率

项目	四边形	五边形	六边形
圆柱体半径 Re:	0.79 R_4	0.87 R_5	0.91 R_6
圆周比(圆柱体 / 多面体)	0.90	0.93	0.95

当这些多面体的表面积与圆柱体的表面积相等的要求被满足时,周长较小。这表明多面体的垂直表面渗透比圆柱体的大。在膨胀黏土中,大部分渗透发生在降雨早期,这表明相等的裂缝容积和水平裂缝宽度的要求对于选择圆柱体模型的半径极为重要。

极坐标中的 Richard 方程由以下关系给出:

$$\frac{\partial\theta}{\partial t} = \frac{\partial\theta}{\partial r}\quad D'(\theta)\,\frac{\partial\theta}{\partial r} + \frac{1}{r}D(\theta)\,\frac{\partial\theta}{\partial r} + \frac{1}{r^2}\,\frac{\partial}{\partial\varphi}D(\theta)\,\frac{\partial\theta}{\partial\varphi} \tag{21}$$

而有水平渗透的模型边界条件为:

$$\begin{cases} \theta = \theta_S, \dfrac{\partial\theta}{\partial r} = 0 \quad \dfrac{\partial^2\theta}{\partial r^2} = 0 \quad r = R \quad t > 0 \quad D(\theta)\dfrac{\partial\theta}{\partial r} = finite \\ \dfrac{\partial\theta}{\partial r} = 0 \quad r = 0 \quad t > 0 \end{cases} \tag{22}$$

一种常用的替换为$\rho = \left(1 - \frac{r}{R}\right)$以及适用于降雨下渗早期的光谱级数，当湿润前缘尖端尚未达到起点时，该级数可以写做：

$$\theta = B + A_o(1-\rho)^{\beta} + A_1(1-\rho)^{\beta+1}A_2(1-\rho)^{\beta+2}\cdots \tag{23}$$

对于干燥土壤，圆柱体的裂缝宽度被假定为 w，于是裂缝容量等于 $\pi H(2Rw + w^2)$。进入圆周单位长度上裂缝的雨水量为 $q = \frac{R}{2}it$。

4.3 密度外观

所制备土基的初始容重非常均匀。然而，一旦开始变湿，特别是在由湿透至变干阶段，土基结构会以一种不可逆的方式发生改变，并对干、湿容重都产生影响。这些改变的程度难以确定，它们由可见的宏观变化和微观变化组成。宏观变化显示在裂缝上，而微观变化表现在土壤水力特性改变所反映出的微观结构和粒子间相互关系方面，如水力传导度和土壤持水关系。在模型中，容重被假定为双峰的，一个适于土壤剖面湿润部分的较小数值及一个适于干燥部分的较大数值。而且，从图 3 中可清晰看出，在裂隙土中，湿润前缘渗入土柱是不均匀的。

5 总结

一种适于膨胀/收缩/裂隙土的模型被开发出来。该模型将渗透描述为降雨强度、吸水度和裂缝网络形态的函数。在模型开发中做出的各种假设中，回顾并讨论了三种简化：土柱表面流的均匀性、来自相邻表面的侧向水流相互关系，以及干、湿土壤间的容重差异。

参考文献

[1] Ahuja L R, Swartzendruber D. 1972. An improved form of soil – water diffusivity function. Soil Sci. Soc. Am. Proc. 36:9 – 14.

[2] Bouma J, Dekker L W, Wösten J H J. 1978. A case study on infiltration into dry clay soil. II Physical measurements. Geoderma 20: 41 – 51.

[3] Bruce R R, Klute A. 1956. The measurement of soil moisture diffusivity. Soil Sci. Soc. Am. Proc. 20: 458 – 462.

[4] Kirkham D, Feng C L. 1949. Some tests of the diffusion theory and laws of capillary flow in soils. Soil Science 67: 29 – 40.

[5] Raats P A C. 2001. Developments in soil water physics since the mid 1960s. Geoderma 100:355 - 387.

[6] Philip J R. 1974. Fifty years progress in soil physics. Geogerma 12, 265 - 280.

[7] Prasad S N, Römkens M J M ,Wells R R, et al. 1999. Predicting incipient ponding and infiltration into cracking soil. In: Proceedings of Nineteenth Annual Am. Geophys. Union Hydrology Days, Colorado State University, pp. 343 - 356.

[8] Römkens M J M, Prasad S N. 1992. A spectral series approach to infiltration for crusted and non - crusted soils. In: Summer and Stewart (eds.) Chemical and Physical Processes: Advances in Soil Science. Lewis Publishers, pp. 151 - 170.

[9] Römkens M J M,Prasad S N. 2006. Rain infiltration into swelling/shrinking/cracking soils. Agr. Water Management 86:196 - 205.

[10] Römkens M J M,Wang J Y,Darden R W. 1988. A laser micoreliefmeter. Trans. ASAE 31: 408 - 413.

[11] Wells R R , Römkens M J M,Parlange J Y, et al. 2007. SSSAJ 7(3) (In press) A simple technique for measuring wetting front depths for selected soils.

沉积作用对于拜塔拉尼河(奥里萨邦)下流流域(三角洲地区)环境流量及综合自然灾害的影响

N. Rout　P. R Choudhury　P. K. Sahoo

(拜塔拉尼河流域管理委员会,印度奥里萨邦)

摘要:河流流域的地形学,人文活动以及土地使用的调整会影响沉积的形成过程,并会导致下流三角洲环境的改变。这些变化会对流域内生物的生存和生态环境的可持续发展产生极大的影响。拜塔拉尼河是位于印度东海岸的一条中级河流,它的流域覆盖面积达 14 218 km^2,长度是 360 km。在过去的 100 年中,总共有 86 次水灾发生,水灾破坏了人类赖以生存的环境并对人类的生存产生了极大的威胁。与此同时,上游流域土地的不合理开发使得大量的污染源被注入河流中,对河流造成了很大的负担。河流量的减少使得污染物质得不到稀释从而加剧了问题的恶化。自然和人为因素加速了沉积在河床的形成,从某种程度上说促成了上述危险的产生。河区水系形状呈树枝状,流域面积和三角洲面积的比例是 7:1。上游流域的丘陵地区包括一些废弃或者仍在使用中的矿区、废弃的土地、退化的森林和转移的农业区。部分来自上游森林河区的水流被位于过渡区域的河坝拦截并且被应用于日常生活,从而减少了下游盆地的水流量。蓄水层的过浅问题,涝地的扩展和河口的存在减少了河流在平坦下游流域的流量。这篇文章的侧重点在于发现沉积形成的相关因素及其对于河水在河口交汇处的环境流量和洪涝灾害在三角洲地区发生频率的影响。同时提出了一些预防和补救的措施。

关键词:沉积现象　环境流量　洪涝灾害　地理水文学　水质

1　背景介绍

在一个特定的水文地质区域内,要了解沉积物质的侵蚀、转运及其沉积过程,了解沉积物质的形成过程和水循环过程是非常有必要的,并且这些过程可能会受到自然因素、人为因素以及一些突发性的灾难的影响,例如:龙卷风、暴风雨、洪涝灾害等。对沉积物质的运输的监控和了解对于我们了解港口的淤积形成、砂石积累给航海带来的灾难、海口季节性的堵塞以及海岸自然环境的破坏都是非常必要的。

拜塔拉尼河是一条位于印度东部奥里萨邦的中级河流(见图 1)。它的流域总面积达 14 218 km²。拜塔拉尼河是奥里萨邦第三大河流，在自然形态上呈蜿蜒状。它起源于位于北纬 21°31′00″，东经 85°33′00″海拔 900 m 的 Guptaganga 山脉，河流全长 360 km。拜塔拉尼河与奥里萨邦的第二大河流婆罗门河交汇，然后共同注入孟加拉湾。拜塔拉尼河河谷覆盖了 Keonjhar、Bhadrak、Mayurbhanj 和 Jajpur 区的大部分地域和 Kendrapara、Sundargarh、Balasore 和 Anugul 的小部分地域。736 km² 的盆地面积位于 Jharakhand 境内。河谷盆地坐落于东经 85°、南纬 22°15′和东经 87°30′、南纬 20°30′之间。河谷覆盖全部或部分的奥里萨邦 8 个区的 42 个社区。人口总数大于 400 万人。

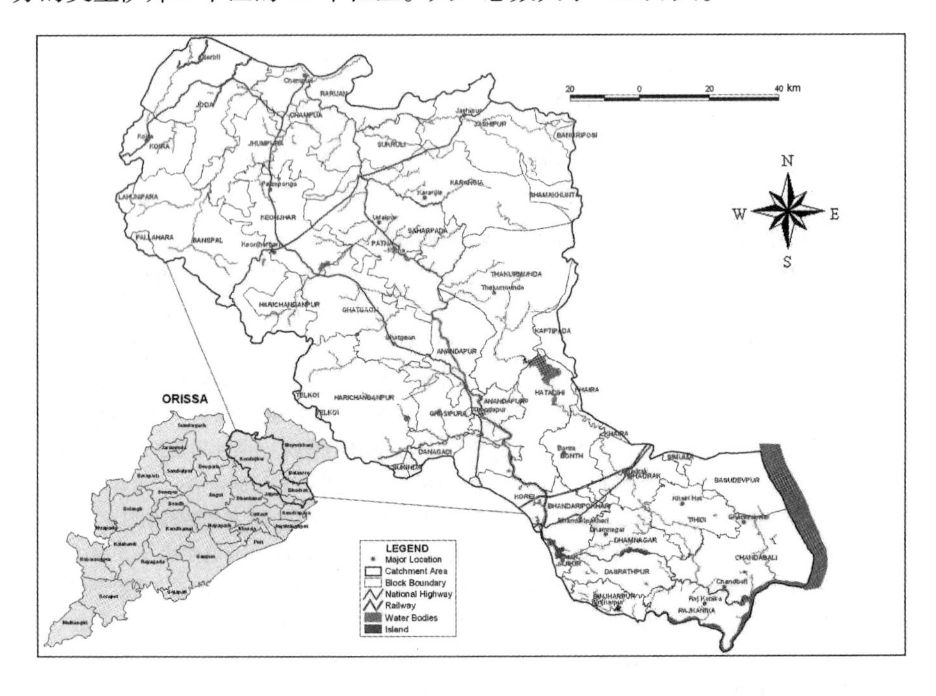

图 1

2 河流系统

2.1 地理

拜塔拉尼河总共有 65 条支流从两岸注入其中。河谷的年平均降水量在 1 600mm。河谷内部的主要土壤类型为红色和黄色的铁矾土和淤积形成的土壤。地形学和地理学上的差别导致河道形成极具特点的形态，河道在不同的地域呈现出不同的形态(见图 2)。拜塔拉尼高地的排水系统呈网状结构，形态极似形成初期的平原。位于上游的起源于 Simlipal 山区的多条溪流最终于左侧河岸汇入拜塔拉尼河，由于地形的独特性，整体的河流系统呈放射状。中流地段，拜塔拉尼河穿流深陷的河谷地区,并且在延伸的平原地区开始蜿蜒。在沿海平原,缺乏适当的排水系统导致土壤蓄水层的饱和,并且导致沼泽和泻湖的形成。一个完善的水资源治理系统应该侧重此区域的治理和发展。

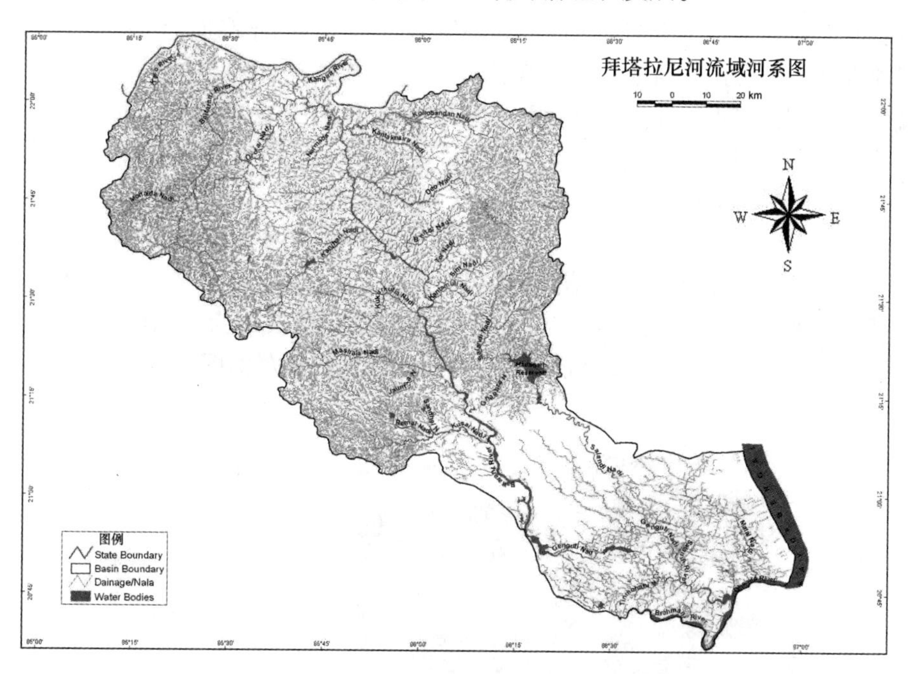

图 2

河谷盆地的岩层根据其成因的不同被分成了两个组:固结型的和非固结型的。固结型的岩石包括形成于 Pre - Cambrian 时期的硬性的晶体,主要分布在 Keonjhar、Mayurbhanj、Sundargarh 和部分的 Anugul。上流区域的岩石种类主要包括花岗岩、片麻岩、片岩和石英岩等。非固结型的第四纪岩石类型包括 Pleistocene、新近形成的淤积层、早期形成的淤积层和铁矾土, 这些土质类型主要出现在下游的 Baleswar、Bhadrak、Jajpur 和 Kendrapara 区域。海岸的沉积物质反映了从河体到河口以至海洋的不同沉积环境。第四纪的淤积层从上到下的层次依次是黏土、淤泥、砂砾、鹅卵石和含有钙物质的石块。

2.2 地形学

整条的拜塔拉尼河流被分成了两个地理学单位,显示如下:

(1)上流集水处的地形:上游流域包括呈直线排列的山系、位于其间的河谷地带、牧地、高地和准平原,不同的地形占据了不同的高度,并基于不同的岩床,上述地形成为上流集水区的显著特征。他们又可以被分成两个小的部分:

①海拔 500 m 以上:主要包括数以万计的山系和河谷地区,不同的地形由不

同的岩石组成。山脊主要是由比较坚实的岩石组成,然而河谷地带则是由相对较软的岩石组成。

②海拔 500 m 以下的地貌:拜塔拉尼高地是位于奥里萨邦南部的一个非常重要的高地。它是位于东部 Similipal 高原和西部 Keonjhar 高原的中间的较低的侵蚀表面。拜塔拉尼高地和周围高原海拔上的差异有 200 ~ 450 m。地形显示玄武岩组成的间隔性的结构组成了线性的山脊。这些高地的海拔处于 300 ~ 400 m之间。

(2)下游集水区的地形(拜塔拉尼三角洲地带):这部分地形也被称为是沿海三角洲平原。拜塔拉尼河流域在下游三角洲地带覆盖了部分的 Jajpur 和 Anandapur,这两个地区的土壤类型主要是淤积型土壤。沿海的地域成为了存积有史以来沉积物质的主要容器,这个区域的沉积层被称为第四纪沉积,其层次依次是黏土、淤泥、砂砾、鹅卵石和含有钙物质的石头。如图 3 所示。

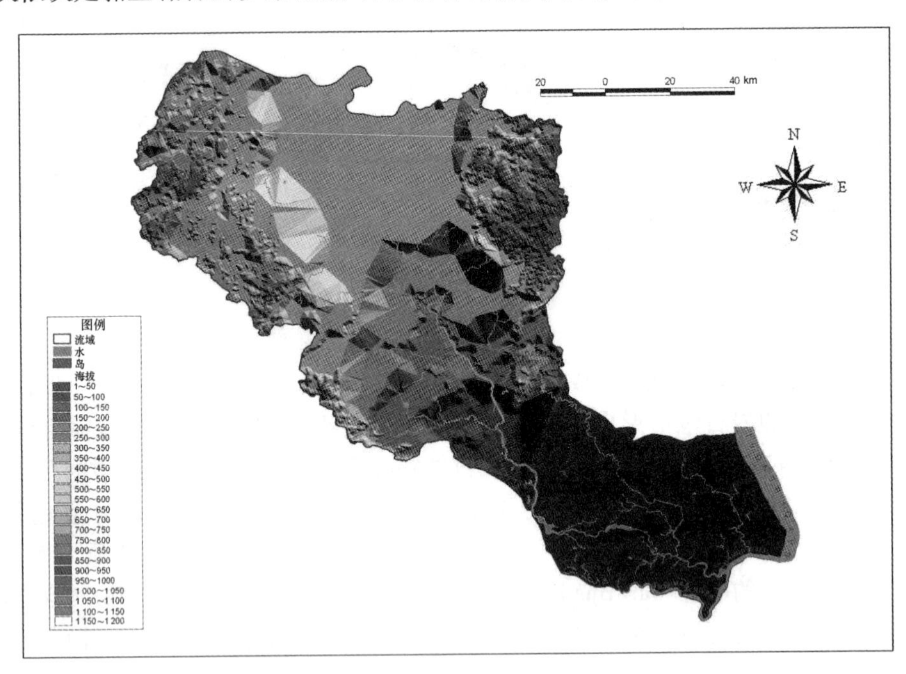

图 3

3 拜塔拉尼河的沉积过程及人们对此的理解

河谷的地理因素加速了沉积的形成过程,从而导致了河床淤积。

位于上游集水地的中心高原由可变性的沉积岩组成,并受到严重断裂层的影响,从而导致了更多的沉积物质注入河流。奥里萨邦北部的主要岩石类型有富含铁的矿石(BIF)、可变性的不稳固沉积岩、火山喷发口沉积物质和一些花岗岩。断层区位于铁矿石形成区域和 Joda - Noamundi 地区。上游集水区大量的矿藏开发活动和转移农业的运用使大量的沉积物质在季风期被注入河流。这样降低了河流的承载量,因此中量的降水就可能引致拜塔拉尼河严重洪涝灾害的发生。

在上游集水区和下游集水区的交接部分,所谓的中部集水区,有一条东北向至西南方向的断裂带,它起源于 Kamakhyanagar,经过 Sukinda 谷到达 Niligiri,最终沿着 Simlipal 高原东部的边缘向东北方向延伸。它使得形成于前寒武纪的岩石最终在沿海平原和准平原地区停滞下来。在这个断裂带还发现了亚铬酸盐——形成岩体的主要物质。所有的大中型水坝建造在这个区域。

下游集水区,也被称为拜塔拉尼河沿海三角洲平原,覆盖了部分的 Jajpur 和 Anandapur, 这些地区的主要土质为淤积性土质。沿海的地域成为了存积有史以来沉积物质的主要容器, 这个区域的沉积层被称为第四纪沉积,其层次依次是黏土、淤泥、砂砾、鹅卵石和含有钙物质的石头。婆罗门 - 拜塔拉尼河流系统从北部融会于 Dhamra 河流的入海口,从而在全新世交织形成了一个综合复杂的三角洲系统,此系统显示典型的亚空中和海洋潮汐影响过渡地貌,包括洪水冲积平原、天然堤、古河道、废弃河道,受沿海平原下游那里风沙和海洋/潮汐影响土地形态像沙丘、海滩、垒岛、滩涂、低洼地、滩脊、滩涂、潮沟、小溪和红树林沼泽地都出现在沿海三角洲的边缘。

拜塔拉尼三角洲的沉积系统位于奥里萨邦沿岸的三角洲系统受控于西南季风(每年的6月中旬到10月中旬)。每到这个时期,受季风影响,大量的洪水泻出,河流本身承载了大约99%的年悬浮的沉淀物质,这些沉淀物质被运输到海滨,接着囤积在孟加拉海岸。当悬浮的沉淀物质(多为黏土和砂砾类型的)沉淀在水流缓慢的淤积平原、潮汐的平息地段、潮汐的管道/小溪和沼泽地段,他们可以形成淤积平原的表层和边缘三角洲的前沿;大部分的沉积物质被冲入了内河道并被沉积当处于流量最大的季风期,混浊的带有大量悬浮沉积物的河水会进入海滨,并把海岸线延伸 15 km 或者更多。2005 年 8 月,在西南季风盛行的季节,拜塔拉尼河流在三角洲地段悬浮物质的含量是 385 mg/L。在 Dhamra 海口悬浮物质的含量是 650 mg/L(Mohanty,2006)。当处于季风期,伴随着大量河水的泻出和危险的龙卷风状况的出现,河流内道多为波涛起伏的,大量的悬浮物质可以轻松地悬浮于河流中并且最终被注入孟加拉海湾。理论上来讲,部分的沙石会被作为沙床的基垫被囤积在海滨,基于此,越来越多的砂石会被加注在原始的床基上从而使体积逐渐增大 最终形成独立的岛屿。由于暴风雨/龙卷风天气的出现会导致砂石的移位和再次定位,初形成的岛屿可能会发生形状上的改变,可能会出现分叉现象。强有力的来者北方的河流会带着大量的泥沙,可以用来修复被暴风雨毁坏的岛屿。这些步骤的推进是东北方向的从而和三角洲在沿海岸的推进达成一致。在拜塔拉尼－婆罗门河流交织形成的复杂的三角洲地带,在季风期河流量大致在3 000～14 000 m^3/s之间。

对于IRS－P4 OCM文档的分析(2000年1月)指示同种情况(大量泥沙的漂流)同样出现在Dhamara河流域。分析显示这些沉淀物质被运输了100～200 km最终注入了孟加拉湾(Nayak, et al, 2005)。一个基于最大交叉相关性和PAN数据的模式匹配方法也作出了相关的显示,三角洲沿海边缘的形状很大程度上受到暴风雨的影响。暴风雨的袭击会导致自然海洋环境和陆地环境发生急剧的变化,从而导致海洋和陆地进程的变化,当然人为因素对这些变化的影响也是不容忽视的。分析(1928～1929年、1972～1973年海岸线数据和2001年IRS－ID LISS－IIIw近期卫星数据)显示,尽管整体上来说Mahanadi三角洲在继续向前推进和扩张,在某些特殊的地方,三角洲在受着侵蚀作用的影响而减少。Dhmara的南部地区就是一个很好的例子。它的总面积是12 722 hm^2,净侵蚀面积是2 133 hm^2,净增长面积仅仅243 hm^2。

4 结构建造上的方法对于加速沉积现象的影响

在河流主流上或者在支流上建立各种各样的灌溉系统会导致流速和流量的急剧减少,从而增大沉积物质在蓄水池的囤积。堤岸会阻止沉积物质转移到其他的地域,更多的沉积物质将囤积至河岸附近的地域,从而加剧了问题的严重性。

4.1 沉积现象的影响

4.1.1 河流和水质

奥里萨邦海岸位于小型至中等潮汐区。从南部的奥里萨邦海岸的小型潮汐区到北部Baleshwar的中等潮汐区,海岸线自然呈新月状,中间的浪潮沙石的平台向海中延伸了4 km左右。中等潮汐区的潮流更强些。因为普遍来说越大的潮汐会引发越大的潮流,而且大的潮汐意味着更广阔的面积会在潮汐中被掩盖。Salandi大坝下的河流,河道有原始的100～150 m宽、6～10m深变为如今的30～40 m宽、3～4 m深。大坝的建设会对自然环境造成巨大的不利影响,如干涸的河流盐分入侵、地下水位的降低、灌溉造成的河流污染、降低的过流能力(甚至对中等洪水)。减少的临界流量导致的鱼量的减少(Das,2002)。

拜塔拉尼河,季风期强有力的河流,成为河水的蓄留池,大量的河水流经此处并对河床造成巨大的压力。从邻近的小镇、乡村、矿区和重工业基地排出大量的污染物,然而此时的河流不具备把污染物冲刷去的能力。16个河滨社区的

2 000个村庄的40%的人口依赖于河流为他们提供足够的饮用水,并且有1/4的人口直接饮用此河流的水(Census, 2001)。根据印度污染控制中心的评估,拜塔拉尼河的水质落入C类。

Sukinda的铬土矿位于Jajpur地区Korei街区的西北部。婆罗门河流经Korei、Jajpur、Binjharpur、Jajpur和Kendrapara区,最近与拜塔拉尼河交汇于Dhamra。这些街区都位于拜塔拉尼河谷内部,并且会受到此河流的影响。

4.1.2 洪水带来的危害

位于印度东部孟加拉海岸的奥里萨邦海岸是一个自然性灾害的高发区:洪涝灾害、对于环境有重大影响的暴风雨或龙卷风。同时此地区的人口密度高度集中(Mohanti, 1990, 1993)。在过去的100年中,大约有86次水灾发生在此地区。在洪峰期,凶猛的拜塔拉尼河对河谷内生活的人们及其他们的财产造成了极大的威胁。有史以来,最大的洪峰发生在1960年的Biridi G & D,流量是4.36×10^5 ft³/s。还有发生在1999年10月29号的巨大龙卷风中,Akhuapada的流量记载是4.98×10^5 ft³/s。

洪涝灾害是拜塔拉尼河中下游流域的主要问题。在季风期,Korei、Jajpur、Dasharathpur、Binjharpur等很多地区都是洪涝灾害的高发区。

4.1.3 河道的改变

几乎每年的雨季,河道会充满洪水,改道现象极有可能发生。1927年的洪灾,河流在Champua改道,并且淹没了周围大面积的地域。在距离Karanjia(Mayurbhanj区)40 km的地方,拜塔拉尼河流形成了一个很深的池子,被命名为Bhimkund。在到达此蓄水池之前,拜塔拉尼河流经了一个大峡谷并在那里形成了湍急的河流。在某一点,河水消失并在水池中再次出现。1927年的洪水导致隧道顶层岩石的流失,从而形成了现如今的峡谷。

4.2 现在的进程和对将来可能产生的影响

4.2.1 管理-结构上的和非结构上的

拜塔拉尼河不存在一个有效的蓄水池来减弱洪水带来的灾害。现如今,只有加护堤坝和沿湖堤坝被具体运用在保护河谷盆地上来。被认可的中型或者是主要堤坝建设应该被运用在减弱洪水中。一些泄洪口被建筑在下游流域的上部分来阻止洪水进入下游流域的下半部分,不过这些泄洪口引致了水灾的发生,并对沿河附近的城市造成了威胁,洪峰的预测和警告可以最大程度上减少人类及其生命财产的损害。由于河流独特的蜿蜒形态,Spurs的建设可以减少河流对河岸的侵蚀,从而减少沉积物质在淤积区的含量。在上游正确的土地使用和水土保持措施可以减少注入河流的沉积物质。

4.2.2 日渐增加的资源开发

河谷盆地是金属和非金属能源的储存地(1234MT 的铁、锰、镍、铬)。在过去的几十年中,河谷盆地的矿物质得到广泛的开发。矿物用水把大量的污染物质排入河流,这其中就包括被溶解的铁、锰等重金属。随着矿藏开发事业的扩展,越来越多的污染物质被注入河流。河谷盆地的主导产业是冶金重工业,他们也成为河水的主要消费者和污染的制造者。目前有大约 30 家冶铁工厂在河谷盆地地区落户,这个数字在将来仍有可能会增加,因为很多公司仍处在要达成共识的过程中。在这个过程中,大量的树木被砍伐、矿藏的开采、农业和城市化都是可能导致沉积发生的不合理的土地使用。

4.2.3 气候变化

和以往同期相比,大气温度每增加 0.09 ℃,海平面就会抬高 88 mm。这种现象是由于海洋的热膨胀、冰川的融化和极地冰层的融化而导致。海平面上升带来的影响可以被分成 5 个类型:①低地被淹没;②沙滩和峭壁的侵蚀;③地下水和地表水的盐化;④隔水层的提高和洪涝灾害的发生;⑤暴风雨危害。自 19 世纪 50 年代以来,印度海平面的年增长大约在 2.5 mm,并且东海岸的海平面高度要高于西海岸海平面高度。现在还没有一个切实可行的计划用来避免这些危害。尽管说我们很难发现研究河流交汇口堵塞和湿地变化这些问题的意义,但是一个切实可行的海岸管理计划涉及水域管理、湿地保护和河流流动仍然应该关注上述问题。

4.2.4 河谷盆地的综合治理

考虑现阶段的实际情况、现有的和将要来临的危害,以及来自各方各面的制约因素,具有远观性的综合河谷治理方案才是最有效的。对于现在的水资源管理者和最终的决策者,河流系统不仅仅是一个涉及水文、地形、土地使用、气候变化和海岸影响的综合整体,它更是一个和人们生活息息相关的具有生命的物体。因此,水文方面,其他自然资源管理部门、政府管理和人民生活需要一个综合河谷管理方案来更有效地治理拜塔拉尼河。

5 一些可行性措施

为了减少沉积效应的发生和控制沿海的侵蚀,以下良好的建议在最大意义上实施保护措施是至关重要的:

(1)在严重暴风雨多发的海岸,防护墙的建造起到了最大的保护作用,应该被认为是适当的工程地理评估。

(2)岩石堆/栅栏结构/海边堤坝的高度应该可以有效地防止暴风雨入侵,并且可以阻止过高春潮的入侵。

(3)直线的/倾斜的砂石支撑面应该使用。

(4)沿海的种植物(例如木麻黄属的各种常绿乔木)应该得到悉心的保护,因为植被可以成为另外一种防护措施从而防止海岸的侵蚀。

(5)不同于国际公众对于适当的沿海地区的保护,印度政府颁布的沿海调节区(CRZ)的指导应该被遵循。

(6)沿海岸的自然灾害应该被很好的检测,并且研究机构应该致力于对怎么减少这些自然灾害带来的危害的研究。

(7)如海岸调整法案所指出的,洪涝灾害涉及的地区地图应该被绘制,而且一些预防措施是非常必要的。

(8)上游和下游的治理者应该形成合作,对河流共同进行治理。

(9)用来治理一些突发性事件,整体的安全防范措施是必要的

(10)河谷的其他资源也应该得到深入的了解,这样利于建设一个平台用来讨论这个问题。

6　结语

拜塔拉尼河三角洲区域和沿海岸的地形特征、经济发展带来的不合理的土地使用、自然和非自然的地理水文变化还没有得到最终决策者和计划者应有的认可和重视。河流系统是一个通过土地利用和垂直方向的地形特点将集水区延水平方向与水流汇集点相连的连接单元,仅局限于使用工程性措施来加强灌溉和洪水控制,如使用大坝和河堤等,是对人们对河流一体化理解的错误认识。这种方法导致了洪水灾害和水质恶化,同时在未来气候和发展变化条件下还可造成更糟的流域地貌。为了改善这一状况,我们有必要使用一体化多学科的时空方法来理解、分析和讨论一个流域的沉积原因。此外,还要将人类的动态变化放在地形变化和河流变化中考虑,因此一体化流域方法还应该关注人类生计和流域管理。